河南省"十四五"普通高等教育规划教材

嵌入式系统软硬件协同设计实验教程

王　炜　井　靖　侯一凡　编著

科 学 出 版 社

北　京

内 容 简 介

Xilinx 公司推出的 Zynq 全可编程芯片为软硬件协同设计提供了良好的硬件基础，功能强大的 Vivado 集成开发环境为嵌入式系统开发提供了良好的支撑。本书基于 Vivado 集成开发环境，以具体实验的方式详细介绍了使用 Zynq-7000 进行设计的具体步骤，引导读者从零开始逐渐学习和掌握嵌入式系统软硬件协同设计的基本方法。

本书可作为高等学校、各类职业学校中计算机、电子类专业开设“嵌入式系统设计”“软硬件协同设计”等相关课程的教材，也可供从事相关设计的人员参考使用。

图书在版编目（CIP）数据

嵌入式系统软硬件协同设计实验教程 / 王炜，井靖，侯一凡编著. —北京：科学出版社，2022.11

河南省“十四五”普通高等教育规划教材

ISBN 978-7-03-073715-1

Ⅰ. ①嵌… Ⅱ. ①王… ②井… ③侯… Ⅲ. ①微型计算机－系统设计－实验－高等学校－教材 Ⅳ. ①TP332.2-33

中国版本图书馆 CIP 数据核字（2022）第 208261 号

责任编辑：于海云 / 责任校对：王 瑞
责任印制：赵 博 / 封面设计：迷底书装

科学出版社 出版
北京东黄城根北街 16 号
邮政编码：100717
http://www.sciencep.com

北京凌奇印刷有限责任公司印刷

科学出版社发行 各地新华书店经销

*

2022 年 11 月第 一 版 开本：787×1092 1/16
2025 年 1 月第三次印刷 印张：18 3/4
字数：480 000

定价：79.00 元

（如有印装质量问题，我社负责调换）

前　言

随着计算技术的不断发展，嵌入式系统应用不断普及，包括移动计算设备、穿戴设备等在内的各种嵌入式系统产品已经成为生产生活及科学研究中不可或缺的重要组成部分。嵌入式产品功能不同、形态各异，其主要功能部件也相差很大，其中具备复杂功能的嵌入式系统产品既包含高性能的硬件部件，也包含功能强大的软件组件。将系统分成硬件设备部分和软件控制部分分别进行开发的传统模式越来越不能满足快速、高效进行嵌入式产品设计开发的需要。为此，在嵌入式系统芯片供应商、EDA 平台提供商的支持下，嵌入式系统软硬件协同设计逐渐完善并成为嵌入式系统设计的主流方法。

占据国际可编程芯片大部分份额的 Xilinx 公司研发的 Zynq 系列全可编程芯片性能优异，能满足绝大多数嵌入式产品需要；其研发的嵌入式软硬件系统设计集成开发环境 Vivado/Vitis 界面友好，功能强大。基于 Vivado/Vitis 集成开发环境和 Zynq 系列芯片学习嵌入式系统软硬件协同设计方法上手快、效率高、性能好，而且容易将软硬件协同设计方法扩展应用到其他厂家芯片、其他开发平台。本书基于 Vivado/Vitis 集成开发环境，以具体实验的方式详细介绍使用 Zynq-7000 芯片进行设计的具体步骤，引导读者从零开始逐渐学习和掌握嵌入式系统软硬件协同设计的基本方法。

全书共 4 章。第 1 章简要介绍软硬件协同设计的基本概念和 Zynq 全可编程芯片的基本结构；第 2 章以一个软硬件协同设计综合实验为例，从新建一个项目开始，逐步深入介绍利用 Vivado/Vitis 集成开发环境基于 Zynq 芯片进行软硬件协同设计的具体步骤；作为对照，第 3 章则介绍利用 Vivado/Vitis 集成开发环境基于 Zynq 芯片进行非软硬件协同设计，即在 Zynq 芯片上仅设计硬件部件或仅开发软件功能的方法；第 4 章作为拓展，引导读者完成几个更加复杂的软硬件协同设计实验，以激发读者基于 Vivado/Vitis 集成开发环境和 Zynq 芯片设计完成功能更强大、结构更复杂的嵌入式系统产品。

希望这本书对于嵌入式系统设计、电子产品设计、软硬件协同设计等课程的学习与教学实践工作有一定的帮助。

全书由王炜统筹、策划，井靖、侯一凡参与了部分实验项目的设计实现和部分章节的编写工作，信息工程大学计算机科学与技术专业 2017～2019 级同学参与了部分实验项目的调试、仿真与验证工作。本书部分实验项目参考了大量网络资源，本书的编写过程中得到信息工程大学和科学出版社的大力支持，爱尔兰都柏林城市大学的王小军教授对本书的编写工作给予了很多具体指导，在此一并表示感谢。

由于作者水平有限，书中难免存在疏漏之处，敬请读者批评指正。

作　者

2022 年 5 月

目　录

第1章 绪　论

1.1 软硬件协同设计技术简介

近年来，随着以ABC(即人工智能(Artificial Intelligence)、大数据(Big-Data)、云计算(Cloud Computing))为代表的新型计算技术的不断发展，嵌入式系统应用不断普及，包括移动计算设备、穿戴设备等在内的各种嵌入式系统产品已经成为生产、生活及科学研究中不可或缺的重要组成部分。嵌入式系统产品功能不同、形态各异，其主要功能部件也相差很大，其中具备复杂功能的嵌入式系统产品往往既包含硬件平台，也包含丰富的软件组件。

传统的嵌入式系统开发是从概念设计开始的，在分析系统功能和性能需求的基础上，将系统分成硬件部分和软件部分，然后由硬件工程师和软件设计师分别进行硬件、软件系统的设计、验证等，最后将两部分集成到一起，并进行集成测试。

嵌入式系统的软件部分运行在相应的硬件平台上，其功能、性能很大程度受硬件部分结构、功能和性能的影响，因此在系统设计时往往采取“硬件优先”(Hardware First)策略。按照这一策略，可以选择在硬件部分设计完成之后再进行相应的软件部分的开发，但是如此一来必将导致研发周期增加，影响嵌入式系统产品的上市时间。另一种方法是基于模拟仿真进行软件系统的开发。在这种方法下，先通过软件的方式“造”一个硬件平台，刻画不同操作下硬件系统的响应以及相应的技术参数等，并基于这一模拟仿真平台进行软件部分的设计，待真正的硬件部分完成设计之后再把软件系统集成到硬件系统中进行系统测试。这种方法能够很大程度缩短产品研发周期，但是其对于模拟器的依赖程度较大，而事实上由于硬件系统也在研发中，此时很难保证模拟器参数与最终产品的完全一致。

这种分开设计软件部分和硬件部分的系统开发方法隐含的一个突出问题是系统设计之初所进行的软硬件功能划分完全依靠先验定义，由于缺乏软硬件之间的有效交互，不能够及早发现系统在概念设计中存在的“先天”不足，也无法发现软件、硬件之间可能存在的如不兼容、不匹配的问题，不能及时评估软件、硬件之间的性能影响。同时，因为软件部分设计和硬件部分设计是独立进行的，所以不能够在设计中进行系统验证，只有等软件部分和硬件部分均分别设计完成并验证通过以后才能进行集成测试，这在很大程度上影响了产品上市时间。特别地，传统的软硬件分开设计的系统开发模式中所采用的“硬件优先”策略使得软件部分必须“顺从”硬件部分的“假定”，但是事实上在系统设计之初往往不能保证硬件部分满足在功能、结构或者性能方面的全部要求，这就有可能需要更改硬件部分的设计，其必将导致软件部分设计的相应更改，增加了软件部分的设计开销。当然，也可以不更改硬件部分的设计，而是通过软件的方式来弥补硬件部分设计中存在的缺陷或不足，这同样会增加软件部分的设计开销。

传统的软硬件分开进行系统设计的方法之所以会带来如设计质量差、设计修改难、设计周期长等问题，其根本原因在于在进行软件部分和硬件部分设计的过程中缺乏有效的交互。

软硬件协同设计通过各种手段实现系统设计全周期中高效及时的软硬件交互与协同以满足系统性能标准与功能参数要求，从而获得更好的设计效果、更低的设计成本、更短的设计周期。

实现软硬件协同设计首先需要统一的软硬件描述方式，包括统一的设计、分析工具和集成的仿真、评估环境，从而支持系统任务在软硬件设计间相互移植；还需要具备交互式软硬件功能划分能力，允许对多个不同的软硬件划分设计进行仿真和比较，并提供辅助最优系统实现方式决策；此外还要求具备完整的软硬件模型基础，支持不同阶段的模拟仿真与评估，并提供正确且快速的验证方法以确保最终设计目标的快速实现。

为了实现软硬件协同设计，需要构建一种软硬件协同设计平台，它为软硬件协同描述、验证、综合提供一种集成环境。这种平台一般都是由硬件开发系统供应商(如 Xilinx)提供的，它不仅包含可编程芯片(或者安装有相应芯片的开发板)等物理平台、基于对应物理平台进行产品设计和软硬件系统研发的完整的开发系统，往往还提供大量的典型应用实例和完备的服务与技术支持。

需要特别指出的是现代嵌入式系统设计中所使用的软硬件协同设计技术与早期的协同设计技术概念有所不同。早期的软硬件开发是在软硬件功能划分之后分开独立进行的，其中的协同设计指的是针对一个特定的硬件进行软件开发，或根据一个已有的软件实现具体的硬件结构。前者是一个经典的软件开发问题，它揭示了电子系统中一个颠扑不破的真理，即软件性能的好坏不仅仅取决于软件开发人员的技术水平，更依赖于所使用的硬件平台。后者则是一个软件固化的问题。为了提升系统性能，可以采用一个与原有软件平台相同的硬件处理器，并将软件代码存储于(只读)存储器当中，即用固件方式实现原有软件的功能；当然也可以在充分理解软件内在功能后完全使用硬件的方式实现相应软件的功能。

当代的软硬件协同设计技术中，软硬件使用统一的设计方法同时并发进行设计，而且在开发过程中，软件部分、硬件部分通过充分交互实现协同设计、协同评估、协同验证以达到性能和功能要求，主要涉及系统任务描述、软硬件划分、软硬件协同综合、软硬件协同仿真等问题，并且对系统设计师提出了新的更高的要求，即软件设计师必须懂硬件语义，硬件设计师必须懂软件语义。

基于软硬件协同的方法进行嵌入式系统设计的基本框架如图 1-1 所示。

大体上，基于软硬件协同的嵌入式系统设计可以分为以下 4 个阶段。

1)系统说明与功能验证

在这个阶段，主要进行概念设计，确定系统的功能以及相关性能要求。基于上述功能与性能要求，进行软硬件需求分析，并使用硬件描述语言(HDL)或者高级语言(如 C 语言或者 System C 等)对系统进行高层次建模与描述，使用模拟仿真或者形式化验证等方法确认系统功能与参数能够满足设计要求。如果满足，则进入下一阶段；否则重新进行概念设计。

2)软硬件功能划分

一个完整的嵌入式系统往往是由硬件部分和软件部分共同组成的。虽然从逻辑功能上讲，软件与硬件是等价的，但是对于一个确定的系统而言，某项功能使用软件实现还是硬件实现，在速度、功耗等方面的性能差异很大，需要结合系统参数需求进行合理的功能划分，以满足系统要求。与此同时，嵌入式系统设计进行软硬件功能划分还需要充分考虑市场、用户使用习惯、消费者心理以及系统扩展性、可移植性等诸多因素，同时需要尽量降低成本。

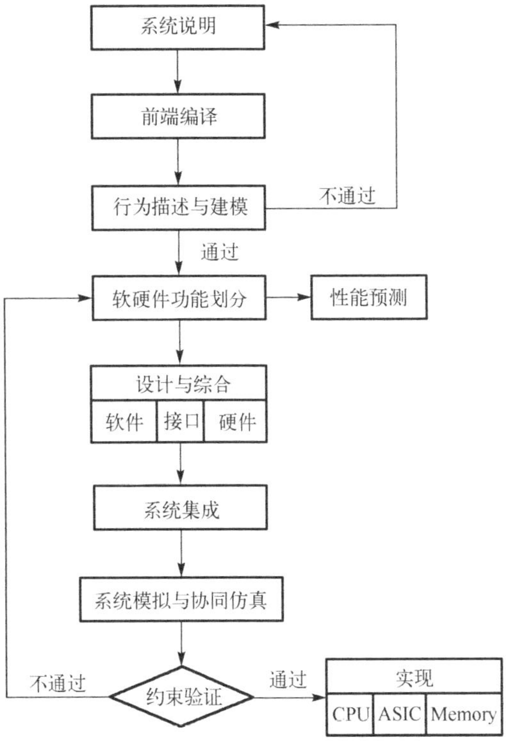

图 1-1　软硬件协同设计框架

因此，在嵌入式系统软硬件协同设计过程中，软硬件功能划分尤为重要。合适、恰当的软硬件功能划分方法不仅能够在满足功能要求的基础上提升性能、降低成本，而且能够给系统的最终设计实现提供便利；反之，不成功的软硬件功能划分将导致系统性能损失，或者成本增加，或者增加系统设计实现的难度。

一般地，在进行软硬件划分时遵循的基本原则是：系统中要求高速度、追求低功耗的功能通过硬件实现，而那些面向多品种、小批量的功能则通过软件来实现。具体的功能实现与软硬件功能划分策略，大体上可以分为两种：一种是面向软件的方法；另一种是面向硬件的方法。前一种方法中，系统的主要功能用软件实现，但是将其中的部分功能从通过软件实现改成使用硬件实现，例如，通过这种方法以满足时序的要求，从而提高系统速度等；后一种方法中，主要功能用硬件实现，但是将其中的部分功能从使用硬件实现改成通过软件实现，例如，通过这种方法减少硬件部件、降低系统成本等。

一般地，进行嵌入式系统软硬件功能划分是一个反复迭代、求精的过程，每一次功能划分以后，需要基于划分结果对系统性能进行预测，检验其功能的完备性，以及在关键性能指标上的满足情况，并适当考虑未来技术、市场以及应用的需求情况，如果性能预测结果表明当前的划分结果能够达到预期，则进入下一步的具体设计实现阶段，否则需要重新进行系统的软硬件功能划分。如果发现无论怎样进行软硬件功能划分都无法满足系统性能设计要求，则可能需要退回到上一步重新进行系统设计，确定系统的功能和性能参数。

3）设计与综合

在电子系统设计中，综合其实就是将通过较高级别描述方式描述的设计结果转化为通过较低级别描述方式描述的设计结果的过程。例如，可以通过综合，把硬件描述语言描述的设计结果转化成门级或晶体管级描述的设计结果。因此，可以把综合简单地理解成使用较低一级的描述结果“具体实现”较高一级的描述结果的过程。从这个意义上讲，电子系统设计中的综合实际就是对设计结果逐步求精并最终实现它。

在软硬件协同设计中，需要分别完成硬件部分设计与综合、软件部分设计与综合和接口设计与综合。

从电子系统设计的角度看，硬件部分设计与综合的概念最为简单，可以认为硬件部分最后的综合结果就是硬件部分的最终表现形式，例如，其可以是一个或多个中央处理器(CPU)(或 CPU 核)，或者一个专用集成电路(ASIC)、一个数字信号处理器(DSP)等。硬件部分设计与综合中需要考虑的主要问题跟传统的集成电路设计与综合一样，主要是面积、速度、功耗等，这些因素都与系统的最终性能参数要求密切相关。除此之外，跟传统的集成电路设计与综合一样，硬件部分设计与综合过程中还需要考虑复用(Reuse)的问题。

软件部分设计与综合过程可以简单地理解为编写调试相应的软件，例如，将有限状态机(FSM)描述的过程程序化等，只不过这里编写的软件可能是基于特定硬件结构或操作系统的，因此需要面向一个定制的操作系统，甚至没有操作系统支持。在软硬件协同设计中，软件部分设计与综合面临的主要问题在于缺乏实际硬件的支持。因为软硬件协同设计中软件和硬件是同步开发的，在进行软件部分开发的时候，其面向或依托的硬件系统并没有开发完成，因此只能通过模拟仿真的方式进行系统调试，而且，一旦硬件部分设计有修改，可能需要软件部分做出相应的改动(与此对应，软件部分设计的调整也有可能需要硬件部分做出必要的改动)。此外，如何估算软件部分的性能和如何让在不同模块软件中线性执行的命令满足系统时序约束条件(如频率要求、操作的并发与同步、信号的先后次序等)也是软件部分设计与综合需要着重考虑的问题。

嵌入式系统中的接口包括接口软件和接口硬件。跟传统的接口设计方法类似，软硬件协同设计中接口设计与综合遵循以下原则：通用接口标准化(例如，接口硬件中采用标准总线接口，如 PCI、VME 接口等)、专用接口定制化(例如，接口硬件中的传感器接口需要结合具体的功能以及系统需求进行设计)、接口通信简单化(例如，尽量使接口硬件中的连线更少，尽量将子模块直接连接而不采用胶合逻辑，等等)。

4) 系统模拟与协同仿真

软硬件系统设计需要通过系统模拟与协同仿真来确认系统功能、预估系统性能。在此过程中，如果发现功能或性能方面不能满足系统要求，需要立即诊断问题原因，回退到相关设计环节加以修正。有些情况下，简单的设计修改已经不能达到修正错误的目的，可能需要进一步完善系统功能、修正性能参数，或者重新进行软硬件功能划分，甚至重新进行系统顶层设计。

系统模拟与协同仿真可以利用仿真器参数配置模拟构建真实环境从而通过仿真器完成，也可以借助形式化验证、高层次综合等技术，在(部分或全部)子模块尚未完成的情况下进行。相比较而言，后一种方法能够更早地发现可能存在的问题，而形式化验证、高层次综合等一直以来也是电子设计自动化(EDA)技术研究的重点和难点。

一般地，软硬件协同设计平台会提供相应的系统模拟与协同仿真系统。从使用者的角度来看，除了对其模拟仿真结果正确性的要求之外，还需要系统提供足够便利的交互性，允许用户快速改变结构参数，并且能够通过直观的图形化界面等多种方式呈现便于分析与调试的模拟仿真结果。当然，用户同时希望模拟仿真系统能够具备较高的速度，在不同结构下均能快速测试不同输入激励的响应，但是模拟仿真系统往往很难同时满足用户在交互性和模拟仿真速度上的要求。

1.2 Zynq全可编程SoC基础

早期的嵌入式系统是通过板上系统完成系统集成的，如图1-2(a)所示，它把独立设计或集成使用的存储部件、运算部件、控制决策电路以及对外接口等各功能单元均使用分立的物理器件来实现，然后在印制电路板(PCB)的层面把它们组合起来。随着电子系统设计自动化技术的不断进步和系统集成度的不断提升，越来越多的嵌入式系统通过片上系统(SoC)来实现，如图1-2(b)所示，它把实现系统各部分功能的部件都集成到一块集成电路芯片中，能在不同的系统单元之间实现更快更安全的数据传输，不仅成本更低，而且具有更高的整体系统速度、更低的功耗、更小的物理尺寸和更好的可靠性。

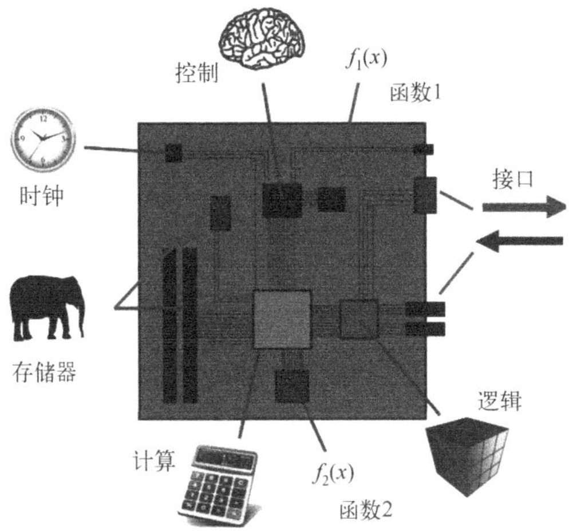

(a) 板上系统

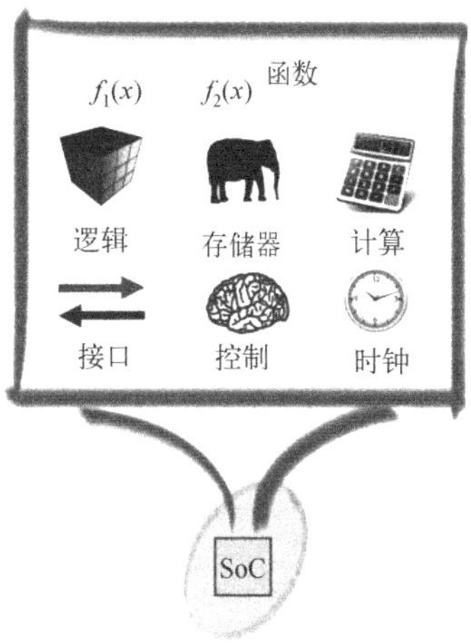

(b) 片上系统

图1-2 板上系统与片上系统的比较

最初的时候，片上系统是基于专用集成电路(ASIC)技术开发设计的，这种基于ASIC的SoC往往对专业的要求较高，开发时间比较长，成本比较高。特别地，这种专用SoC芯片一旦设计完成就不可更改，其相应的工程投入(以及成本)往往是不可复用的，因此只适合较大批量而且将来不需要升级的市场领域。

对于嵌入式系统产品而言，快速投入市场、根据应用或用户需求灵活更改部分功能或及时改善某些性能以及具备在后期对系统功能或硬件结构进行增、删、改的升级能力至关重要，传统的基于 ASIC 的方法不满足上述需求，基于可编程片上系统(System-on-Programmable-Chip)的方法则能够较好地满足。

与早期的复杂可编程逻辑器件(CPLD)或现场可编程门阵列(FPGA)不同，以Xilinx公司的Zynq系列全可编程片上系统(All-Programmable SoC，APSoC)为代表的现代可编程系统中，处理器、存储器、控制逻辑、I/O 接口等都可在系统编程，这就为嵌入式系统产品缩短样品开发周期、缩短产品上市时间以及降低成本等提供了很好的支持。

Zynq 系列芯片基本结构如图 1-3 所示。一个 Zynq 芯片主要由两大部分组成：处理系统(Processing System，PS)和可编程逻辑(Programmable Logic，PL)。处理系统具有固定的架构，包括处理器和系统存储区部分，其中集成了(1 个或多个)ARM Cortex-A9 双核；可编程逻辑则等价于一块现场可编程门阵列(FPGA)的可编程逻辑，它是完全灵活的，相当于一块“空白画布”，用户可以创建各种定制的外设，或者重用各种标准外设。Zynq 提供大量的标准 IP，这些部件不需要重新设计。

处理系统和可编程逻辑是相互独立的，彼此之间由高级可扩展接口(Advanced eXtensible Interface，AXI)进行连接。PS 部分和 PL 部分可以单独使用，也可以合起来使用。Zynq 系列芯片内部这两部分的供电电路是相互独立的，当仅使用其中一部分时，不使用的另一部分可以被断电从而降低功耗。但是，Zynq 系列芯片最有价值的模式就是通过软硬件协同设计将 PS 部分和 PL 部分结合起来使用，如果仅需要使用其中一部分，则建议选用其他实现方式，例如，如果仅需使用 PL 部分，可以直接采用 FPGA 实现。

需要注意的是 Zynq 芯片上的处理器可以有两种(图 1-4)：一种是硬处理器，它就是 Zynq 芯片中集成的 ARM Cortex-A9 处理器核(ARM V7-A 架构，版本号为 r3p0)；另一种是 MicroBlaze 软处理器，它由可编程逻辑部分的单元组合而成，其实现和部署在 FPGA 里的任何其他 IP 包等价。相对而言，由 ARM 核构成的硬处理器可获得更高的性能，但是软处理器 MicroBlaze 实例的数量和精确实现更加灵活，用户根据需要可以配置 1 个或多个 MicroBlaze 处理器作为 ARM 处理器的协处理器。

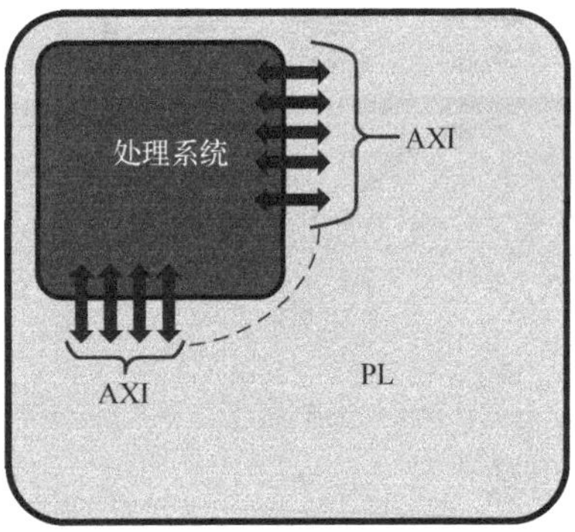

图 1-3　Zynq 系列芯片基本结构

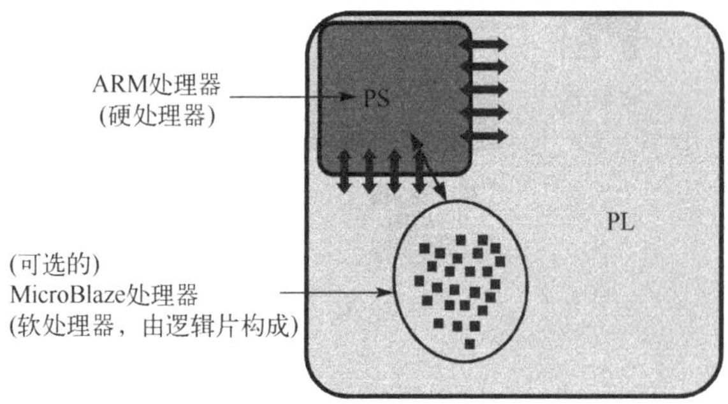

图 1-4　Zynq 芯片的硬处理器与软处理器

1.2.1　Zynq 处理系统

Zynq 处理系统内部组成与结构如图 1-5 所示，它主要由应用处理单元(Application Processing Unit，APU)、扩展外设接口、存储器接口、互连接口和时钟发生电路等组成。

APU 由 1 个或 2 个 ARM 处理器核、1 个 512KB 共享 L2 Cache 及一致性控制单元(Snoop Control Unit，SCU)、1 个 256KB 片上存储器(on Chip Memory，OCM)及片上存储器互连(OCM Interconnect)、1 个 32 位的系统看门狗定时器(System Watch Dog Timer，SWDT)、1 个 64 位的触发定时器/(自减)计数器(Triple Timers/Counters，TTC)、若干系统级控制寄存器(System

Level Control Registers)、1 个 8 通道 DMA(DMA 8 Channel)、1 个通用中断控制器(General Interrupt Controller / Generic Interrupt Controller，GIC)等组成。

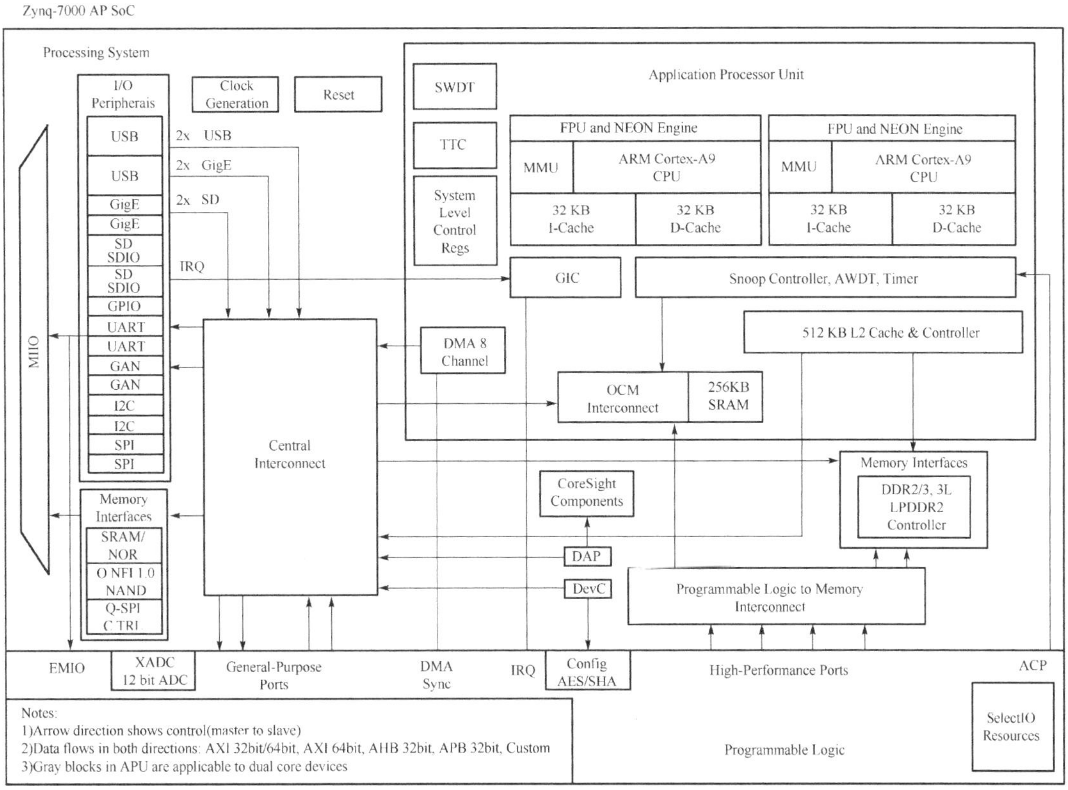

图 1-5 Zynq 处理系统内部组成与结构

需要注意的是 ARM Cortex-A9 处理器可以是 1～4 核的，其最高主频可达 1GHz，但是 Zynq 器件根据芯片不同有单核或双核两种，且不同芯片的主频也不尽相同，其具体信息可查阅器件手册。

每一个 ARM 处理器核均与若干可计算(或与计算相关的)单元关联，包括 1 个 NEON™ 媒体处理引擎(Media Processing Engine，MPE)和浮点单元(Floating Point Unit，FPU)、1 个内存管理单元(Memory Management Unit，MMU)、1 个指令和数据分存的 64KB L1 Cache，以及看门狗定时器(Watch Dog Timer，AWDT，每个 ARM 核 1 个，私有)、一致性控制器(Snoop Controller)等。

简化版双核应用处理器单元框图如图 1-6 所示。

应用处理器单元中的一致性控制器即一致性控制单元(SCU)，它在 ARM 核和 L2 Cache 以及片上存储器(OCM)之间形成桥接，并通过加速器一致性端口(Accelerator Coherency Port，ACP)实现处理器系统(PS)和可编程逻辑(PL)部分的通信，部分负责二者之间的对接。

从编程的角度看，对 ARM 指令的支持是由 Xilinx 软件开发包(Software Development Kit，SDK)来实现的，它包含了开发部署在 ARM 处理器上的软件所需的全部内容。编译器支持 ARM 和 Thumb®指令集(16 位或 32 位)，在特定的状态下还支持 8 位的 Java 字节码(用于 Java 虚拟机)。

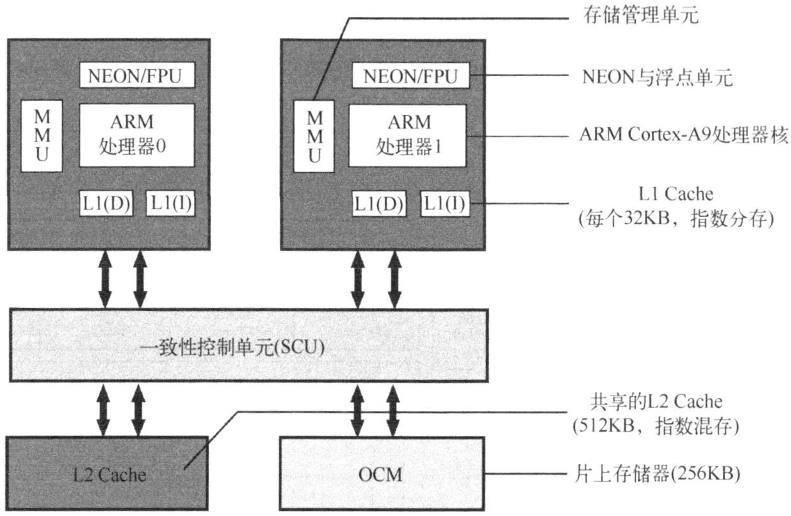

图 1-6　简化版双核应用处理器单元框图

作为主 ARM 处理器的协处理器，NEON 引擎通过单指令多数据(Single Instruction Multiple Data，SIMD)功能实现媒体和 DSP 类算法的加速。NEON 指令是对标准 ARM 指令集的扩展，可直接使用，也可通过写出遵循特定格式的 C 代码，由编译器产生。

SIMD 功能允许对输入向量中的多组数据同时执行相同运算以获得相应的输出向量。这种计算模式特别适合图像和视频处理之类的应用，可同时对大量数据(像素点信息)做运算；同时，这种模式也很适合有限冲激响应(Finite Impulse Response，FIR)滤波和快速傅里叶变换(Fast Fourier Transform，FFT)等具有天然并行性的信号处理函数。

NEON 引擎的计算过程如图 1-7 所示。输入寄存器 A 和 B 中均有 n 组独立输入向量，对所有输入均使用相同的运算操作产生相应的输出向量，然后写到输出寄存器。

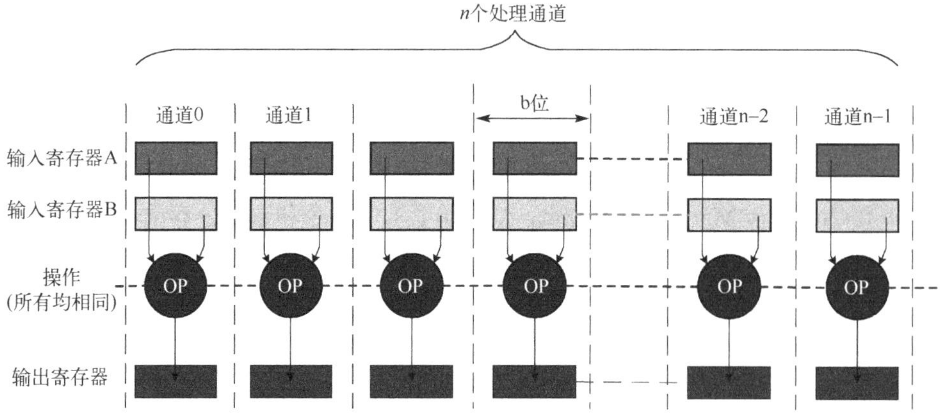

图 1-7　NEON 引擎计算过程

向量的大小是可变的，也就是构成每个寄存器的向量的个数是可变的。重要的特征是每个“通道”通过相同运算产生结果，也就是同一时间对多组不同的输入数据做相同的处理。

NEON 支持多种数据类型，包括有符号和无符号的整数、单精度浮点数和半精度浮点数，但是不支持双精度的浮点数。如果需要双精度计算，要用到浮点数单元(不具有 SIMD 能力)。

Zynq PS 实现了众多接口，既有 PS 和 PL 之间的，也有 PS 和外部部件之间的。PS 与外部接口间通信主要通过复用输入/输出(Multiplexed Input/Output，MIO)实现，它提供了可灵活配置的 54 个引脚，外部设备和引脚之间的映射可按需定义。除此之外，PS 与外部接口间通信还可通过扩展 MIO(Extended MIO，EMIO)实现，但是 EMIO 并不是 PS 和外部部件之间的直接通路，PS 与外部接口间的通信是通过共用 PL 的 I/O 资源实现的。MIO 和 EMIO 均出现在图 1-5 的左侧。当需要扩展超过 54 引脚时可使用 EMIO，或者作为 PS 与 PL 内 IP 包之间的接口时也可使用 EMIO。

Zynq PS 可用的 I/O 外设接口包括标准通信接口和通用输入/输出(General Purpose Input/Output，GPIO)。GPIO 可用于各种用途，包括简单的按钮、开关和 LED。表 1-1 列出了 Zynq PS 可用的 I/O 外设接口，表中的“接口名”对应了 Xilinx 开发工具中使用的缩写。需要注意的是每种通信接口(即除了 GPIO 之外的接口)都有两个。

表 1-1 Zynq PS 可用的 I/O 外设接口

接口名	接口描述	备注
SPI	串行外设接口(Serial Peripheral Interface)	基于 4 个引脚接口的串行通信事实标准，可用于主机或从机模式
I^2C	I^2C 总线	兼容 I^2C 总线标准第二版；支持主机和从机模式
CAN	控制器区域网络(Controller Area Network)	兼容 ISO 118980-1、CAN 2.0A 和 CAN 2.0B 标准的接口控制器
UART	通用异步收发器 (Universal Asynchronous Receiver Transmitter)	用于串行通信的低速数据调制解调器接口，常用于和主机 PC 的终端连接
GPIO	通用输入/输出	共 4 组，每组 32 位
SD		用于和 SD 卡存储器对接
USB	通用串行总线	兼容 USB 2.0，可做主机、设备或灵活配置(On The-Go，即 OTG 模式，意思是可在主机和设备模式之间做切换)
GigE	以太网	以太网 MAC 外设，支持 10Mbit/s、100Mbit/s 和 1Gbit/s 模式

1.2.2 Zynq 可编程逻辑

Zynq 的可编程逻辑(PL)主要是由通用 FPGA 逻辑部分组成的，而 FPGA 是由逻辑片和可配置逻辑块(Configurable Logic Block，CLB)组成的，另外还有用于接口的输入/输出块(Input/ Output Block，IOB)。图 1-8 给出了 Zynq 芯片的逻辑部分及其组成示意图。

可配置逻辑块是逻辑单元的小规模、普通编组，在 PL 中排列为一个二维阵列，通过可编程互连连接到其他类似的资源。每个 CLB 里包含两个逻辑片，并且紧邻一个开关矩阵(图 1-9)。

片(Slice)是 CLB 里的一个子单元，包含实现组合和时序逻辑电路的资源，每一个片由 4 个查找表(Lookup Table，LUT)、8 个触发器(Flip-Flop，FF)和其他一些逻辑组成。

1 个查找表可实现 1 个最多 6 输入的逻辑函数，或者一小片只读存储器(ROM)或随机存储器(RAM)，或者一个移位寄存器。根据需要，可以把 LUT 组合起来形成更大的逻辑函数、存储器或移位寄存器。

触发器是一种时序电路，带复位功能，用于暂存 1 位信息。每一个可配置逻辑块中包含 8 个触发器，其中 1 个可选择配置为锁存器。

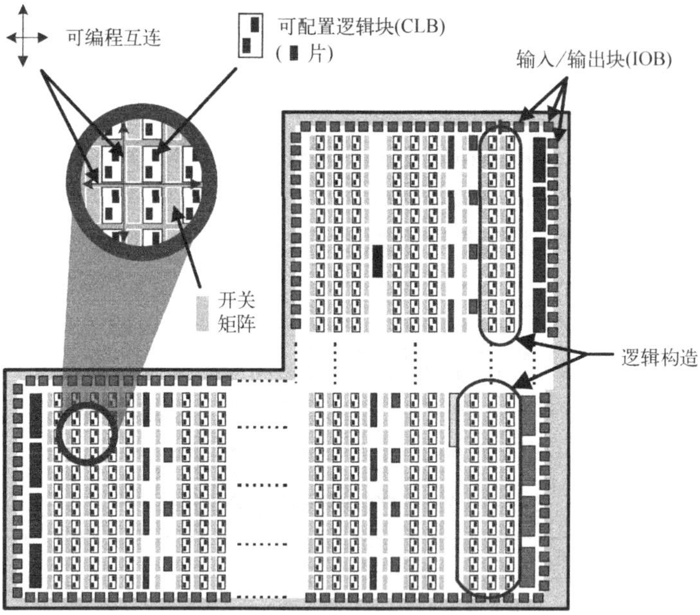

图 1-8　Zynq 芯片的逻辑部分及其组成

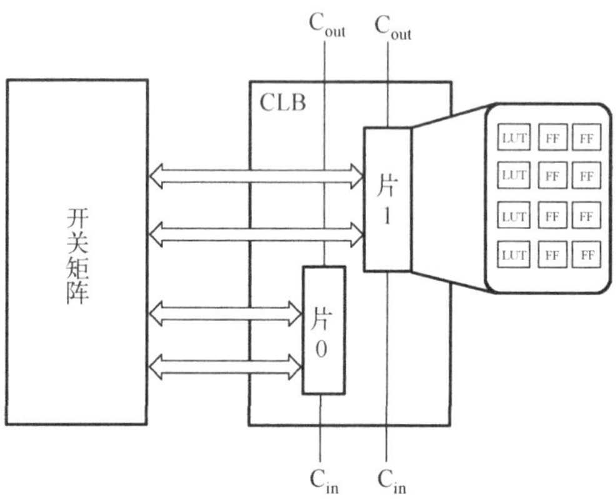

图 1-9　可配置逻辑块组成

每个 CLB 旁都有一个开关矩阵(Switch Matrix)，它通过灵活的布线功能以连接 CLB 内的单元或者把一个 CLB 与 PL 内的其他资源连接起来。

算术电路需要在相邻的片之间传递信号，它通过进位逻辑来实现。如图 1-9 所示，进位逻辑可以连接一个垂直列上的片，从而实现更大的规模或更复杂的功能。

输入/输出块(IOB)实现了可编程逻辑资源与外界的对接，每个 IOB 通过一个物理焊盘来连接外部电路。IOB 通常位于芯片的周边，每个 IOB 可处理 1 位输入/输出信号。Zynq 把输入/输出功能称作 SelectIO 资源，每 50 个 IOB 组成一组，分为高性能(High Performance，HP)接口组或高范围(High Range，HR)接口组两类。HP 接口组最高电压为 1.8V，通常用作连接存储器和其他芯片的高速接口；而 HR 接口组允许高达 3.3V 的电压，适合做各种标准 I/O 的连接。两类接口组都支持单端和差分信号，单端信号需要一个 IOB 连接，差分信号则需要两个 IOB 连接。每个 IOB 还包含一个 IOSERDES 资源，可以做并行和串行数据的可编程转换(串行化和反串行化)，数据宽度为 2～8 位。

在利用可编程逻辑(PL)进行设计时，大多数情况下用户无须专门指定可配置资源，Xilinx 工具会自动根据设计安排所需 LUT、FF、IOB 等，并映射连接。

除了通用的部分，Zynq 的可编程逻辑部分还有两个特殊用途的部件，即用于满足密集存储需要的块 RAM 和用于高速算术运算的 DSP48E1 片。如图 1-10 所示，这两种资源都按列排列，集成在可编程逻辑(PL)部分中的逻辑阵列里，而且往往彼此靠近(因为密集存储与高速运算往往相互紧密联系)。

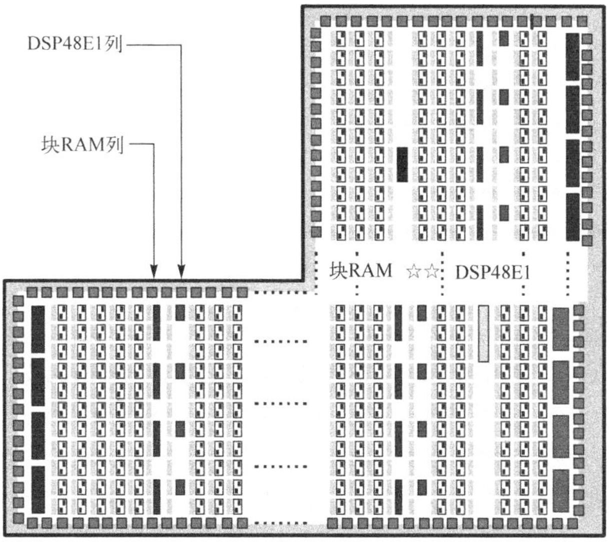

图 1-10 块 RAM 列与 DSP48E1 片列

块 RAM 其实是经过优化的专用存储单元，使用块 RAM 就意味着能用很小的物理空间储存大量的数据，而且往往还能用芯片所支持的最高时钟频率工作。通过块 RAM 可以实现 RAM、ROM 和先入先出(First In First Out，FIFO)缓冲器，同时还支持纠错编码(Error Correction Coding，ECC)。

每个块 RAM 可存储最多 36KB 的信息，能被配置为一个 36KB 或两个独立的 18KB 的 RAM。其默认字宽 18 位，此时每个块 RAM 含有 2048 个存储单元(即 2048×18 位)。块 RAM 还可以被“重塑”来包含更多更小的单元(如 4096×9 位或 8192×4 位)，或更少更大的单元(如 1024×36 位、512×72 位)；还可以把两个或多个块 RAM 组合起来形成更大的存储空间。

与块 RAM 不同，另一种构建较大容量存储器的办法是采用查找表(LUT)来搭建分布式 RAM，但是想要构成一个与块 RAM 大小相当的存储器，需要用到大量的、分布在较大的面积上的 LUT，随着容量增加，其逻辑和布线延迟剧增，最终造成结果的时序性能受限明显。不过，用分布式 RAM 实现较小容量的存储器往往优势明显，一方面是因为资源利用率高，另一方面是因为分布式 RAM 可以靠近与之相互作用的部件，布局更灵活，且具有更好的时序性能。

可编程逻辑(PL)部分里的 LUT 可以用来实现任意长度的算术运算，但是最合适的是做较短字长的算术运算，因为较长字长的算术运算会在逻辑片中占据较大的空间，其布局和布线因素会降低其时钟频率。DSP48E1 片则是专门用于实现较长字长高速算术运算的专用的芯片资源，如图 1-11 所示，其逻辑单元内主要包含前加法器、乘法器和后加法器等(图中标注了最大算术字长)。需要注意的是图 1-11 所示为简化图，省略了底层实现细节，以及溢出检测等辅助电路。

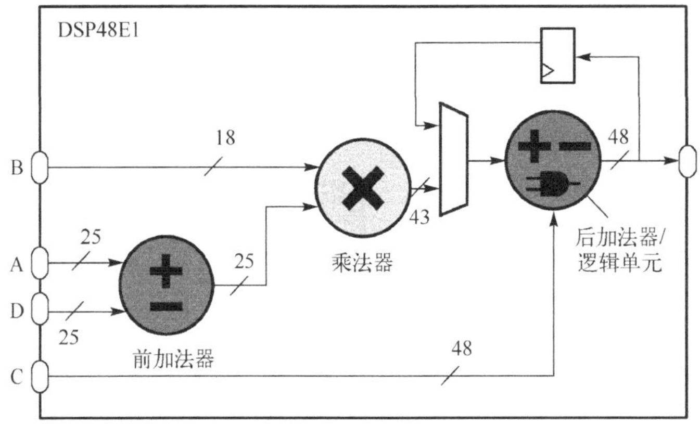

图 1-11　DSP48E1 片的算术能力

DSP48E1 片通过复用电路灵活使用寄存器(内部复用器未在图 1-11 中完整显示)，并且支持计算的动态变更(即功能可按需逐周期地改变)。它通过 OPMODE 输入配置这些内部的复用器来选择其中的一个、两个或所有的算术运算符，并决定所实现的算术功能。在图 1-11 中，输入为 A、B、C 和 D，输出为 P，该部件可以计算 P=(A+D)B，或 P=P′+C，或类似的很多其他运算；它还能做 SIMD 处理，分别实现 2 个 24 位或 4 个 12 位数据所对应的更短的加法/减法/累加运算。

图 1-11 的后加法器有一个额外的功能，即可以用作逻辑单元。当用作逻辑单元时，它可以做逻辑运算而非算术运算，并且支持所有的基础布尔运算，包括按位的非(NOT)、与(AND)、或(OR)、与非(NAND)、或非(NOR)、异或(XOR)和同或(XNOR)运算。

图 1-11 所标的标准算术字长满足大多数需求，但是如果需要，也可以组合多个 DSP48E1 片进行扩展。通过组合 DSP48E1 还可以实现复数运算、浮点运算等。和块 RAM 一样，DSP48E1 片可以以芯片的最高时钟频率工作，这种高速度、低功耗的优势使得 DSP48E1 片特别适合实现计算密集型算术电路，例如，用于信号处理及其他各种应用。

DSP48E1 片最有影响力的一种用法是实现对称形式的有限脉冲响应滤波器，这是在 DSP 和数字通信中常用的部件：前加法器确保了每个 DSP48E1 片可以实现两个滤波器抽头(Filter Tap)，而整个滤波器可以由级联的 DSP48E1 片构成，不再需要利用通用部分的任何逻辑，以此完成 DSP 中这种基础的重要计算的一种高性能、高效率实现。

在设计 Zynq 的时候，需要在可能的情况下，针对 DSP48E1 片和块 RAM 识别出明确的、可计算的并行函数，并在 PL 部分加以实现，从而用 PL 加速 PS 中的算法，这将给整个系统的实现带来巨大的收益。

1.2.3　PS 部分与 PL 部分间的接口

如图 1-12 所示，一个基于 Zynq 系统设计实现的基本的数字系统硬件部分由处理器、存储器、外设以及把它们有机连接的总线构成。

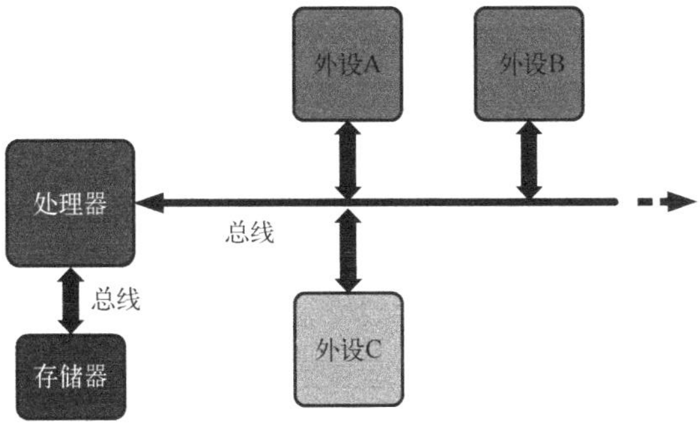

图 1-12　基于 Zynq 的嵌入式系统硬件体系结构简图

处理器是硬件系统的中央单元，软件系统运行在处理器上，由应用程序(通常是基于操作系统的)和一个更低的与硬件系统打交道的软件功能层组成。外设是处理器之外的功能部件，可以把它们视为可被设计、测试和集成进系统并被封装以重用的分立功能块。外设可以是被优化用于特定任务的协处理器，用于辅助主处理器的单元，实现系统加速；或者是与外部接口交互的核心，如连接到 LED 和开关、编解码器等；还可以是额外的存储单元。系统单元之间的通信通过互连进行。这种互连可能是直接的、点对点的，也可能是服务于多个单元的总线。为了简便起见，图 1-12 中都用总线来代表这种互连，而且所有外设都连接在单一总线上。实际上，一个处理器是可以具有多个总线连接的。

如图 1-13 所示，将图 1-12 所示的硬件系统映射到 Zynq 芯片上，可以看到，PS 部分具有固定的架构，承载了处理器和存储器；PL 部分则是完全灵活的，给设计者提供了一张“空白画布”来创建定制的外设，或重用标准外设;PS 部分和 PL 部分的互连通过连接它们的 AXI 来实现。

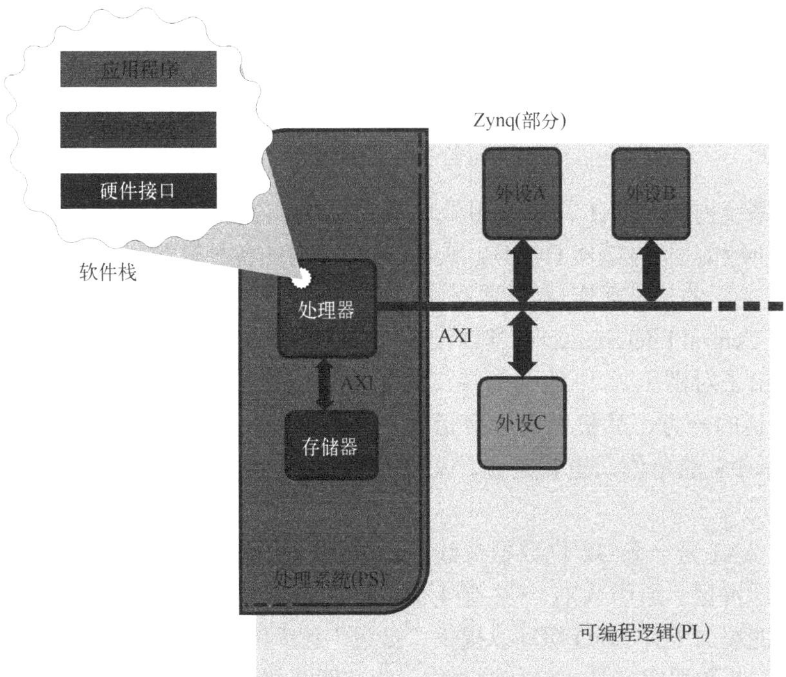

图 1-13　Zynq 系统软硬件关系

AXI 总线可灵活使用，一般用来在一个嵌入式系统中连接处理器和其他 IP 包。AXI 当前的版本是 AXI4，它是 ARM AMBA®3.0 开放标准的一部分，第三方厂家生产的许多芯片和设计的 IP 包都基于该标准。

AMBA 标准原本是 ARM 开发用于单片机的，第一版于 1996 年发布，此后经过不断的修订和扩展，现在已经是“片上通信的事实标准”，主要用于片上系统，包括基于 FPGA 的 SoC，或 Zynq 这样的包含了 FPGA 部分的芯片。

如图 1-14 所示，PS 部分和 PL 部分之间主要通过一组 9 个 AXI 连接，每个接口由多个通道组成。除了 ACP 接口外，所有接口都明确地与 PS 内的 AXI 互连，ACP 则直接连到 APU 里面的一致性控制单元(SCU)。

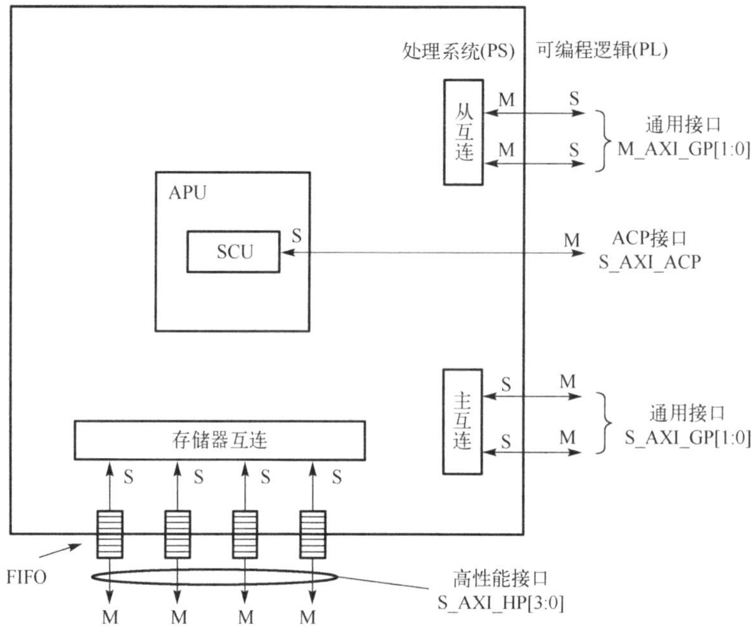

图 1-14　AXI 互连与接口

在处理器系统内部，AXI 用在应用处理单元(APU)内部(连接处理器核和一致性控制单元(SCU)、Cache 和片上存储器 OCM)，或者连接 PS 内的各种资源，它们是对 PS-PL 连接的补充。图 1-14 所示的三个互连(存储器互连、主互连和从互连)均是在 PS 内部连接到图 1-5 中的中央互连(Central Interconnect)，然后连接可编程逻辑(PL)部分的。

表 1-2 给出了对图 1-14 中的 9 个接口的基本描述，并注明了主机和从机(主机为控制总线并发起会话的一方，从机是响应会话的一方)。Zynq 通过规范的接口命名(表 1-2 中第一列)来表示 PS 的角色，也就是说，第一个字母 M 表示 PS 是主机，而第一个字母 S 表示 PS 是从机。

其中通用 AXI 是一条 32 位数据总线，适合 PL 和 PS 之间的中低速通信。接口中数据直传，没有缓冲区。通用 AXI 一共有 4 个，其中 2 个 PS 做主机，另外 2 个 PL 做主机。

四个高性能端口带有 FIFO 缓冲以提供“批量”读/写操作，并支持 PL 和 PS 中存储器单元的高速通信，其数据宽度是 32 位或 64 位，所有四个接口中都是 PL 为主机，PS 为从机。

表 1-2　PS 与 PL 间接口

接口名称	接口描述	主机	从机
M_AXI_GP0	通用接口	PS	PL
M_AXI_GP1		PS	PL
S_AXI_GP0	通用接口	PL	PS
S_AXI_GP1		PL	PS
S_AXI_ACP	加速器一致性端口，用于 Cache 一致性会话	PL	PS
S_AXI_HP0	带读/写 FIFO 的高性能端口(AXI_HP，有时也称为 AXI FIFO 或 AFI)	PL	PS
S_AXI_HP1		PL	PS
S_AXI_HP2		PL	PS
S_AXI_HP3		PL	PS

加速器一致性端口(ACP)只有 1 个，它在 PL 和 APU 的一致性控制单元(SCU)间实现异步连接，总线宽度为 64 位，完成 APU 的 Cache 和 PL 单元之间的一致性协议，PL 为主机，PS 为从机。

第 2 章　软硬件协同设计实验

本章通过几个典型实验引导读者逐渐熟悉和掌握基于 Xilinx 嵌入式系统软硬件协同设计平台进行系统开发的基本方法。其中：

2.1 节引导完成利用 Vivado 集成开发环境(IDE)创建第 1 个 Zynq 设计“交替闪烁 LED 灯”，并借此介绍 Vivado；

2.2 节引导创建 1 个使用中断的 Zynq 嵌入式系统，它在继续 2.1 节中实验操作的基础上增加了一些必需的技能；

2.3 节介绍使用 Vivado HLS 环境进行高层次综合，包括通过 GUI 手动创建工程和通过脚本自动创建工程，以及对 Vivado HLS 设计的模拟、综合和分析过程；

2.4 节引导创建与来自各种不同来源的 Vivado IP 集成器兼容的自定义 IP 模块；

2.5 节把 2.1～2.4 节中创建的所有自定义 IP 模块以及 Vivado IP 目录中的其他 IP 放到一起，创建一个在 Zynq 开发板上实现的 DSP 系统。

2.1　交替闪烁 LED 灯

本节中的实验将引导完成利用 Vivado 集成开发环境创建第 1 个 Zynq 设计，介绍用于生成在 Zynq 开发板上实现的 Zynq 处理器设计的 IP 集成环境。软件开发套件(SDK)将用于创建 1 个简单的软件应用程序，该应用程序运行在 ARM 处理系统(PS)上，用以控制在可编程逻辑(PL)中实现的硬件。

本实验基于 Vivado 2020.1/Vitis 2020.1 进行设计、调试与实现，实验被分成 3 个练习，其组织如下。

2.1.1 节介绍 Vivado IDE 启动，并利用“New Project Wizard”(新建工程向导)首次创建 1 个工程。

2.1.2 节使用图形工具、IP 集成器和 Vivado IP 目录中的现有 IP，利用 2.1.1 节中创建的工程构建 1 个简单的 Zynq 嵌入式系统。2.1.2 节将使用大量的设计帮助，如开发板自动化(自动完成 IP 模块面向特定设备或开发板的定制)和设计助手(辅助完成 Zynq PS 之间的连接，演示 PL 内的 IP 模块)等。设计一旦完成，将通过一系列步骤完成硬件设计，生成用于 PL 内部实现的比特流(Bitstream)。完成的硬件设计将输出到软件开发套件 Vitis IDE，用于在 2.1.3 节中开发 1 个简单的软件应用程序。

2.1.3 节将介绍 Vitis IDE，并创建 1 个简单的软件应用程序，以允许 Zynq 处理器与在 PL 中实现的 IP 进行交互，并最终完成对 LED 灯的控制。

注：

(1) 在本书练习中将使用“D:\Zynq”作为工作目录。若觉得不合适，可以换成自己的选择，但是请注意，为了顺利完成练习，可能需要相应地对某些源文件进行修改。

(2) 本书中用“\source”表示例程源文件所在的位置，需要根据例程源文件所在的实际位置选择相应的目录，例如，若源文件位于“D:\Zynq\source”，则每次看到以“\source”开头的文件(夹)时，需要先定位到“D:\Zynq”，然后定位并找到书中提及的文件(夹)。

(3) 本书主要基于 Vivado 平台开展各项实验，在某些需要明确指出 Vivado 安装路径的场合，需要根据 Vivado 版本，对相关内容做出相应改变。例如，2.1.1 节中，如果使用的是 Vivado 2020.1 版本，需要将 Zybo 开发板的“开发板部分”信息复制到“{Vivado 安装位置}\Vivado\2020.1\data\boards\board_parts\zynq”文件夹，如果使用的是 Vivado 2019.1 版本，则需要将信息复制到“{Vivado 安装位置}\Vivado\2019.1\data\boards\board_parts\zynq”文件夹，以此类推。

(4) 由于 Vivado 2015 及以后的版本中没有包含用于 Zybo 开发板的“默认部分”信息，因此如果使用 Zybo 开发板，则需要首先进行相关设置：在 Windows 中打开包含 Zybo 源文件的文件夹“\source\ zybo\setup\board_part”，在这个文件夹中有 1 个名为“Zybo”的文件夹，这里包含版本号为“B.3”的 Zybo 开发板的“开发板部分”信息。可以查看 Zybo 开发板背面以确定所使用开发板的版本信息，更新的开发板的“开发板部分”信息可以使用下列链接从 Digilent 网站获取：

https://reference.digilentinc.com/vivado:boardfiles

将“Zybo”文件夹复制到 Vivado 安装目录下面的位置，例如，对于 Vivado 2020.1，就是：

{Vivado 安装位置}\Vivado\2020.1\data\boards\board_parts\zynq

该位置包含了 Vivado 2020.1 设计套件可使用的不同 Zynq 开发板的所有“开发板部分”信息。

2.1.1　创建 1 个 IP 集成器设计

本节将在 Vivado IDE 中利用“New Project Wizard”创建 1 个新工程。

(1) 双击桌面图标启动 Vivado IDE。

Vivado 启动后，将出现如图 2-1 所示的初始启动界面。

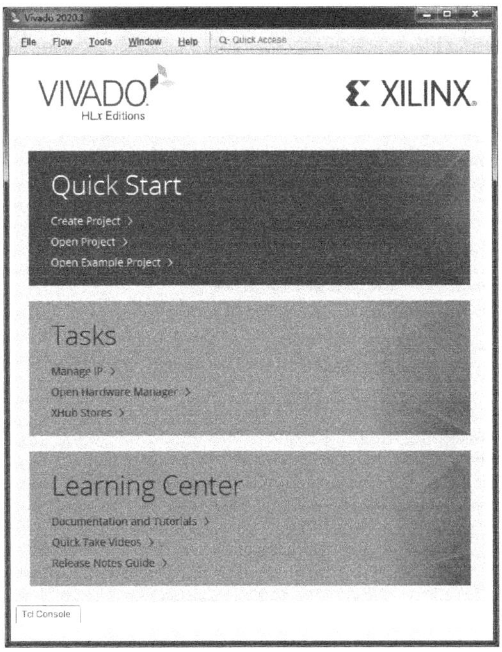

图 2-1　Vivado IDE 初始启动界面

(2) 选择“Create Project”选项，打开如图 2-2 所示的“New Project”(新建工程) 对话框，单击“Next”按钮。

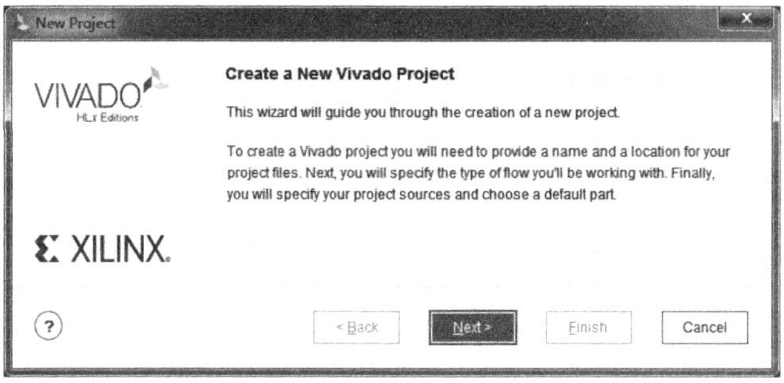

图 2-2　“New Project”对话框

(3) 在“Project Name”(工程名字) 界面的“Project name”文本框中输入工程的名字“lighten_LED”，设定“Project location”(工程的路径) 为“D:/Zynq”，并选择“Create project subdirectory”选项，如图 2-3 所示。这里还可以指定其他工程路径，如果该路径不存在，系统将自动创建该路径，这里使用默认路径，单击“Next”按钮。

图 2-3　“Project Name”界面

(4) 此时出现“Project Type”(工程类别) 界面，选择“RTL Project”单选按钮，并确保“Do not specify sources at this time”复选框没有被选中 (图 2-4)。单击“Next”按钮。

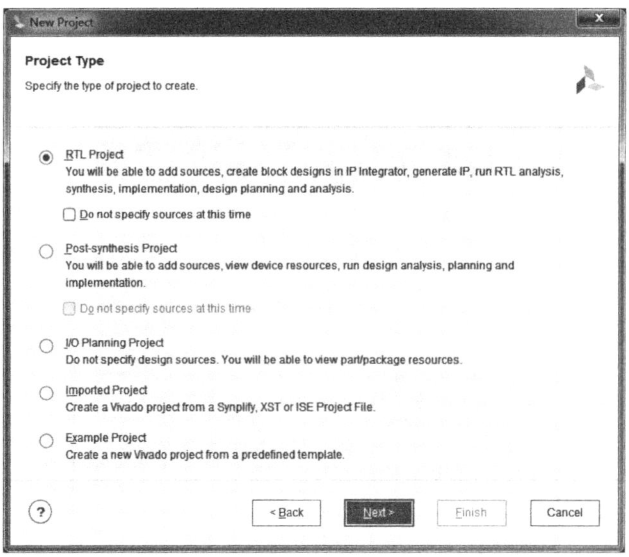

图 2-4　“Project Type”界面

(5)在“Add Sources”(添加源文件)界面中选择“Verilog”作为“Target language”(目标语言)，并将“Simulator language”(模拟语言)设置为“Mixed”(图 2-5)。

如果有需要添加到工程中的 HDL 或网表形式的源文件，可在此阶段进行添加。由于到目前为止没有需要添加到工程的源文件，所以直接单击“Next”按钮。

图 2-5　“Add Sources”界面

(6)此时出现“Add Constraints (optional)”(增加约束(可选))界面(图 2-6)。

图 2-6　“Add Constraints (optional)”界面

这一阶段可以将任何物理或者时序约束文件添加到工程中。由于这里不需要添加任何约束文件，所以直接单击“Next”按钮。

(7) 此时弹出“Default Part”(默认部分)界面。

①如果使用 ZedBoard 开发板：选择“Boards”标签页，从“Name”下拉列表中选择“ZedBoard Zynq Evaluation and Development Kit”，从“Board Rev”下拉列表中选择与所使用开发板对应的版本号(如图 2-7 所示，本书所使用开发板版本号为“d”)，并在“File Version”下面的列表中选取(与开发板文件相对应的版本号)(如图 2-7 所示，这里选择的是“1.4”)。单击“Next”按钮。

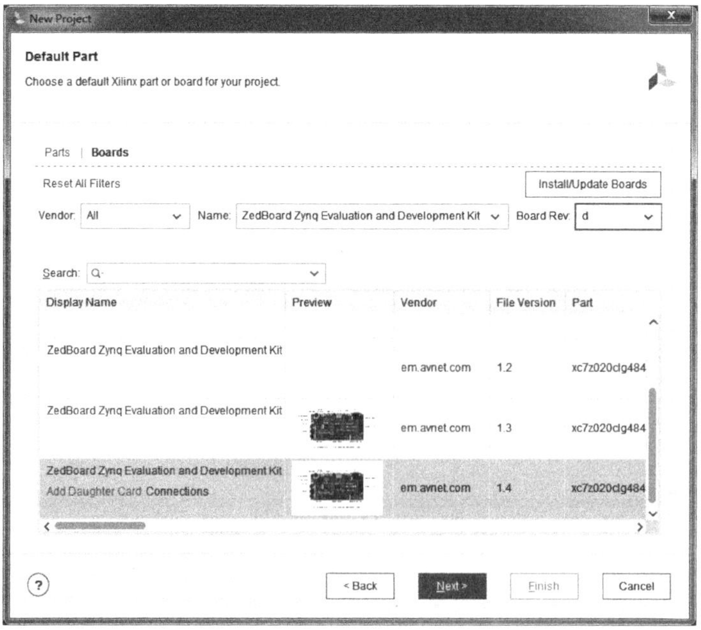

图 2-7　“Default Part”界面——使用 ZedBoard 开发板时

②如果使用 Zybo 开发板：选择“Boards”标签页，从“Name”下拉列表中选择“Zybo”选项(图 2-8)，并选择列表中的“Zybo”选项，单击“Next”按钮。

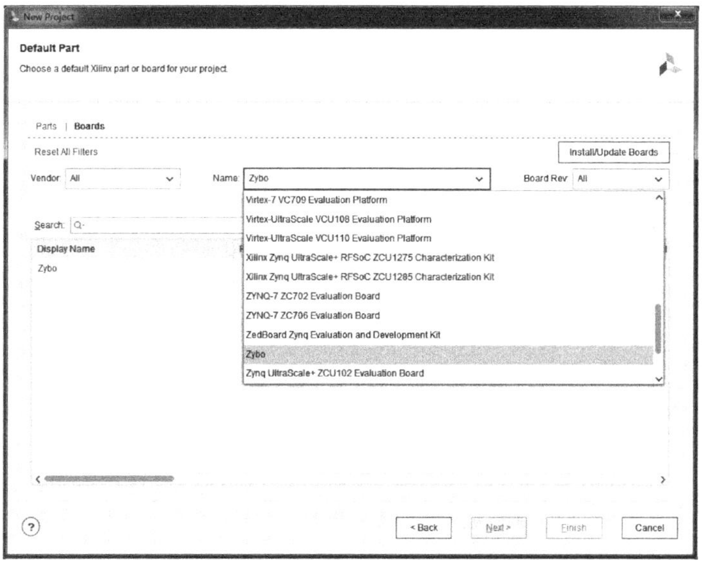

图 2-8　“Default Part”界面——使用 Zybo 开发板时

(8) 在弹出的“New Project Summary”(新工程概要) 界面(图 2-9 或图 2-10) 中查看各个选项设置是否正确，最后单击“Finish”按钮以建立该工程。

图 2-9　“New Project Summary”界面——使用 ZedBoard 开发板时

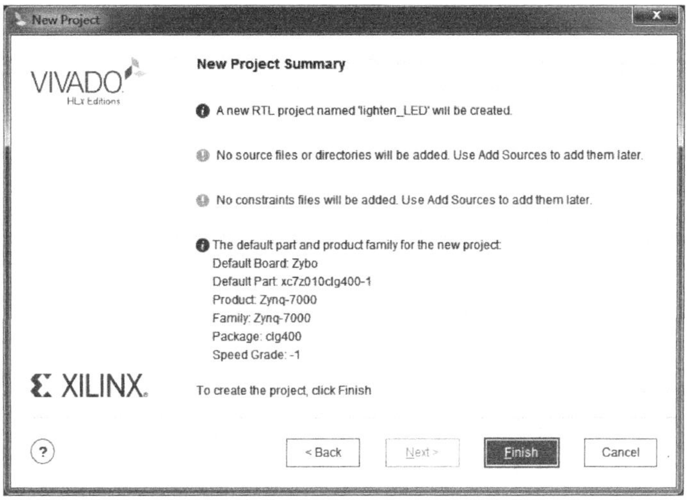

图 2-10　“New Project Summary”界面——使用 Zybo 开发板时

至此，已经在 Vivado IDE 中创建了第 1 个工程，下面可以开始创建第 1 个 Zynq 嵌入式系统。在此之前，先介绍 Vivado IDE 工具的布局。

默认的 Vivado IDE 工具的布局如图 2-11 所示(可通过选择不同的视角显示其他布局)，图中显示使用的是 ZedBoard 开发板，如果使用的是 Zybo 开发板，图中显示的具体内容可能不同，但布局相同。

Vivado IDE 的主要组件如下(数字序号与图 2-11 相对应)。

①菜单栏。菜单栏是访问 Vivado IDE 各种命令的主要入口。

②工具栏。工具栏给出了 Vivado IDE 最常见的命令的快速访问方式，当移动鼠标指针并将鼠标指针悬停在工具栏中某个工具对应图标上时，会出现 1 个提示框，它给出了该工具的相关信息。

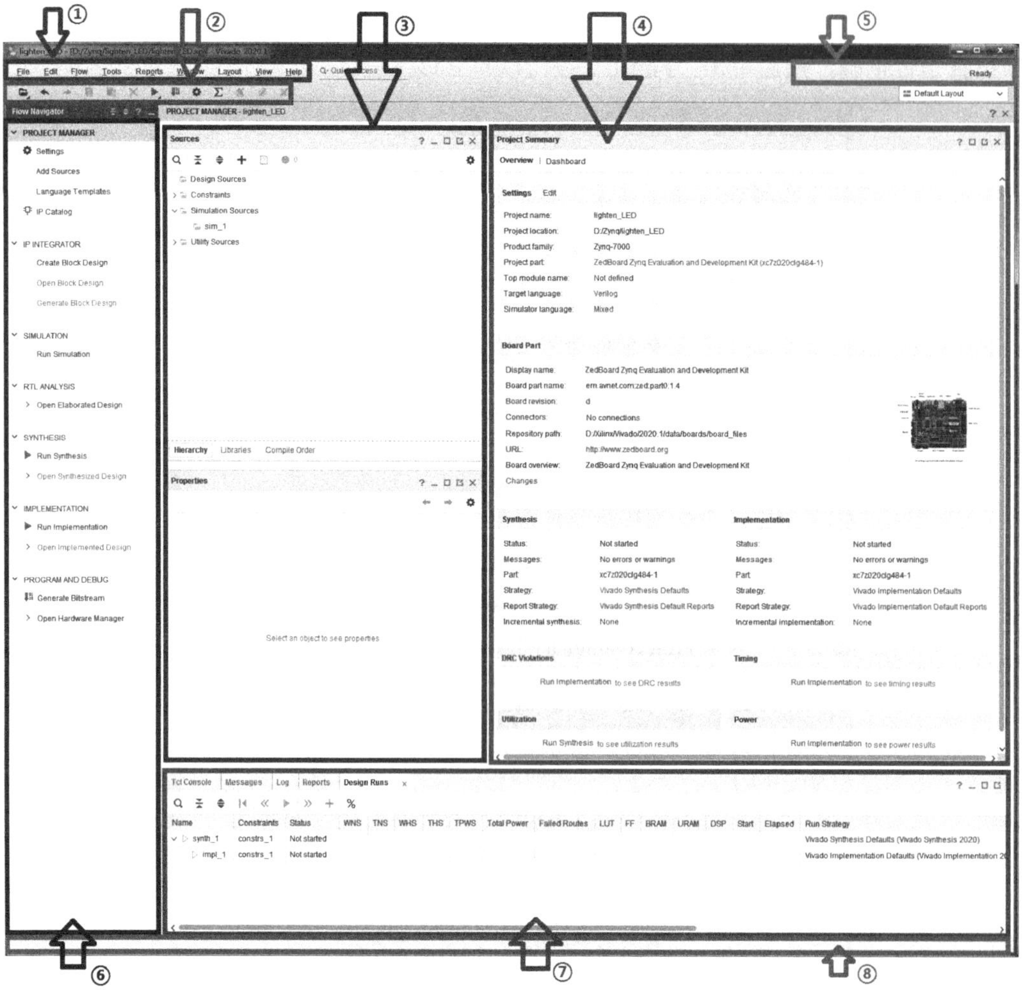

图 2-11　Vivado IDE 布局

③数据窗口窗格。数据窗口窗格默认显示与设计数据和源文件相关的信息，包括以下窗口。

• “Properties”（属性）窗口：显示被选定逻辑对象或器件源文件的信息。

• 网表窗口：提供综合或细化后的逻辑设计的层次化视图。

• “Sources”（源文件）窗口：显示 IP 源文件、文件层次结构图(Hierarchy)、库文件(Libraries)和编译命令(Compile Order)。

④工作区。工作区提供了 1 个较大区域给需要较大屏幕空间和具有图形界面的面板，如原理图面板、设备面板、封装面板和文本编辑面板。

⑤工程状态栏。工程状态栏显示当前活动设计的状态。

⑥流导航。流导航提供对引导 1 个设计从开始到结束的各种必需工具和命令的快速访问，从“PROJECT MANAGER”（工程管理）部分的设计输入开始，直到“PROGRAM AND DEBUG”（编程与调试）部分的比特流生成。可以在“SIMULATION”（模拟）、“SYNTHESIS”（综合）和“IMPLEMENTATION”（实现）部分找到用于对当前活跃设计的模拟、综合和实现命令。

⑦结果窗口区域。结果窗口区域在 Vivado IDE 的底部通过一系列分组的视图显示命令的

状态和结果。命令执行过程中，将产生各种消息，并创建各种日志和报告文件，这里将显示相关信息。

默认的窗口如下。

• "Tcl Console"（Tcl 控制台）：在此可输入 Tcl 命令，也可显示以前命令以及输出的历史信息。

• "Messages"（消息）：显示当前活动设计的所有消息。

• "Log"（日志）：显示模拟、综合和实现过程中产生的日志文件。

• "Reports"（报告）：提供对设计流程中产生的报告文件的快速访问。

• "Design Runs"（设计运行）：管理运行当前工程。

根据需要可在此区域显示的附加窗口包括：查找结果窗口、时序分析结果窗口和封装引脚窗口。

⑧状态栏。状态栏根据系统工作状态显示大量相关信息，具体如下。

• 访问命令时，相关菜单栏和工具栏命令的详细信息将显示在状态栏的左下方。

• 当鼠标指针悬停在"Schematic"窗口中的对象上时，其详细信息将显示在状态栏中。

• 在"Device and Package"窗口中进行约束或布局操作时，有效性与约束类型将显示在状态栏左侧，位置坐标与类型将显示在其右侧。

• 当单击"Background"按钮时，正在执行的任务的进度将被重定位到状态栏右侧。

介绍完 Vivado IDE 工具的布局，下面将开始创建 Zynq 嵌入式系统。

2.1.2　在 Vivado 中创建 1 个 Zynq 嵌入式系统

本节中将创建 1 个简单的 Zynq 嵌入式系统，它通过 Zynq PL 中的通用输入/输出控制器与 LED 相连，同时通过 AXI 总线与 Zynq 处理器相连，从而允许 LED 可由 2.1.3 节中创建的软件应用程序控制并最终实现交替闪烁的效果。

图 2-12 给出了这个 Zynq 嵌入式系统设计的设计框图。

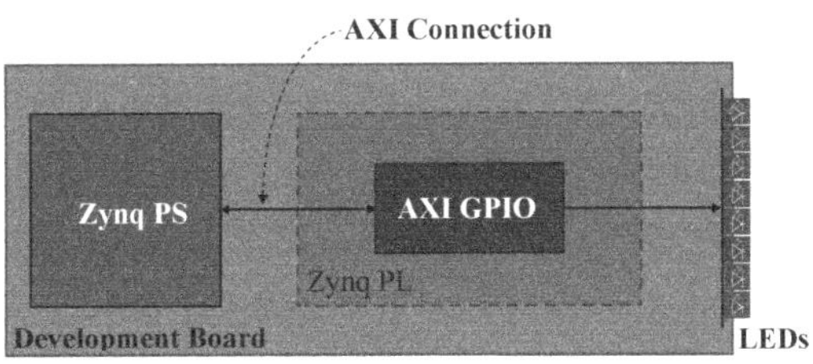

图 2-12　"交替闪烁 LED 灯"设计框图

下面从在 Vivado IDE 中创建一个新的块设计开始。

(1) 在"Flow Navigator"（流导航）面板的"IP INTEGRATOR"部分选择"Create Block Design"命令（图 2-13），将出现"Create Block Design"（创建块设计）对话框，在"Design name"文本框输入设计名称"LED_controller"（图 2-14），单击"OK"按钮，Vivado IP 集成器框图（Vivado IP Integrator Diagram）画布将出现在工作区。

下面要加入到设计中的第一个块是 1 个 Zynq 处理系统。

(2) 在 Vivado IP 集成器框图画布空白处任意位置右击，在弹出的菜单中选择"Add IP"选项（图 2-15），或者在画布上方工具栏中选择"Add IP"按钮（图 2-16）。

图 2-13　从“Flow Navigator”面板创建 1 个新的块设计

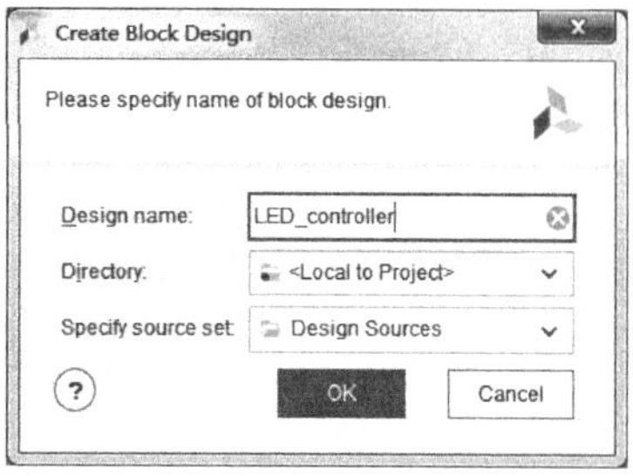

图 2-14　“Create Block Design”对话框

图 2-15　弹出菜单中的“Add IP”选项

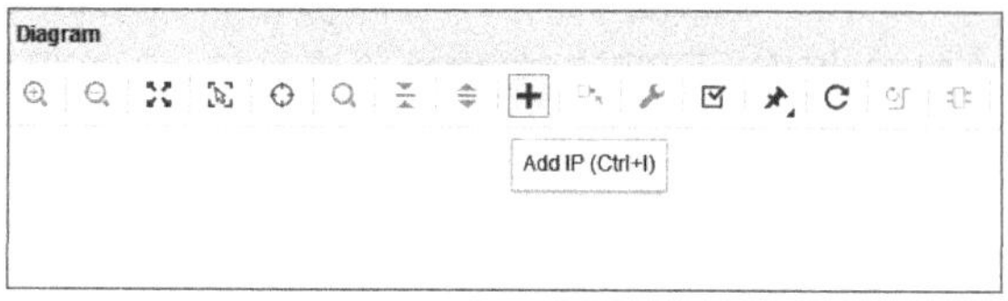

图 2-16　工具栏中的“Add IP”按钮

此时将弹出 1 个 IP 目录界面(图 2-17)。

(3)在“Search”(搜索)文本框中输入“zynq”时下面显示搜索结果“ZYNQ7 Processing System”(图 2-18)，双击或选中后按回车键，1 个 Zynq 处理系统被添加到画布上(图 2-19)。

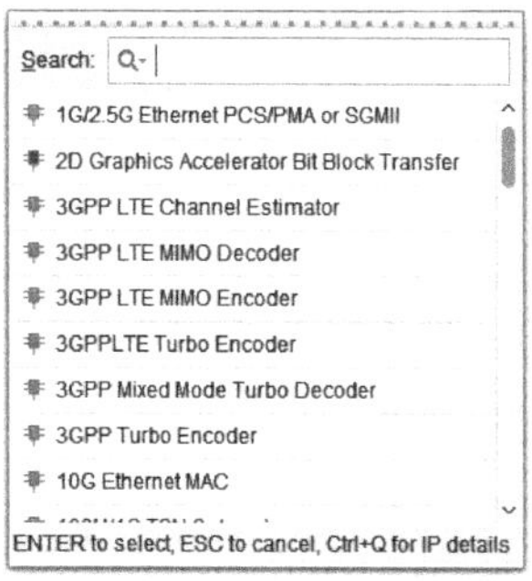

图 2-17　IP 目录界面

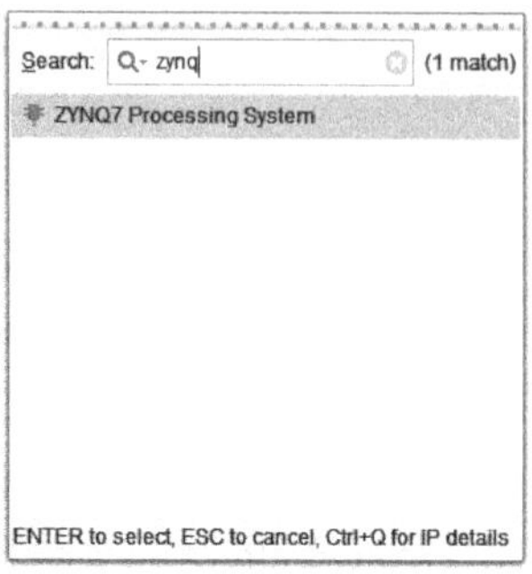

图 2-18　输入“zynq”

与此同时，在“Tcl Console”标签页将出现提示消息，确认处理系统已被正确地添加到画布中：

```
create_bd_cell -type ip -vlnv
xilinx.com:ip:processing_system7:5.5
processing_system7_0
```

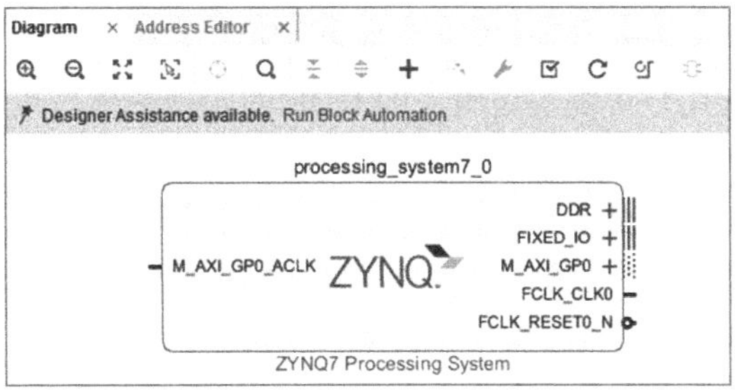

图 2-19　添加到画布的 Zynq 处理系统

像这样在 IP 集成器块上进行的所有操作的消息都将显示在“Tcl Console”窗口(如图 2-20 所示，这是使用 ZedBoard 开发板时显示的信息，使用 Zybo 开发板时显示的信息与之类似)。

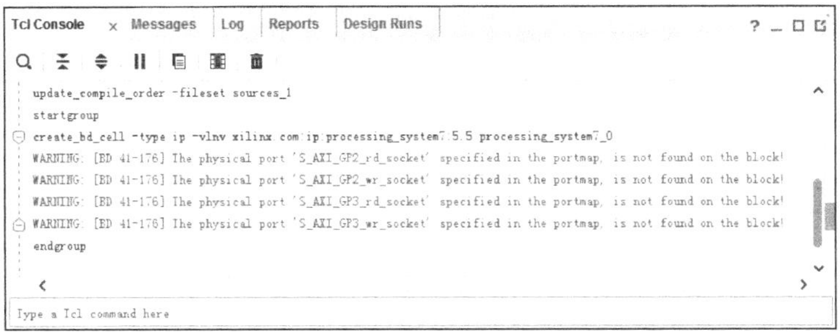

图 2-20　“Tcl Console”窗口显示的信息

Zynq 处理系统被添加到画布上后，双击该模块，将弹出如图 2-21 所示的“Re-customize IP”(重配置中)对话框，在这里可以看到一个完整的 Zynq 处理系统。

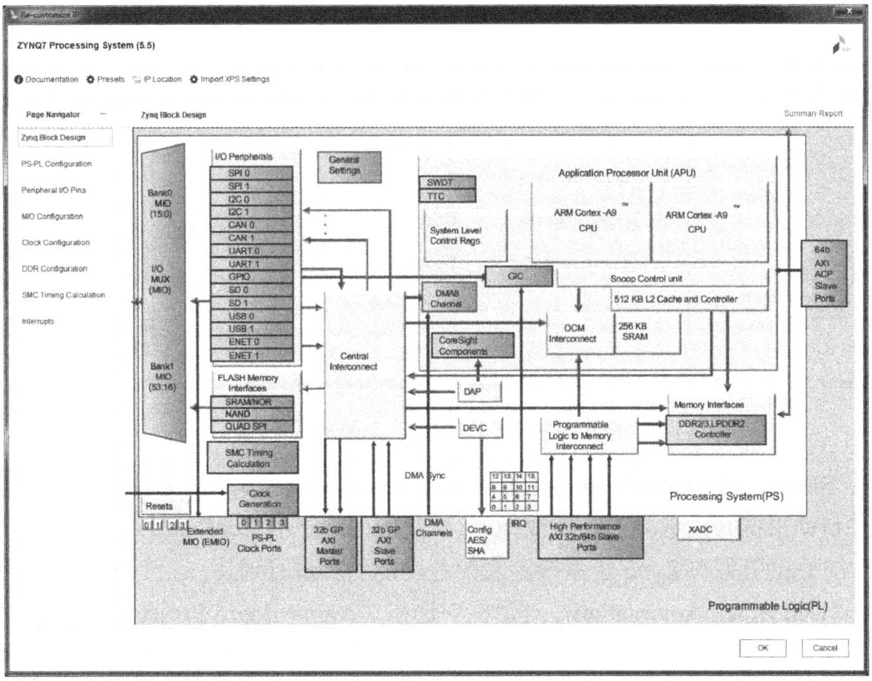

图 2-21　“Re-customize IP”对话框

Zynq 系列芯片中的 PL(如图 2-21 所示深灰色部分)即为传统意义上的由 Logic Cell 组成的用户可编程逻辑，即 HDL 的实施载体，也可以称为狭义上的传统 FPGA。

Zynq 系列芯片中的处理器系统(PS)是一个系统，是 Xilinx 公司集成好的一个基于 ARM 内核的最小硬件系统。从图 2-21 中可以看到，这里包含两个 ARM Cortex-A9 处理器核，另外还包括其他一些固有的外设 IP 模块。图中绿色部分的模块可以通过配置裁剪掉，而浅灰色部分的则为固定存在不能省略掉的。

下一步是将 Zynq PS 上的 DDR 和 FIXED_IO 端口与设计中的顶层端口相连。

(4) 在框图画布上端的“Designer Assistance available”消息中选择“Run Block Automation”链接(图 2-22)，将弹出“Run Block Automation”对话框(图 2-23)。

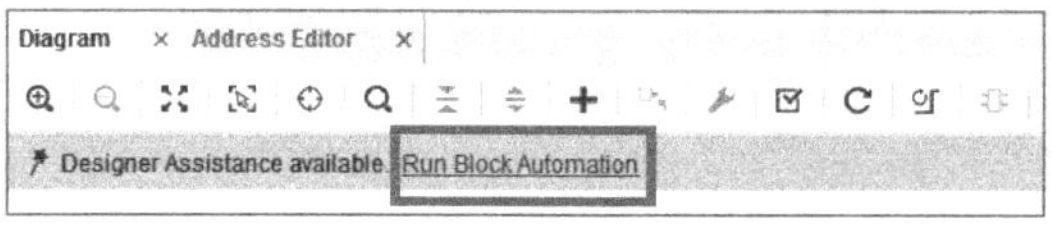

图 2-22　运行块自动化——处理系统

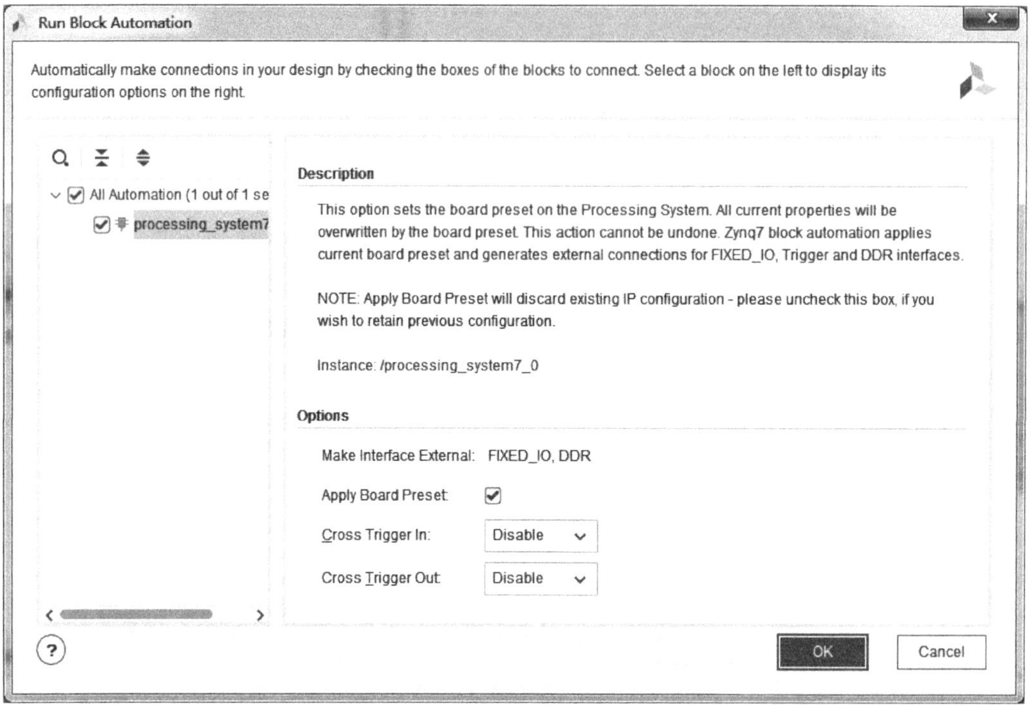

图 2-23　运行块自动化——Zynq 处理系统

“Run Block Automation”操作主要是进行 Zynq 系统引脚与 FPGA 芯片引脚之间的绑定，即软件自动根据开始选择的开发板型号(就是前面选择的 ZedBoard 或者 Zybo 开发板)将 FPGA 芯片的外设引脚与 Zynq 子系统定义的各功能引脚进行连接。

(5) 在“Run Block Automation”对话框中选中“Apply Board Preset”复选框，其他接受默认选项，单击“OK”按钮，则生成用于 DDR 和 FIXED_IO 接口的外部接口。

此时的块框图将类似图 2-24 所示。

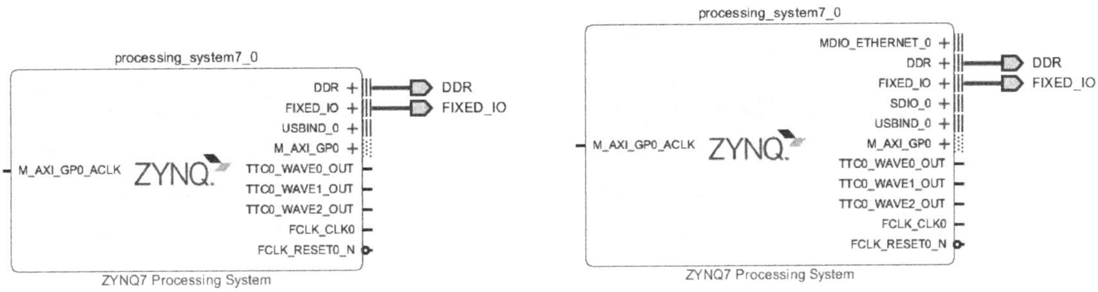

(a) 使用 ZedBoard 开发板时　　(b) 使用 Zybo 开发板时

图 2-24　ZYNQ7 处理系统外部接口

至此，主要的 Zynq PS 已经添加到设计中并做了相应的配置，现在可以添加将放置于 PL 中以增加系统功能的其他块了。本节中，只需要添加 1 个简单的块 AXI_GPIO，以允许对开发板上的 LED 进行访问。

(6) 在框图画布空白处右击并在弹出的菜单中选择“Add IP”选项，在弹出的 IP 目录界面的“Search”文本框中输入“GPIO”，增加 AXI GPIO IP 的 1 个实例。

下面使用“IP Integrator Designer Assistance”工具自动完成 AXI_GPIO 块和 ZYNQ7 处理系统的连接。

(7) 在框图窗口上端的“Designer Assistance”消息中单击“Run Connection Automation”信息提示条，在弹出的“Run Connection Automation”对话框中选中“S_AXI”复选框(图 2-25)。

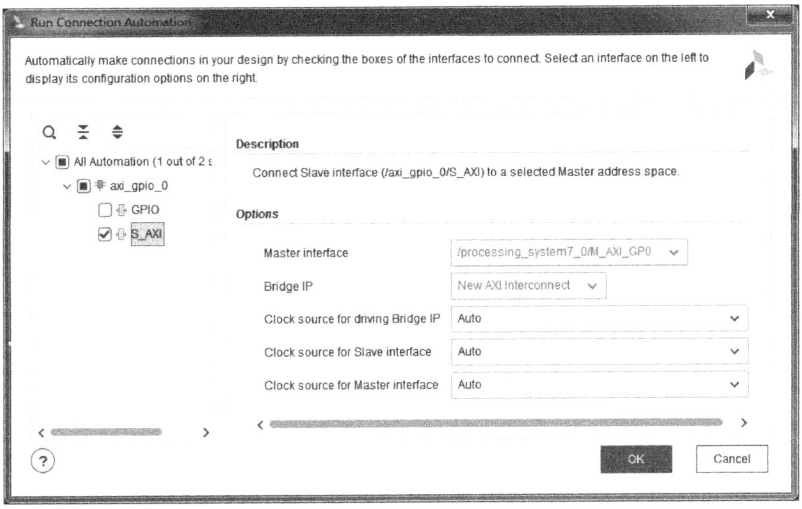

图 2-25　运行连接自动化——“S_AXI”

此时自动将 GPIO 与 1 个 AXI 相连，并自动实例化另外两个 IP 模块。

①处理器系统复位模块(Processor System Reset Module)：提供定制的全系统复位功能，包括外设、互连以及处理器自身。

②AXI 连接(AXI Interconnect)：提供一个用于系统的 AXI 连接，允许 PL 中的其他 IP 和外设与主处理系统通信。

单击“OK”按钮，所有块间连接将自动完成。

最后需要将 AXI GPIO 块与开发板上的 LED 相连，这同样可通过“Designer Assistance”完成。

(8) 在框图窗口上端的“Designer Assistance”消息中单击“Run Connection Automation”信息提示条，在弹出的“Run Connection Automation”对话框中选中“GPIO”复选框。如果使用 ZedBoard 开发板，从“Select Board Part Interface”下拉列表中选择“leds_8bits (LED)”选项(图 2-26)；如果使用 Zybo 开发板，则从“Select Board Part Interface”下拉列表中选择“leds_4bits”(图 2-27)，单击“OK”按钮。

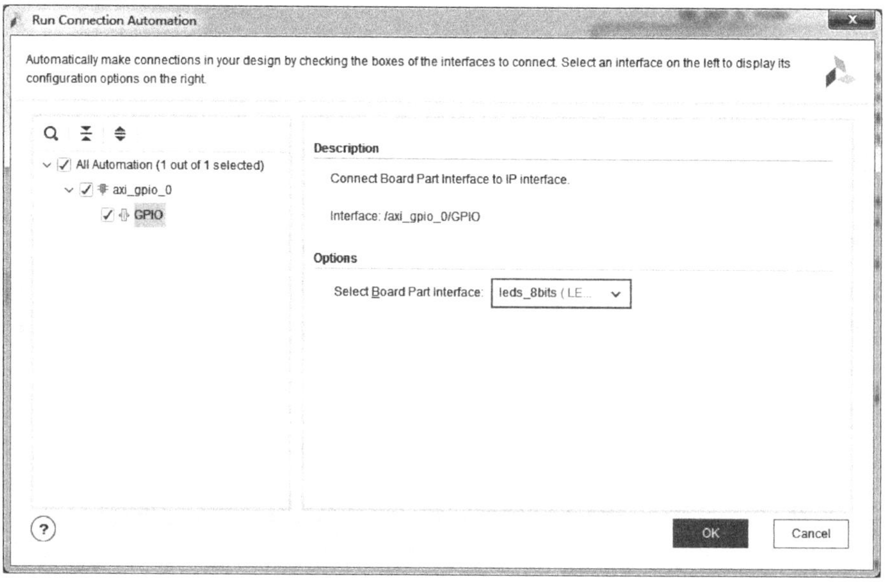

图 2-26　运行连接自动化——GPIO 块(使用 ZedBoard 开发板时)

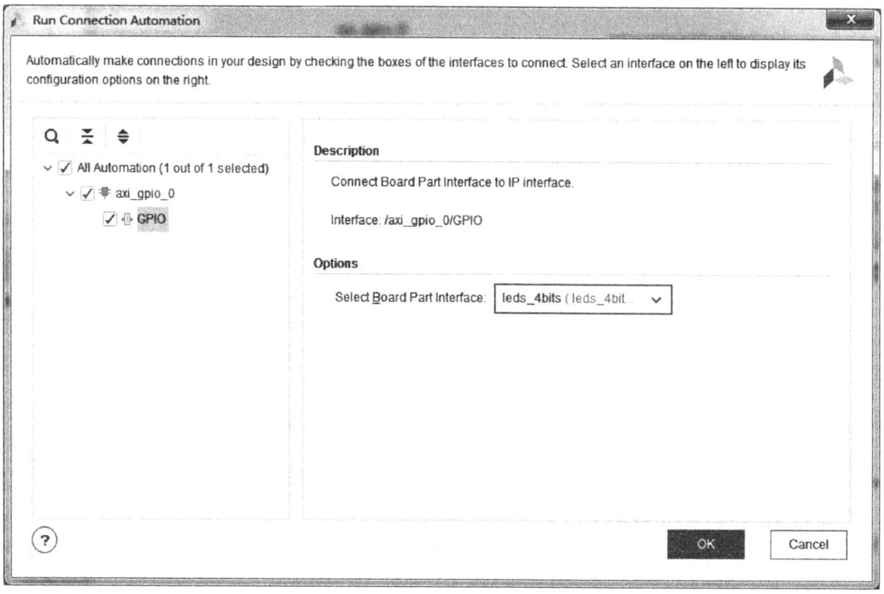

图 2-27　运行连接自动化——GPIO 块(使用 Zybo 开发板时)

AXI GPIO 块中的 GPIO 接口将与开发板上的 LED 相连，此时完整的设计类似图 2-28 所示(注意：布局可能不同，但是块以及块间互连应该一样)。

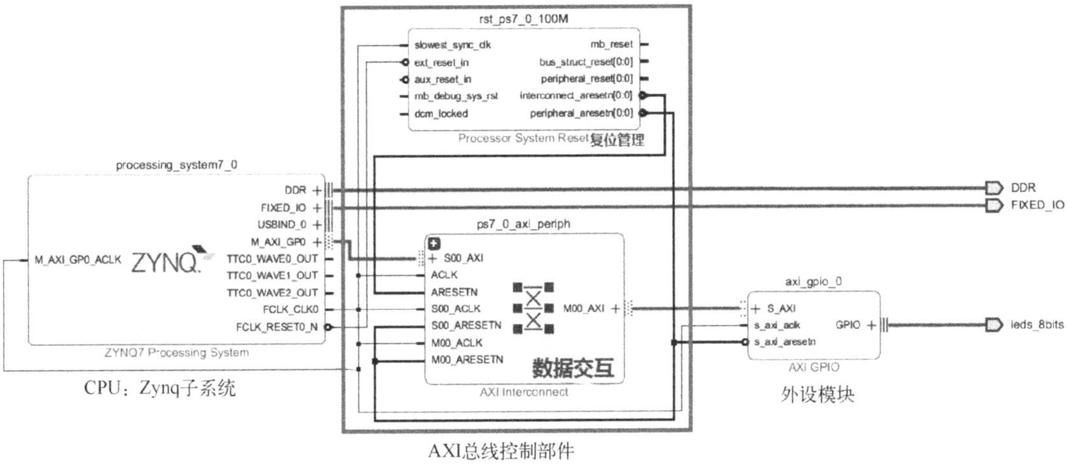

(a) 使用 ZedBoard 开发板时

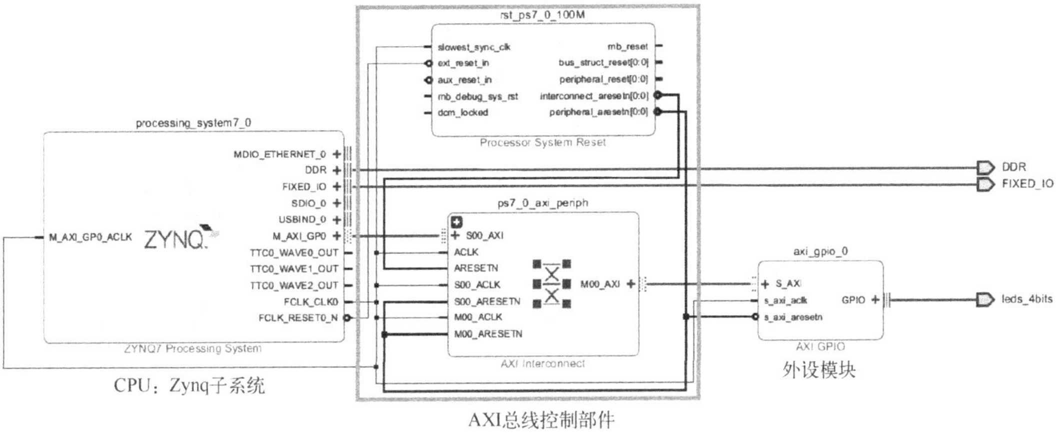

(b) 使用 Zybo 开发板时

图 2-28　最终的块设计结果

从图 2-28 可看到，“交替闪烁 LED 灯”的硬件部分实际包括三个功能部件：处理器部分，即 Zynq 子系统；外设模块，因为这里只需将计数器结果输出，只有 1 个控制 LED 输出的 AXI GPIO 模块；系统自动添加的实现系统连接以及复位功能的 AXI 总线控制部件等。

IP 集成器将为设计中存在的所有 IP 自动分配内存映射，本节中将不改变内存映射，但是为方便以后使用，先查看地址编辑器。

(9) 在工作区窗口选择“Address Editor”(地址编辑器)标签页，并展开“Data”(数据)(图 2-29)，可以看到，IP 集成器已经指定了一个内存映射(将存储器的特定部分映射到 PL 中的 IP 块存储映射寄存器)到 AXI GPIO 接口，其大小是 64KB(图 2-30)。

至此，系统设计已经完成，在生成 HDL 设计文件之前需要对设计进行检查。

(10) 从菜单栏中选择“File”→“Save Block Design”菜单项，保存块设计(图 2-31)。

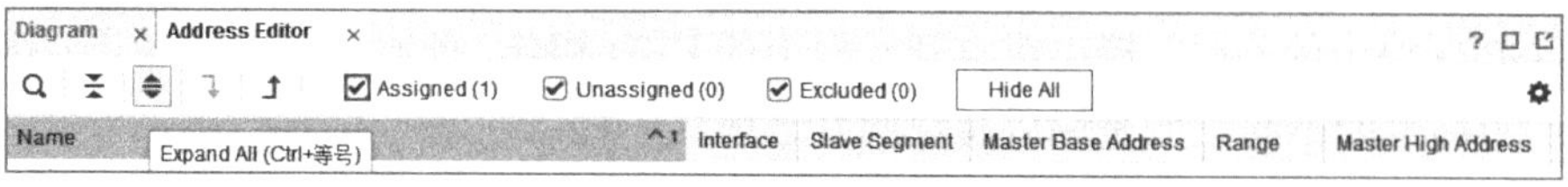

图 2-29　在“Address Editor”标签中展开“Data”

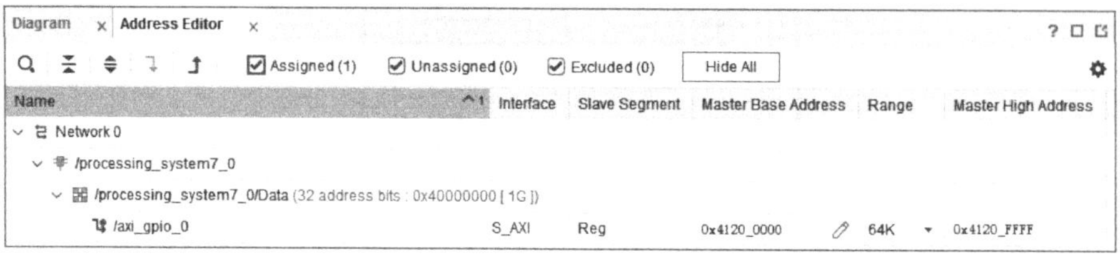

图 2-30　地址编辑器中显示的相关信息

(11)从菜单栏中选择“Tools”→“Validate Design”菜单项，对设计进行设计规则检查(Design-Rule-Check，DRC)(图 2-32)。

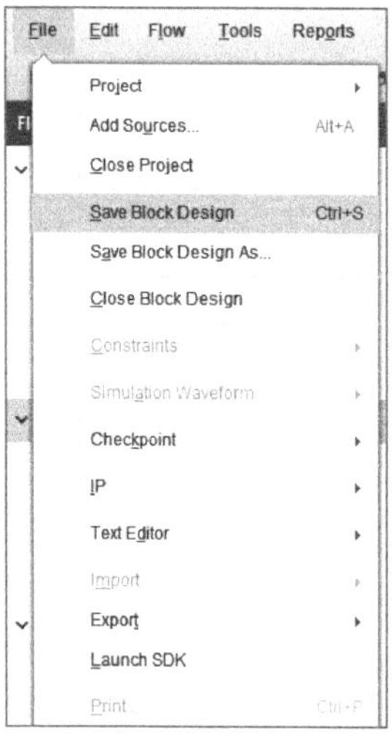

图 2-31　保存块设计

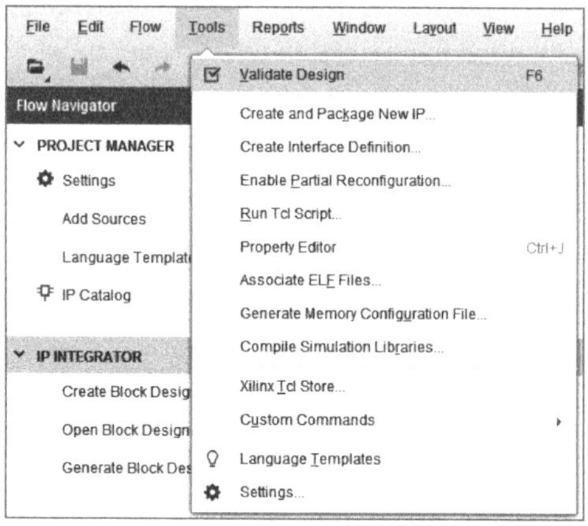

图 2-32　设计检查

也可以通过单击工具栏中的“Validate Design”(检查设计)按钮(图 2-33)或画布上方工具栏上的“Validate Design”按钮，或者在框图画布中任何位置右击并在弹出的菜单中选择“Validate Design”选项来启动设计检查。

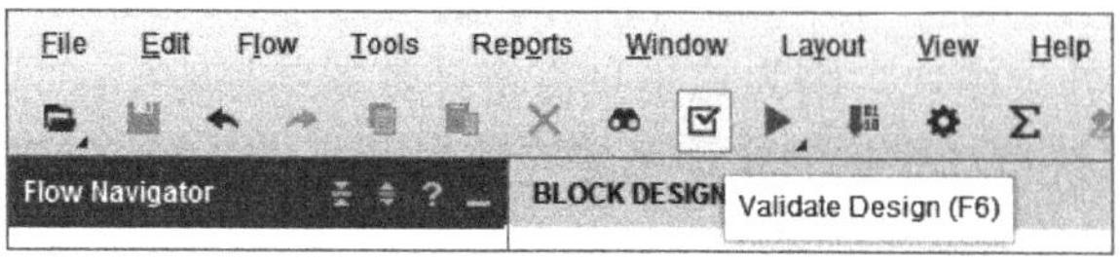

图 2-33　“Validate Design”按钮

设计检查如果没有发现错误或者无严重警告，将出现一个对话框(图 2-34)提示设计检查通过。单击“OK”按钮。

当然，某些时候也会出现检查不通过，或因为存在潜在风险而出现各种警告的情况，此时会有一个如图 2-35 所示的对话框提示需要注意的问题，同时，这些问题也会在如图 2-36 所示的“Tcl Console”窗口显示出来。

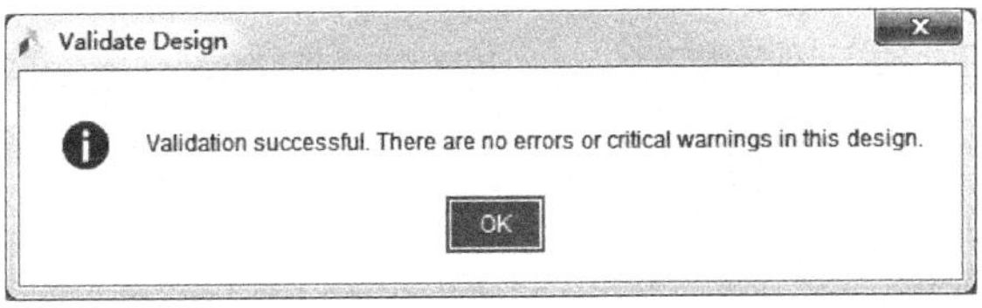

图 2-34　设计检查通过对话框

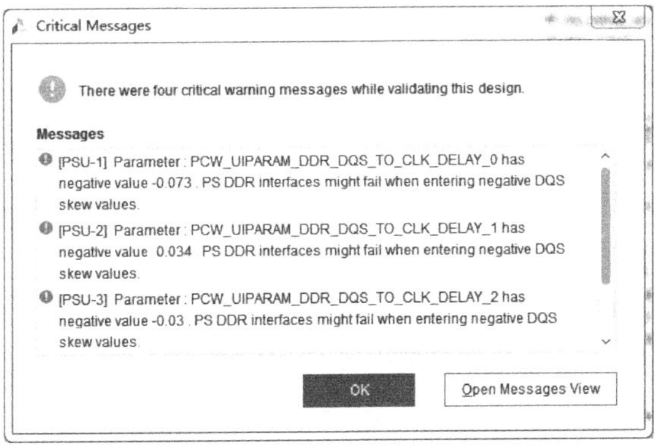

图 2-35　检查结果警告信息对话框

一旦出现检查错误，必须查找错误原因并改正，然后重新进行设计检查；如果出现警告信息，最好弄明白其具体含义，并消除。当然，在某些情况下也可以暂时忽略这些警告信息。

随着设计检查通过，下面可以开始生成系统的 HDL 设计文件。

(12) 从菜单栏选择“Window”→“Sources”选项(图 2-37)，或者直接单击数据窗口窗格里的“Sources”标签页转到“Sources”选项卡。

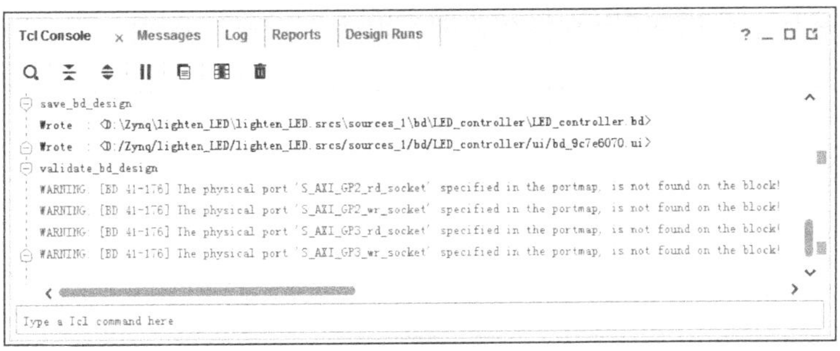

图 2-36　“Tcl Console”窗口中显示的警告信息

图 2-37　打开“Sources”选项卡

(13) 在“Sources”选项卡中的顶层系统设计(本例中为“LED_controller”)上右击，在弹出的菜单中选择“Create HDL Wrapper”(创建 HDL 包装器)选项(图 2-38)，将弹出“Create HDL Wrapper”对话框，选择“Let Vivado manage wrapper and auto-update”单选按钮(图 2-39)，单击“OK”按钮，将生成系统的顶层 HDL 包装器。

所有 IP 集成器框图中用到的源文件以及所有约束文件均将在综合过程中产生。由于在 2.1.1 节中创建工程时选择“Verilog”作为目标语言，所有产生的源文件都将是 Verilog HDL 的。

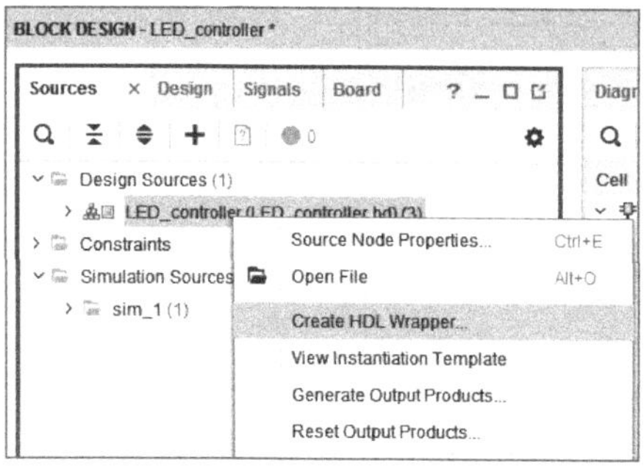

图 2-38　创建 HDL 包装器

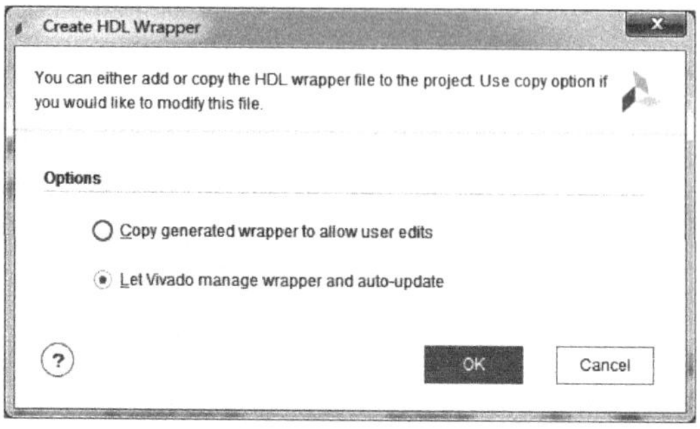

图 2-39　“Create HDL Wrapper”对话框

在产生了所有 HDL 源文件以后，Vivado 的下一步是实现前面的设计并生成比特流文件。

(14) 为了生成比特流文件，可以在“Flow Navigator”面板中的“PROGRAM AND DEBUG”部分选择“Generate Bitstream”命令(图 2-40)，或者单击工具栏中的“Generate Bitstream”按钮(图 2-41)，此时若有对话框弹出提示保存文件，单击“Save”按钮。

图 2-40　从“Flow Navigator”面板生成比特流文件

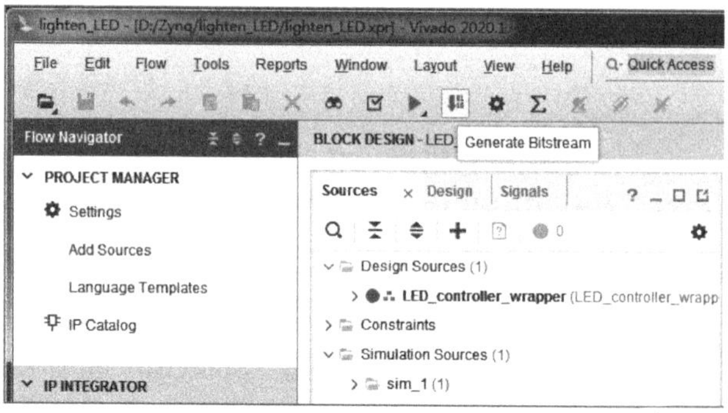

图 2-41　从工具栏生成比特流文件

由于此前并未实现前面的设计，会出现如图 2-42 所示的对话框，提示将先运行综合、实现过程，并将在上述过程结束后自动开始生成比特流文件(如果已经进行过上述操作，此提示将不会显示)。单击“Yes”按钮确认。

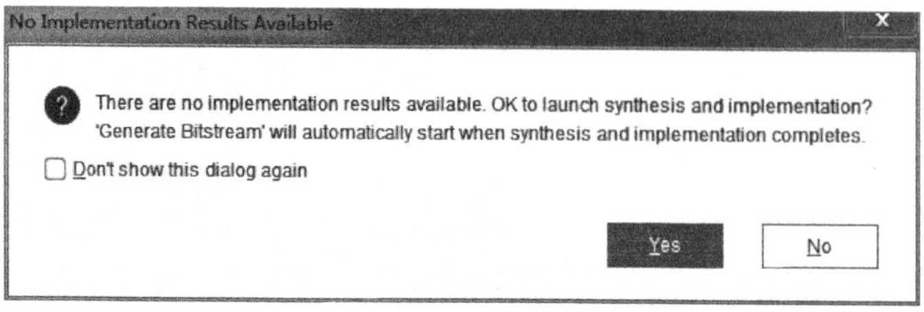

图 2-42　“No Implementation Results Available”对话框

这时会弹出如图 2-43 所示的对话框，提示将要启动器件综合或硬件实现，并且设置“Number of jobs”(并发任务数)为“3”，根据机器的不同，这个数目可能不同，特别是如果机器性能较好，可以设置更多的并发任务数以加快这一运行过程。单击“OK”按钮开始运行，并弹出生成比特流文件进度提示框(图 2-44)。

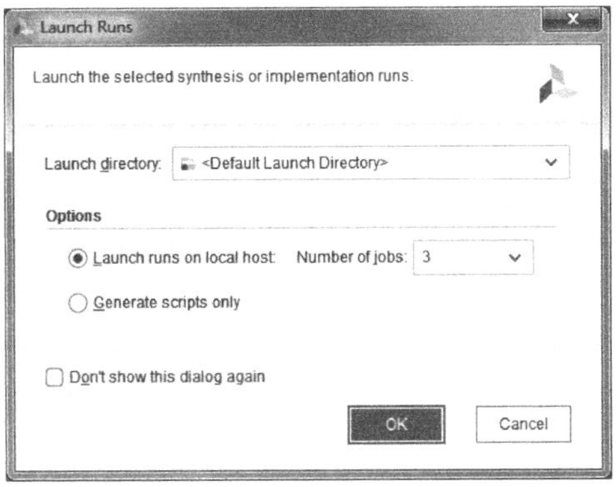

图 2-43　“Launch Runs”对话框

图 2-44　生成比特流文件进度提示框

连续运行综合、运行和生成比特流文件等过程需要几分钟，具体时间依赖于计算机系统的性能。此时 Vivado IDE 窗口右上角状态工具栏将显示当前平台所进行的工作以及工作状态(图 2-45)，当某些阶段工作完成时，窗口右下角将有相应提示(图 2-46)。

(15) 比特流文件生成后，从“Flow Navigator”面板的“IMPLEMENTATION”部分选择“Open Implemented Design”命令(图 2-47)打开所实现的块设计。

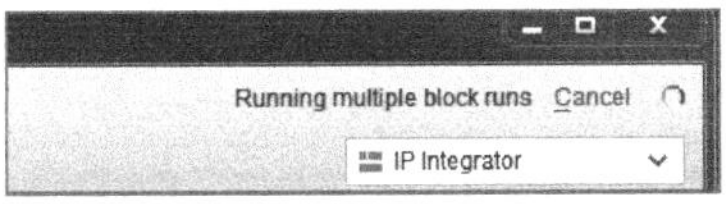

图 2-45　状态工具栏显示平台工作进度

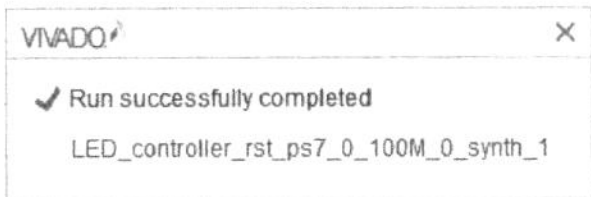

图 2-46　阶段性进度提示框

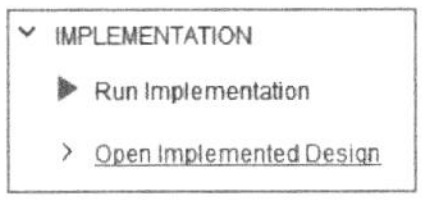

图 2-47　打开所实现的块设计

在这里，可以选择使用封装视图(Package View，见图 2-48)或器件视图(Device View)查

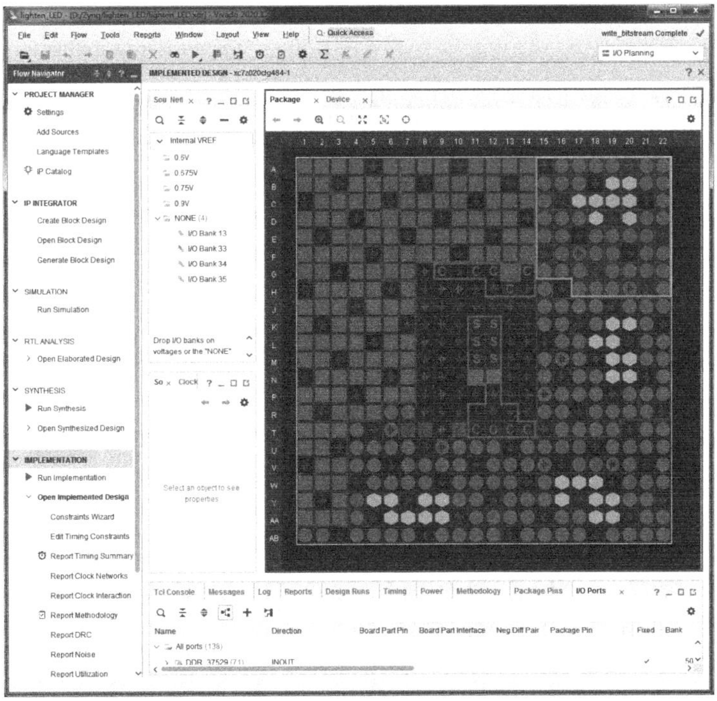

图 2-48　所实现的设计视图

看所实现的设计，其中在器件视图可看到设计所使用的 PL 资源，默认情况下，这些资源将用浅蓝色表示。

一旦比特流文件生成，硬件部分设计就完成了，现在需要将它导出到软件环境中，在软件环境中将要创建一个软件应用程序控制并与这个定制的硬件交互。

Vivado 中的最后一步是将前面的设计导出到 Vitis IDE 中，在 Vitis IDE 中将创建一个软件应用程序以允许 Zynq PS 控制开发板上的 LED。

(16) 从菜单栏中选择“File”→“Export”→“Export Hardware”选项(图 2-49)，打开“Export Hardware Platform”(导出硬件平台)对话框，并确认选中“Fixed”单选按钮(图 2-50)，单击“Next”按钮。

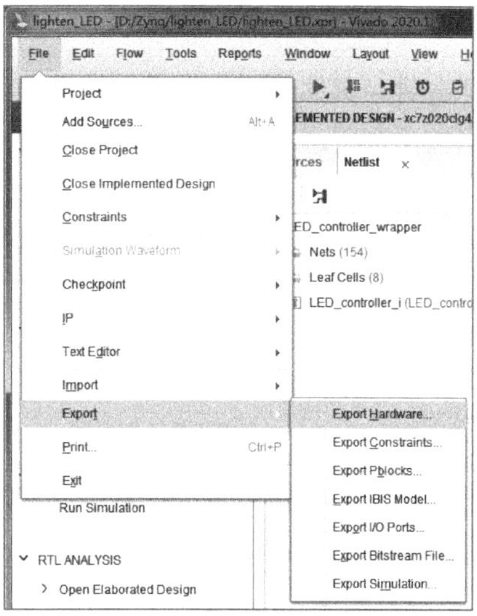

图 2-49　导出硬件

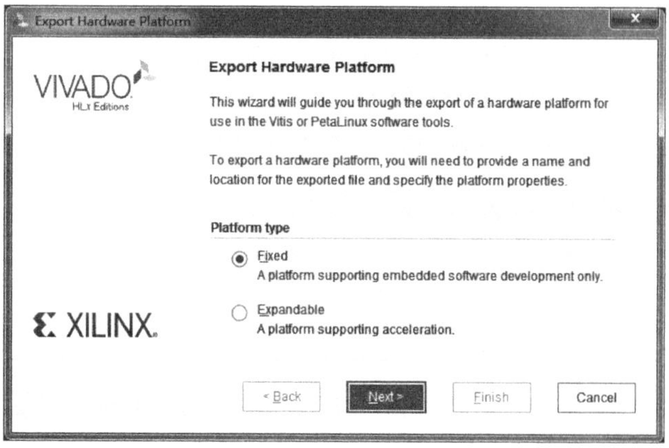

图 2-50　“Export Hardware Platform”对话框

(17) 在“Output”界面选择“Include bitstream”单选按钮(图 2-51)，单击“Next”按钮，在接下来的“Files”界面单击“Next”按钮接受默认设置(图 2-52)。

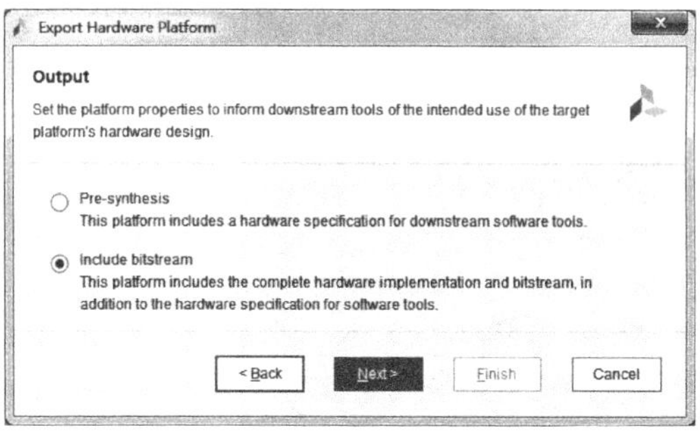

图 2-51　“Output”界面

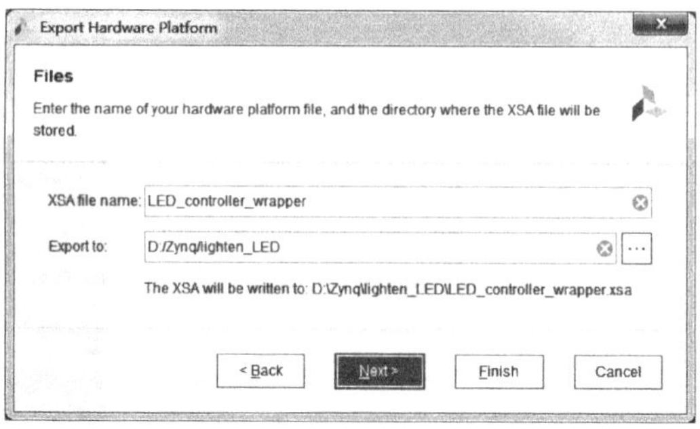

图 2-52　“Files”界面

可以看到，硬件平台信息将存储到文件“D:\Zynq\lighten_LED\LED_controller_wrapper.xsa”，这里先留意，下面将用到它。

(18) 硬件平台信息输出选择完成后会弹出硬件平台导出信息(图 2-53)，浏览相关信息，确认无误后单击“Finish”按钮完成硬件平台导出。

图 2-53 硬件平台导出信息

(19) 为启动 Vitis IDE，从 Vivado 菜单栏选择“Tools”→“Launch Vitis IDE”选项(图 2-54)，在弹出的“Eclipse Launcher”对话框中可以指定 Vitis IDE 工作区路径，这里选择接受默认设置(即“D:\Zynq\workspace \lighten_LED”)，单击“Launch”按钮(图 2-55)。

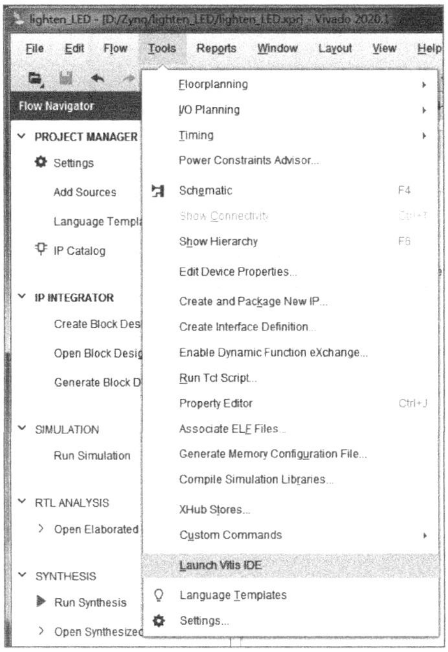

图 2-54 启动 Vitis IDE

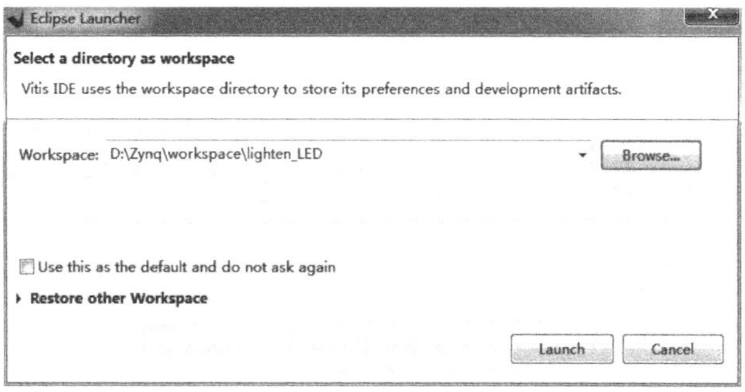

图 2-55 “Eclipse Launcher”对话框

至此，需要在 Vivado 中进行的操作步骤全部完成，系统的所有硬件部件均已完成配置并生成。下一个练习将创建一个控制系统的软件应用程序。

2.1.3 在 Vitis IDE 中创建 1 个软件应用程序

本节将创建一个简单的软件应用程序控制开发板上的 LED。软件应用程序运行在 Zynq 处理系统上，并与在 PL 中实现的 AXI GPIO 块进行通信。在创建并运行开发板软件之前，先查看由 IP 集成器为每个 IP 模块创建的软件驱动程序。

在 2.1.2 节已经启动了 Vitis IDE。如果没有通过 Vivado 启动，可双击桌面的“Xilinx Vitis

2020.1”图标或者通过“开始”菜单快捷方式启动。此时，仍然是从指定 Vitis IDE 工作区路径开始(图 2-56)，单击“Launch”按钮将启动 Vitis IDE(图 2-57)。

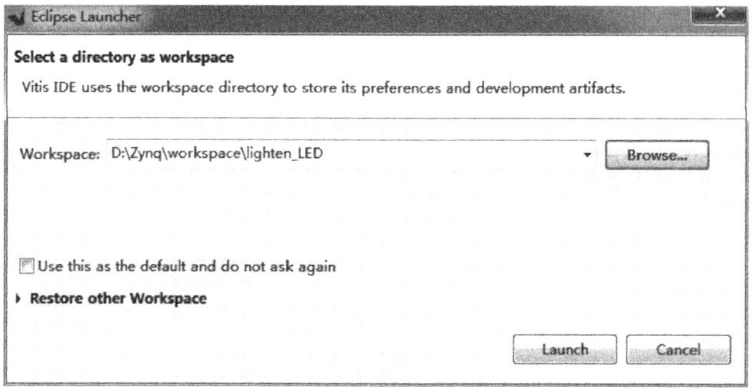

图 2-56　指定 Vitis IDE 工作区路径

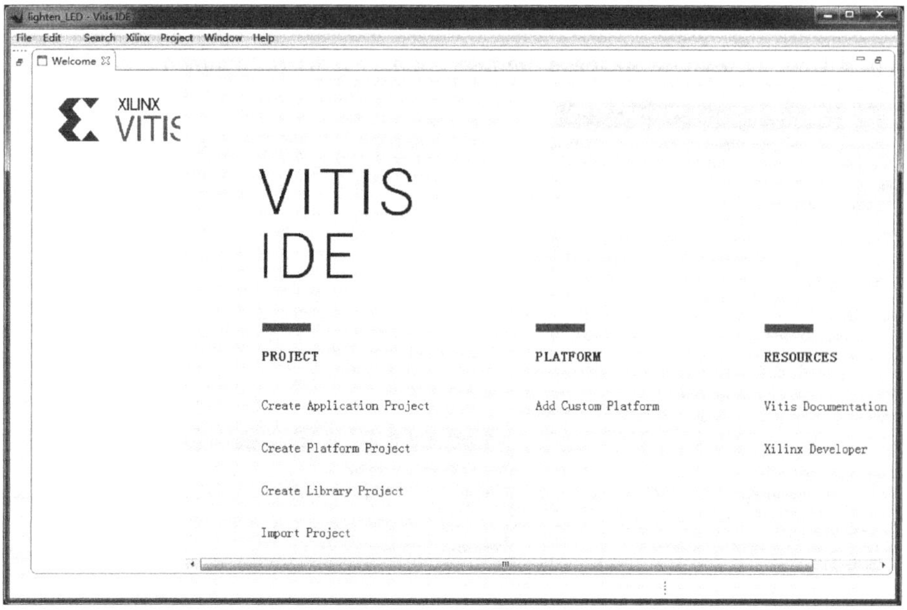

图 2-57　Vitis IDE 初始启动界面

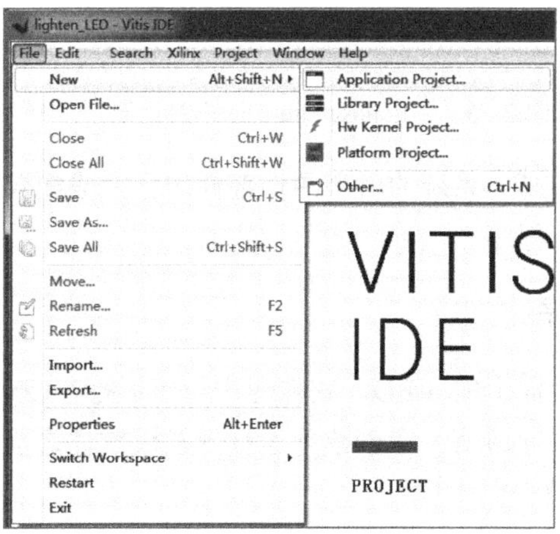

图 2-58　从菜单创建新应用程序工程

打开 Vitis IDE 以后即可开始创建软件应用程序，现在需要先创建 1 个应用程序工程和 1 个开发板支持包。

(1) 从菜单栏选择“File”→“New”→“Application Project”(图 2-58)或者在 Vitis IDE 初始启动界面中选择“Create Application Project”选项(图 2-59)开始创建新应用程序工程。

此时将打开创建新应用程序工程向导(图 2-60)，它将引导完成下面的新应用程序工程创建过程。

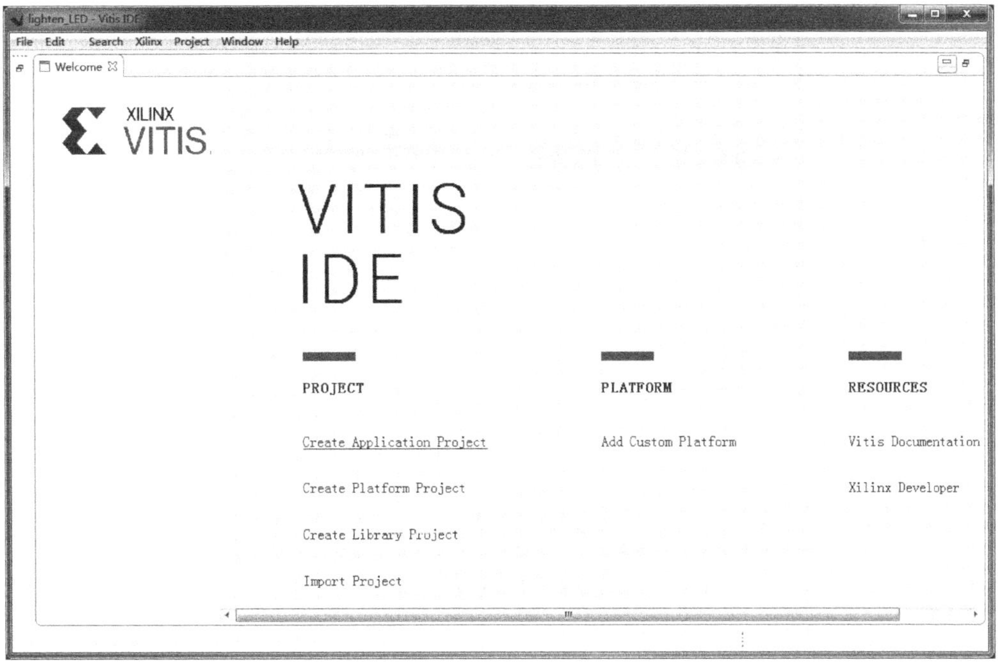

图 2-59　从初始启动界面创建新应用程序工程

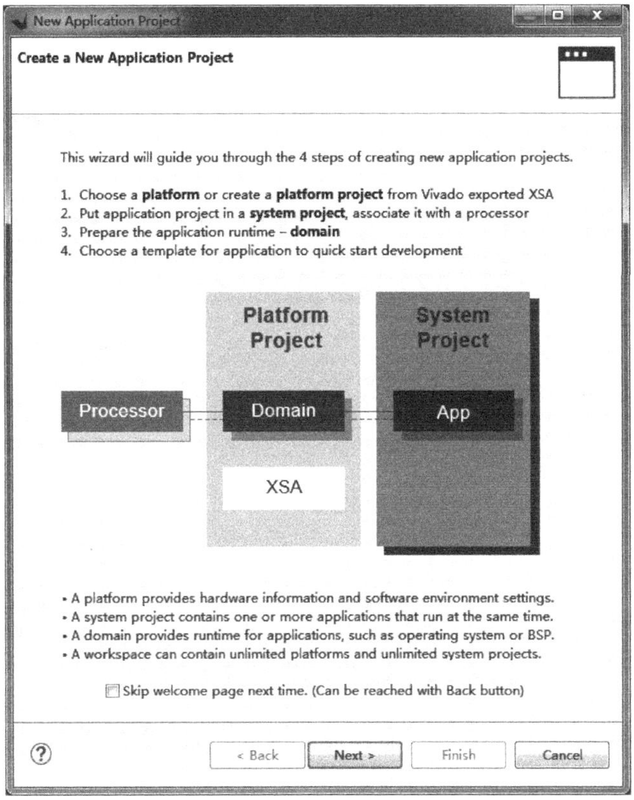

图 2-60　创建新应用程序工程向导

单击“Next”按钮，将打开平台选择对话框(图 2-61)。

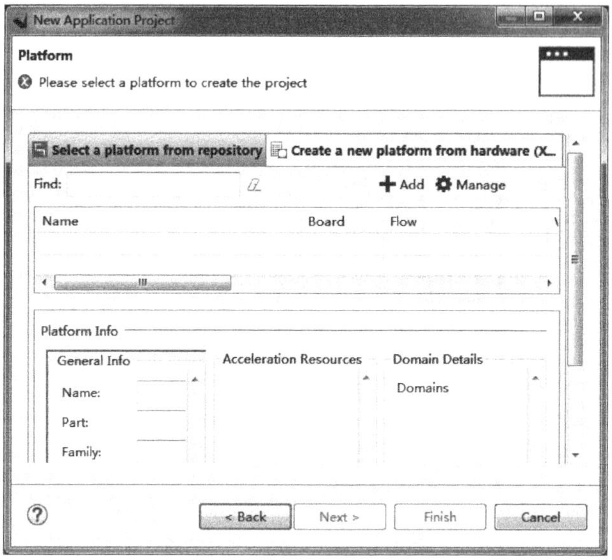

图 2-61　平台选择对话框

(2) 在平台选择对话框中单击“Create a new platform from hardware(XSA)”标签页(图 2-62)，单击“Browse”按钮，在弹出的对话框中找到 2.1.2 节练习中用于存储硬件平台信息的文件“D:\Zynq\lighten _LED\LED_controller_wrapper.xsa”(图 2-63)，单击“打开”按钮。

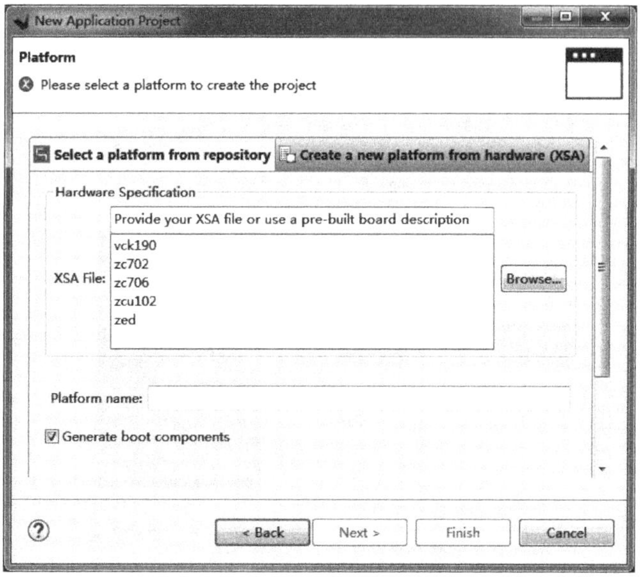

图 2-62　选择从 XSA 创建新平台

此时，上一个练习所导出的硬件平台信息已经被添加到平台列表了(图 2-64)，选中它，并单击“Next”按钮。

(3) 在“Application Project Details”界面的“Application project name”文本框中输入工程名“LED_test”(图 2-65)，单击“Next”按钮。

图 2-63　“Create Platform from XSA”对话框

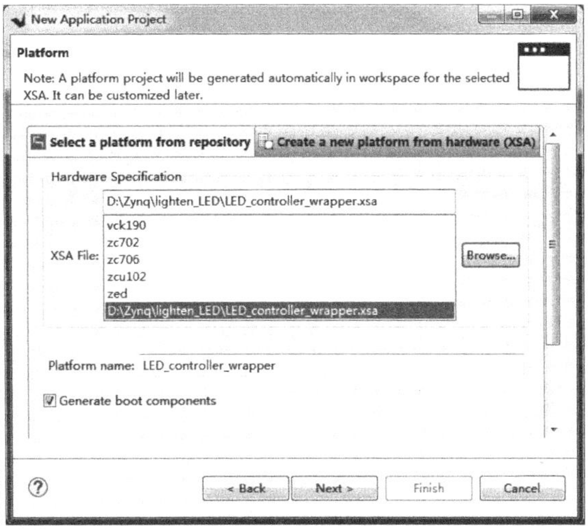

图 2-64　硬件平台信息被添加到列表

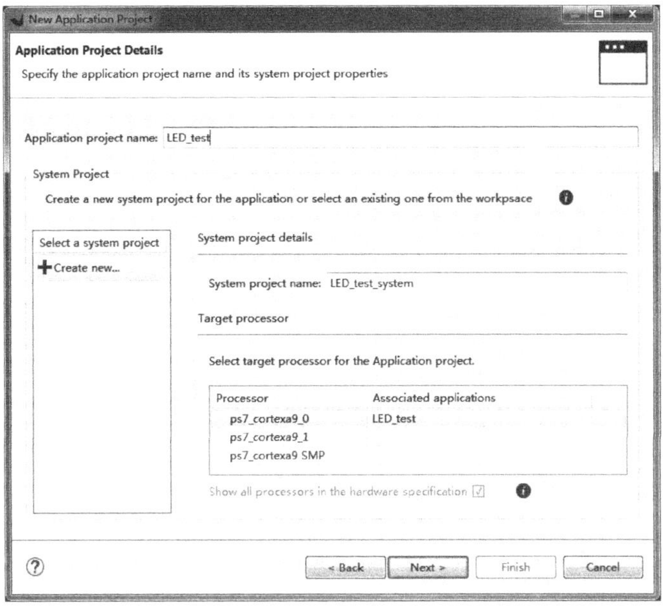

图 2-65　“Application Project Details”界面

(4) 在弹出的“Domain”(域) 界面中接受默认设置 (图 2-66)，单击“Next”按钮。

(5) 在弹出的“Templates”界面中选择“Empty Application”选项 (图 2-67)，并单击“Finish”按钮创建工程。

注：此时新建的工程应该自动打开 (图 2-68)，如果没有打开，可能需要关闭“Welcome”选项卡以查看该工程。

新应用程序工程创建后，导入为该应用程序预先准备的源文件。

(6) 在“Explorer”标签页中展开“LED_test”文件夹，右击“src”目录，在弹出的菜单中选择“Import Sources”选项 (图 2-69)，打开“Import Sources”对话框，显示“File System”界面 (图 2-70)。

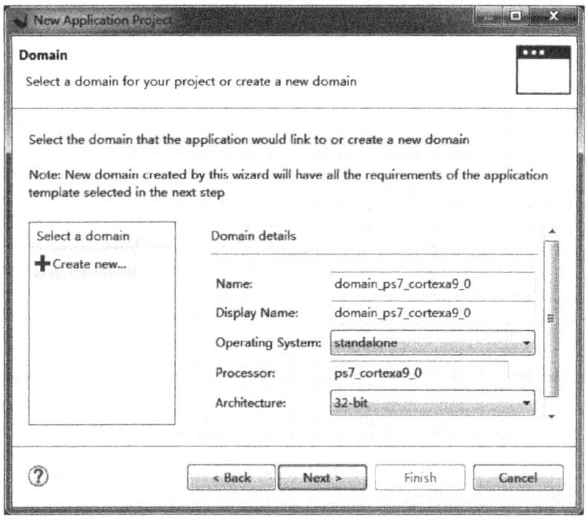

图 2-66　“Domain”界面

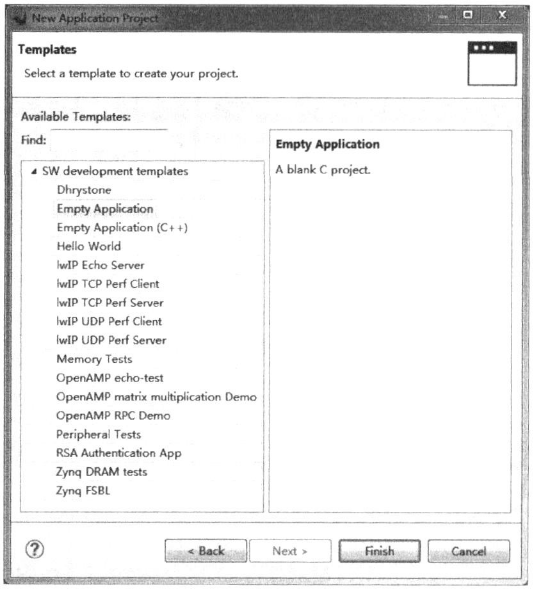

图 2-67　“Templates”界面

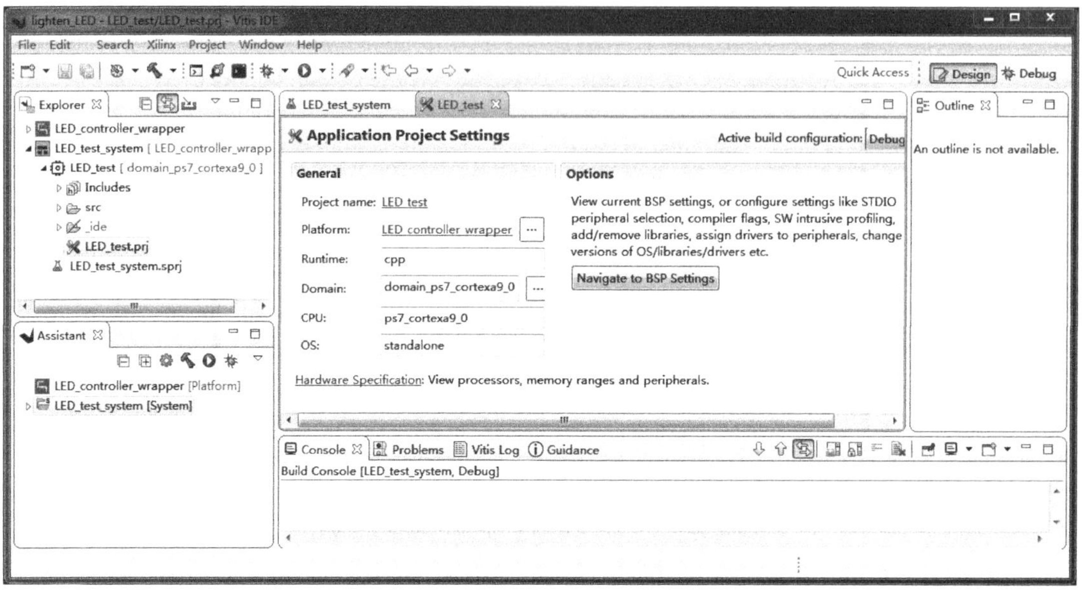

图 2-68　Vitis 完成新建的应用程序工程

(7)在“File System”界面中单击“From directory”下拉列表框右侧的“Browse”按钮，选择需要导入的源文件所在路径。

本书提供了针对不同开发板的例程源文件：如果使用的是 ZedBoard，选择“zedboard”子目录下的“lighten_LED”目录(即“\source\zedboard\lighten_LED”，如图 2-71(a)所示)；如果使用的是 Zybo，选择“zybo”子目录下的“lighten_LED”目录(即“\source\zybo\lighten_LED”，如图 2-71(b)所示)。

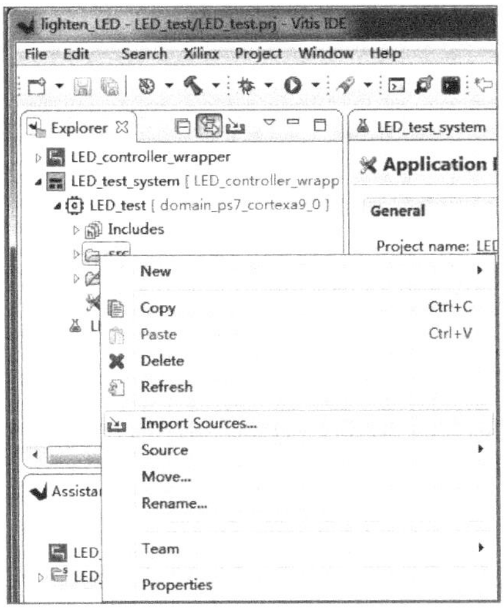

图 2-69　导入源文件

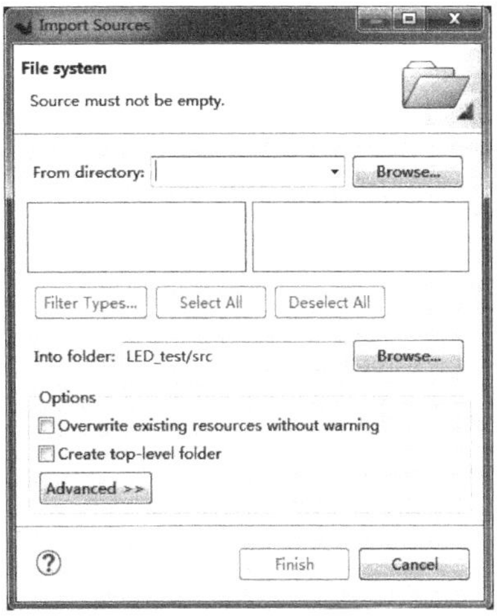

图 2-70　“File System”界面

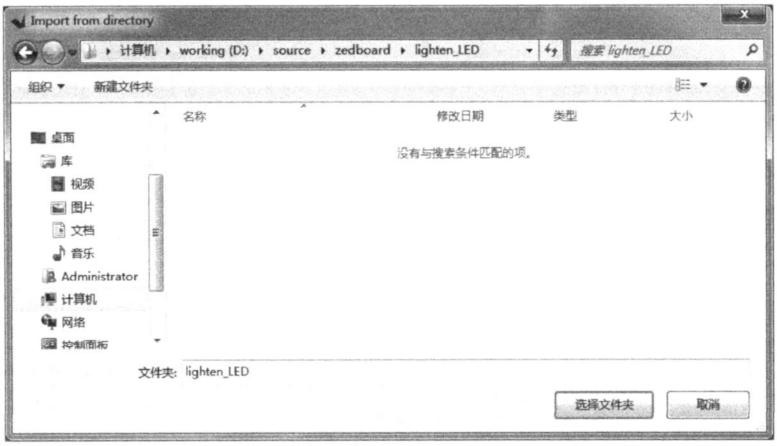

(a) 使用 ZedBoard 开发板时

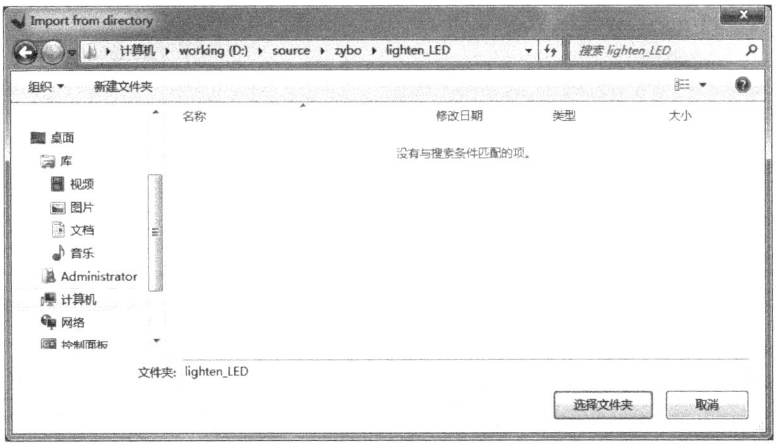

(b) 使用 Zybo 开发板时

图 2-71　选择源文件路径

此时该界面中会显示指定目录下的文件，选中“LED_test.c”复选框(图 2-72)，单击“Finish”按钮。

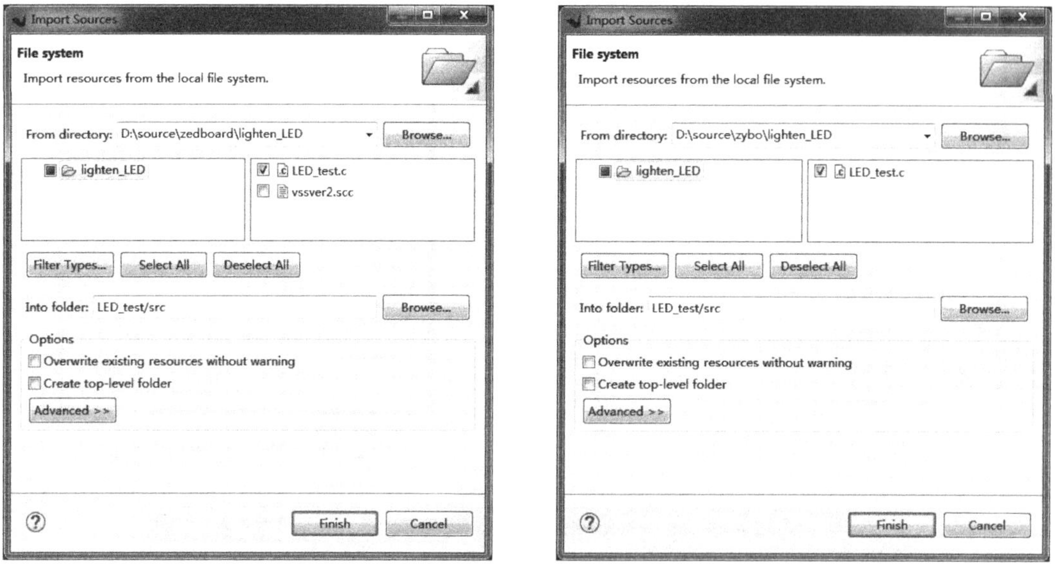

(a) 使用 ZedBoard 开发板时　　(b) 使用 Zybo 开发板时

图 2-72　选择源文件

此时 C 源文件将被导入，并自动创建 1 个工程。

源文件导入后，通过“Project”→“Build Project”选项进行手动编译(图 2-73)。

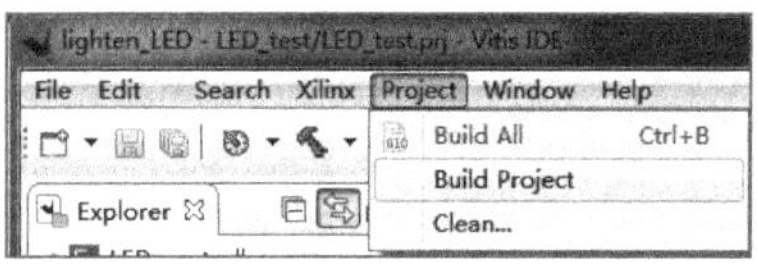

图 2-73　手动编译

编译结束后，在 Vitis IDE 下部的“Console”标签页中将显示类似如图 2-74 所示的信息(可能需要上下拖动滚动条以看到全部信息)。

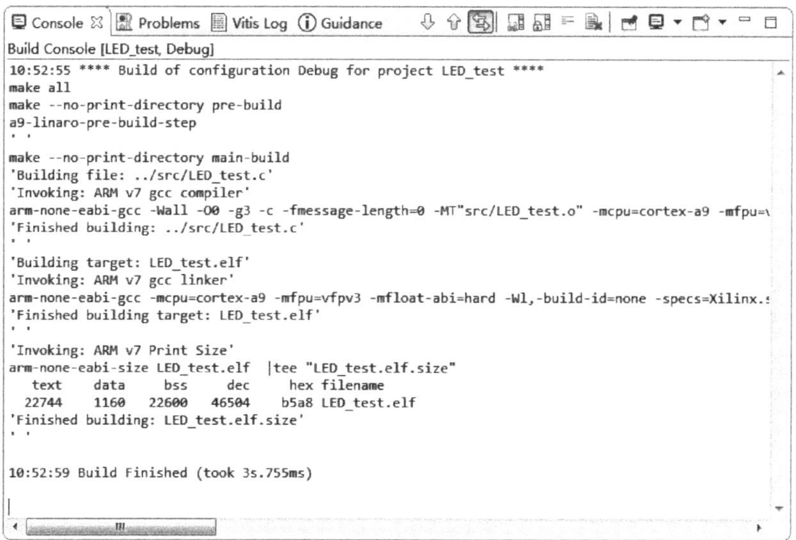

图 2-74　Vitis IDE 控制台提示信息

注：某些系统中，如果不是从 Vivado 系统启动的 Vitis IDE，这一步骤可能会不成功，显示的错误信息为

```
error: xgpio.h: No such file or directory
```

因此建议尽量使用 Vivado 系统启动的 Vitis IDE。

(8)在“Project Explorer”标签页中展开“src”文件夹并打开源文件“LED_test.c”检查代码。

注意命令 XGpio_Initialize(&Gpio, GPIO_DEVICE_ID)，这是由头文件“xgpio.h”中的 GPIO 设备驱动程序提供的函数，它初始化 1 个 XGpio 的实例 Gpio，并通过 GPIO_DEVICE_ID 指定唯一的设备 ID。

查看源文件可以发现，GPIO_DEVICE_ID 的值被定义为 XPAR_AXI_GPIO_0_DEVICE_ID，这个值可以在头文件“xparameters.h”中找到。头文件“xparameters.h”是在将硬件设计导入到 SDK 中时由 Vivado 自动生成的，其中包含了系统的所有硬件参数。

函数 XGpio_SetDataDirection(&Gpio, LED_CHANNEL, 0xFF)也是由 GPIO 设备驱动程序提供的，它设置 GPIO 端口的方向，“0”表示输出，“1”表示输入。本例中 GPIO 端口连接的是 LED，因此 GPIO 端口都被设置成输出。在 ZedBoard 上共有 8 个 LED 灯，因此将端口值设置成“0x00”或者二进制的“00000000”，就是将这 8 个端口都设置成输出了；在 Zybo 上共有 4 个 LED 灯，因此端口值将设置成“0x0”或者二进制的“0000”，就是将这 4 个端口都设置成输出了。

要了解更多的有关外设驱动程序的信息，先单击“LED_test”标签页打开“Application Project Settings”(应用程序工程设置)界面(图 2-75)。

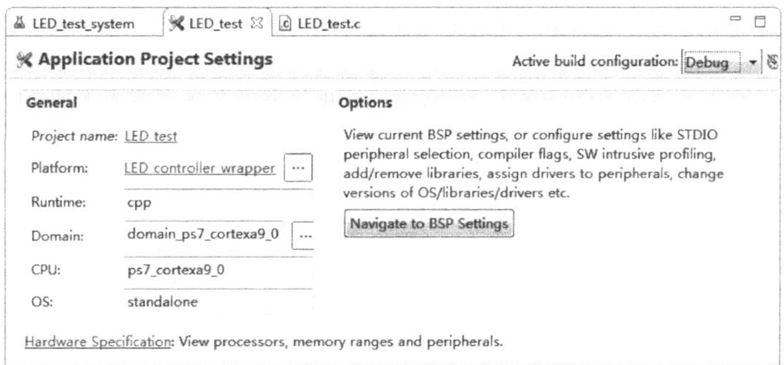

图 2-75　“Application Project Settings”界面

单击“Navigate to BSP Settings”按钮打开“LED_controller_wrapper”标签页(图 2-76)，这里提供了系统所有的外设列表，并给出了对应的相关文档以及示例的链接。

下一步是将 2.1.2 节中产生的比特流文件编程到 Zynq PL 中。

(9)使用系统自带的 USB 线将 Zynq 开发板 JTAG 端口与 PC 相连，打开开发板电源，并确保开发板上的跳线设置正确以允许从 JTAG 启动，该模式允许系统调试工具对硬件进行编程并访问它。

要使 ZedBoard 开发板允许从 JTAG 启动需如图 2-77 那样正确设置 5 个跳线子。

Zybo 开发板使用 1 个跳线子来设置允许从 JTAG 启动，使用另 1 个跳线子来设置是使用

USB、墙电还是电池对开发板供电，图 2-78 所示是使用 USB 供电且允许从 JTAG 启动时的跳线子设置方式。

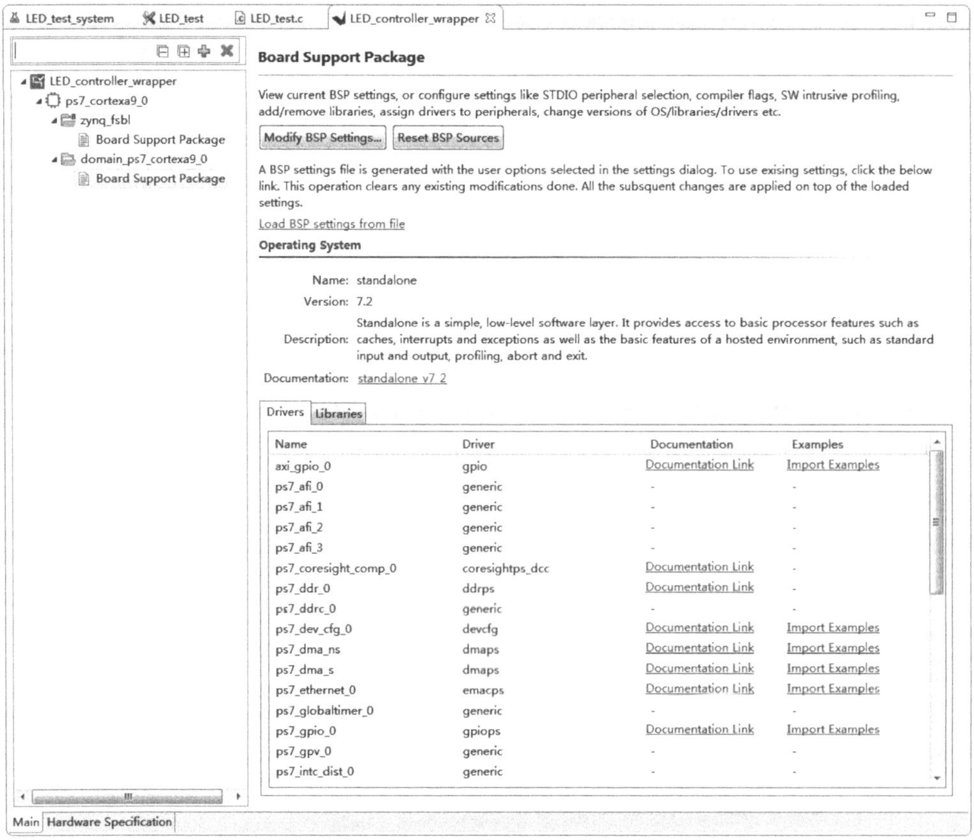

图 2-76 “LED_controller_wrapper”标签页中的外设文档与驱动程序

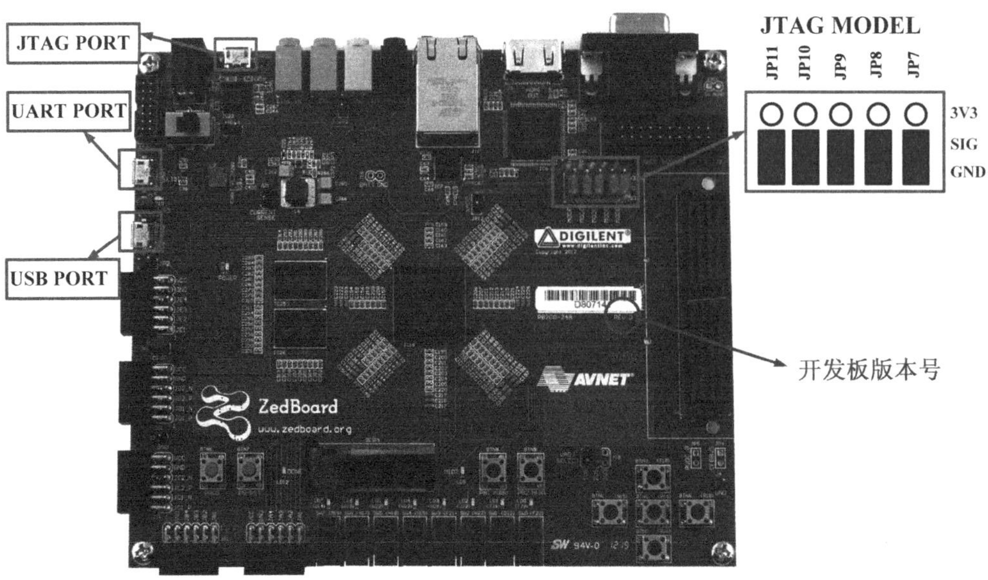

图 2-77 允许从 JTAG 启动的 ZedBoard 开发板跳线子设置

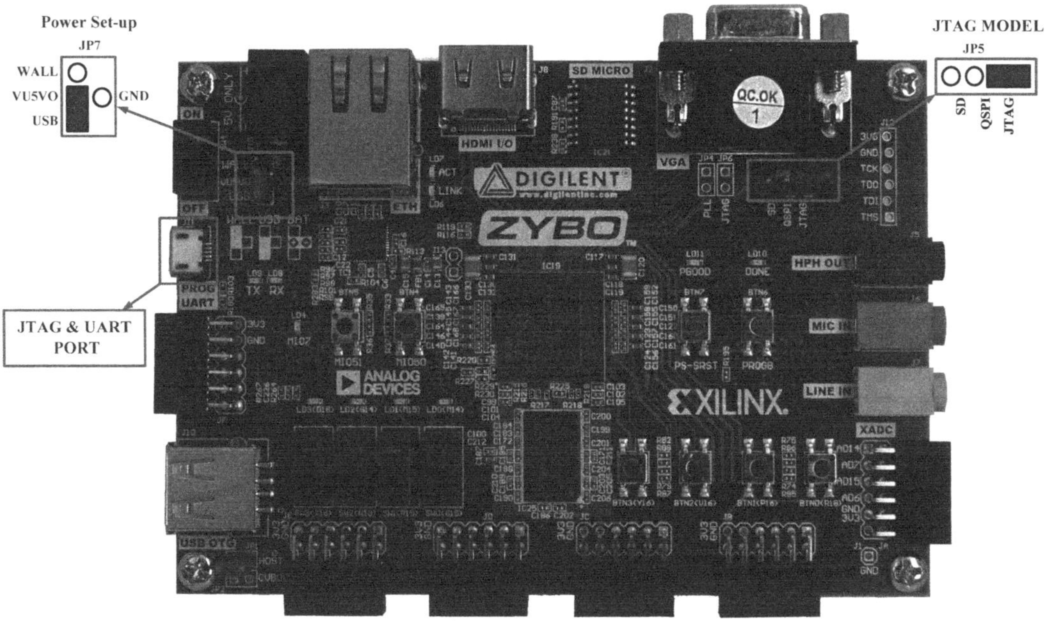

图 2-78　使用 USB 供电且允许从 JTAG 启动的 Zybo 开发板跳线设置

(10) 从菜单栏选择“Xilinx”→“Program FPGA”选项，将比特流文件下载到 Zynq PL 中(图 2-79)，此时“Program FPGA”(FPGA 编程)对话框将打开，其中“Bitstream”文本框应该已经自动填入了正确的比特流文件(图 2-80)。

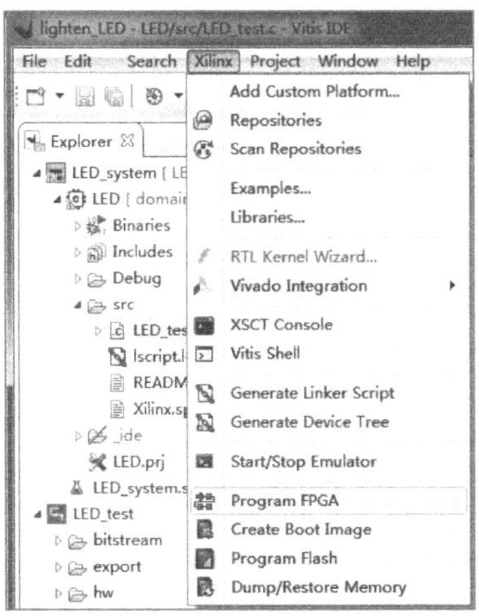

图 2-79　选择“Program FPGA”选项

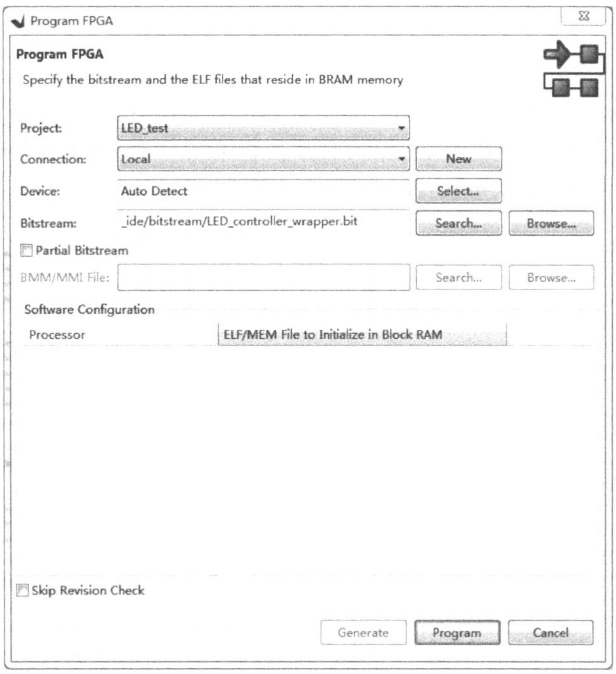

图 2-80　“Program FPGA”对话框

单击“Program”按钮开始 FPGA 编程。

提示：当编程结束时，开发板上的“DONE”指示灯(ZedBoard 是蓝色 LED 灯，而 Zybo

则是绿色 LED 灯）将点亮。

当成功按照比特流文件对 Zynq PL 进行配置以后，就可以加载 Zynq PS 上的软件应用程序。

（11）在“Explorer”标签页中选择“LED_test”文件夹，右击，在弹出的菜单中选择“Run As”→“Launch on Hardware（Single Application Debug（GDB））”选项（图 2-81）。

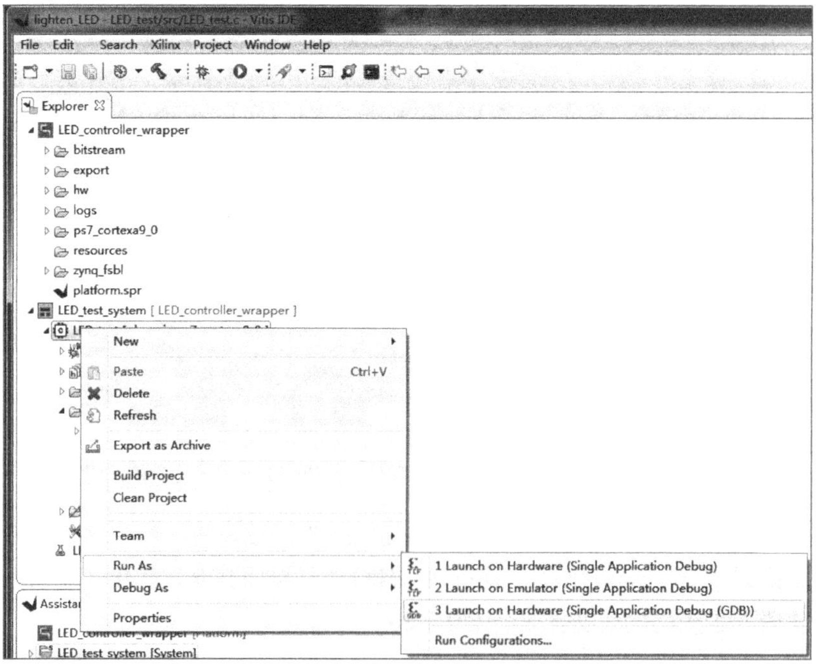

图 2-81　加载软件应用程序到 Zynq 开发板上

Vitis IDE 此时会自动重新进行器件编程操作，编程完成后自动加载开始运行。本例的软件应用程序实现的是控制开发板上的各个 LED 灯每隔一段时间交替闪烁，其闪烁的两种状态如图 2-82 所示。

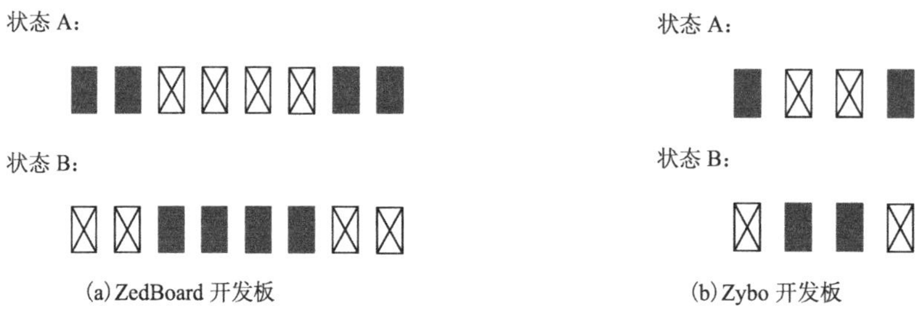

图 2-82　LED 灯闪烁状态

通过观察并分析可知，上述状态以及闪烁交替时间间隔是由“LED_test.c”定义的，将 LED 的初始状态和程序中规定的闪烁交替时间间隔进行改动。

如果使用的是 ZedBoard 开发板，改成下面的情形：

```
#define LED 0xC5                    /* Initial LED value - XX000X0X */
#define LED_DELAY 1000000000        /* Software delay length */
```

如果使用的是 Zybo 开发板，改成下面的情形：

```
#define LED 0xC                     /* Initial LED value - XX00 */
#define LED_DELAY 1000000000        /* Software delay length */
```

(12)从菜单栏选择“File”→“Save All”选项，系统将自动重新编译(如果没有请手动编译)，然后重复步骤(7)～(9)，可以发现此时 LED 灯的闪烁方式以及闪烁交替时间间隔均发生了改变。

至此，已经在 Zynq 处理系统上成功创建并运行了一个软件应用程序。

小结：通过 2.1 节，在 Zynq 器件的 FPGA 中成功实现了 1 个 GPIO 控制器，并通过 AXI 在 Zynq 处理系统和开发板 LED 之间建立了连接。然后，Zynq 处理系统被编程为通过具有与 FPGA 中 GPIO 控制器进行交互的独立软件应用程序控制的 LED 灯控制器。

2.2　具有中断功能的计数器

本节中的实验将引导创建 1 个使用中断的 Zynq 嵌入式系统。它使用 Vivado 集成开发环境和 IP 集成环境创建 1 个在 Zynq 开发板上实现的简单 Zynq 处理器设计，用软件开发套件 Vitis IDE 创建 1 个运行在 Zynq ARM 处理系统(PS)上控制由可编程逻辑(PL)实现的硬件的简单软件应用程序。

本实验同样基于 Vivado 2020.1/Vitis 2020.1 进行设计、调试与实现，它继续 2.1 节实验的操作，在此基础上增加了一些必需的技能。实验被分成 4 个练习，其组织如下。

2.2.1 节进一步引导启动 Vivado IDE 和利用新建工程向导创建 1 个工程。

2.2.2 节将利用 IP 集成器与 Vivado IP 目录中现有的 IP，使用 2.2.1 节中创建的工程构建 1 个使用中断的 Zynq 嵌入式系统，它将扩展前面基于 IP 集成器创建与连接块中获取的知识。2.2.2 节完成时将生成相应的比特流文件，并把它导入到 Vitis IDE 中参与应用程序测试。

2.2.3 节将在 Vitis IDE 中创建并解释用于生成硬件系统的测试软件应用程序，通过在 Zynq 开发板上运行该应用程序来演示中断功能，以及如何编写应用程序以使用该功能。

2.2.4 节将回到 2.2.2 节的系统中，并包含另 1 个中断源，进行必要的连接，产生比特流文件并导入到 Vitis IDE；修改此前的软件应用程序以检查修改后系统的功能。

2.2.1　扩展基本 IP 集成器设计

本节将通过增加另外的 GPIO 和配置系统使用中断来扩展 2.1 节中的设计。为了更清楚并易于理解，下面将再一次从构建 1 个基本系统开始逐步骤详细说明。首先启动 Vivado IDE。

(1)双击桌面图标启动 Vivado。Vivado 启动后，将出现如图 2-83 所示的初始启动界面。

(2)选择“Create Project”选项，打开“New Project”对话框，单击“Next”按钮。

(3)在“Project Name”界面的“Project name”文本框中输入工程的名字“zynq_interrupts”，设定工程的路径为“D:\Zynq”，并选择“Create project subdirectory”选项。单击“Next”按钮。

(4)此时出现“Project Type”界面，选择“RTL Project”单选按钮，并确保“Do not specify sources at this time”复选框没有被选中。单击“Next”按钮。

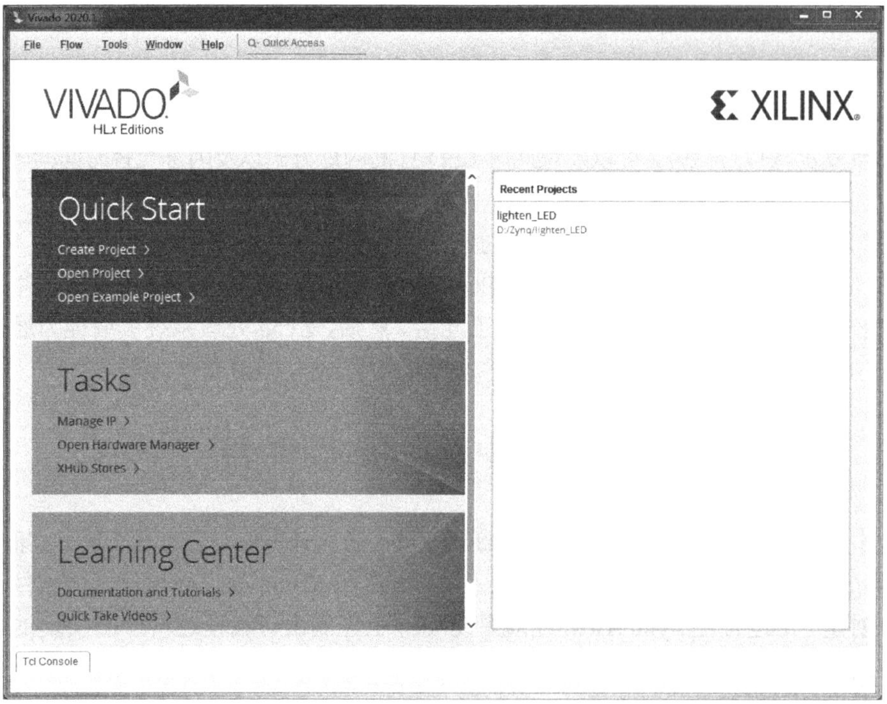

图 2-83　Vivado IDE 初始启动界面

(5) 在“Add Sources”界面中选择“Verilog”作为目标语言，并将模拟语言设置为“Mixed”。如果有需要添加到工程中的 HDL 或网表形式的源文件，可在此阶段进行添加。由于到目前为止没有需要添加到工程的源文件，所以直接单击“Next”按钮。

(6) 此时出现“Add Constraints (optional)”界面。此处不需要添加任何约束文件，直接单击“Next”按钮。

(7) 在弹出的“Default Part”界面中，正确选择开发板，单击“Next”按钮。

(8) 在弹出的“New Project Summary”界面中查看各选项设置是否正确。检查无误后，单击“Finish”按钮建立该工程。

至此，在增加并配置另外的 IP 以使用硬件中断之前，已经创建了 1 个基本的 Zynq 嵌入式系统。

2.2.2　在 Vivado 中创建 1 个具有中断的 Zynq 嵌入式系统

本节中，将创建 1 个简单的 Zynq 嵌入式系统，它在 Zynq 器件的 PL 中实现两个通用输入/输出控制器，其中一个使用 Zynq 开发板的按钮来产生中断，另一个连接到 LED 灯。2 个 GPIO 控制器均通过 AXI 总线连接到 Zynq 处理器，允许 2.2.3 节中创建的软件应用程序对 LED 灯进行控制。

(1) 在“Flow Navigator”面板的“IP INTEGRATOR”部分选择“Create Block Design”选项，在出现的对话框的“Design name”文本框中输入设计名字“zynq_interrupt_system”，单击“OK”按钮。

(2) 在 Vivado IP 集成器框图画布上添加 1 个“ZYNQ7 Processing System”。

(3) 在框图窗口上端的“Designer Assistance”消息中选择“Run Block Automation”信息

提示条，在弹出的“Run Block Automation”对话框中选中“Apply Board Preset”复选框，单击“OK”按钮，生成用于 DDR 和 FIXED_IO 接口的外部接口并应用板上预设。

此时的块框图将类似图 2-84 所示。

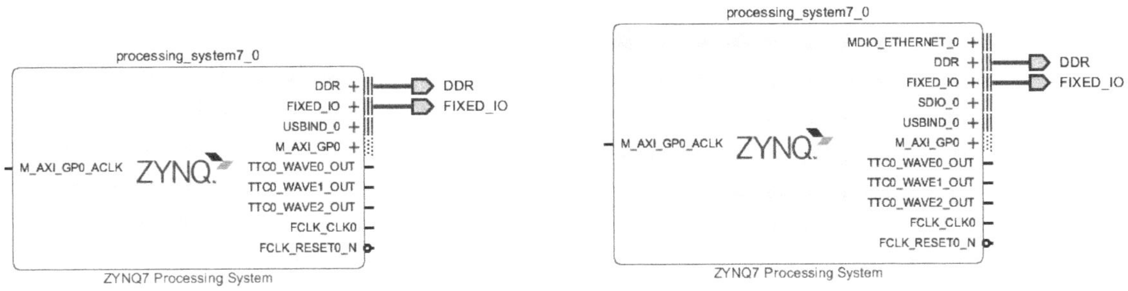

(a) 使用 ZedBoard 开发板时　　　　(b) 使用 Zybo 开发板时

图 2-84　ZYNQ7 处理系统外部接口

至此，主要的 Zynq PS 已经添加到设计中并做了相应的配置，现在可以添加将放置于 PL 中以增加系统功能的其他块了。本节中，需要为 LED 灯添加 1 个 AXI_GPIO，并为按键添加另一个 AXI_GPIO。

(4) 在框图窗口空白处右击并在弹出的菜单中选择“Add IP”选项，在弹出的 IP 目录界面的“Search”文本框中输入“GPIO”，增加 AXI GPIO IP 的 1 个实例。重复此过程向块设计中添加另一个 GPIO。

下面将使用“IP Integrator Designer Assistance”工具自动完成 AXI GPIO 块和 ZYNQ7 处理系统的连接。

(5) 在框图窗口上端的“Designer Assistance”消息中单击“Run Connection Automation”信息提示条，在弹出的对话框中选中“/axi_gpio_0/S_AXI”和“/axi_gpio_1/S_AXI”复选框(图 2-85)。

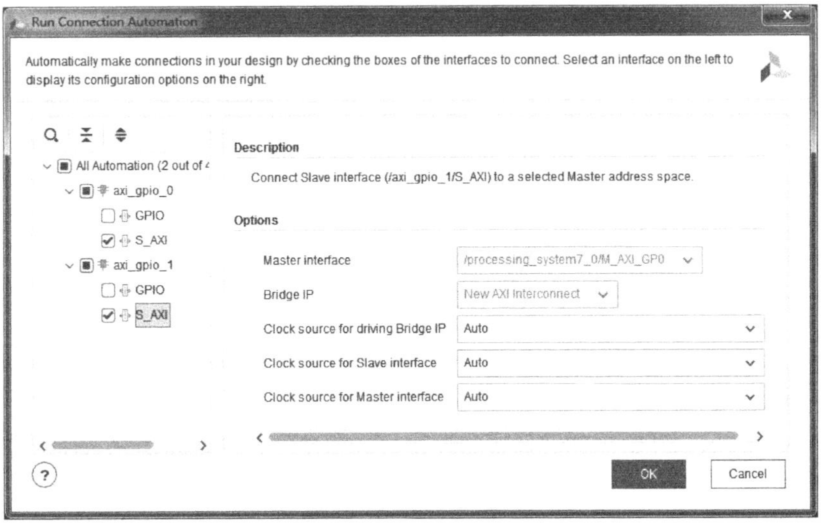

图 2-85　运行连接自动化——“S_AXI”

选中“/axi_gpio_0/GPIO”复选框，如果使用的是 ZedBoard 开发板，从“Options”部分

的“Select Board Part Interface”下拉列表中选择“btns_5bits(Push buttons)”选项(图 2-86)；如果使用的是 Zybo 开发板，从“Options”部分的“Select Board Part Interface”下拉列表中选择“btns_4bits(bins_4bits)”选项(图 2-87)。

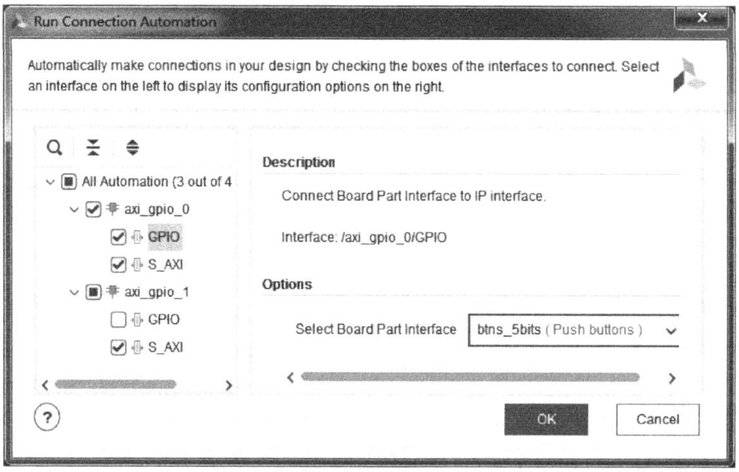

图 2-86 运行连接自动化连接中断按钮——使用 ZedBoard 开发板时

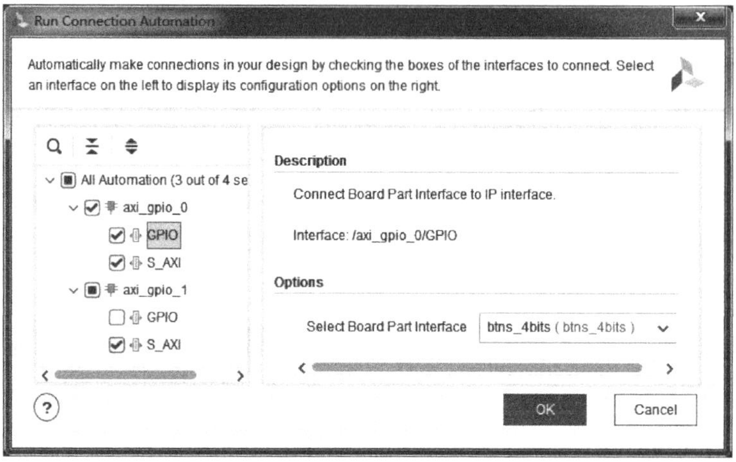

图 2-87 运行连接自动化连接中断按钮——使用 Zybo 开发板时

选中“/axi_gpio_1/GPIO”复选框：

①如果使用的是 ZedBoard 开发板，从“Options”部分的“Select Board Part Interface”下拉列表中选择“leds_8bits(LED)”选项(图 2-88(a))；

②如果使用的是 Zybo 开发板，从“Options”部分的“Select Board Part Interface”下拉列表中选择“leds_4bits(leds_4bits)”选项(图 2-88(b))。

单击“OK”按钮，开始自动进行块间连接，这个过程会自动添加 Processor System Reset Module 和 AXI Interconnect 2 个块。

(6) 在“IP Integrator”窗口中单击“Diagram”标签页回到块设计，单击“Regenerate Layout”(重新布局)按钮C(图 2-89)将当前的块设计重新布局以更易于查看。

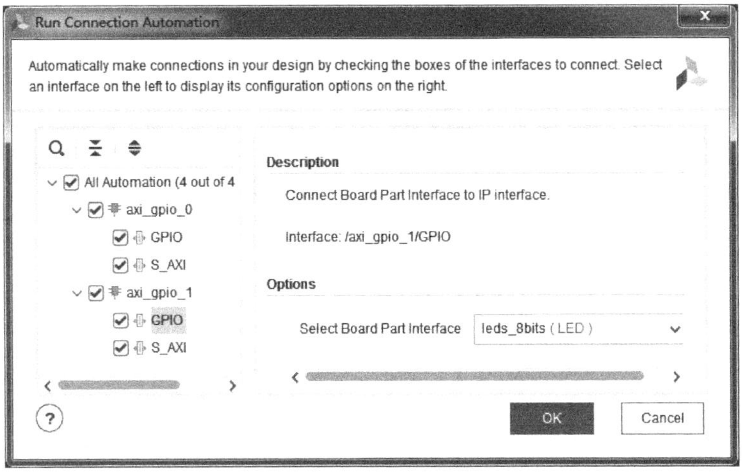

(a) 使用 ZedBoard 开发板时

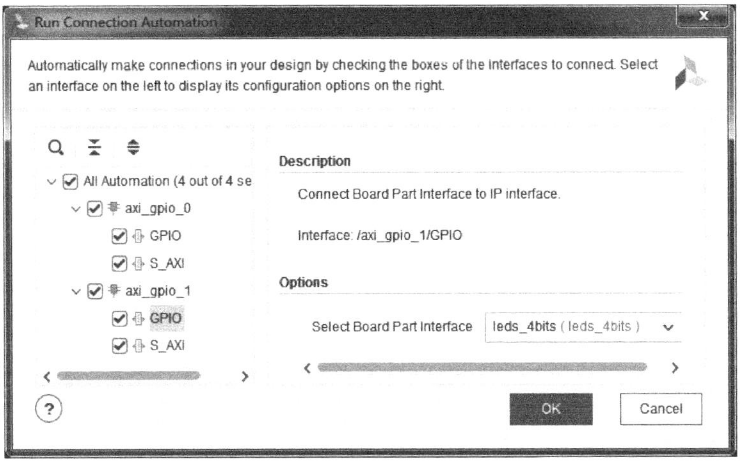

(b) 使用 Zybo 开发板时

图 2-88　运行连接自动化——GPIO 块(连接 LED 灯按钮)

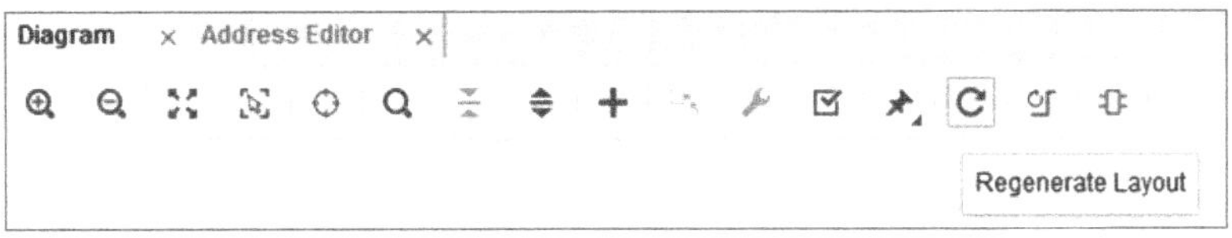

图 2-89　“Regenerate Layout”按钮

如果使用的是 ZedBoard 开发板，此时最终的块设计应该如图 2-90 所示；如果使用的是 Zybo 开发板，此时最终的块设计应该如图 2-91 所示(注意：布局可能不同，但是块以及块间互连应该一样)。

下面需要配置系统以使用从开发板按钮产生的触发 Zynq PS 功能的硬件中断。

(7) 双击连接到开发板按钮的块 axi_gpio_0，将打开“Re-customize IP”(重定制(IP))对话框，选择“IP Configuration”标签页，选中“Enable Interrupt”复选框以允许来自开发板按钮的中断(图 2-92)。

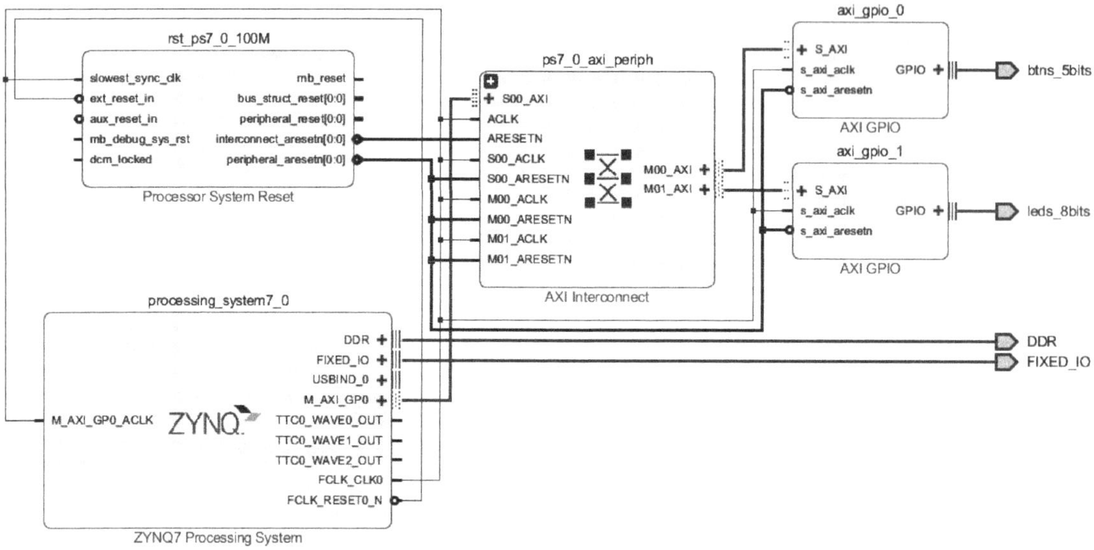

图 2-90　Zynq 处理器系统——使用 ZedBoard 开发板时

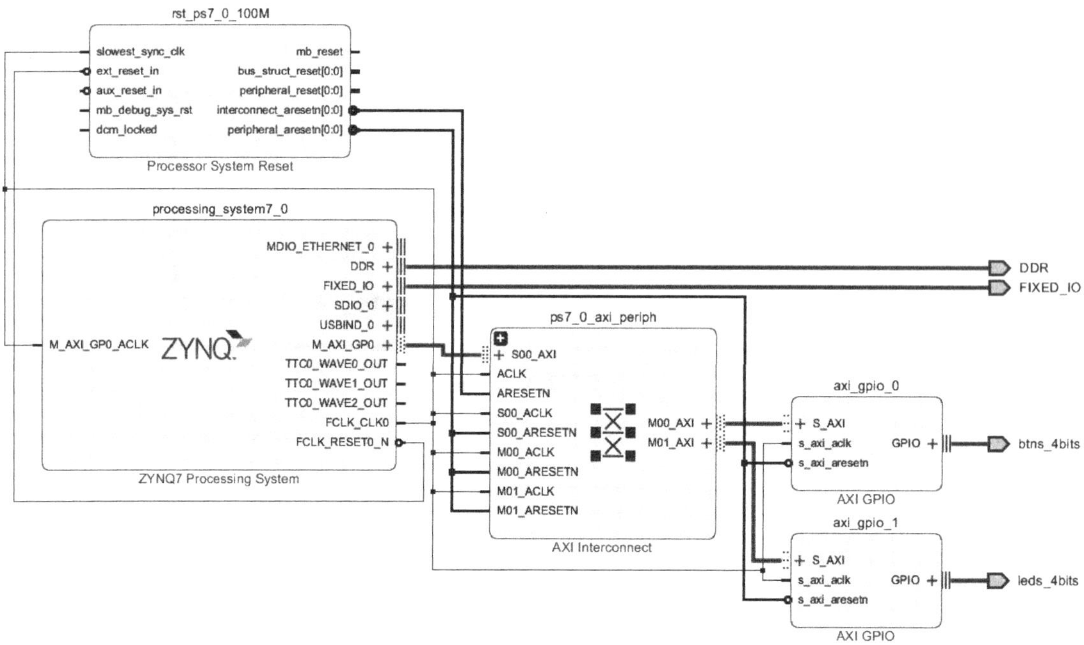

图 2-91　Zynq 处理器系统——使用 Zybo 开发板时

单击“OK”按钮。

此时已经为 GPIO 块的中断请求增加了 1 个额外的输出端口 ip2intc_irpt(图 2-93 中所示粗线框出的部分)。

下面需要配置 Zynq PS 以接受中断请求。

(8) 双击 Zynq PS 中的块 processing_system7_0 打开“Re-customize IP”对话框，在“Page Navigator”面板中选择“Interrupts”标签，展开条目“Fabric Interrupts”→“PL-PS Interrupt Ports”(图 2-94)。

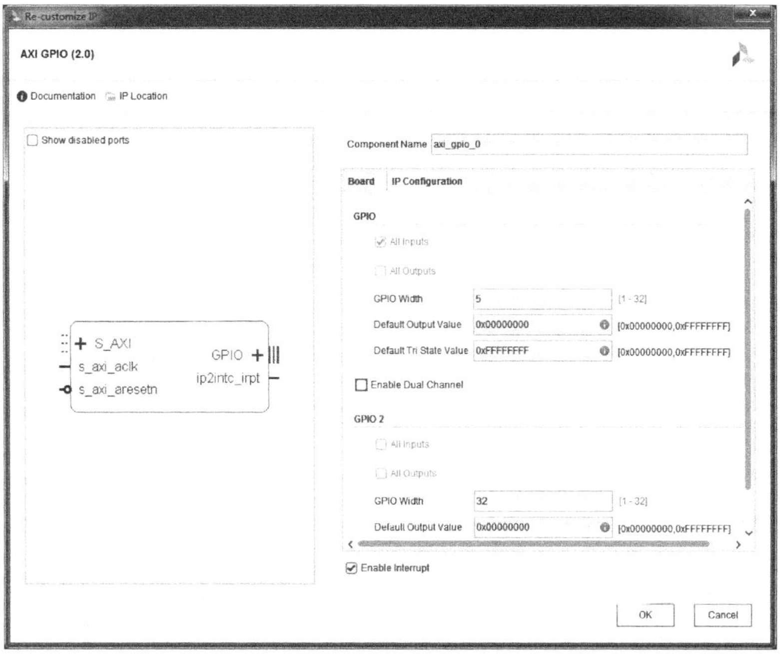

图 2-92　“Re-customize IP”对话框

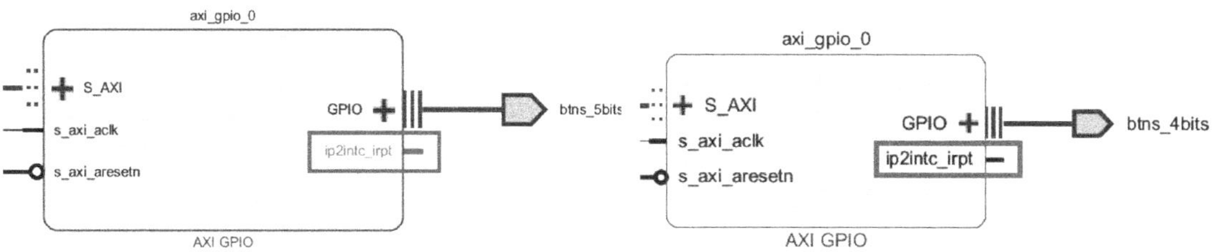

(a) 使用 ZedBoard 开发板时　　(b) 使用 Zybo 开发板时

图 2-93　具有中断端口的 GPIO 块

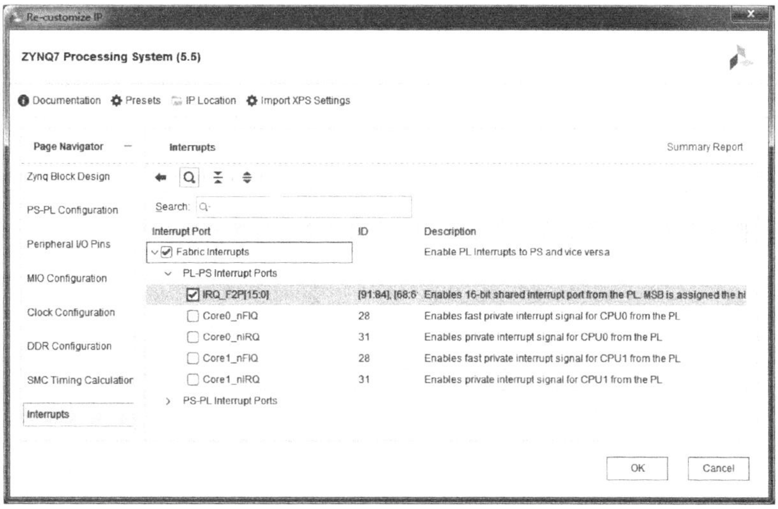

图 2-94　配置 Zynq PS 以使用中断

由于允许产生从可编程逻辑(PL)到处理系统(PS)的中断，依次选中“Fabric Interrupts”复选框和“Enable 16-bit shared interrupt port from”复选框，这表示来自 PL 的中断可连接到 Zynq PS 中的中断控制器。

单击“OK”按钮。

可以发现,块processing_system7_0多了1个中断端口IRQ_F2P[0:0](图2-95中粗框标出部分)。

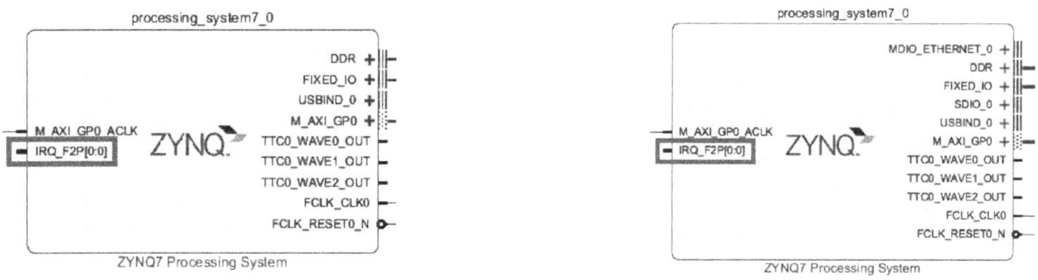

(a) 使用 ZedBoard 开发板时　　(b) 使用 Zybo 开发板时

图 2-95　具备中断端口的 Zynq PS

最后一步是在 ZYNQ7 处理系统块和 axi_gpio_0 块之间建立 1 个中断连接。

(9) 右击块 processing_system7_0 中新建的端口 IRQ_F2P[0:0]，从弹出的菜单中选择“Make Connection”(建立连接)选项(图 2-96)，打开如图 2-97 所示的“Make Connection”对话框，选择欲建立连接的对象“/axi_gpio_0/Ip2intc_irpt”，单击“OK”按钮。

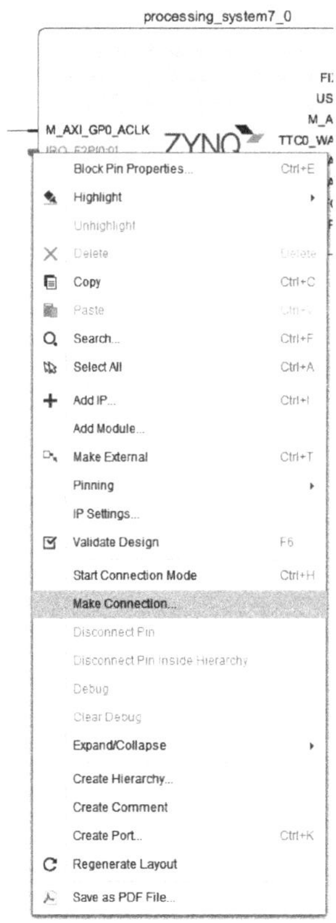

图 2-96　从弹出菜单选择“Make Connection”选项

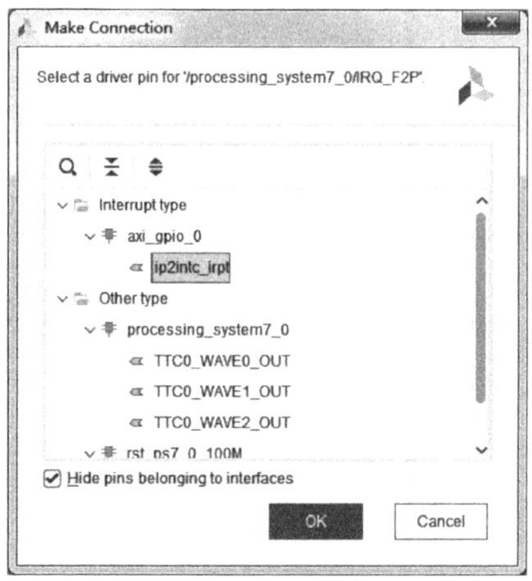

图 2-97　“Make Connection”对话框

此时，最终的设计应如图 2-98 或图 2-99 所示(注意：布局可能不同，但是块以及块间互连应该一样)。

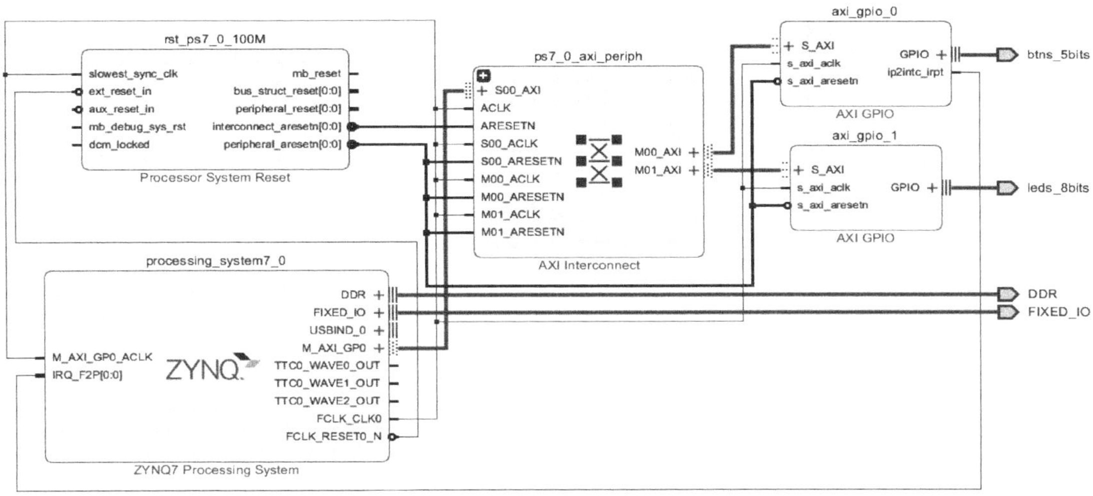

图 2-98　具备中断的 Zynq 处理器系统——使用 ZedBoard 开发板时

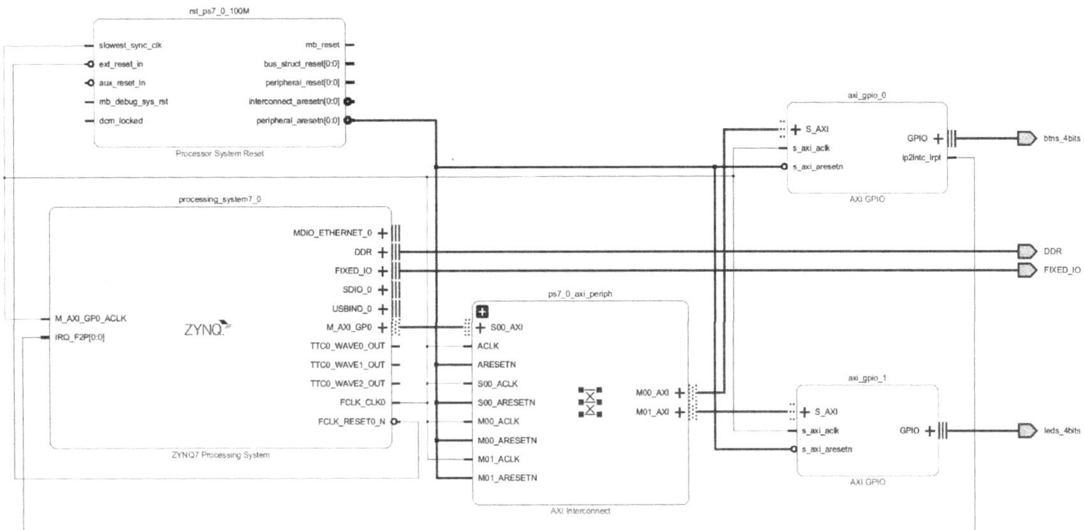

图 2-99　具备中断的 Zynq 处理器系统——使用 Zybo 开发板时

(10)从菜单栏中选择“File”→“Save Block Design”选项，保存设计。

(11)从菜单栏中选择“Tools”→“Validate Design”选项，检查设计。

如图 2-100 所示，本例中系统可能给出这种严重警告提示信息，提醒相关参数设置可能存在问题。对于这些信息，如果是错误的，必须加以修正；如果是警告，可以暂时不理会，直接单击“OK”按钮关闭对话框就可以了。

事实上，跟前面提到的一样，与操作相关的提示信息均会出现在“Tcl Console”窗口中(图 2-101)。

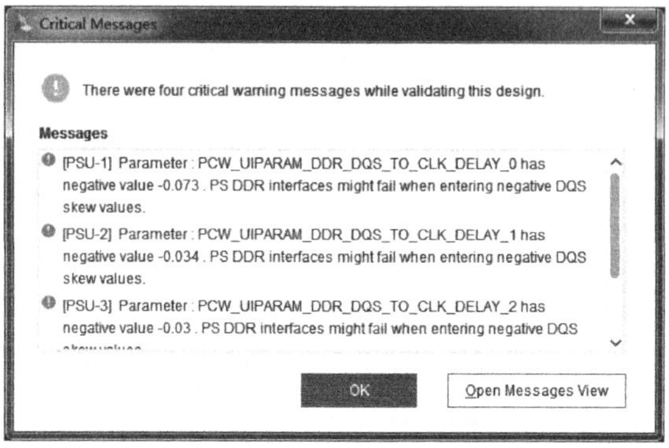

图 2-100　设计检查中出现的警告

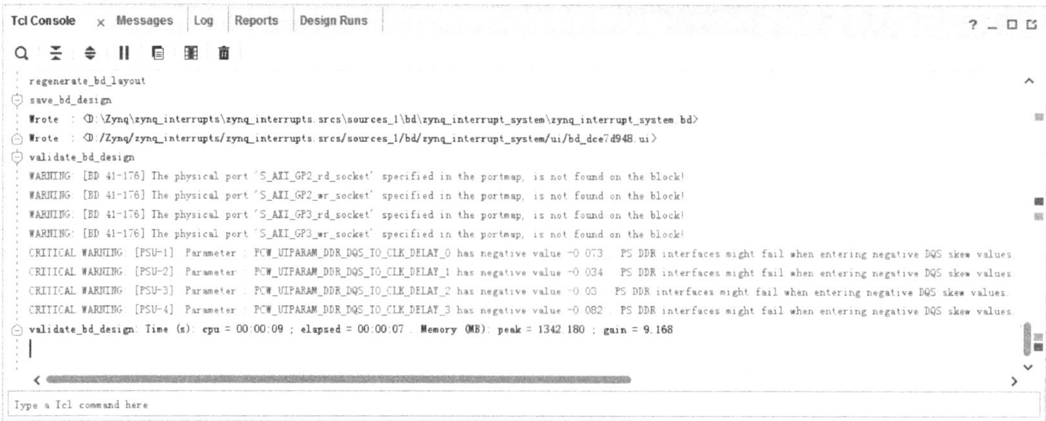

图 2-101　“Tcl Console”窗口中显示的相关信息

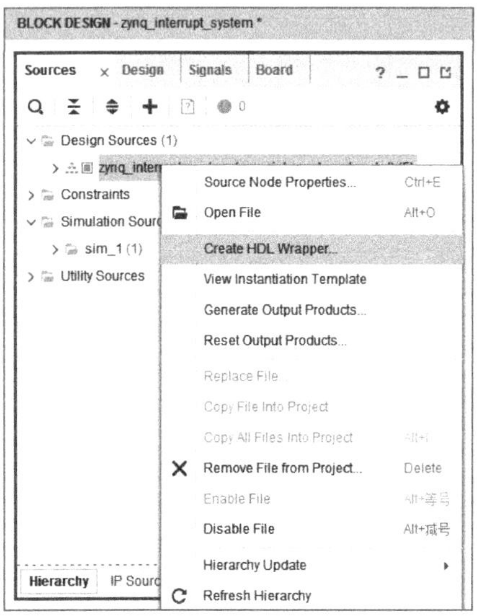

图 2-102　创建 HDL 包装器

设计检查结束并且没有错误的情况下，可以开始生成系统的 HDL 设计文件。

(12) 从菜单栏选择“Window”→“Sources”选项，或者直接单击数据窗格里的“Sources”标签页转到“Sources”选项卡。

(13) 在“Sources”窗口中的顶层系统设计(本例中为“zynq_interrupt_system”)上右击，在弹出的菜单中选择“Create HDL Wrapper”选项(图 2-102)，将弹出“Create HDL Wrapper”对话框，接受默认设置，单击“OK”按钮，将生成系统的顶层 HDL 包装器。

在产生了所有 HDL 源文件以后，Vivado 的下一步是实现前面的设计并生成比特流文件。

(14) 在“Flow Navigator”面板中的“PROGRAM AND DEBUG”部分选择“Generate Bitstream”命令，或者单击工具栏中的“Generate Bitstream”按钮，此时若弹出对话框提示保存文件，单击“Save”按钮。

在弹出的“No Implementation Results Available”对话框单击“Yes”按钮，在弹出提示将要启动运行器件综合或硬件实现的对话框中单击“OK”按钮启动上述过程。

(15) 比特流文件生成后，可以从“Flow Navigator”面板的“IMPLEMENTATION”部分选择“Open Implemented Design”命令打开并查看所实现的块设计。

比特流文件生成后，Vivado 中的最后一步是将前面的设计导出到 Vitis IDE 中，在 Vitis IDE 中将创建一个软件应用程序以允许 Zynq PS 控制开发板上的 LED。

(16) 从菜单栏中选择“File”→“Export”→“Export Hardware”选项，打开“Export Hardware Platform”对话框，并确认选中“Fixed”单选按钮，单击“Next”按钮。

(17) 在“Output”界面选择“Include bitstream”单选按钮，单击“Next”按钮，在接下来的“Files”界面单击“Next”按钮接受默认设置，将把硬件平台信息存储到文件“D:\Zynq\zynq_interrupts\zynq_ interrupt_system_wrapper.xsa”(图 2-103)。

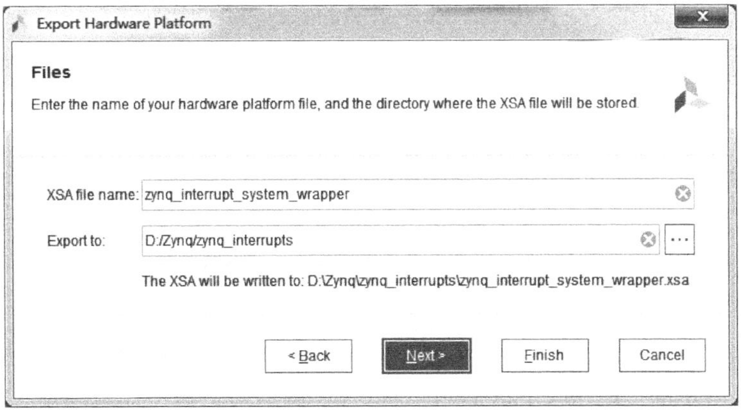

图 2-103　“Files”界面

(18) 硬件平台输出信息选择完成后会弹出硬件平台导出信息(图 2-104)，浏览相关信息，确认无误后单击“Finish”按钮完成硬件平台导出。

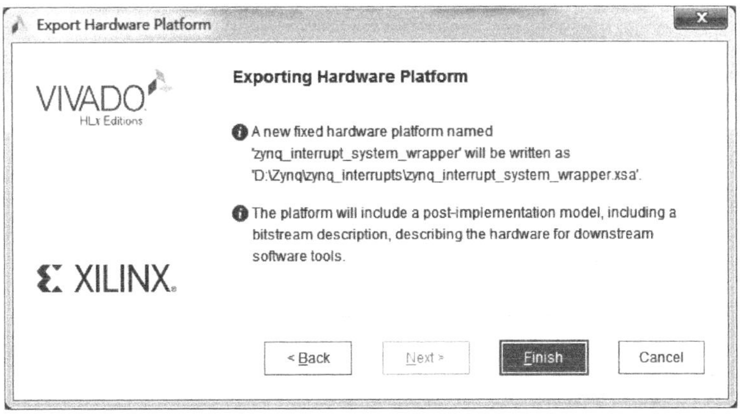

图 2-104　硬件平台导出信息

(19) 从 Vivado 菜单栏选择“Tools”→“Launch Vitis IDE”选项，在弹出的“Eclipse Launcher”对话框中选择 Vitis IDE 工作区路径为“D:\Zynq\workspace\zynq_interrupts”(图 2-105)，单击“Launch”按钮启动 Vitis IDE。

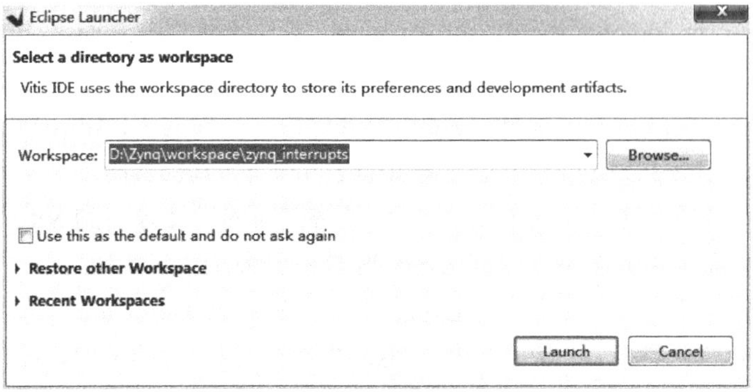

图 2-105　“Eclipse Launcher”对话框

至此，需要在 Vivado 中进行的操作步骤全部完成，系统的所有硬件部件均已完成配置并生成。下一个练习将创建一个使用这个硬件系统的软件应用程序。

2.2.3　在 Vitis IDE 中创建 1 个软件应用程序

在本节中，将创建一个使用 Zynq 开发板上的硬件中断的软件应用程序。开发板按钮将用于设置通过不同值递增的计数器，计数将以二进制形式持续显示在 LED 上，其中 LED0 对应最低有效位(LSB)，LED7(如果使用 ZedBoard 开发板的话)或 LED3(如果使用 Zybo 开发板的话)对应最高有效位(MSB)。该软件应用程序将在 Zynq 处理系统上运行，与 PL 中实现的 AXI GPIO 块进行通信。

2.2.2 节已经启动了 Vitis IDE，如果没有，可通过“开始”菜单快捷方式启动，此时仍将打开如图 2-105 所示的“Eclipse Launcher”对话框，确保对话框中加载的是 2.2.2 节中 Vivado IP 集成器设计导出时创建的工作区，单击“Launch”按钮，启动 Vitis IDE。

(1) 从菜单栏选择“File”→“New”→“Application Project”选项(图 2-106)，打开创建新应用程序工程向导。

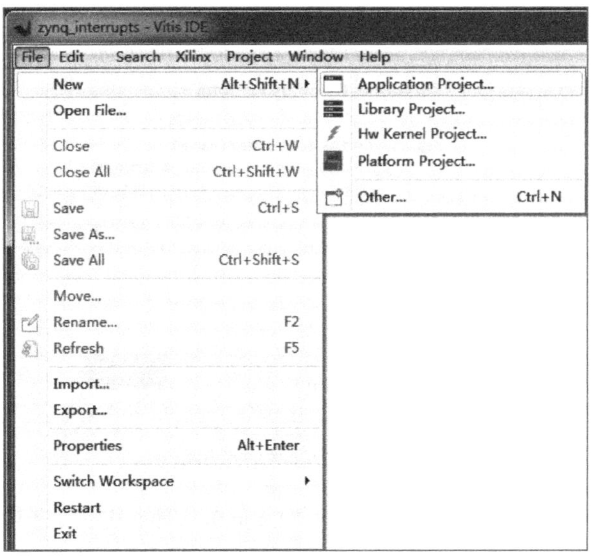

图 2-106　创建应用程序工程

单击“Next”按钮，打开平台选择对话框。

(2) 在平台选择对话框中单击“Create a new platform from hardware (XSA)”标签页，然后单击“Browse”按钮，在弹出的对话框中找到 2.2.2 节练习中用于存储硬件平台信息的文件“D:\Zynq\zynq_ interrupts\zynq_interrupt_system_wrapper.xsa”(图 2-107)，单击“打开”按钮。

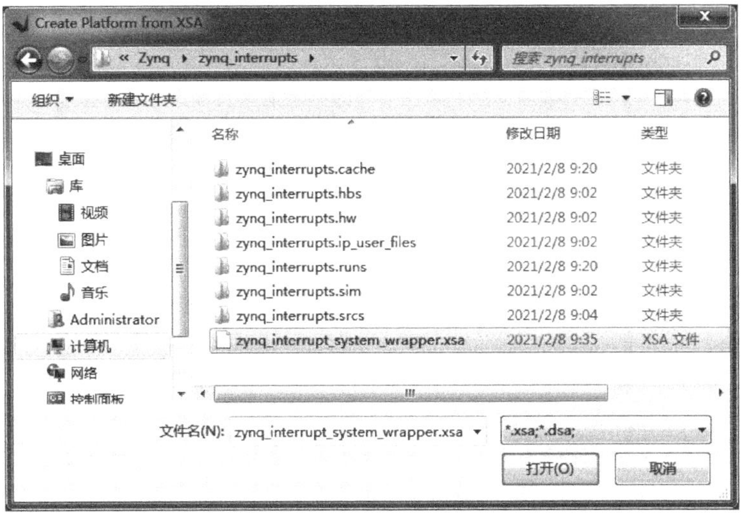

图 2-107　“Create Platform from XSA”对话框

此时，上一个练习所导出的硬件平台信息已经被添加到平台列表了(图 2-108)，选中它，并单击“Next”按钮。

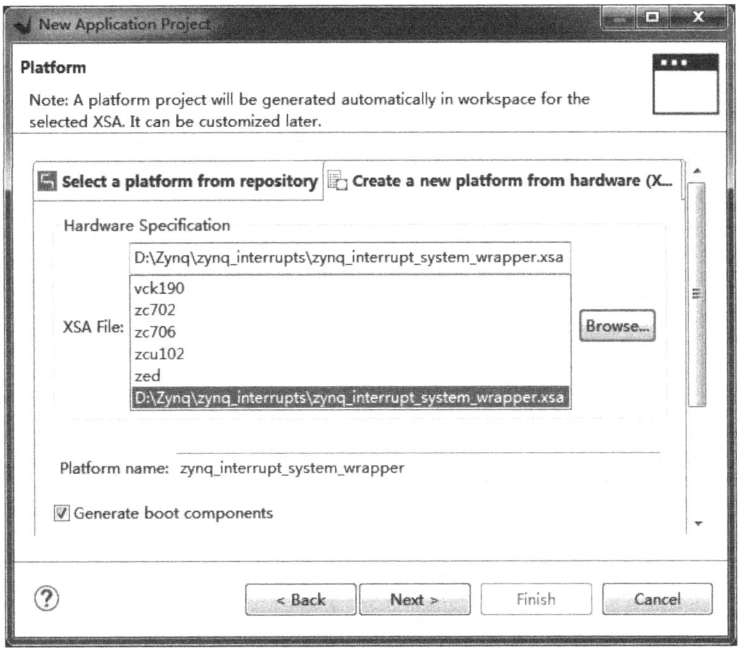

图 2-108　硬件平台信息被添加到列表

(3) 在“Application Project Details”界面的“Application project name”文本框中输入工程名“interrupt_counter”(图 2-109)，单击“Next”按钮。

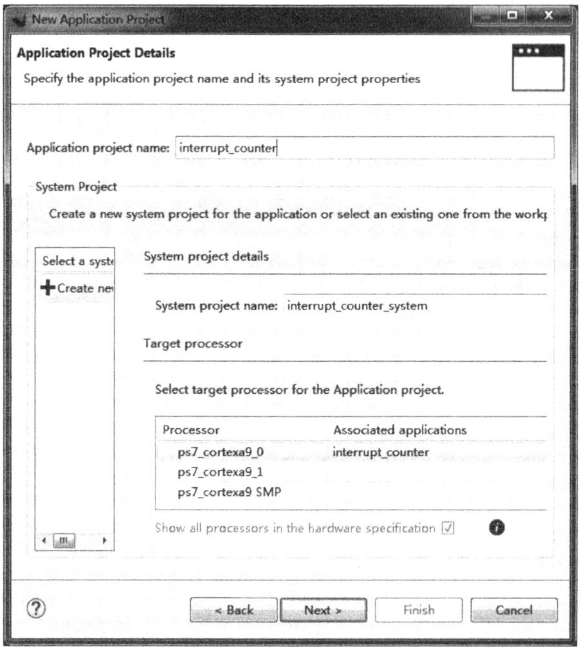

图 2-109　“Application Project Details”界面

(4) 在弹出的“Domain”界面中接受默认设置，单击“Next”按钮。

(5) 在弹出的“Templates”界面中选择“Empty Application”选项，单击“Finish”按钮创建工程。

注：此时新建的工程应自动打开(图 2-110)，如果没有打开，可能需要关闭“Welcome”选项卡以查看该工程。

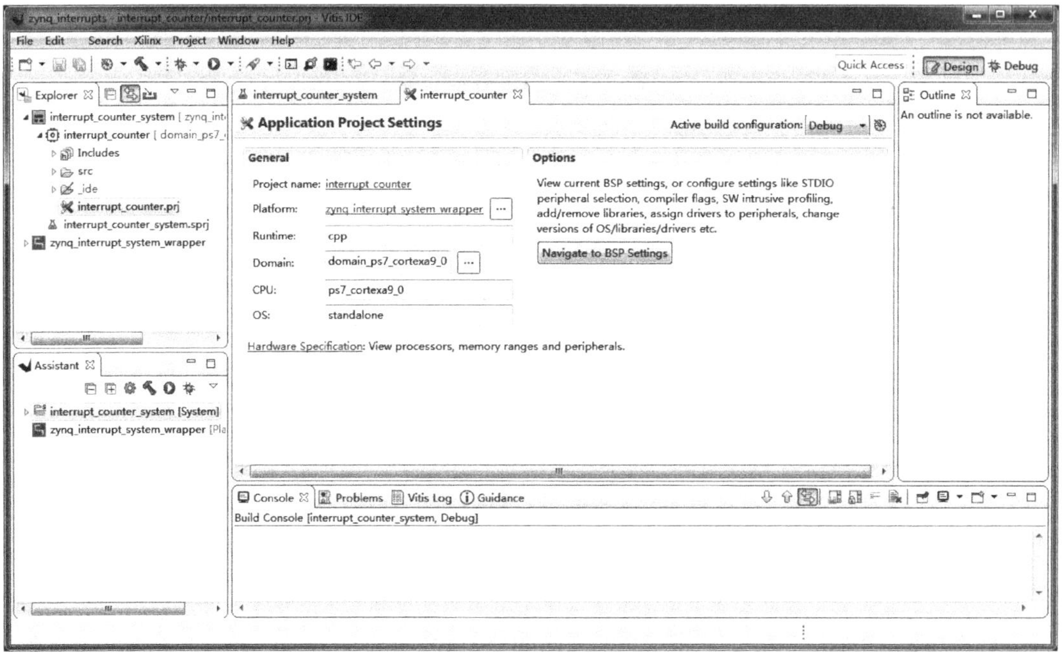

图 2-110　Vitis 完成新建的应用程序工程

新应用程序工程创建后，现在导入为该应用程序预先准备的源文件。

(6) 在“Explorer”标签页中展开“interrupt_counter”文件夹，右击“src”目录并在弹出的菜单中选择“Import Sources”选项，打开“Import Sources”对话框，显示“File System”界面。

(7) 在“File System”界面中单击“From directory”下拉列表框右侧的“Browse”按钮，选择需要导入的源文件所在路径：

①如果使用的是 ZedBoard 开发板，选择例程源文件“zedboard”目录下的“zynq_interrupts”目录(即“\source\zedboard\zynq_interrupts”)；

②如果使用的是 Zybo 开发板，选择例程源文件“zybo”目录下的“zynq_interrupts”目录(即“\source\zybo\zynq_interrupts”)。

文件选择完毕，单击“选择文件夹”按钮。

此时该界面中会显示指定目录下的文件，选中“interrupt_counter_1.c”复选框(图 2-111)，单击“Finish”按钮。C 源文件将被导入，并自动创建 1 个工程。

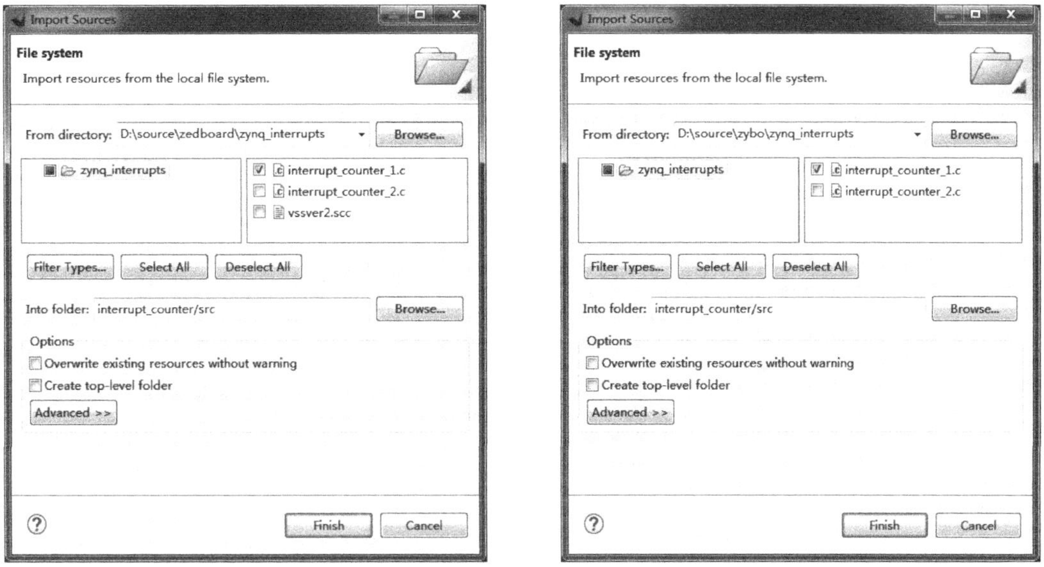

(a) 使用 ZedBoard 开发板时　　　　(b) 使用 Zybo 开发板时

图 2-111　选择源文件

文件“interrupt_counter_1.c”中是提前编写的执行 Zynq 开发板上中断触发计数器操作的 C 代码。

源文件导入后，通过“Project”→“Build Project”选项进行手动编译。

编译结束后，Vitis IDE 下部的“Console”标签页中将给出相关信息(如图 2-112 所示，可能需要上下拖动滚动条以看到全部信息)。

(8) 在“Project Explorer”标签页中展开“src”并打开源文件“interrupt_counter_1.c”查看代码。

该代码有完整的注释，但是为清楚起见，下面做简要讨论。

现在，应该熟悉配置和操作 GPIO 时所使用的驱动程序与参数。如果要查看这些信息，可以在“interrupt_counter”标签页中单击“Navigate to BSP Settings”按钮打开“zynq_interrupt_system_wrapper”标签页(图 2-113)查看。

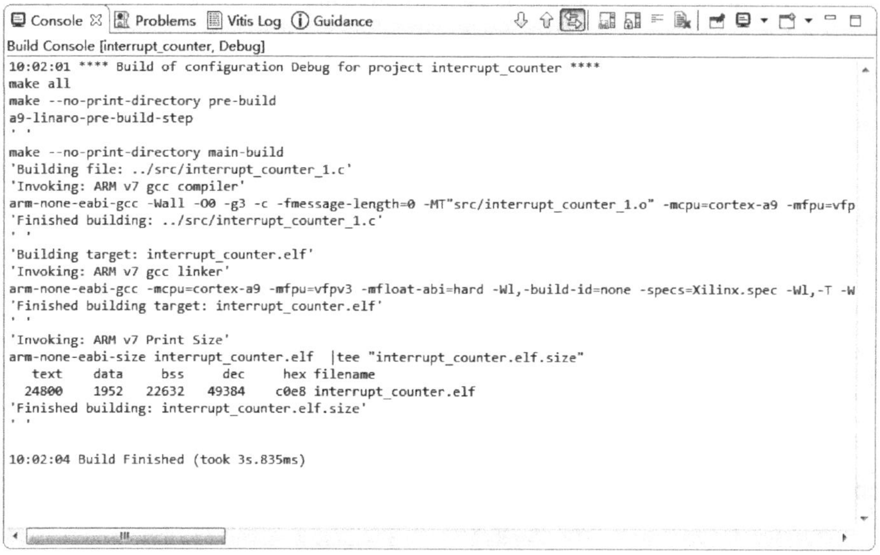

图 2-112　“Console”标签页显示相关信息

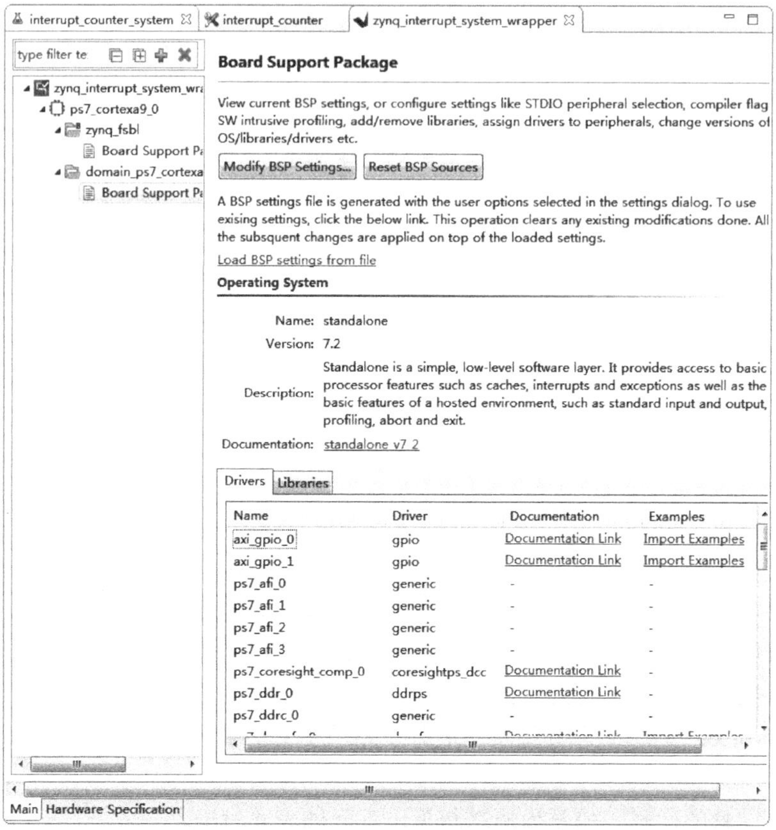

图 2-113　查看 BSP 设置

Zynq PS 具有内置中断控制器，初始化为 XScuGicINTCInst，它处理将要传递给 PS 的所有中断请求输入，并执行与各中断源相关的功能，还能够根据应用程序要求对多个中断源进行优先级排序。

值得特别注意的是包含函数 BTN_Intr_Handler(void * InstancePtr)，这是按钮中断处理函数，每当 PS 接收到 PL 中按钮的中断请求时该函数都被调用，它在每次调用时进行计数器增量，并以二进制形式在 LED 上显示计数器的值。

主函数下面那个是初始化设置函数 InterruptSystemSetup(XScuGic *XScuGicInstancePtr)，它被函数 IntcInitFunction(u16 DeviceId, XGpio *GpioInstancePtr)调用，其功能是初始化并配置 Zynq PS 中的中断控制器，将中断处理程序连接到中断源，另外还通过调用其他函数以允许中断源和寄存器异常。

通过分析源程序可知，系统刚开始运行时计数器(也就是 LED 的输出)应该为“0”。Zynq 开发板上的不同按钮被赋予不同的值的含义，当按下某一按钮后，这个值会加上原来计数器的值，然后通过 LED 灯将这个计数结果显示出来。

下一步是将 2.2.2 节中产生的比特流文件编程到 Zynq PL 中。

(9) 使用系统自带的 USB 线将 Zynq 开发板 JTAG 端口与 PC 相连，打开开发板电源，参考图 2-77 或图 2-78 确保开发板上的跳线设置正确以允许从 JTAG 启动。

(10) 从菜单栏选择“Xilinx”→“Program FPGA”选项，将比特流文件下载到 Zynq PL 中，此时“Program FPGA”对话框将打开，其中“Bitstream”文本框也应该已经自动填入了正确的比特流文件。单击“Program”按钮开始 FPGA 编程。

当编程结束时，开发板上的“DONE”指示灯(ZedBoard 是蓝色 LED 灯，而 Zybo 则是绿色 LED 灯)将点亮。

当成功按照比特流文件对 Zynq PL 进行配置以后，就可以加载 Zynq PS 上的应用程序。

(11) 在“Explorer”标签页中选择“interrupt_counter”文件夹并右击，在弹出的菜单中选择“Run As”→“3 Launch on Hardware (Single Application Debug(GDB))”选项(图 2-114)。

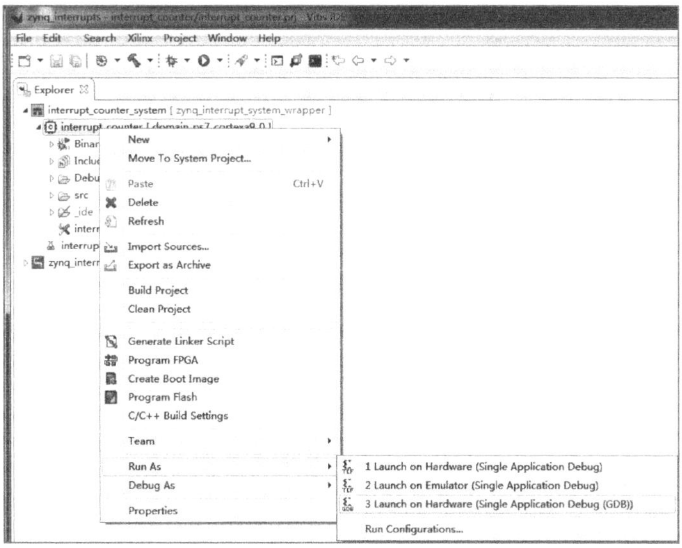

图 2-114　加载应用程序到 Zynq 开发板上

系统开始加载，这个过程中 Vitis IDE 右下角的状态栏会显示当前的加载进度(图 2-115)。

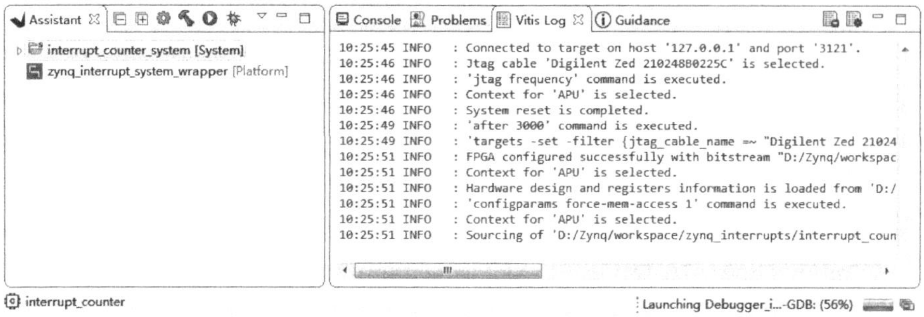

图 2-115 SDK 加载进度显示(以使用 ZedBoard 开发板时为例)

系统加载完成时，**所有的 LED 灯都是不亮的**，此后根据按钮的不同，计数器在原来数值的基础上自动增量若干，并通过 LED 灯显示当前计数结果。

LED 灯闪烁状态及其对应计数结果如图 2-116 所示。

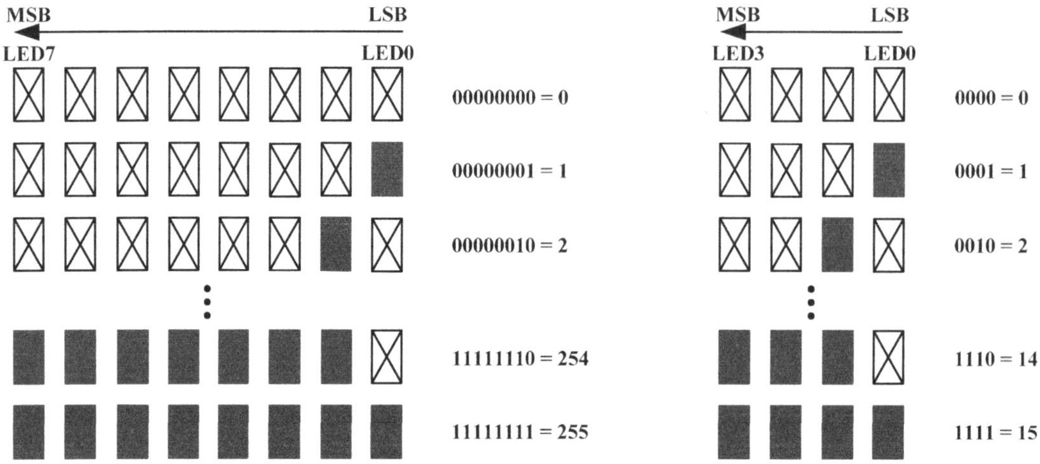

(a) 使用 ZedBoard 开发板时　　(b) 使用 Zybo 开发板时

图 2-116 LED 灯闪烁状态及其对应计数结果

尝试按下不同按钮，观察按钮按下前后的计数结果，分析不同按钮对应的增量值，并回答下列问题。

(1) 如果使用的是 ZedBoard 开发板：

①计数结果可能到 255 吗？

②按钮上(BTNU)、下(BTND)、左(BTNL)、右(BTNR)、中(BTNC)对应的计数器功能分别是什么？

(2) 如果使用的是 Zybo 开发板：

按钮 BTN0、BTN1、BTN2、BTN3 对应的计数器功能分别是什么？

现在已经成功地在 Zynq PS 上创建了 1 个使用中断功能的软件应用程序，下一步是返回并添加 1 个具有更高优先级的中断源改变系统的功能。

关闭 Vitis IDE 和 Vivado IDE。

2.2.4　增加 1 个中断源

本节首先以 AXI 定时器(AXI Timer)的形式向 2.2.2 节创建的工程中添加 1 个额外的中断源。

(1) 启动 Vivado，打开启动界面右侧“Recent Projects”列表中的相应工程(图 2-117)。

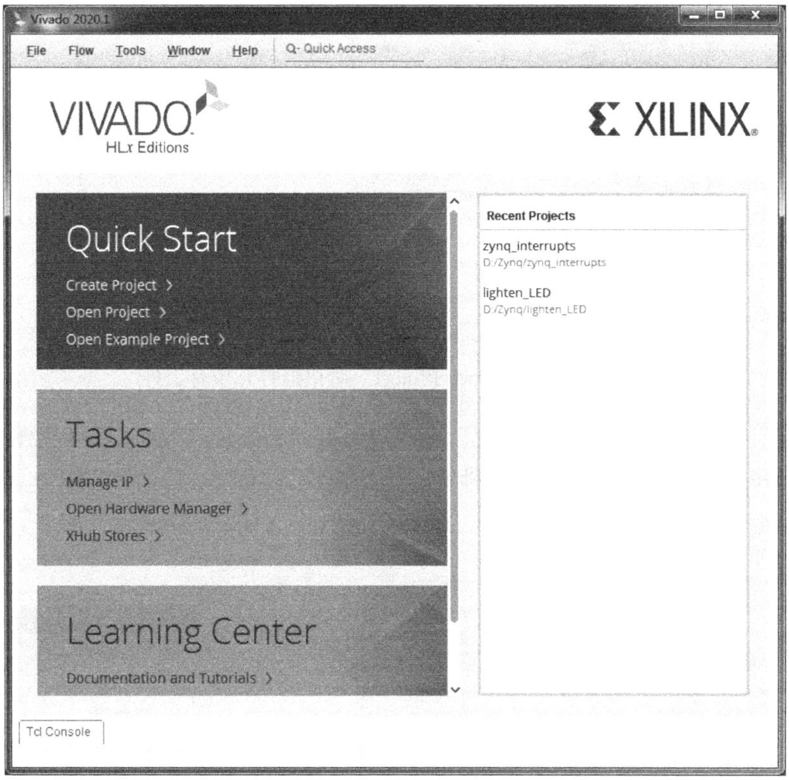

图 2-117　从“Recent Projects”列表打开现有工程

若“Recent Projects”列表未显示所需打开的工程，单击启动界面的“Open Project”(打开工程)选项，在弹出的如图 2-118 所示的“Open Project”对话框中，通过右侧的“Recent Directories”下拉列表框可定位到需要打开的工程所在的目录，通过左侧的文件目录列表可以进一步指定该工程的具体位置。

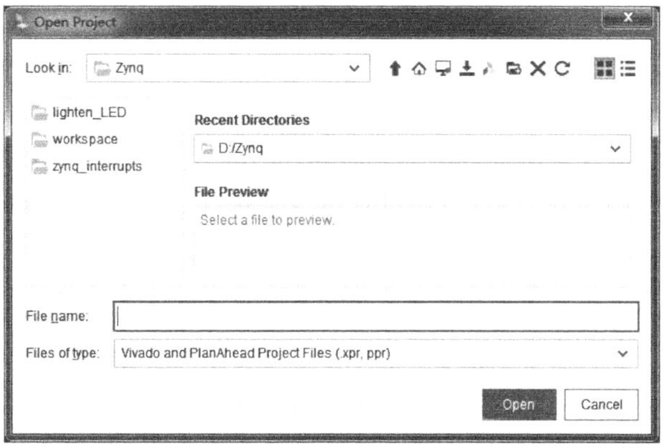

图 2-118　“Open Project”对话框

本例中双击“zynq_interrupts”文件夹，即可看到列表中出现要打开的 Vivado 工程“zynq_interrupts.xpr”（图 2-119），双击该工程，即可打开。

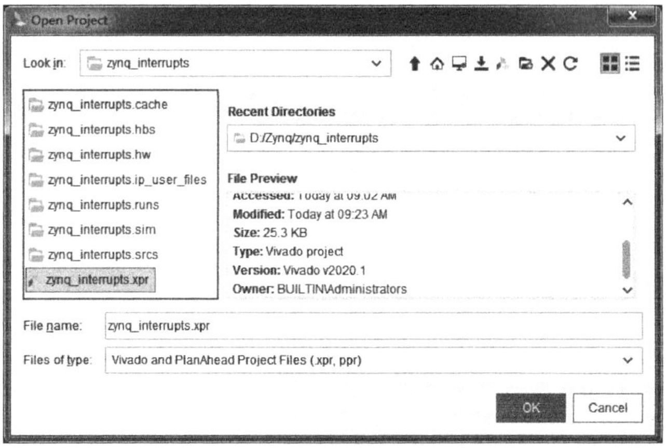

图 2-119　从“Open Project”对话框打开现有工程

(2) Vivado 工程“zynq_interrupts.xpr”打开后，在“Sources”窗口展开“Design Sources”→“zynq_interrupt_system_wrapper”文件夹，找到块设计（图 2-120）并双击，也可以在“Flow Navigator”面板的“IP INTEGRATOR”部分选择“Open Block Design”命令（图 2-121）打开块设计。

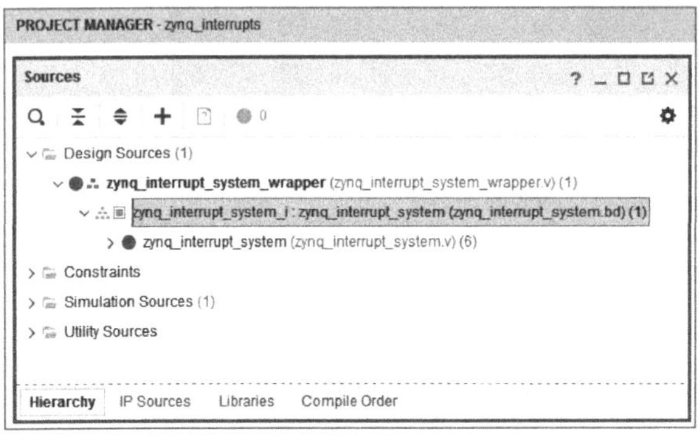

图 2-120　从“Sources”窗口打开块设计

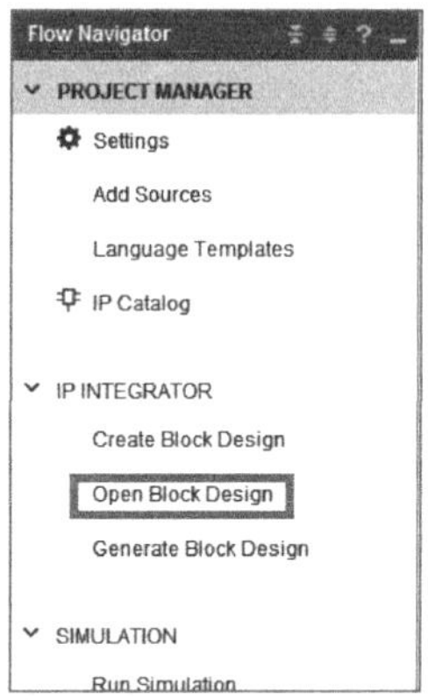

图 2-121　从“Flow Navigator”面板打开块设计

块设计打开后，要添加 1 个 AXI 定时器到设计中。

(3) 在 Vivado IP 集成器框图画布中的任何位置右击，在弹出的菜单中选择“Add IP”选项，在弹出的 IP 目录界面的“Search”文本框中输入“timer”（图 2-122），从搜索结果中将“AXI Timer”IP 拖到画布上，也可以通过双击或者选中以后按回车键将它添加到画布上。

(4) 在框图窗口上端的“Designer Assistance”消息中单击“Run Connection Automation”信息提示条，在弹出的“Run Connection Automation”（运行连接自动化）对话框中选择“/axi_timer_0/S_AXI”复选框（图 2-123），单击“OK”按钮将定时器与 AXI 互连起来。

单击“Regenerate Layout”按钮C对框图进行重新布局，此时完整的设计类似图 2-124 或图 2-125 所示（注意：布局可能不同，但是块以及块间互连应该一样）。

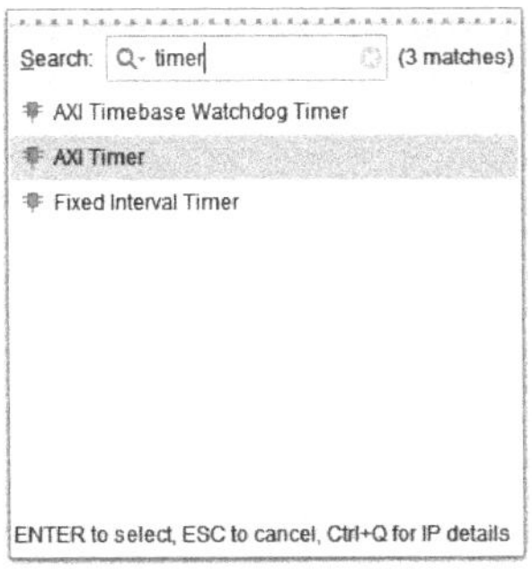

图 2-122　IP 目录中的 AXI 定时器

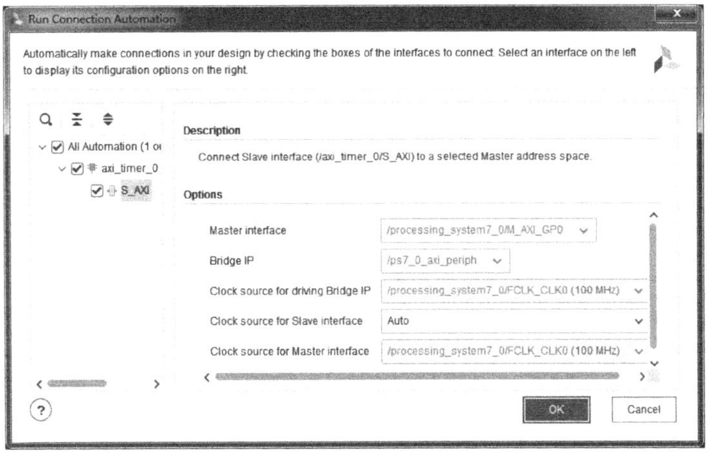

图 2-123　“Run Connection Automation”对话框

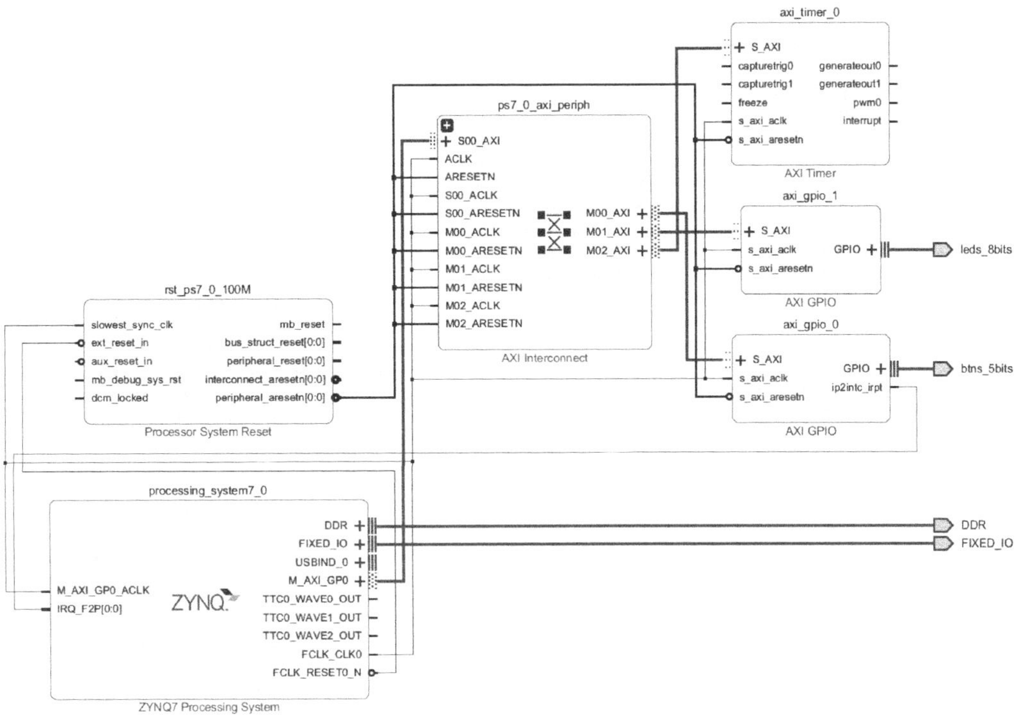

图 2-124　添加 AXI 定时器后的块设计框图——使用 ZedBoard 开发板时

注意图 2-124 中的 AXI 定时器有 1 个中断请求 interrupt，它需要连接到 Zynq PS。但是已经有 1 个中断接到 PS 的输入端了，该输入端是 1 个共享中断端口，通过 1 个信号接收多个中断，因此需要 1 个额外的 IP 块将这 2 个中断请求整合成 1 个信号。

(5) 在画布中的任何位置右击，在弹出的菜单中选择“Add IP”选项，在弹出的 IP 目录界面的“Search”文本框栏中输入“concat”并将 Concat IP 添加到设计中。

(6) 选中 AXI_GPIO 块 axi_gpio_0 的端口 ip2intc_irpt 和 Zynq PS 上的端口 IRQ_F2P[0:0] 之间的连线，然后右击并在弹出的菜单中选择“Delete”选项(图 2-126)或者直接按 Delete 键将连线删除。

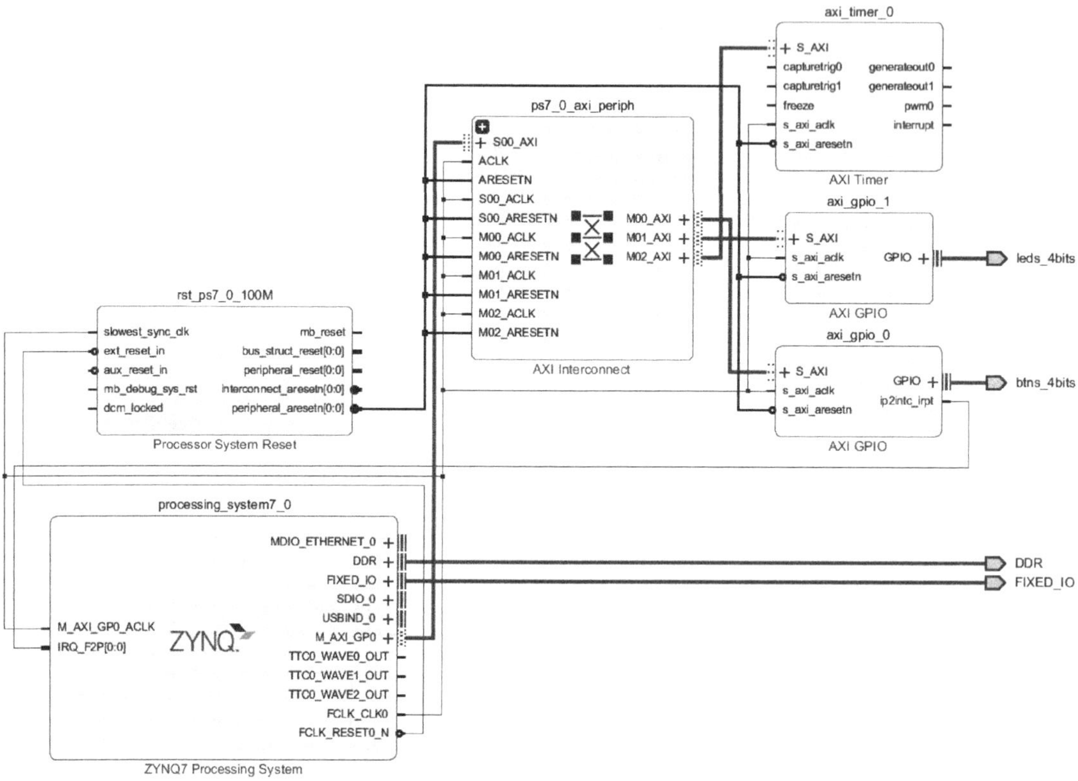

图 2-125　添加 AXI 定时器后的块设计框图——使用 Zybo 开发板时

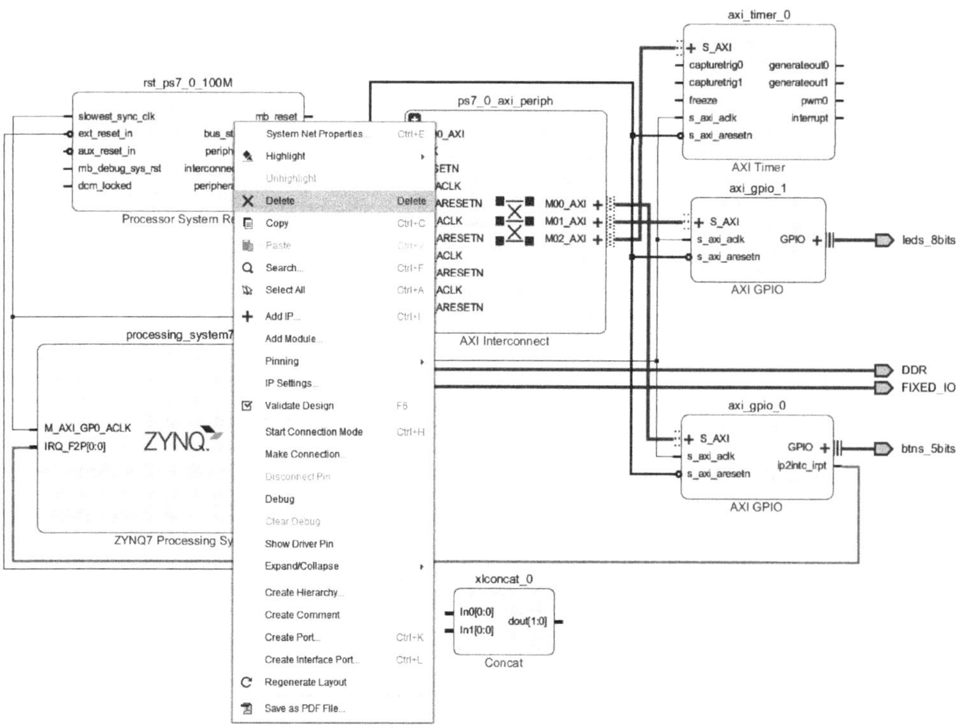

图 2-126　删除连线(以使用 ZedBoard 开发板时为例)

(7)将 Concat 块 xlconcat_0 的输出 dout[1:0]与 Zynq PS 的端口 IRQ_F2P[0:0]相连。

将 Concat 块 xlconcat_0 的输入 In0[0:0]与 AXI_GPIO 块 axi_gpio_0 的端口 ip2intc_irpt 相连；将 Concat 块 xlconcat_0 的输入 In1[0:0]与 AXI Timer 块 axi_timer_0 的端口 interrupt 相连。

单击“Regenerate Layout”按钮对框图进行重新布局，如果使用的是 ZedBoard 开发板，此时的设计结果如图 2-127 所示；如果使用的是 Zybo 开发板，此时的设计结果如图 2-128 所示(注意：布局可能不同，但是块以及块间互连应该一样)。

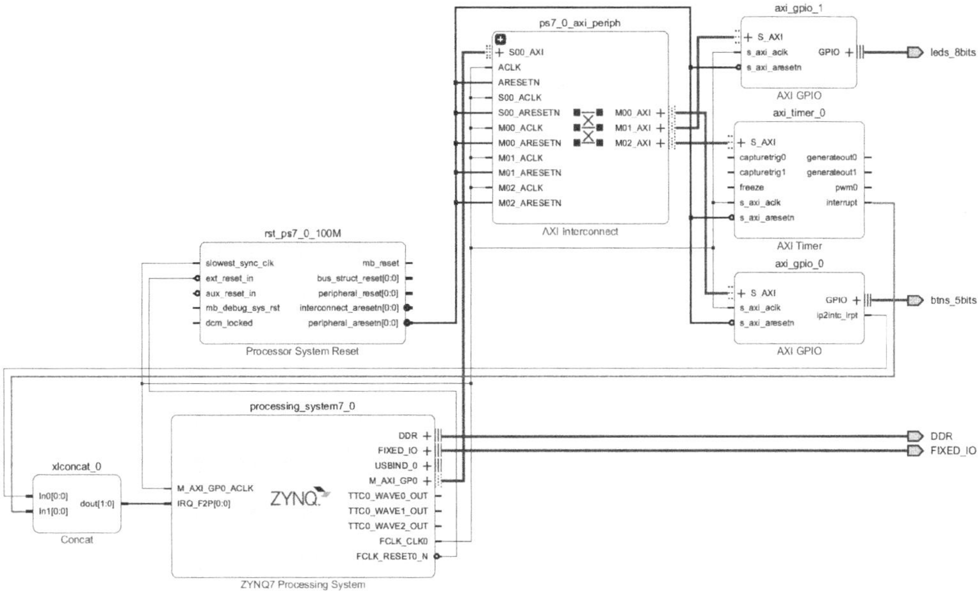

图 2-127　具有多个中断源的完整系统——使用 ZedBoard 开发板时

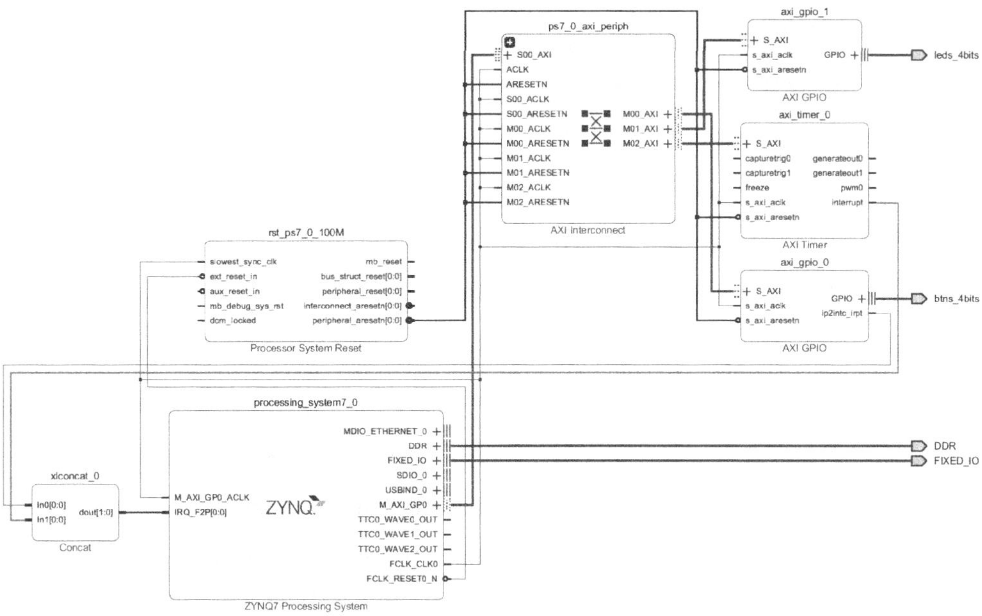

图 2-128　具有多个中断源的完整系统——使用 Zybo 开发板时

下面需要为修改后的系统生成新的比特流文件。

(8) 在“Flow Navigator”面板中的“PROGRAM AND DEBUG”部分选择“Generate Bitstream”命令，此时弹出“Save Project”(保存工程) 对话框提示保存文件(图 2-129)，单击“Save”按钮。

此时出现如图 2-130 所示的“Synthesis is Out-of-date”(综合已过期) 对话框，要求在开始生成比特流文件之前先加载综合和硬件实现，单击“Yes”按钮确认；在弹出提示将要启动器件综合或硬件实现的对话框单击“OK”按钮启动上述过程。

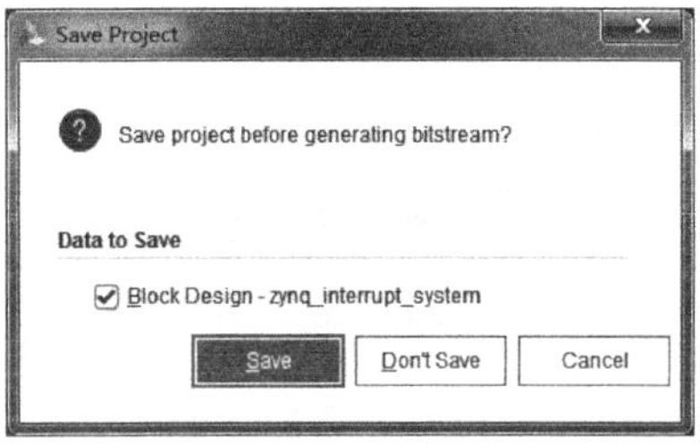

图 2-129　“Save Project”对话框

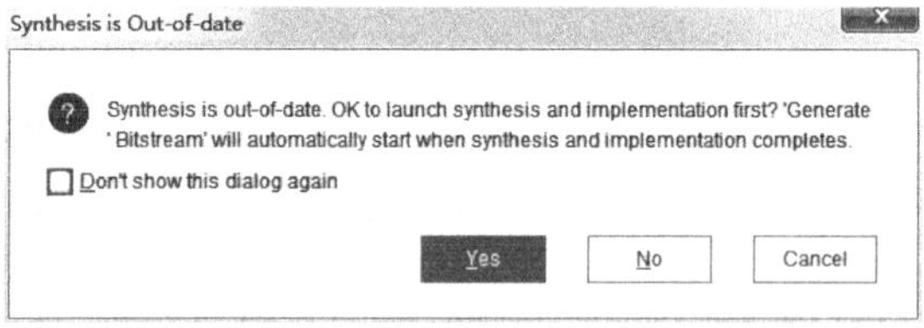

图 2-130　“Synthesis is Out-of-date”对话框

这个过程中若有警告信息，可以单击“OK”按钮，先不用管它。

(9) 比特流文件生成后，可以从“Flow Navigator”面板的“IMPLEMENTATION”部分选择“Open Implemented Design”命令打开所实现的块设计。在这里，可以选择使用封装视图或器件视图查看所实现的设计。

若 1 个“已实现的设计”被打开之后又对块设计进行了修改，则综合以后会生成新的设计实现，在综合和硬件实现过程中屏幕上部将出现黄色提示条(图 2-131)，提示“Implemented Design is Out-of-date. Implementation is running.”现有硬件实现已过期，正在运行硬件实现，在综合与硬件实现工作结束后，执行“Reload”命令可以重新加载所实现的设计。

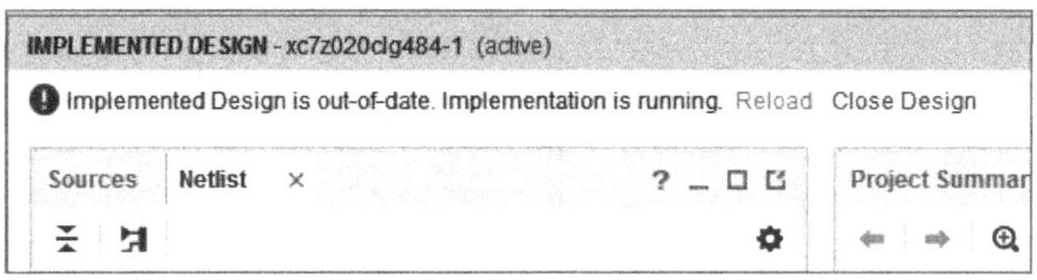

图 2-131　硬件实现过程中屏幕上的提示条(以使用 ZedBoard 开发板时为例)

比特流文件生成后，可以将所实现的设计导入到硬件设计中。

(10) 从菜单栏中选择“File”→“Export”→“Export Hardware”选项，打开“Export Hardware Platform”对话框，选择“Fixed”单选按钮，单击“Next”按钮。

(11) 在“Output”界面选择“Include bitstream”单选按钮，单击“Next”按钮，在接下来的“Files”界面单击“Next”按钮接受默认设置，把硬件平台信息将存储到文件“D:\Zynq\zynq_interrupts\zynq_interrupt_system_wrapper.xsa”(图 2-132)。

此时出现 1 个对话框提示已经有了 1 个导出文件，询问是否覆盖(图 2-133)。已有的是 2.2.2 节中具有按钮中断单中断源的文件，需要使用现有的替换它，这里选择“Yes”按钮。

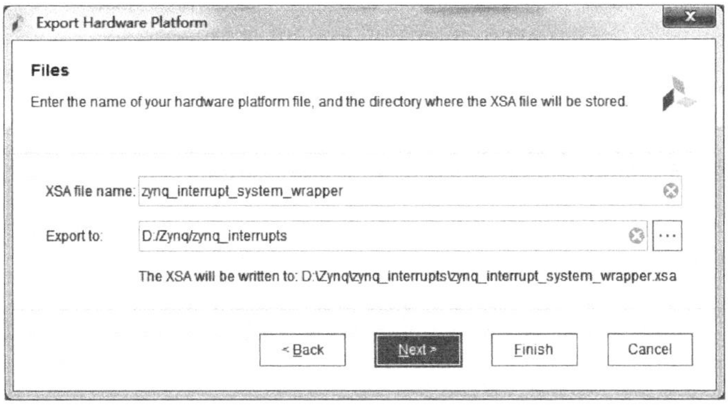

图 2-132　“Files”界面

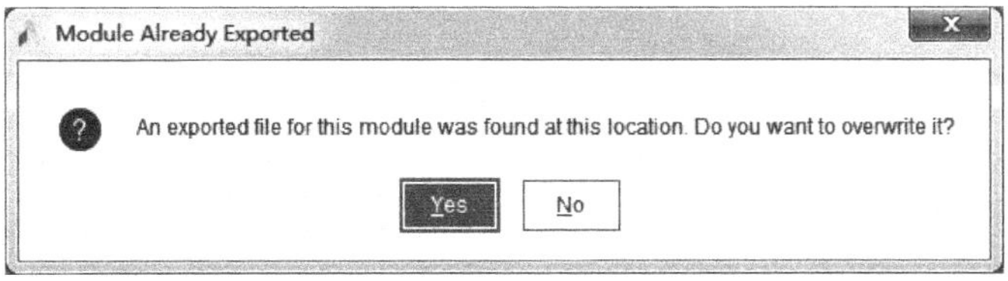

图 2-133　“Module Already Exported”对话框

硬件平台输出信息选择完成后会弹出硬件平台导出信息，浏览相关信息，确认无误后单击“Finish”按钮完成硬件平台导出。

(12)从 Vivado 菜单栏选择“Tools”→“Launch Vitis IDE”选项，在弹出的“Eclipse Launcher”对话框中单击“Launch”按钮启动 Vitis LDE。

启动 Vitis LDE 以后，需要将应用程序改为使用新中断源的程序。

(13) 在“Explorer”标签页中的工程“interrupt_counter_system”上右击并执行“Delete”命令(图 2-134)，打开“Delete Resources”(删除源文件)对话框，选中“Delete project contents on disk (cannot be undone)”复选框(图 2-135)，单击“OK”按钮。

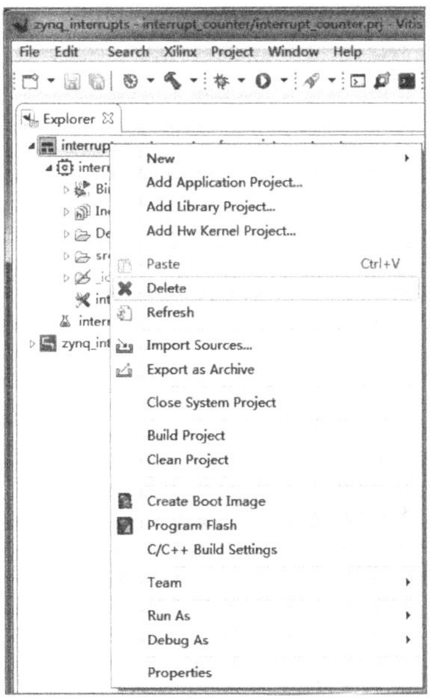

图 2-134　删除源文件

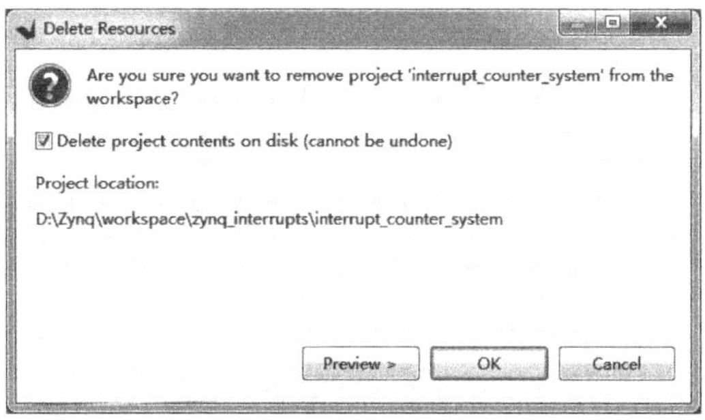

图 2-135　“Delete Resources”对话框

重复上述动作，删除工程“zynq_interrupt_system_wrapper”。

下面要重复 2.2.3 节中步骤(1)～(6)，创建 1 个新的工程 BSP 并导入源文件“interrupt_counter_2.c”。

(14) 从菜单栏选择“File”→“New”→“Application Project”选项。在打开的“New Application Project”对话框中的“Application project name”文本框输入“interrupt_counter”(图 2-136)并保持其他默认选项不变，单击“Next”按钮。

图 2-136 “Application Project Details”界面

(15) 在弹出的“Domain”界面中接受默认设置，单击“Next”按钮。

(16) 在“Templates”界面中选择“Empty Application”选项，并单击“Finish”按钮创建工程。

注：此时新建的工程应自动打开，如没有打开，可能需要关闭“Welcome”选项卡以查看该工程。

新应用程序工程创建后，导入为该应用程序预先准备的源文件。

(17) 在“Project Explorer”标签页中展开“interrupt_counter”，右击“src”目录并选择“Import Sources”选项，打开“Import Sources”对话框，显示“File System”界面。

(18) 在“File System”界面中单击“From directory”下拉列表框右侧的“Browse”按钮，选择需要导入的源文件所在路径：

①如果使用的是 ZedBoard 开发板，选择例程源文件“zedboard”目录下的“zynq_interrupts”目录(即“\source\zedboard\zynq_interrupts”)；

②如果使用的是 Zybo 开发板，选择例程源文件“zybo”目录下的“zynq_interrupts”目录(即“\source\zybo\zynq_interrupts”)。

文件选择完毕，单击“选择文件夹”按钮。

此时该界面中会显示指定目录下的文件，选中“interrupt_counter_2.c”复选框(图 2-137)，单击“Finish”按钮。C 源文件将被导入，并自动创建 1 个工程。

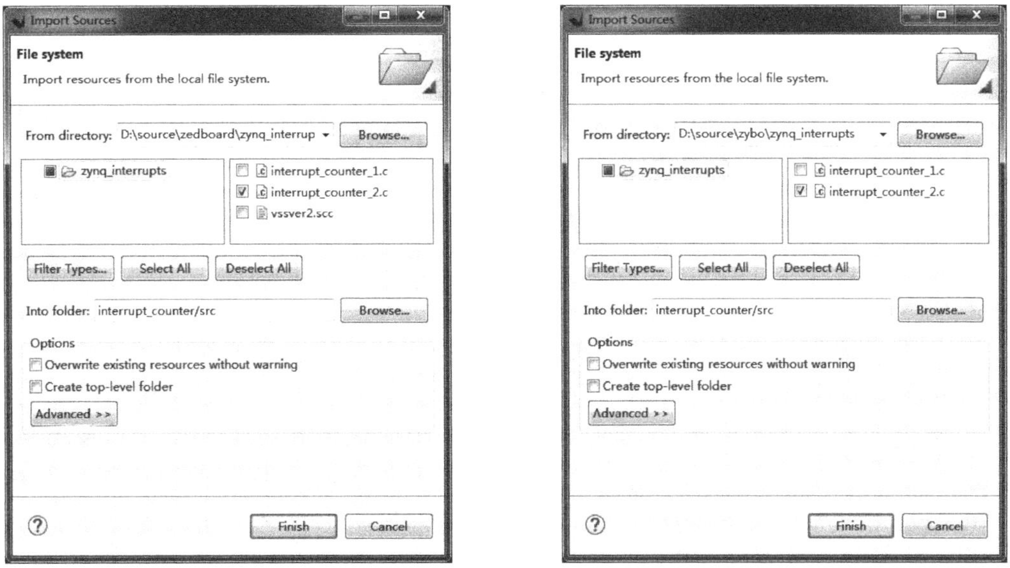

(a) 使用 ZedBoard 开发板时　　(b) 使用 Zybo 开发板时

图 2-137　选择源文件

源文件导入后，通过“Project”→“Build Project”选项进行手动编译。

(19) 在“Project Explorer”标签页中展开“src”并打开源文件“interrupt_counter_2.c”查看代码。

注意这里的定时器中断处理函数 TMR_Intr_Handler(void *data)，定时器从 0 开始计数，每当定时器为 3 时，计数器的值增 1 并将计数结果通过 LED 灯输出。

主函数中增加了额外的代码来配置、启动计数器，system.mms 中可找到这些函数的所有细节。函数 IntcInitFunction(u16 DeviceId, XTmrCtr *TmrInstancePtr, XGpio *GpioInstancePtr)还包含将定时器连接中断到处理程序并启动该中断的代码。

简而言之，给定时器加载了 1 个值 TMR_LOAD，并且将定时器配置成每计满后自动重新加载。中断处理程序持续监控定时器的计数，每当定时器计满 3 轮，就执行相应的步骤，否则，只需增加存储定时器计满次数的变量。

(20) 使用系统自带的 USB 线将 Zynq 开发板 JTAG 端口与 PC 相连，打开开发板电源，参考图 2-77 或图 2-78 确保开发板上的跳线设置正确以允许从 JTAG 启动。从菜单栏选择“Xilinx”→“Program FPGA”选项，将比特流文件下载到 Zynq PL 中，此时“Program FPGA”对话框将打开，其中“Bitstream”文本框也应该已经自动填入了正确的比特流文件。

单击“Program”按钮开始 FPGA 编程。

(21) 当开发板上的编程结束指示灯将点亮时，在“Explorer”标签页中选择“interrupt_counter”选项并右击，在弹出的菜单中选择“Run As”→“Launch on Hardware (Single Application Debug(GDB)”选项加载运行。

观察此时 LED 灯的显示效果，并在此期间尝试按动开发板上的按钮，可以发现，计数器

(即 LED 灯的显示输出)在定时器每计满 3 轮后增 1，而各种按钮的操作效果仍将如 2.2.3 节中一样。

关闭 Vitis IDE 和 Vivado IDE。

小结：至此，使用单中断源和多中断源的系统均创建并测试完毕。

2.3 使用 Vivado HLS / Vitis HLS 进行设计

相比较而言，软硬件协同设计的优势在于充分联动软件设计与硬件设计过程，综合考量软件部分和硬件部分各自在速度、功耗、灵活性以及资源消耗等各方面的特点，降低系统开销(包括成本、功耗等)的同时提升系统性能。

作为一种软硬件协同设计平台，Vivado HLS /Vitis HLS 具备良好的高层次综合能力，能够将利用高级程序设计语言(如 C 或 C++)设计的系统功能转换成 VHDL 或者 Verilog HDL 的设计结果，并通过 Zynq 上的可编程逻辑资源实现它。本节先介绍使用 Vivado HLS / Vitis HLS 环境的高层次综合，包括通过 GUI 手动创建工程和通过脚本自动创建工程，随后介绍 Vivado HLS / Vitis HLS 设计的模拟、综合和分析过程，在此过程中对设计进行优化，并比较设计结果。

特别提示：由于内部综合算法等存在差异，不同版本的高层次综合结果可能不同。事实上，从 Vivado 2019.2 开始，Xilinx 就打造归一化软硬件设计平台 Vitis，它与 Vivado 2019.1 及其之前的版本在很多操作细节上也存在不同。为便于更多读者更好地使用各类 Vivado 平台进行系统设计，本节实验先基于 Vivado HLS 2019.1 进行操作与分析，再使用 Vitis HLS 2020.1 完成部分操作，并比较相关性能。

实验被分成 4 个练习，其组织如下。

2.3.1 节介绍如何使用 Vivado HLS GUI 和 Tcl 脚本创建工程，它详细列出了相关源文件和测试文件，并引导创建 1 个用于后续练习的工程。

2.3.2 节通过使用各种指令对矩阵乘法函数进行设计优化，它介绍了 Vivado HLS 设计环境以及对项目解决方案进行综合与分析的方法。

2.3.3 节简要介绍 Vivado HLS 接口综合。

2.3.4 节简要介绍 Vitis HLS 2020.1 高层次综合的基本过程，并分析综合结果。

特别提示：为了便于后续操作，请先将本书提供的源程序“\source”文件夹里面的子文件夹“\HLS”复制到工作目录“D:\Zynq”，当然也可以把它复制到其他位置，只需要在后面的相关操作中稍做调整即可。

2.3.1 在 Vivado HLS 中新建工程

在本节将介绍使用 Vivado HLS GUI 创建 Vivado HLS 项目以及使用 Tcl 脚本加速项目创建进程。

(1) 启动 Vivado HLS GUI 后将出现如图 2-138 所示的欢迎界面，选择“Create New Project”选项。

(2) 在弹出的“New Vivado HLS Project”窗口中的“Project name”文本框输入新工程名字“matrix_mult_prj”，并指定“D:\Zynq\HLS\hls”作为“Location”(工程所在位置)(图 2-139)，单击“Next”按钮。

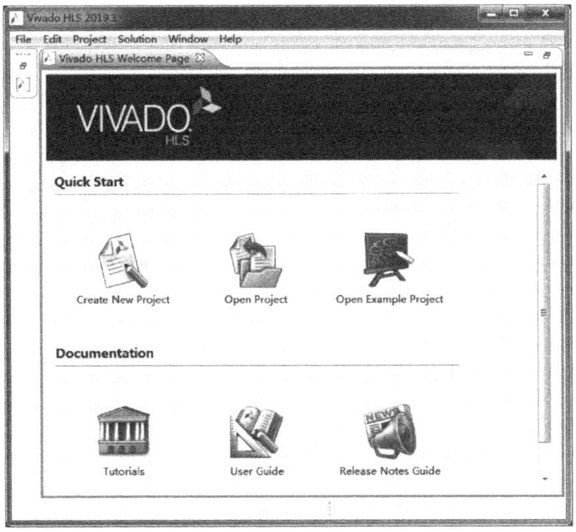

图 2-138　Vivado HLS GUI 欢迎界面

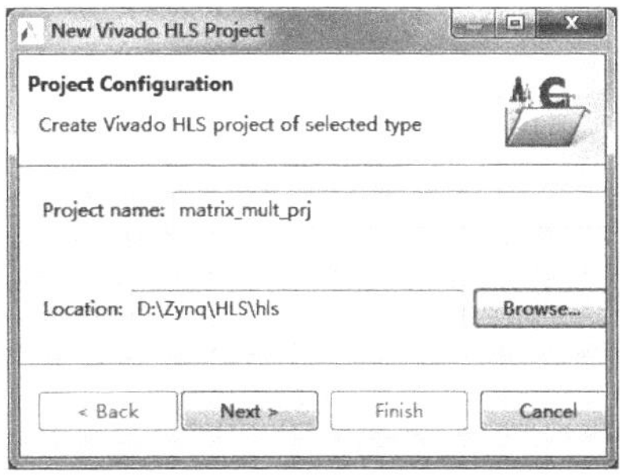

图 2-139　“New Vivado HLS Project”窗口

此时弹出对话框提示向工程新增或从工程删除源文件。由于本实验的目的在于引导设计过程而非代码编写，因此已经提前编写用于本实验的 C 源代码。

(3) 单击“Add Files”按钮，在弹出的对话框中打开“D:\source\HLS\hls”，从中间选择“matrix_mult.cpp”文件和“matrix_mult.h”文件(按下 Ctrl 键通过鼠标左键选择多个文件，见图 2-140)，单击“打开”按钮将这 2 个文件添加到工程中(图 2-141)。

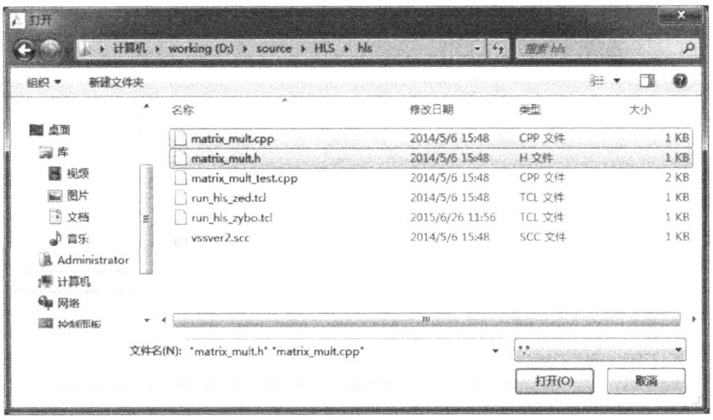

图 2-140　同时添加多个源文件

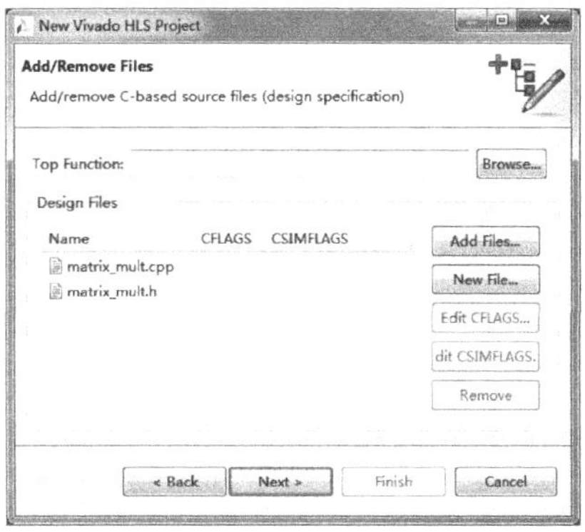

图 2-141　向工程中添加文件

(4) 单击当前对话框中的“Top Function”文本框右边的“Brows”按钮，打开“Select Top Function”(选择顶层函数) 对话框(图 2-142)，选择“matrix_mult(matrix_mult.cpp)”选项，单击“OK”按钮，此时的“New Vivado HLS Project”窗口如图 2-143 所示，单击“Next”按钮。

(5) 此时提示添加用于工程测试的 C 格式的测试文件(Testbench File) (图 2-144)，将“D:\source\HLS\hls”目录下的“matrix_mult_test.cpp”文件添加进来，单击“Next”按钮。

下一步是配置 1 个用于特定 FPGA 技术的解决方案。

(6) 保持“Solution Name”不变，将“Clock”区域中的“Period”设置成“5”(图 2-145)。

图 2-142　“Select Top Function”对话框

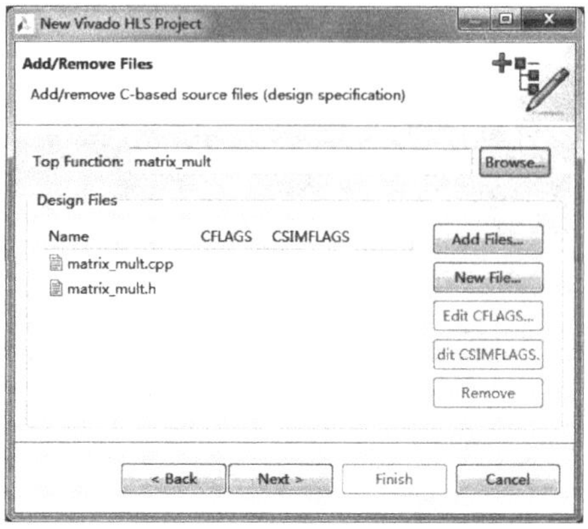

图 2-143　“New Vivado HLS Project”窗口

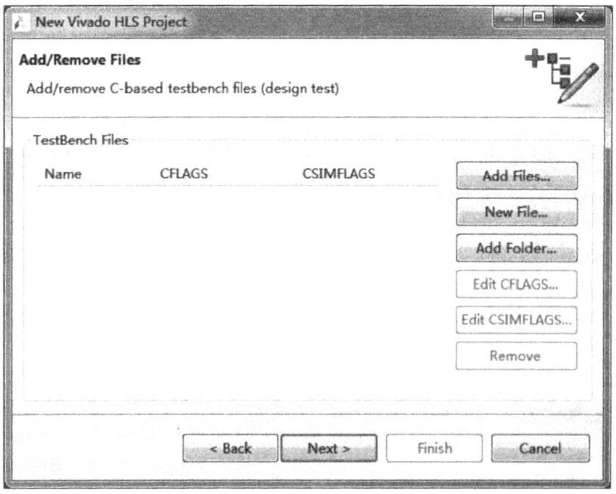

图 2-144　“Add/Remove Files”界面

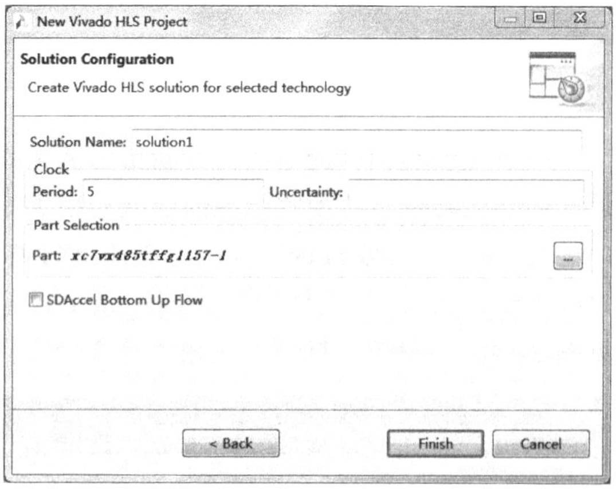

图 2-145　“Solution Configuration”界面

单击“Part Selection”区域右侧的“…”按钮：

①如果使用的是 ZedBoard 开发板：从弹出的“Device Selection Dialog”对话框中选择“Boards”选项，并从“Display Name”下拉列表中选择“ZedBoard Zynq Evaluation and Development Kit”选项(图 2-146(a))，单击“OK”按钮。

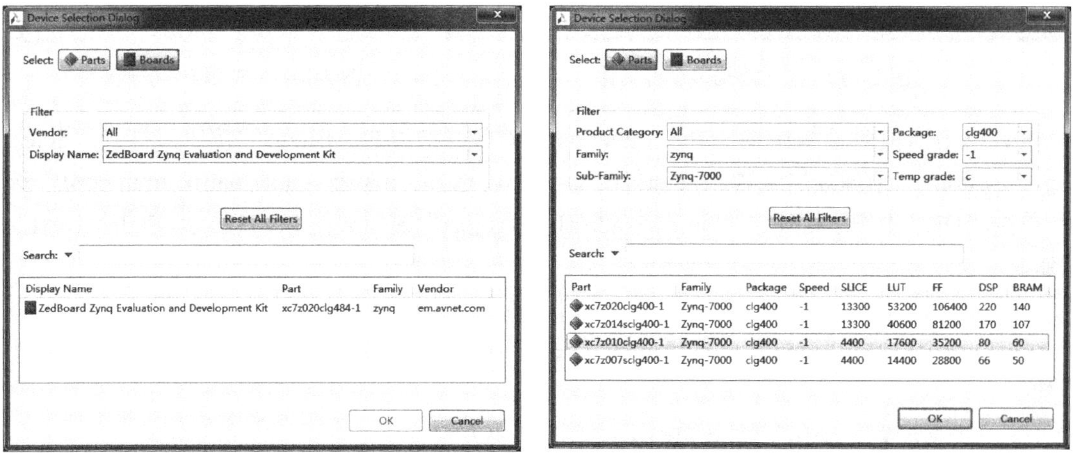

(a) 使用 ZedBoard 开发板时　　(b) 使用 Zybo 开发板时

图 2-146　“Device Selection Dialog”对话框

②如果使用的是 Zybo 开发板：从弹出的“Device Selection Dialog”对话框中选择“Parts”选项，在“Filter”区域输入过滤参数：“Package”选“clg400”，“Family”选“zynq”，“Speed grade”选“–1”，“Sub-Family”选“zynq-7000”，“Temp grade”选“c”，然后从下面的过滤结果中选择“xc7z010clg400-1”(图 2-146(b))，单击“OK”按钮。

此时，开发板信息将出现在“Solution Configuration”界面(如图 2-147 所示，图中使用的是 ZedBoard 开发板)。

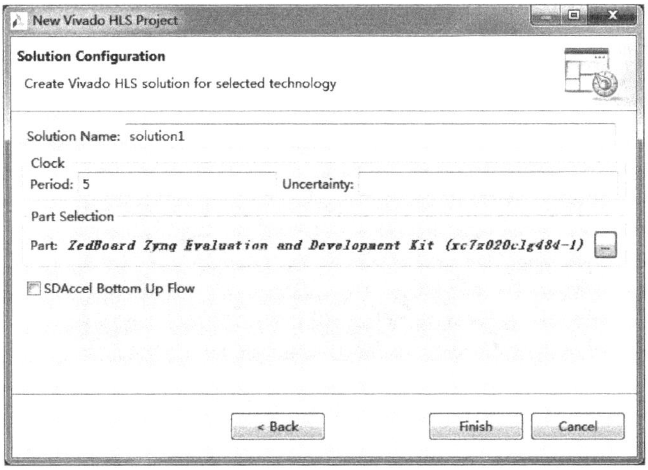

图 2-147　更新了开发板信息的“Solution Configuration”界面

(7)单击“Finish”按钮，将生成工程，并在综合模式下打开其工作空间(图 2-148)。

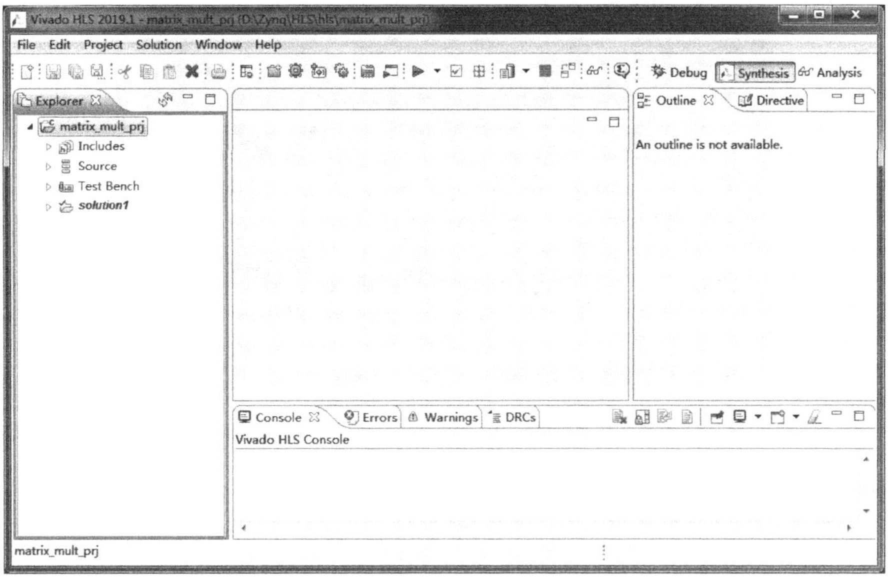

图 2-148　工作空间的综合模式视图

在“Explorer”标签页中展开“Source”(源代码)和“Test Bench”(测试台)部分，可以显示前面步骤中包含的源文件和测试文件。双击这些文件可在编辑器视图中打开它们进行检查和编辑。

工程中包含了 1 个矩阵乘法器，它计算 2 个矩阵 inA 和 inB 的积 prod，测试台执行两个已知矩阵的乘法，并将 prod 值与预期值进行比较。

虽然进入 HLS 开发阶段的过程比较简单，但是这个过程可能是重复的，因此可以通过使用 Tcl 脚本来实现，这样这将自动化实现项目命名和添加文件的过程。下面，将使用脚本方法创建相同的项目。

(8) 首先关闭 Vivado HLS GUI。然后通过“Start”→“All Programs”→“Xilinx Design Tools”→“Vivado 2019.1”→“Vivado HLS”→“Vivado HLS 2019.1 Command Prompt”选项打开 Vivado HLS 命令行。

打开后的界面如图 2-149 所示，可看到，启动后的默认目录是 Vivado HLS 的安装目录。

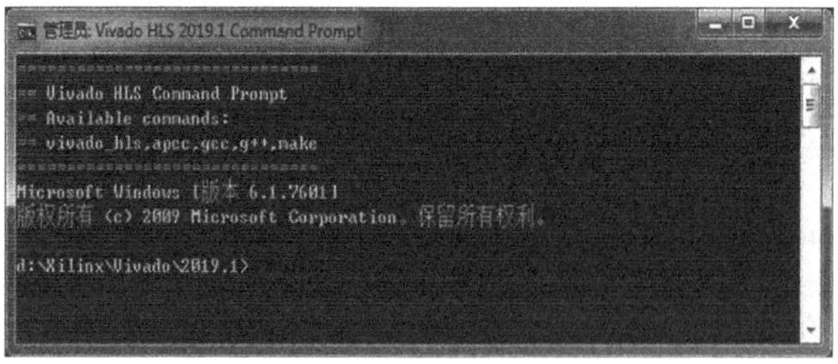

图 2-149　Vivado HLS 命令行方式

(9) 如图 2-150 所示，依次输入下列命令将当前目录改为本实验的工作目录“D:\Zynq\HLS\hls”(在每一个命令后面输入回车符)。

图 2-150　更改 Vivado HLS 命令行方式工作目录到指定位置

这几个命令执行的操作如表 2-1 所示。注意，开始的时候需要 3 个连续的“cd..”命令。

表 2-1　图 2-150 中各命令执行的操作

命令	执行的操作
cd..	更改目录命令，向上移动目录中的一个级别
cd Zynq	将目录改为当前目录下的子目录“Zynq”
cd HLS	将目录改为当前目录下的子目录“HLS”
cd hls	将目录改为当前目录下的子目录“hls”

命令行方式现在应该在工作目录“D:\Zynq\HLS\hls”，此文件夹包含工程的源文件、测试文件，以及构建项目所需的 Tcl 脚本“run_hls_zed.tcl”和“run_hls_zybo.tcl”。当工作目录正确且目录中存在所需文件后，可通过命令简单地运行 Tcl 脚本来实现构建项目。

(10)如果使用的是 ZedBoard 开发板，输入命令“vivado_hls -f run_hls_zed.tcl”，运行脚本(图 2-151)。如果使用 Zybo 开发板，则输入命令“vivado_hls -f run_hls_zybo.tcl”，脚本运行与之类似。

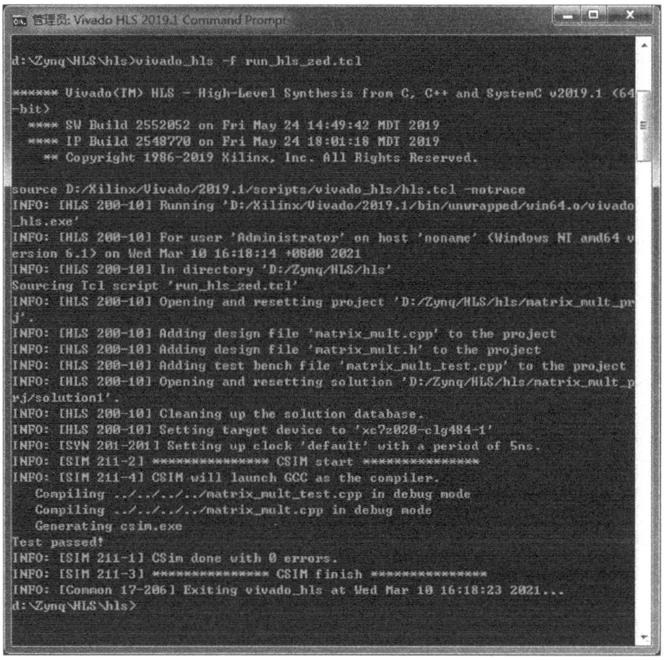

图 2-151　通过脚本创建并验证工程

这将开始创建项目并添加源文件和测试台文件，先创建 1 个 HLS 解决方案，再针对目标器件对工程做相应的配置，最后运行一个 C 模拟程序，利用测试台确保工程运行正常。

测试台使用 HLS 硬件解决方案和软件执行相同的乘法运算，并比较结果，如果这些结果相同，则显示“Test passed！”消息。

(11)输入命令“vivado_hls -p matrix_mult_prj”，在 Vivado HLS GUI 中打开工程(图 2-152)。

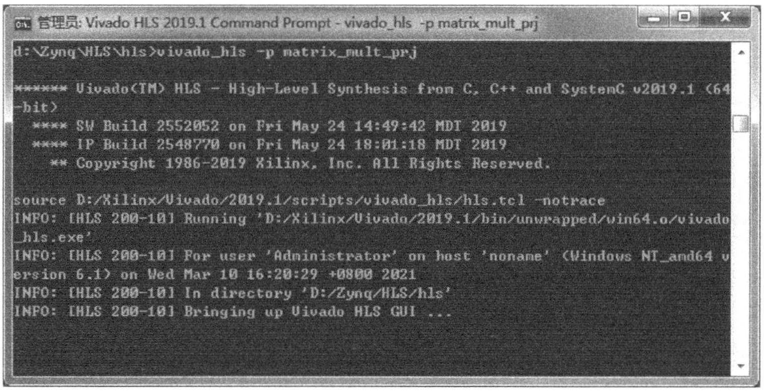

图 2-152　通过命令行在 Vivado HLS GUI 中打开工程

在打开的 Vivado HLS GUI 中展开“Explorer”标签页中的“Source”部分和“Test Bench”部分，此时的工程如图 2-153 所示，仔细对比，发现它和图 2-148 相比仅存在细微的差别，主要是这种脚本命令方式进行了 C 模拟操作，而前面的那种方式没有进行这种操作。

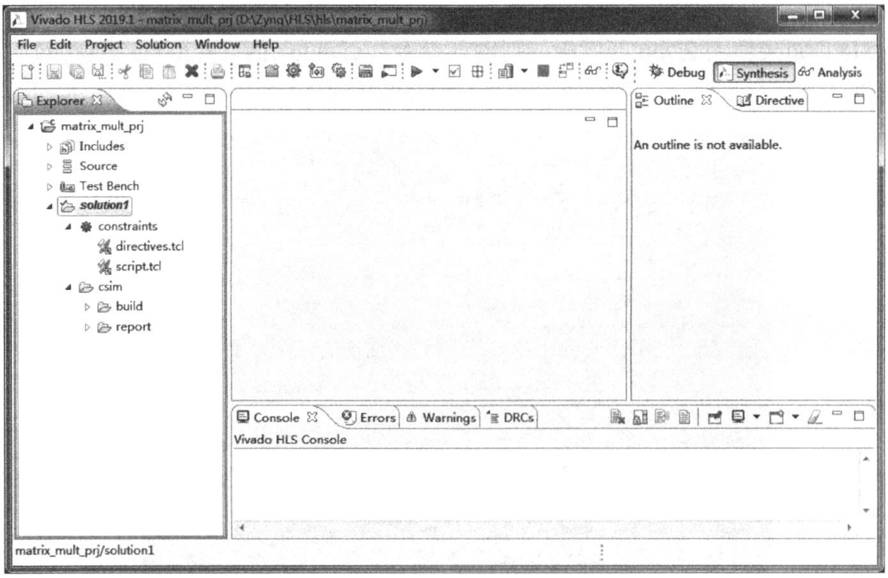

图 2-153　通过命令行建立的工程

在后面的练习中，将探讨 Vivado HLS 的设计优化过程，介绍从创建工程到 C 综合和 C/RTL 协同模拟的流程，以及分析 HLS 解决方案过程中分析视角(Analysis Perspective)的使用。

注意：暂时不要关闭命令行窗口，否则将使 Vivado 退出。

2.3.2　Vivado HLS 设计优化

开始这个练习的时候应该已经打开 2.3.1 节所创建的工程，如果没有，打开目录“D:\Zynq\HLS\hls”下面的工程“matrix_mult_prj”。

如果工程没有展开，在“Explorer”标签页中展开“Source”和“Test Bench”部分，可以看到源文件和测试文件都已经成功加入到工程中。双击这些文件可在编辑器视图中打开它们进行检查或者必要的修改。

(1) “matrix_mult.cpp”文件中包含通过遍历矩阵的行和列的迭代循环来执行两个矩阵的乘法的代码，以计算结果。

(2) “matrix_mult.h”文件中包含用于矩阵乘法的定义和函数原型。

(3) “matrix_mult_test.cpp”测试文件，它同时使用 HLS 硬件解决方案和软件方法计算 2 个给定矩阵的乘积。

2.3.1 节中通过脚本命令的方式创建的工程已经完成了 C 模拟操作，但是通过视窗界面操作方式创建的工程尚未进行 C 模拟操作，下面都从 C 模拟操作开始。

(1) 从工具栏单击“Run C Simulation”(运行 C 模拟)按钮运行解决方案的 C 模拟过程(图 2-154)，在弹出的“C Simulation Dialog”对话框中保持默认选项(没有复选框被选中，没有输入参数，见图 2-155)，单击“OK”按钮。

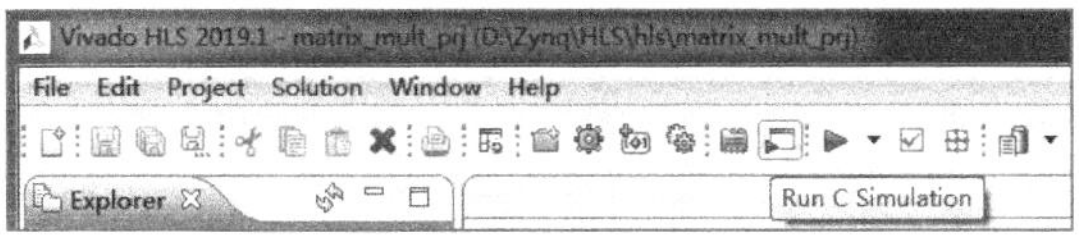

图 2-154　“Run C Simulation”按钮

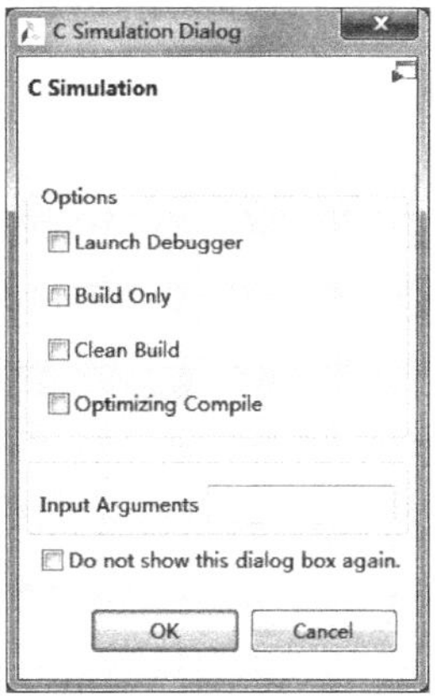

图 2-155　“C Simulation Dialog”对话框

模拟过程中，屏幕底端的控制台中将显示相关信息。本例中模拟结束时，控制台将出现“Test passed！”消息(图 2-156)，表示模拟测试通过。

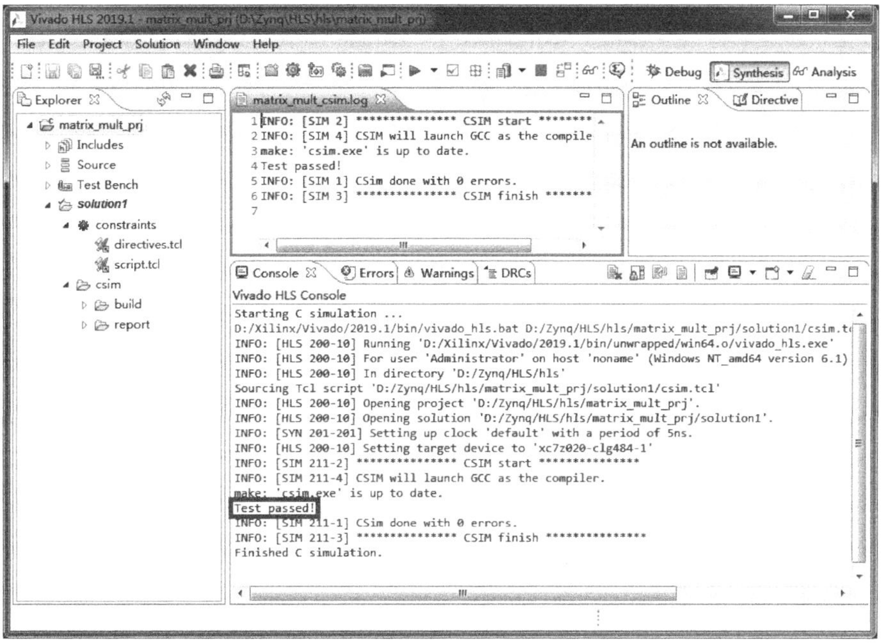

图 2-156　Vivado HLS 控制台显示测试通过

下一步是使用 Vivado HLS 综合 C++代码。

(2) 单击工具栏的“Run C Synthesis”(运行 C 综合)按钮 ▶ (图 2-157)，Vivado HLS 开始将 C++代码转换为具有相关 VHDL 或 Verilog 或 System C 代码的 RTL 模式的过程。

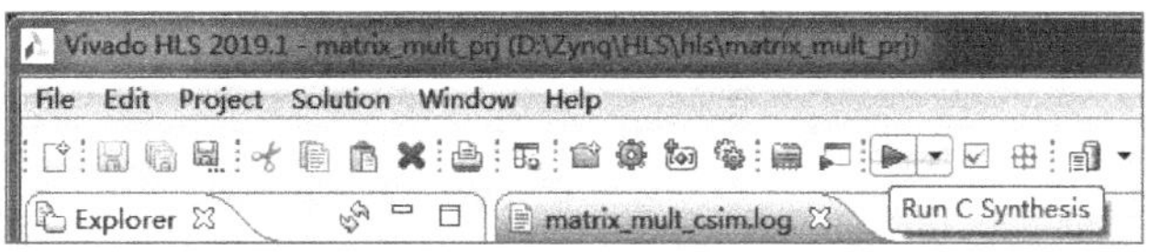

图 2-157　“Run C Synthesis”按钮

在此过程中控制台将实时显示各个步骤的详细信息。当综合过程结束时，将自动打开如图 2-158 所示“Synthesis Report”窗口(可能需要展开某些子部分以查看相关结果)。综合报告中详细给出了被综合设计的各参数，如与时序与延迟相关信息、FPGA 资源使用估计等。本例中，这个设计有 686 个时钟周期的间隔。每一个输入阵列包含 25 个单元(因为使用的是 5×5 的矩阵)，因此建议每个输入读取大约 27 个时钟周期。

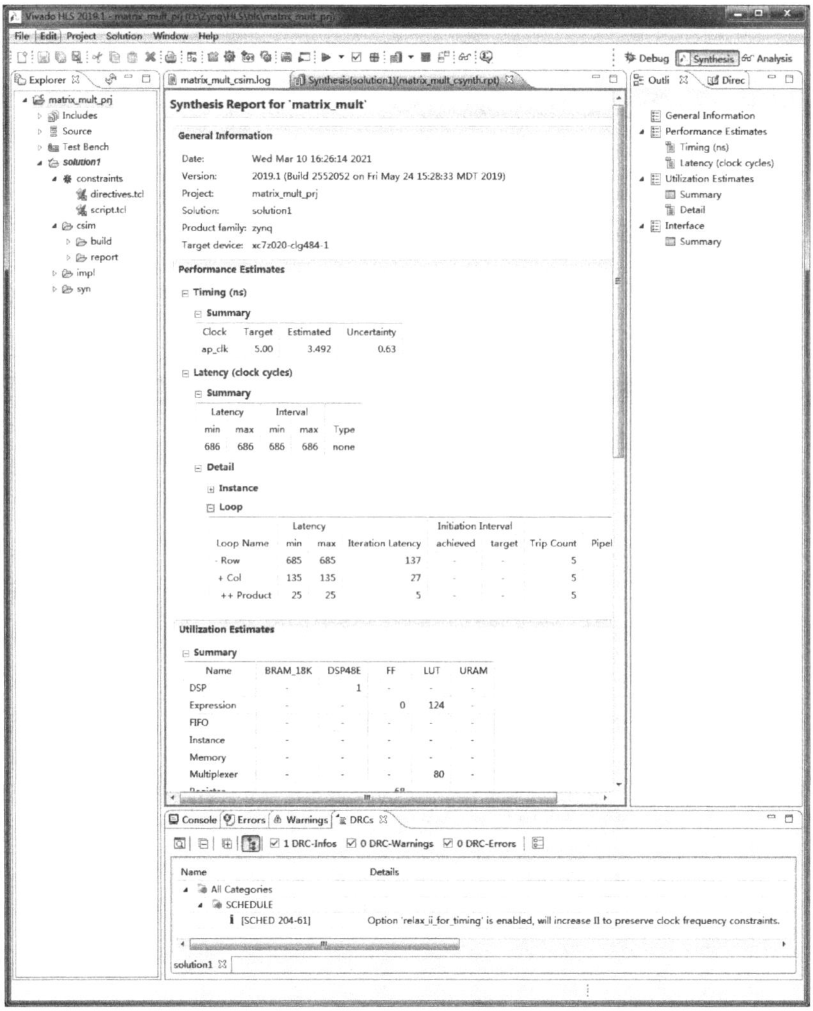

图 2-158　综合报告

下面将运行 C/RTL 联合模拟，以确保被综合的 RTL 与测试中的 C++代码运行完全一致。

(3) 单击工具栏的“Run C/RTL Cosimulation”(运行 C/RTL 联合模拟)按钮☑(图 2-159)，在打开的“Co-simulation Dialog”对话框中选择“Verilog”作为目标 RTL 系统语言，其他保持默认值不变(没有复选框被选中，没有输入参数，见图 2-160)。

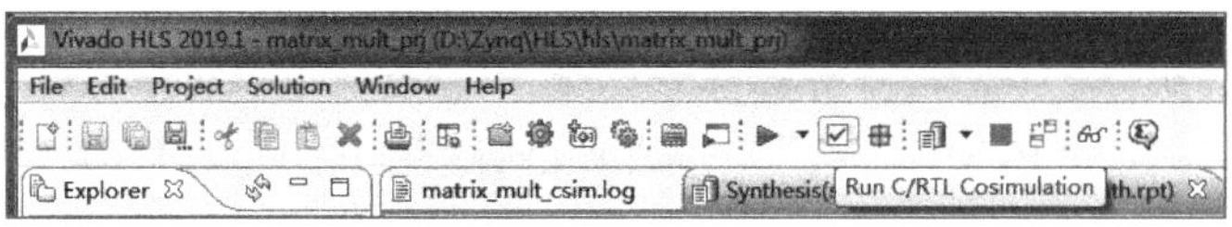

图 2-159　“Run C/RTL Cosimulation”按钮

单击“OK”按钮将启动联合模拟，并同时使用 Verilog 生成 RTL 系统。

联合模拟需要一些时间，在此过程中，控制台将实时显示工作过程等信息。

一旦联合模拟结束，将自动打开“Cosimulation Report”窗口(图 2-161)，联合模拟报告中显示“Status”为“Pass”，表示 RTL 与 C++代码运行完全一致。

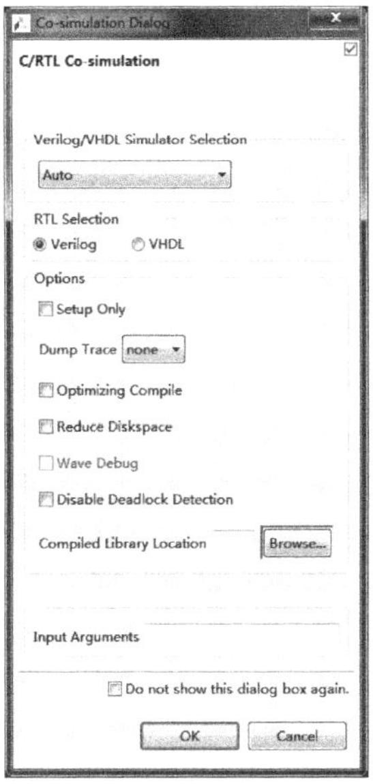

图 2-160　“Co-simulation Dialog”对话框

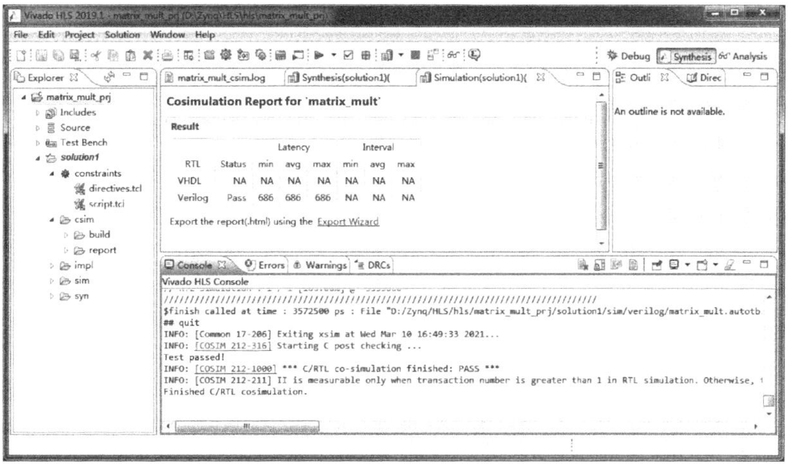

图 2-161　联合模拟报告

(4) 单击工具栏的“New Solution”按钮(图 2-162)，或者从菜单栏的“Project”下拉菜单中选择“New Solution”选项，在弹出的对话框中为新解决方案接受所有默认设置并单击“Finish”按钮(图 2-163)，可以看到，这里从“solution1”(解决方案 1)复制了指令与约束。

图 2-162　“New Solution”按钮

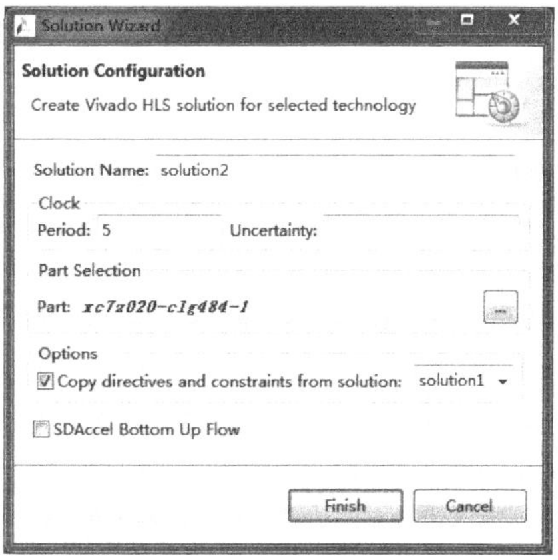

图 2-163　“Solution Wizard”对话框

(5) 在“Explorer”标签页中的“Sourse”部分双击“matrix_mult.cpp”选项以确保在工作区显示源代码。

下面将插入 1 条指令，将矩阵乘法的循环嵌套流水化，这样可使循环展开，消除对循环转移的需要。

(6)打开工作区右侧的“Directive”标签页，单击“Product”选项，可以看到在代码编辑器中高亮显示了相关的部分代码，在这里是数组元素做乘法产生结果矩阵的乘积元素(图 2-164)。

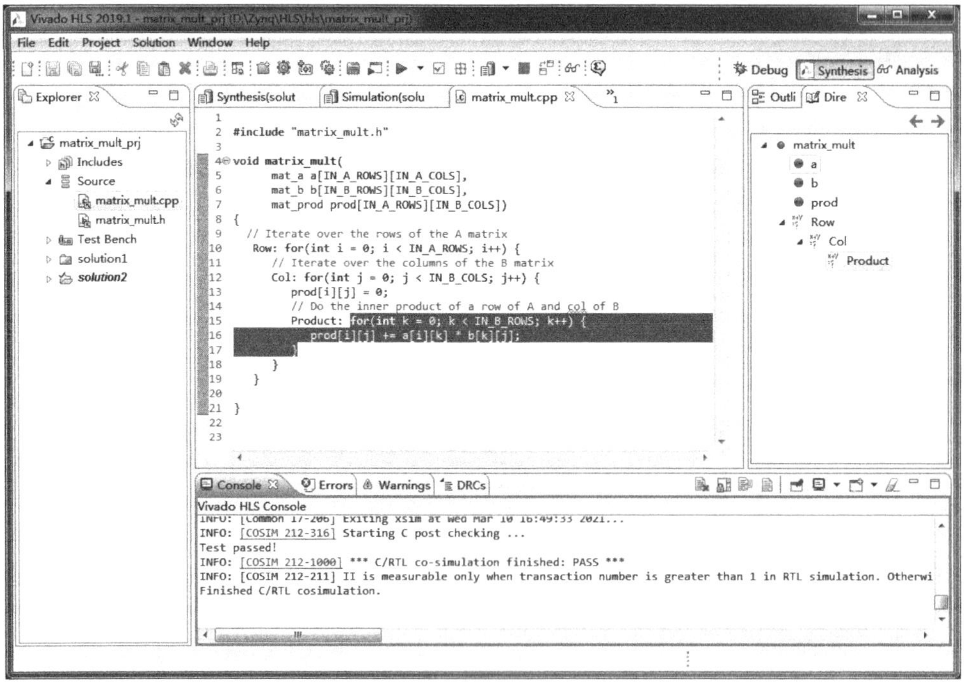

图 2-164　编辑器中显示指令的相关代码

右击“Product”选项并在弹出的菜单中选择“Insert Directive”选项(图 2-165)，在打开的“Vivado HLS Directive Editor”对话框的“Directive”(指令类型)下拉列表选择“PIPELINE”选项(图 2-166)，保持其他默认选项不变，单击“OK”按钮。

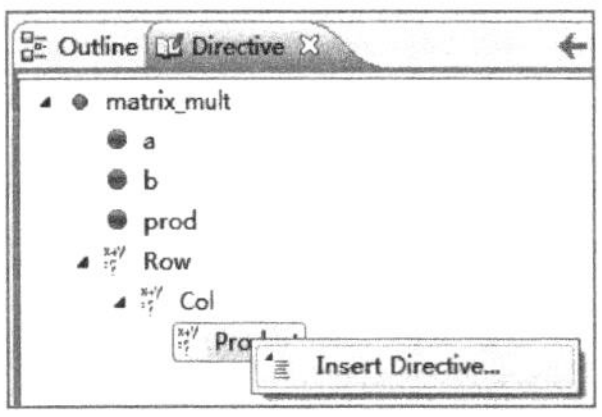

图 2-165　插入指令

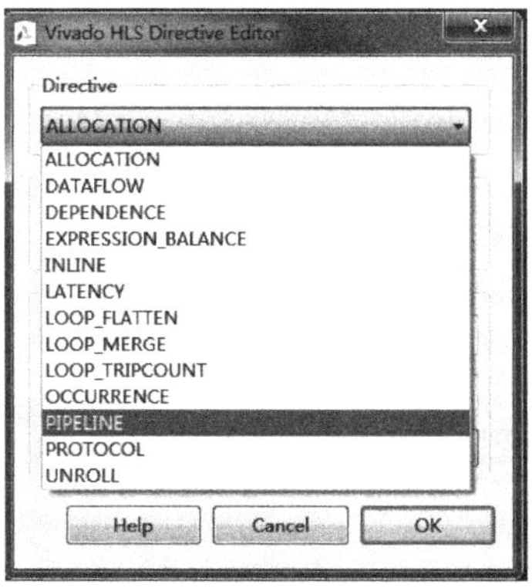

图 2-166　从指令编辑器中选择流水

此时“Directive”标签页部分将如图 2-167 所示。

(7)单击工具栏的“C Synthesis”按钮▶综合 RTL 设计。

C 综合过程中控制台会出现各种相关消息，包括当前进度，以及取得的优化结果，如行循环(Row Loop)被打开等。

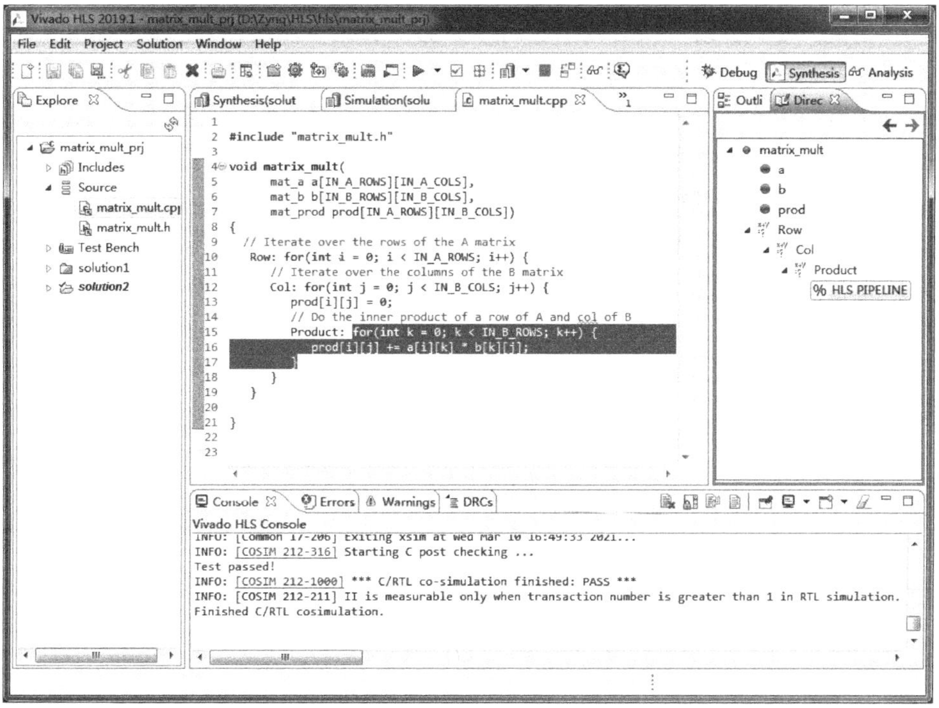

图 2-167　Vivado HLS 循环嵌套流水化

除此之外，控制台还会显示对相关问题的提示信息，例如，它提示了 Product 循环的默认启动距离(Initiation Interval，II)为 1 的目标达不到，并解释这是由于循环独立性的缘故。

C 综合结束时自动打开的矩阵乘法器“solution2”(解决方案 2)的综合报告，如图 2-168 所示。

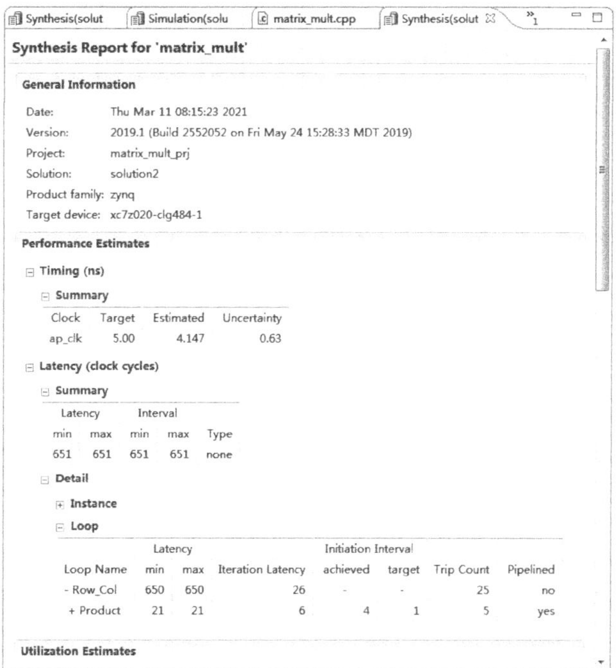

图 2-168　矩阵乘法解决方案 2 综合报告

从图 2-168 中可以看到，顶层循环 Row_Col 并未打开，这是因为列循环(Col Loop)并未打开。结果还显示，虽然启动距离为 1 的目标没有实现，但是实现了启动距离为 4。

另外，综合结果报告显示时钟周期不能被满足，不过没关系，通常来说，RTL 综合后的设计都是符合时序要求的，现在暂时不管它，后面可以通过输出 RTL(Export RTL)验证它。

(8)单击工具栏中的“Open Analysis Perspective”按钮 或者从菜单栏的“Window”下拉菜单中选择“Analysis Perspective”选项打开分析视角，它同时会打开“Schedule Viewer(solution2)”标签页，显示代码中的各种操作是如何随着时钟周期被调度的。单击“Schedule Viewer(solution2)”标签页中“Row_Col”和“Product”前面的小三角按钮展开它们(图 2-169)。

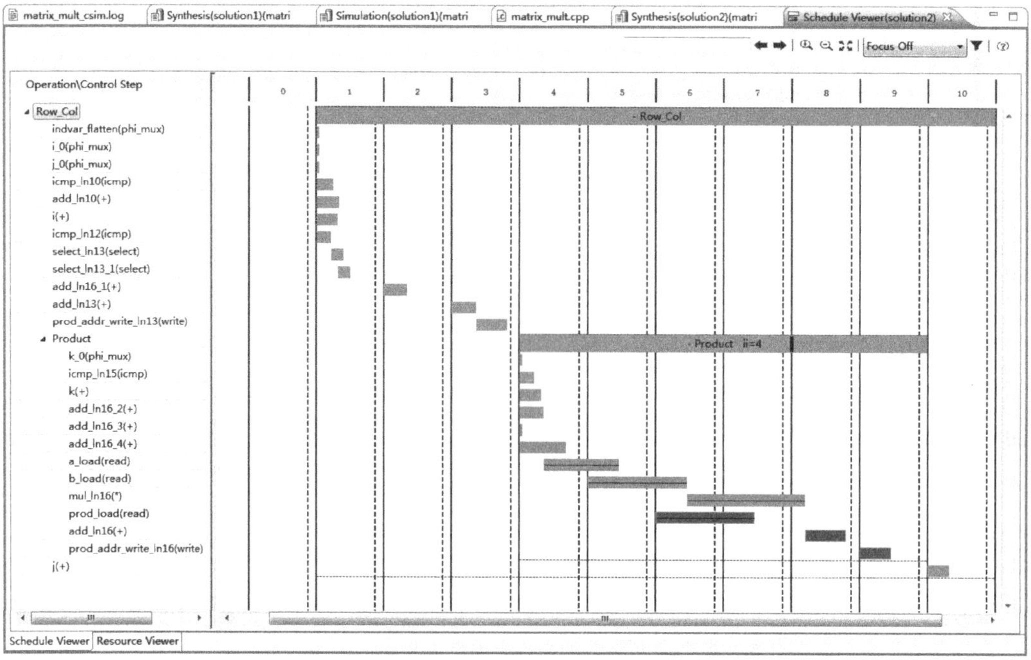

图 2-169　“Schedule Viewer(solution2)”标签页

从图 2-169 中可看到，第一个被高亮的操作发生在状态 6、7、8 和 9，即 prod_load(read)、add_ln16(+)和 prod_addr_write_ln16(write)语句，在高亮块上右击并在弹出的菜单中选择“Goto Source”选项(图 2-170)，将在屏幕下方打开源代码并高亮相应的行(图 2-171)。这是一个写操作，被初始化为对 RTL 中端口进行写入，并且在 Product 循环中所有操作执行之前运行。这就阻碍了将 Product 中的循环打开到 Row_Col。

此外，无法实现启动距离为 1 的目标可通过考虑循环的连续迭代来解释。在菜单栏的“Window”下拉菜单选择“Show View”→“Console”选项显示控制台，这里显示了下列消息(如图 2-172 所示，可能需要向上翻找才能看到它)：

```
WARNING: [SCHED 204-68] The II Violation in module 'matrix_mult' (Loop: Product): Unable to enforce a carried dependence constraint (II = 1, distance = 1, offset = 1) between 'store' operation ('prod_addr_write_ln16', matrix_mult.cpp:16) of variable 'add_ln16', matrix_mult.cpp: 16 on array 'prod' and 'load' operation ('prod_load', matrix_mult.cpp:16) on array 'prod'.
```

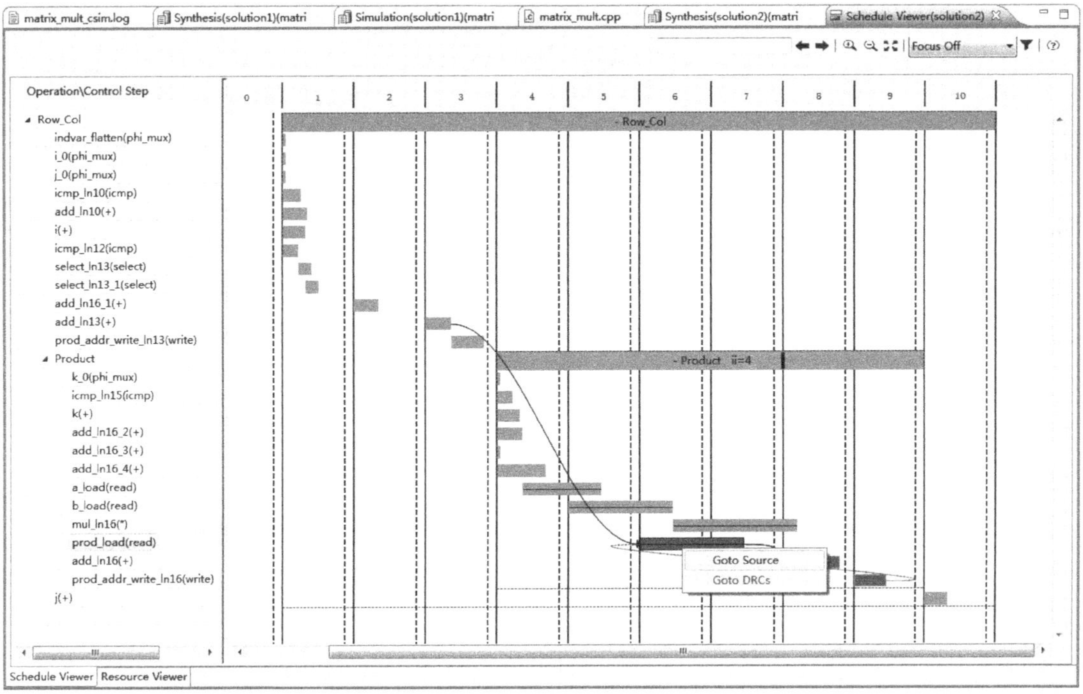

图 2-170　显示高亮部分写操作对应的源代码

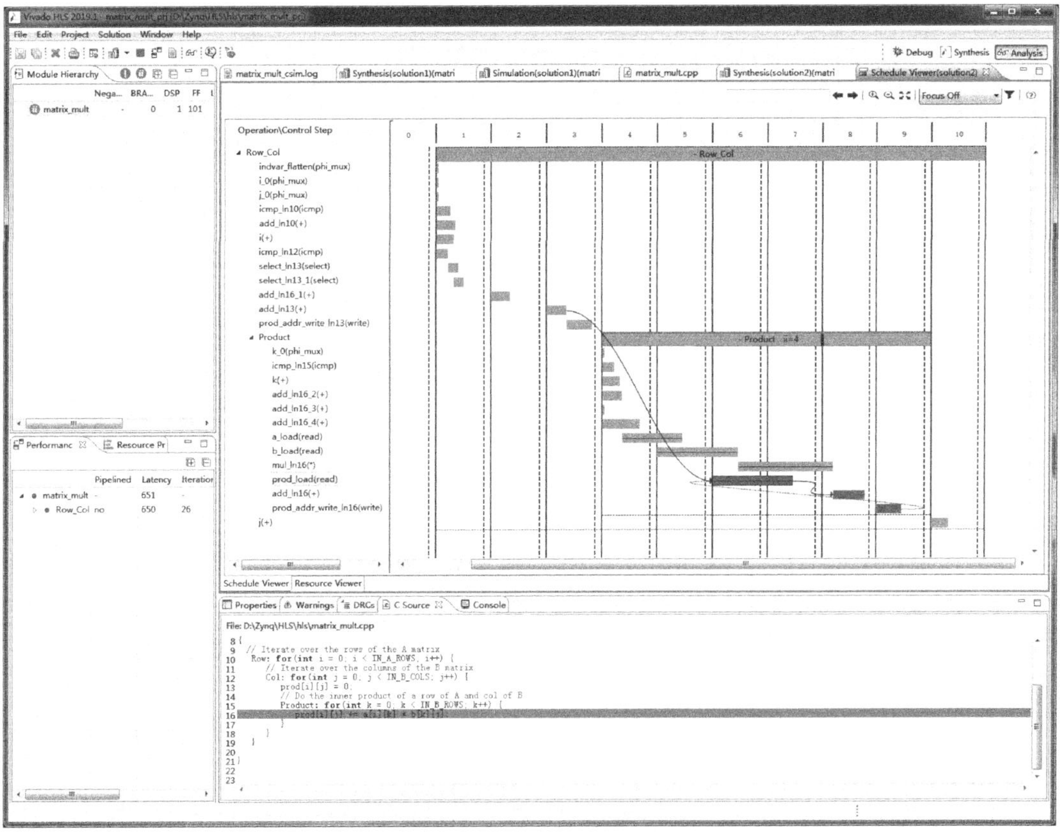

图 2-171　高亮部分写操作对应的源代码

```
    WARNING: [SCHED 204-68] The II Violation in module 'matrix_mult' (Loop: Product): Unable to enforce a carried dependence constraint (II = 2, distance = 1, offset = 1) between 'store' operation ('prod_addr_write_ln16', matrix_mult.cpp:16) of variable 'add_ln16', matrix_mult.cpp: 16 on array 'prod' and 'load' operation ('prod_load', matrix_mult.cpp:16) on array 'prod'.
    WARNING: [SCHED 204-68] The II Violation in module 'matrix_mult' (Loop: Product): Unable to enforce a carried dependence constraint (II = 3, distance = 1, offset = 1) between 'store' operation ('prod_addr_write_ln16', matrix_mult.cpp:16) of variable 'add_ln16', matrix_mult.cpp: 16 on array 'prod' and 'load' operation ('prod_load', matrix_mult.cpp:16) on array 'prod'.
```

它的意思是“matrix_mult.cpp:16”（即源代码 matrix_mult.cpp 的第 16 行）的操作迭代之间存在依赖关系。单击该信息里面的“matrix_mult.cpp:16”，系统会自动跳转到“Source”标签页并高亮那一行（图 2-172）。

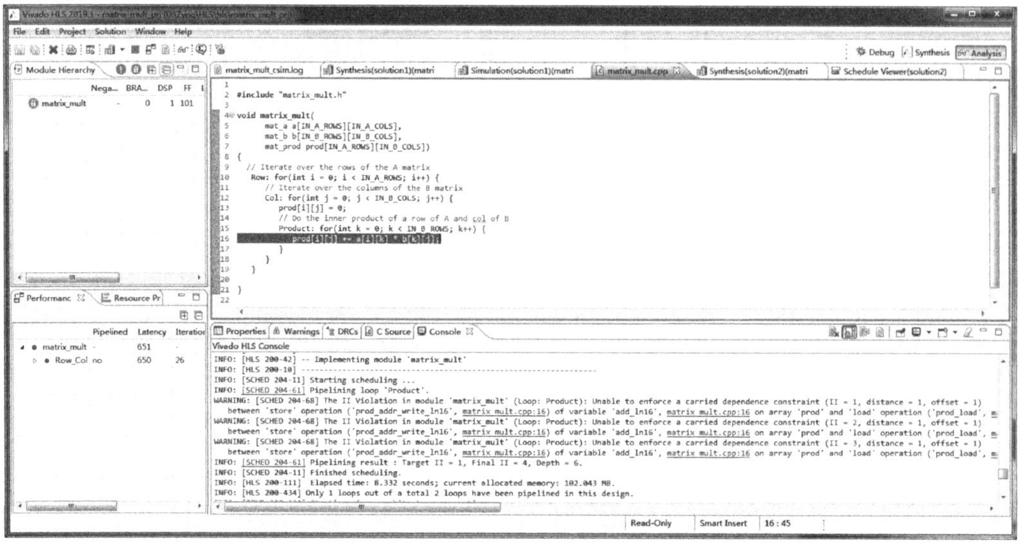

图 2-172　从消息提示中打开相应的源代码

这是 Product 循环中的一个操作：

```
prod[i][j] += a[i][k] * b[k][j];
```

由于存在“+ =”运算符，这行代码包含从 prod 数组读取（提示消息中提到的“load”操作），并写入 prod 数组（提示消息中提到的“store”操作）。

当启动距离（II） = 1、2 或 3 时，在第一次迭代开始后一个时钟周期，产生一个后续的 Product 循环迭代。默认情况下数组被映射到 FPGA 的嵌入式块 RAM（即 BRAM）中，由于这种重叠操作需要在同一时钟周期执行 1 个读操作和 1 个写操作，但是不能同一时间在 BRAM 上发生 2 个操作，因此这种重叠操作是不可能的。

本解决方案下，只有当启动距离（II）为 4 时，才可以在开始下一个循环迭代读操作之前完成写操作。

(9) 从菜单栏的“Window”下拉菜单中选择“Synthesis Perspective”选项（图 2-173）返回默认综合视角。若有对话框出现，单击“Yes”按钮。

下面将创建 1 个新的解决方案将 Col 循环流水化，它展开 Product 循环以消除迭代间依赖，但是以增加操作时间和硬件成本为代价。

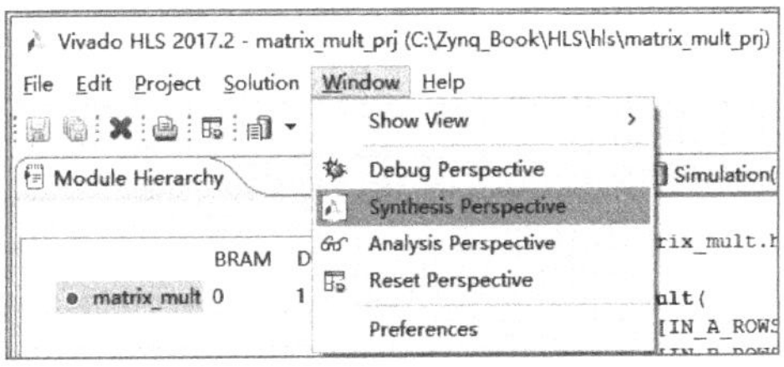

图 2-173　返回默认综合视角

(10) 单击工具栏的“New Solution”按钮，或者从菜单栏的“Project”下拉菜单中选择“New Solution”选项，创建 1 个新的解决方案，在“Solution Wizard”对话框中，选中“Copy directives and constraints from solution”复选框并从它的下拉列表中选择“solution1”选项(图 2-174)。“solution1”中不包含现有的指令和约束条件。单击“Finish”按钮完成解决方案创建。

(11) 双击“Explorer”标签页中“Source”部分的源代码“matrix_mult.cpp”，从编辑器中打开它，单击屏幕右侧的“Directive”标签页，在“Col”选项上右击，选择“Insert Directive”选项(图 2-175)。

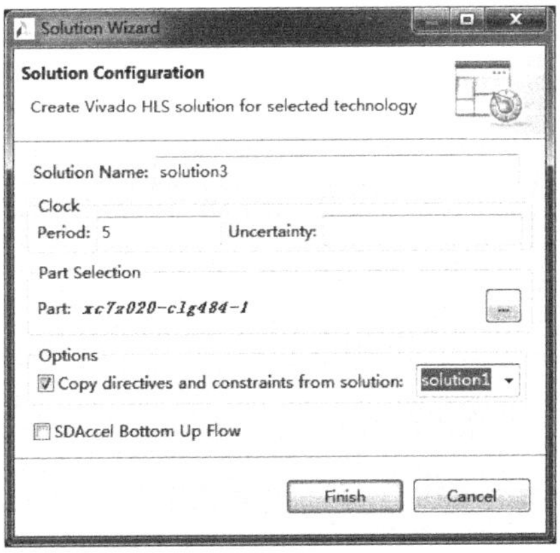

图 2-174　“Solution Wizard”对话框

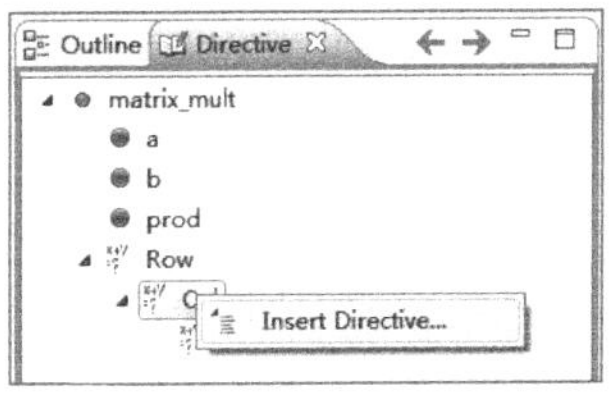

图 2-175　在 Col 循环中插入指令

(12) 在弹出的“Vivado HLS Directive Editor”对话框中，从“Directive”下拉列表选择“PIPELINE”选项，将“II”(启动距离)设置为“1”(图 2-176)，单击“OK”按钮。“Directive”标签页此时显示的结果如图 2-177 所示。

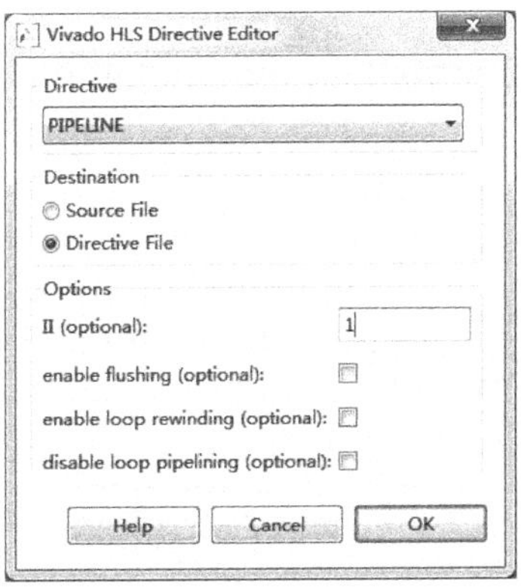

图 2-176　配置指令选项

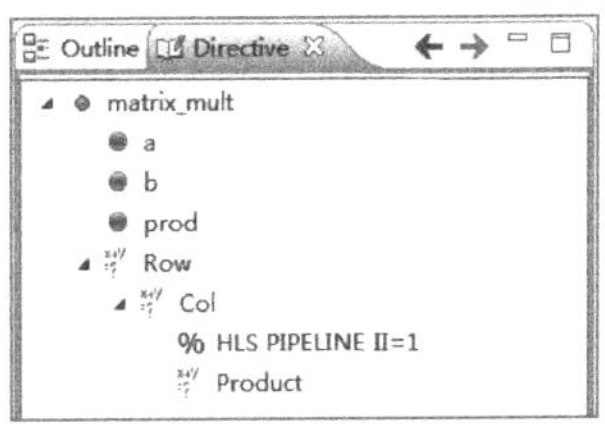

图 2-177　在 HLS 中将列循环流水化

(13) 单击工具栏的“C Synthesis”按钮▶综合 RTL 设计，观察控制台消息。

控制台消息显示，Product 循环被展开，Row 循环也被展开了(图 2-178)。

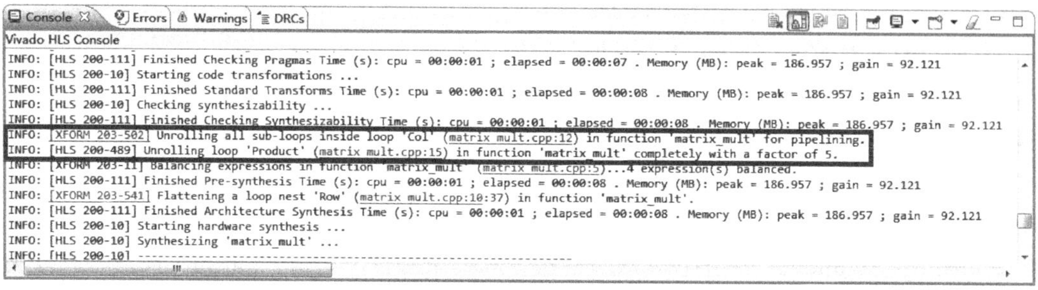

图 2-178　控制台消息显示循环被展开

但是循环 Row_Col 不能实现启动距离(II)=1 的目标，这次是由于资源的限制(如图 2-179 所示，可能需要向上翻找才能看到它)。

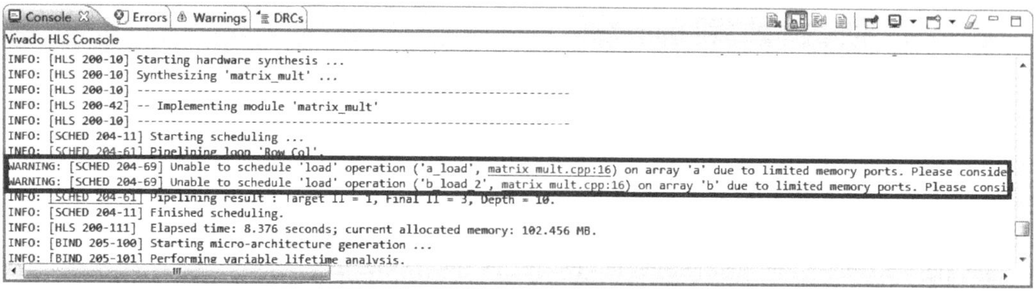

图 2-179　控制台消息显示资源限制

(14) 单击工具栏中的“Open Analysis perspective”按钮或者从菜单栏的“Window”下拉菜单中选择“Analysis perspective”选项打开分析视角，它同时会打开“Performance(solution3)”界面(此时如果显示的仍然是“Performance(solution2)”，需要先关闭这个标签页，返回默认综合视角，然后打开分析视角)。

单击性能视图下部的“Resource”标签页转到资源视图。

(15) 展开资源视图中的“Memory Ports”文件夹来查看系统内存上的共享资源(结果类似图 2-180)。

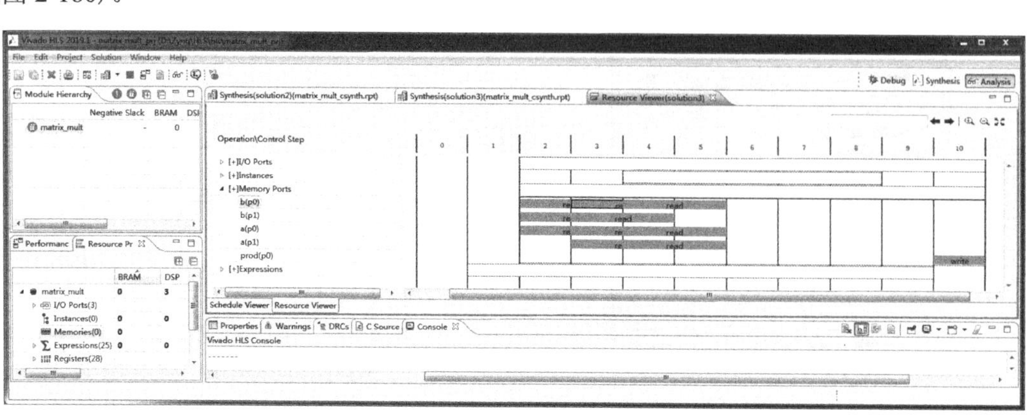

图 2-180　“solution3”(解决方案 3)内存端口资源共享

图 2-180 显示了各个资源在每一个时钟周期的操作。实际上，存储端口 b(p0)在周期 2 开始的 2 周期读操作被周期 3 开始的 2 周期读操作遮住了，因此图上只显示了 1 个周期；同样地，周期 3 开始的 2 周期读操作被周期 4 开始的 2 周期读操作遮住了，因此图上也只显示了 1 个周期。同样的现象在存储端口 b(p1)以及 a(p0)、a(p1)也有出现。

从图 2-180 上可以发现，数组 a 存在 4 个读操作请求同时提交的情况(时刻 4)，数组 b 也存在 4 个读操作请求同时提交的情况(时刻 3)，但是请记住对于双端口 BRAM 来说这是不可能的。因此，有必要将数组分成更小的部分，允许在不改变源代码的情况下修改数组。

(16)单击屏幕右侧顶部的"Synthesis"按钮返回综合视角。单击工具栏的“New Solution”按钮，或者从菜单栏的“Project”下拉菜单中选择“New Solution”选项，创建 1 个新的解决方案，单击“Finish”按钮接受此时的默认设置并创建新的解决方案。注意，此时的指令将从解决方案 3 复制而来。

在这个解决方案中，将使用指令对输入数组进行变换。Product 循环是通过循环变量 k 进行访问的，因此数组 a 和数组 b 应该按照它们的 k 维度进行分割。按照上次不成功的提示查看“matrix_mult.cpp”文件中的第 16 行，可发现 a[i][k]的维度为 2，而 b[k][j]的维度为 1。

(17)双击“Explorer”标签页“Source”部分中的“matrix_mult.cpp”选项，从编辑器中打开它，单击屏幕右侧“Directive”标签页，在“a”选项上右击，在弹出的菜单中选择“Insert Directive”选项，按照图 2-181 对指令进行设置(“Directive”选“ARRAY_RESHAPE”、“dimension (optional)”(维度)设成“2”)。重复对变量 b 的操作，只是将维度设成“1”(图 2-182)。

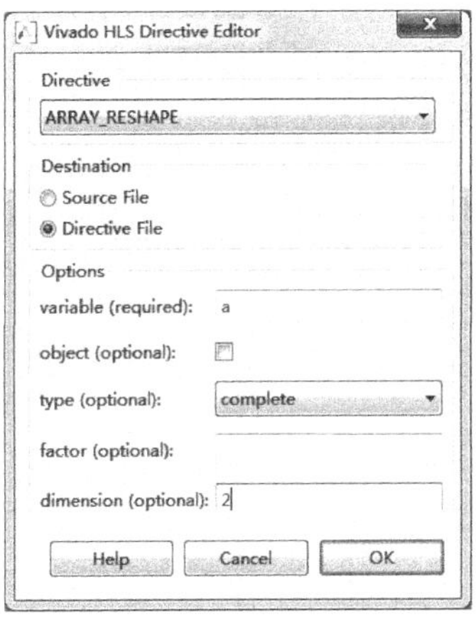

图 2-181　配置为变量 a 插入的指令

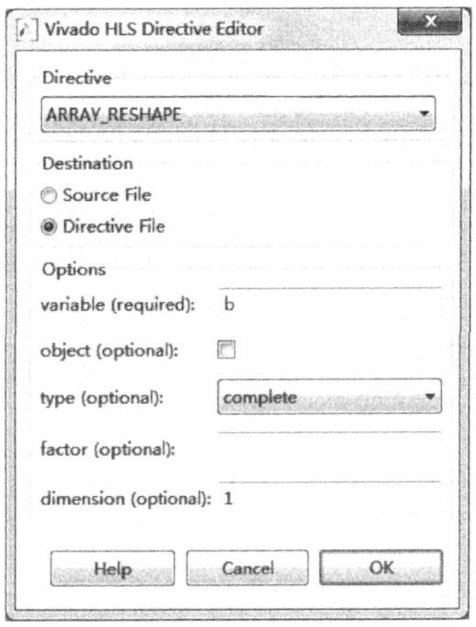

图 2-182　配置为变量 b 插入的指令

(18)单击工具栏的“C Synthesis”按钮综合 RTL 设计。综合结束后，综合报告将打开，显示启动距离(II)=1 的目标实现了(图 2-183)。

设计的顶层循环需要 31 个时钟周期才能完成。其中，Row_Col 循环在开始时经过 8 个时钟周期的迭代延迟之后输出一个样本，然后在每个周期读取一个采样(由于启动距离(II)=1)，一共需要 25 个周期将全部样本读入，故总共完成周期为

$$8 + 25 = 33$$

经过 33 个时钟周期后系统就可以输入并处理下一组数据了。

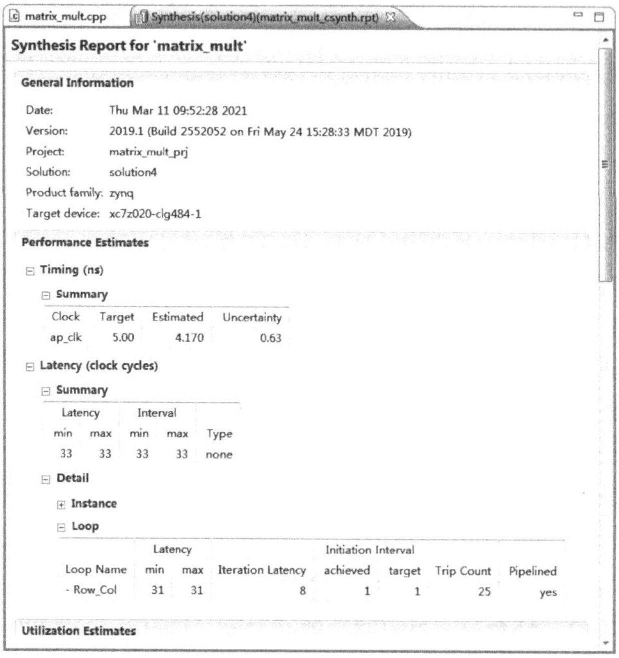

图 2-183　“solution4”(解决方案 4)综合报告

与前面一样，单击工具栏中“Open Analysis perspective”按钮 或从菜单栏中“Window”下拉菜单选择“Analysis perspective”选项打开分析视角，单击“Schedule Viewer(solution4)”标签页“Row_Col”前面的小三角按钮可看到当前解决方案的性能，如图 2-184 所示，从这里也可看到进行一次迭代循环需要 8 个时钟周期。

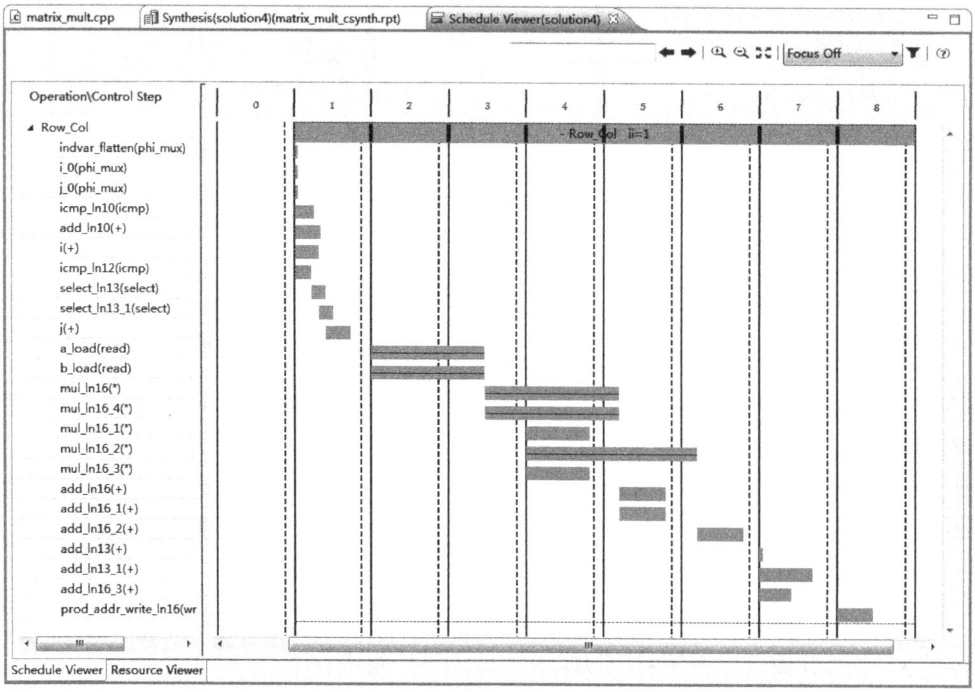

图 2-184　解决方案 4 性能分析

本节的最后一步优化操作是将函数流水化，而不是将函数内部的循环流水化，并对优化结果进行比较。

(19) 单击屏幕右侧顶部的“Synthesis”按钮返回综合视角。单击工具栏的“New Solution”按钮，或者从菜单栏的“Project”下拉菜单中选择“New Solution”选项，创建 1 个新的解决方案，单击“Finish”按钮接受此时的默认设置并创建新的解决方案。

(20) 双击“Explorer”标签页中“Source”部分的源代码“matrix_mult.cpp”选项，从编辑器中打开它，单击屏幕右侧的“Directive”标签页。

(21) 去掉前面在 Col 循环中插入的指令。右击该指令并在弹出的菜单中选择“Remove Directive”选项(图 2-185)，若有类似图 2-186 所示的对话框弹出，单击“No”按钮。

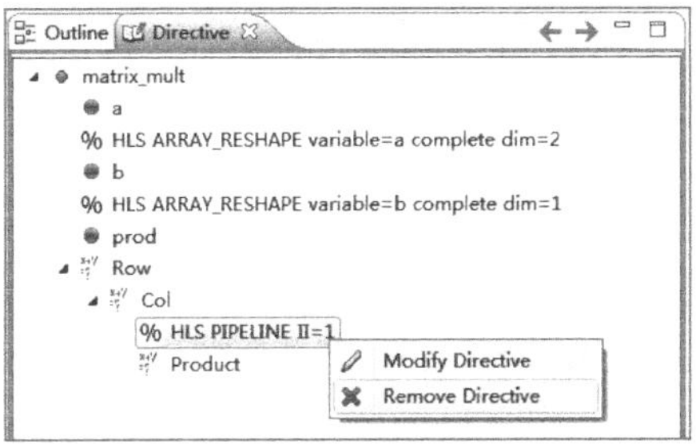

图 2-185　删除指令

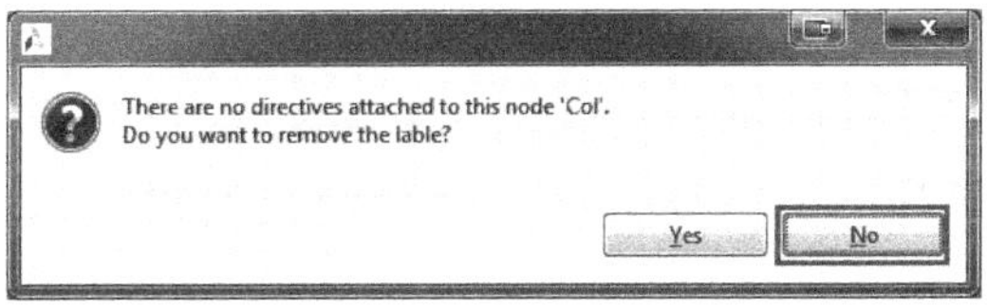

图 2-186　节点重标记对话框

(22) 在顶层函数 matrix_mult 上右击，选择“Insert Directives”选项，并将指令类型设置成“PIPELINE”，单击“OK”按钮。

(23) 单击工具栏的“C Synthesis”按钮综合 RTL 设计。

在综合完成后显示的综合报告中展开“Performance Estimates”部分的“Latency (clock cycles)”→“Detail”→“Loop”文件夹(图 2-187)，可以看到现在已经没有循环了，源程序里的所有循环均被打开了。

另外，综合报告显示，每一组数据需要经过 23 个时钟周期才能处理完成，但是在处理数据的过程中，每隔 13 个时钟周期就可以输入并处理下一组数据了。显然，其性能在解决方案 4 的基础上又提高了一步。

Vivado HLS 提供了用于比较综合报告结果的工具。

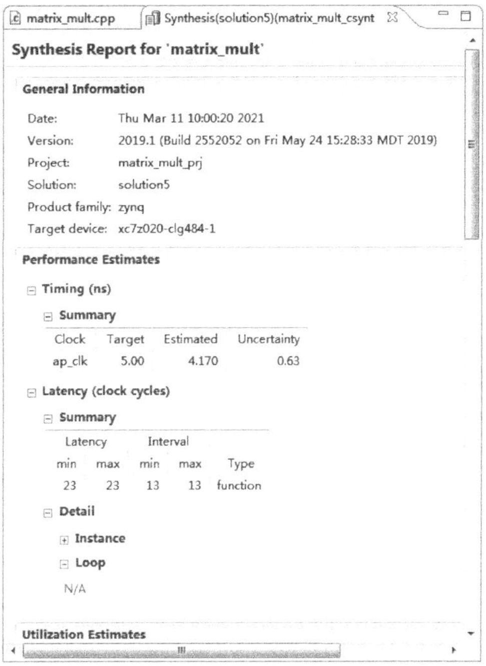

图 2-187　“solution5”(解决方案 5)综合报告

(24) 单击工具栏上的“Compare Reports”(比较报告)按钮(图 2-188)，或者从菜单栏的“Project”下拉菜单中选择“Compare Reports”选项，打开如图 2-189 所示的对话框，将要比较的解决方案加入到“Selected solutions”列表中(如图 2-190 所示，这里将比较全部 5 个解决方案)，单击“OK”按钮。

图 2-188　“Compare Reports”按钮

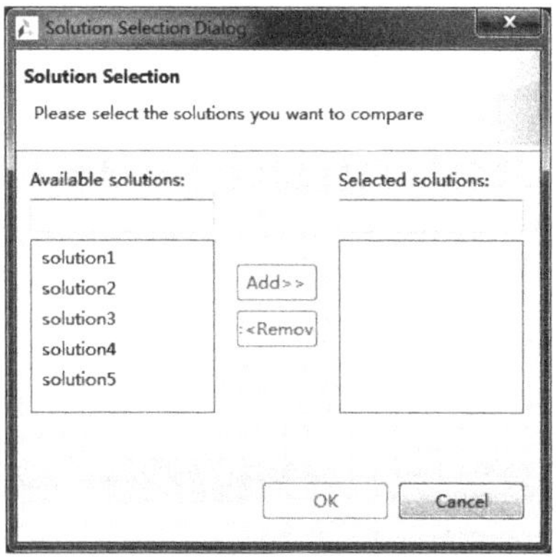

图 2-189　“Solution Selection Dialog”对话框

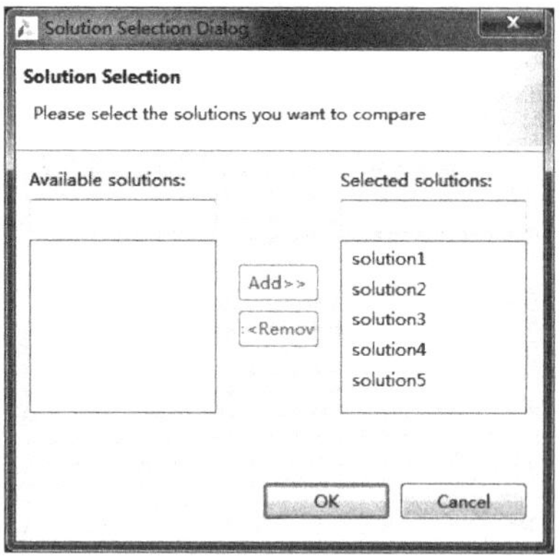

图 2-190　选择用于比较的解决方案

图 2-191 所示是前面 5 个解决方案性能与资源使用情况的比较结果。

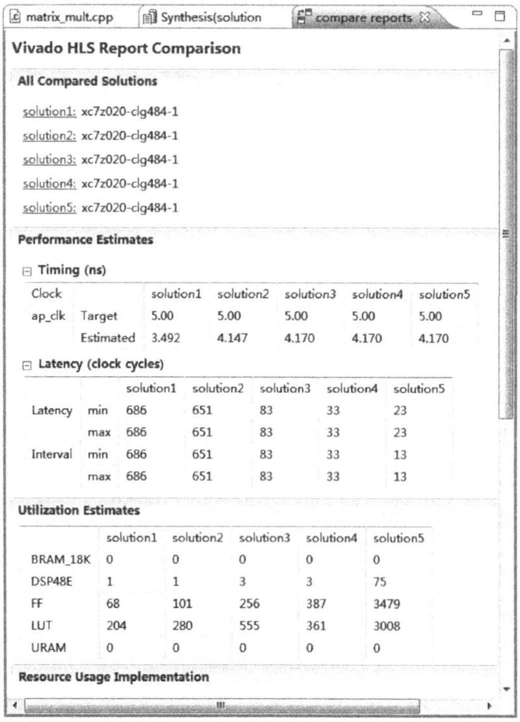

Clock		solution1	solution2	solution3	solution4	solution5
ap_clk	Target	5.00	5.00	5.00	5.00	5.00
	Estimated	3.492	4.147	4.170	4.170	4.170

Latency (clock cycles)

		solution1	solution2	solution3	solution4	solution5
Latency	min	686	651	83	33	23
	max	686	651	83	33	23
Interval	min	686	651	83	33	13
	max	686	651	83	33	13

Utilization Estimates

	solution1	solution2	solution3	solution4	solution5
BRAM_18K	0	0	0	0	0
DSP48E	1	1	3	3	75
FF	68	101	256	387	3479
LUT	204	280	555	361	3008
URAM	0	0	0	0	0

Resource Usage Implementation

图 2-191　各种解决方案性能与资源使用情况

这里解决方案 1 是未优化的原始设计，方案 2 是只将 Product 循环展开，方案 3 则是只将 Col 循环展开，方案 4 是在方案 3 的基础上将数组分割，方案 5 则是将数组分割的同时将顶层函数循环打开。

可以看到，解决方案 1 需要 686 个时钟周期完成测试数据(2 个 5×5 矩阵)处理，而方案 2、3、4、5 分别只需要 651、83、33 和 23 个时钟周期处理相同的数据；方案 1～4 每隔 686、651、83、33 个时钟周期可以输入下一组数据，也就是说，方案 1～4 只有在处理完本组数据后才能输入下一组数据，但是方案 5 每隔 13 个时钟周期即可输入下一组数据，注意到 13<23，即方案 5(在处理本组数据的过程中)每隔 13 个时钟周期就可输入下一组数据。显然，顶层函数循环打开后的设计具有更好的性能。

但是，上述优化中较好性能的获得是以增加硬件资源消耗为代价的(这是因为展开循环需要更多的硬件资源)，因此，需要在系统性能和硬件资源利用率之间进行权衡，有时候可能需要采用对部分循环进行展开(而不是全部)的设计来以较低的硬件成本满足系统性能要求。

例如，ZedBoard 开发板采用的是 Z-7020 Zynq 芯片，它有 220 个 DSP48E，而 Zybo 开发板采用的是 Z-7010 Zynq 芯片，只有 80 个 DSP48E。对于同样的设计，如果 1 个优化方案 A 性能很好，但是需要超过 80 个 DSP48E，而另 1 个优化方案 B 性能稍差，但是需要的 DSP48E 少于 80 个，这个时候就需要考虑现有资源是否充足：如果使用的是 ZedBoard 开发板，方案 A 就行；如果使用的是 Zybo 开发板，那么只能选择方案 B 了。

(25)本实验到此结束，关闭 Vivado HLS GUI。

2.3.3　Vivado HLS 接口综合

本节将简要介绍 Vivado HLS 的接口综合的概念，仍使用 2.3.1 节和 2.3.2 节中的矩阵乘法函数。

(1)通过“Start”→“All Programs”→“Xilinx Design Tools”→“Vivado 2019.1”→“Vivado HLS”→“Vivado HLS 2019.1 Command Prompt”选项打开 Vivado HLS 命令行方式。

(2)将工作目录改为“D:\Zynq\HLS\hlss”。这个文件夹下面包含工程的源文件和测试文件，以及创建工程所需的 Tcl 脚本文件“run_hls_zed.tcl”和“run_hls_zybo.tcl”。

(3)如果使用 ZedBoard 开发板，执行脚本命令“vivado_hls –f run_hls_zed.tcl”；如果使用 Zybo 开发板，执行脚本命令“vivado_hls –f run_hls_zybo.tcl”。

(4)执行下列命令在 Vivado HLS GUI 中打开工程：

```
vivado_hls -p matrix_mult_prj
```

(5)在“Explorer”标签页中的“Sourse”部分双击“matrix_mult.cpp”源文件。

可以看到，这里没有对设计进行过优化，其实就是 2.3.2 节中的解决方案 1。

(6)单击工具栏的“C Synthesis”按钮▶综合 RTL 设计，综合结束时会自动打开综合报告，如果没有，从“Explorer”标签页展开“solution1”→“syn”→“report”目录，双击“matrix_mult_csynth.rpt”文件即可。

(7)在综合报告中向下翻页，翻到“Interface”(接口)部分(图 2-192)。

注意：这里的输入数组 a 和输入数组 b 以及乘积结果矩阵 prod 都已经使用 ap_memory protocol 实现了，这是从 C++源码推断的，因为数组类型与内存结构相对应。

输入数组 *a* 和输入数组 *b* 都是 8 位的信号，分别位于端口 a_q0 和 b_q0，而输出数组 prod 是 16 位信号，位于端口 prod_d0。每 1 个信号有 1 个相应的 5 位地址端口，分别被指定为 a_address0、b_address0 和 prod_address0。a_ce0、b_ce0 和 prod_ce0 分别是输入数组 a、输入数组 b 和输出数组 prod 对应 protocol 的时钟使能信号，prod_we0 则是输出数组 prod 对应 protocol 的写使能信号。

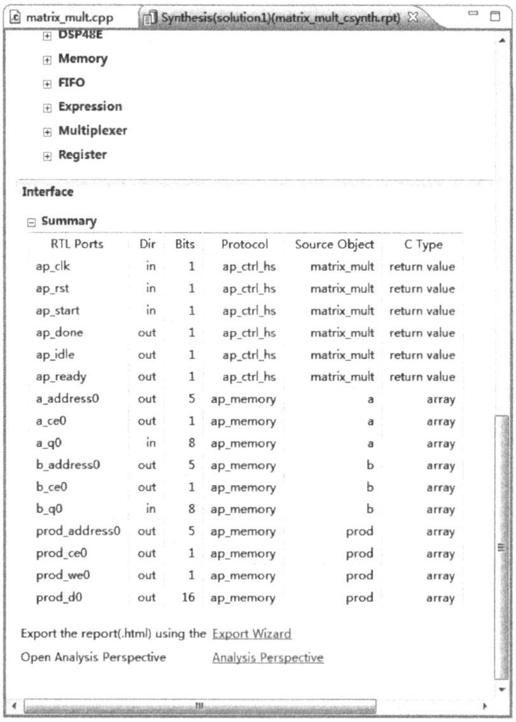

图 2-192　综合报告中“Interface”部分信息

由于这个设计不止需要 1 个时钟周期来完成工作，因此是同步的，其时钟和复位信号分别被综合成 ap_clk 和 ap_rst，而且都是 1 位信号。

块级握手控制协议 ap_ctrl_hs 也已实现(ap_start、ap_ready、ap_idle 和 ap_done)。

①ap_start 输入是断言信号，提示块操作，它产生指示操作阶段的三个输出控制信号。

②ap_ready 表示块已经准备好，可以接受新的输入。

③ap_idle 表示当前数据是正在处理中的数据。

④ap_done 表示输出数据处理完毕，当前可用(可以取走)。

为了对比，下面查看 2.3.2 节解决方案 5 中的接口综合结果。

(8)先关闭 Vivado HLS GUI，然后从桌面快捷方式或“开始”菜单快捷方式启动 Vivado HLS GUI。

Vivado HLS GUI 启动后的界面如图 2-193 所示。

下面需要回头查看 2.3.2 节中解决方案 5 中的接口综合结果，因此需要先打开 2.3.2 节中的工程。

(9) 从启动界面右侧的“Recent Projects”列表中单击“D:\Zynq\HLS\hls\matrix_mult_prj”，或者通过“Open Project”选项打开 2.3.2 节中的工程。

(10)从“Explorer”标签页中展开“matrix_mult_prj”→“solution5”→“syn”→“report”文件夹，双击“matrix_mult_csynth.rpt”，打开解决方案 5 的综合报告，并翻到接口综合部分(图 2-194)。

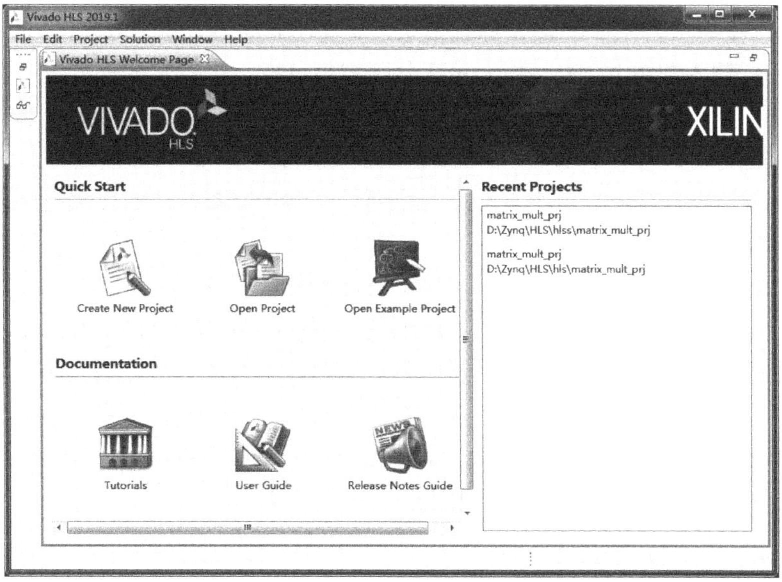

图 2-193　Vivado HLS GUI 初始启动界面

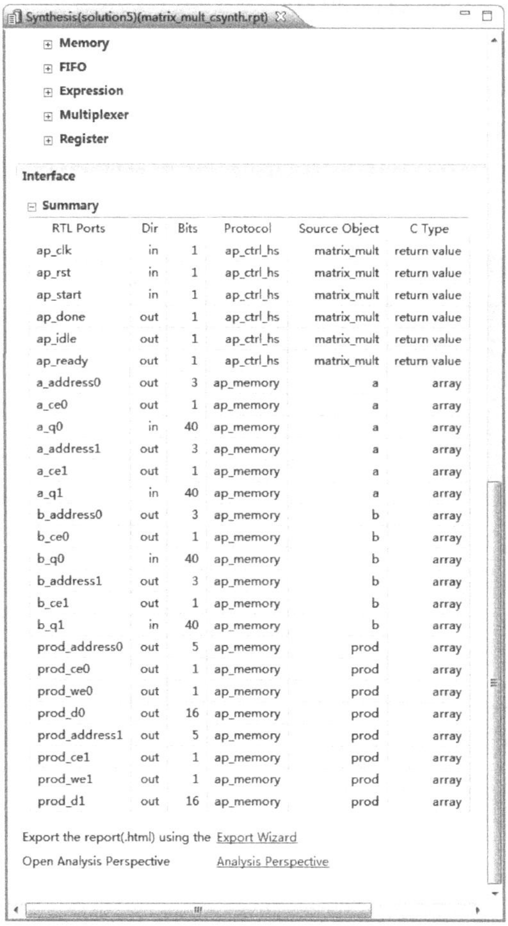
Synthesis(solution5)(matrix_mult_csynth.rpt)

Memory
FIFO
Expression
Multiplexer
Register

Interface

Summary

RTL Ports	Dir	Bits	Protocol	Source Object	C Type
ap_clk	in	1	ap_ctrl_hs	matrix_mult	return value
ap_rst	in	1	ap_ctrl_hs	matrix_mult	return value
ap_start	in	1	ap_ctrl_hs	matrix_mult	return value
ap_done	out	1	ap_ctrl_hs	matrix_mult	return value
ap_idle	out	1	ap_ctrl_hs	matrix_mult	return value
ap_ready	out	1	ap_ctrl_hs	matrix_mult	return value
a_address0	out	3	ap_memory	a	array
a_ce0	out	1	ap_memory	a	array
a_q0	in	40	ap_memory	a	array
a_address1	out	3	ap_memory	a	array
a_ce1	out	1	ap_memory	a	array
a_q1	in	40	ap_memory	a	array
b_address0	out	3	ap_memory	b	array
b_ce0	out	1	ap_memory	b	array
b_q0	in	40	ap_memory	b	array
b_address1	out	3	ap_memory	b	array
b_ce1	out	1	ap_memory	b	array
b_q1	in	40	ap_memory	b	array
prod_address0	out	5	ap_memory	prod	array
prod_ce0	out	1	ap_memory	prod	array
prod_we0	out	1	ap_memory	prod	array
prod_d0	out	16	ap_memory	prod	array
prod_address1	out	5	ap_memory	prod	array
prod_ce1	out	1	ap_memory	prod	array
prod_we1	out	1	ap_memory	prod	array
prod_d1	out	16	ap_memory	prod	array

Export the report(.html) using the Export Wizard
Open Analysis Perspective　Analysis Perspective

图 2-194　解决方案 5 接口综合结果

对比图 2-192 解决方案 1 的接口综合结果，发现使能信号、握手协议信号等并没有变化，但是输入数组 a、输入数组 b、输出数组 prod 分别被拆分成 2 组位宽相同的信号，分别用“0”和“1”加以区分。信号拆分前后的地址和数据的位宽也发生了变化，例如，输入数组由原来的 1 组 5 位地址变成 2 组 3 位地址，输出数组则由原来的 1 组 5 位地址变成了 2 组 5 位地址；输入数组的输入信号由原来的 1 组 8 位数据变成 2 组 40 位数据，输出数组则由原来的 1 组 16 位数据变成了 2 组 16 位数据。

对比其他解决方案的接口综合结果，也可发现类似的现象。

这表明，为了优化设计、提高效率，通过使用指令，数组被分割成几个更小的部分，增加了带宽，但是这同时扩展了端口、控制信号，也增加了实现它所需的资源，直接影响了接口综合的结果。

Vivado HLS 设计流程介绍到此结束，但是这个工具将在后面的练习中进一步使用，而且已综合的 RTL 将作为更大功能模块的一部分被实现。

2.3.4　Vitis HLS 高层次综合

如前所述，由于内部综合算法等存在差异，不同版本设计平台的高层次综合结果可能不同，同时 VIvado/Vitis 2019.2 以及其之后版本与 Vivado 2019.1 及其之前版本软件的使用步骤也存在差异。本节将使用 Vitis HLS 2020.1 完成前面的练习，请大家自己比较其中存在的操作步骤上的差异，以及综合结果的不同。

下面还是从使用 Vitis HLS GUI 创建 Vitis HLS 项目开始。

(1) 启动 Vitis HLS GUI，启动后将出现如图 2-195 所示的欢迎界面，单击“Create Project”选项。

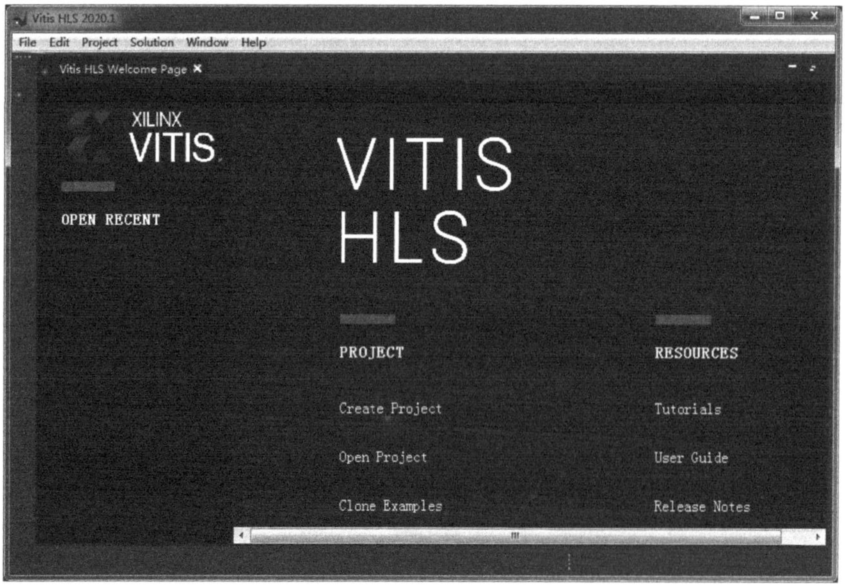

图 2-195　Vitis HLS GUI 欢迎界面

(2) 在弹出的“New Vitis HLS Project”对话框中输入新工程名字“matrix_mult_prj”，并设置“D:\Zynq\HLS\hls”作为“Location”(工程所在位置)(图 2-196)，单击“Next”按钮。

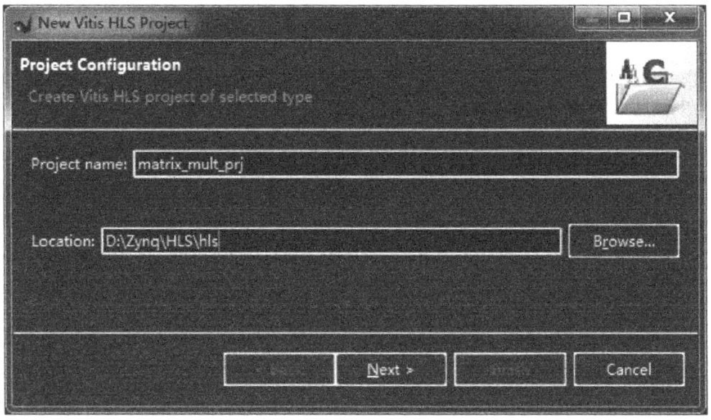

图 2-196　“New Vitis HLS Project”窗口

此时弹出对话框提示向工程新增或从工程删除源文件(图 2-197)。

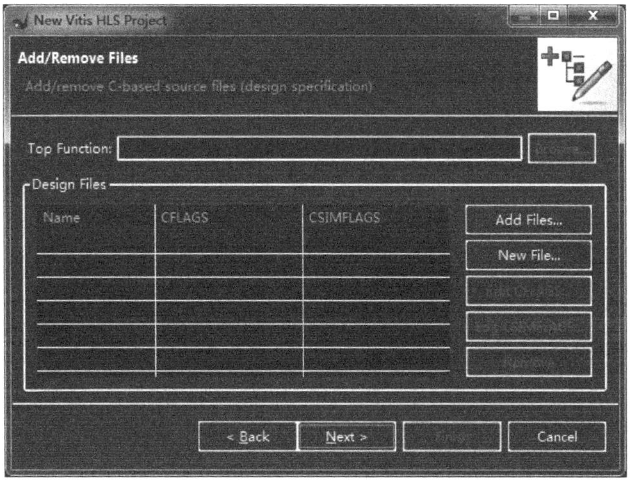

图 2-197　“Add/Remove Files”界面

(3) 单击“Add Files”按钮，在弹出的对话框中打开“D:\source\hls\hls”，从中间选择“matrix_mult.cpp”和“matrix_mult.h”文件(按下 Ctrl 键通过鼠标左健选择多个文件，见图 2-198)，单击“打开”按钮将这 2 个文件添加到工程中(图 2-199)。

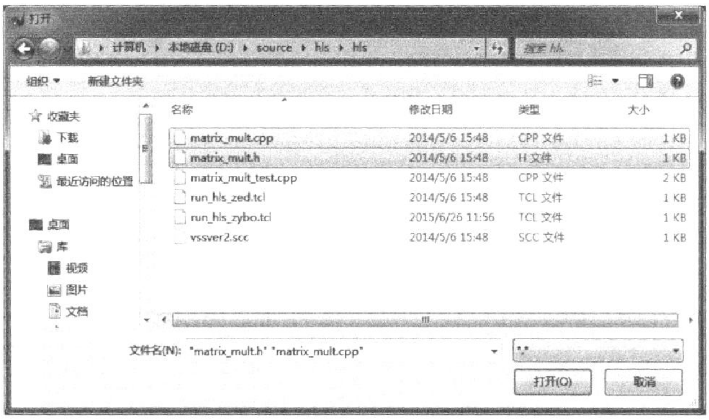

图 2-198　同时添加多个源文件

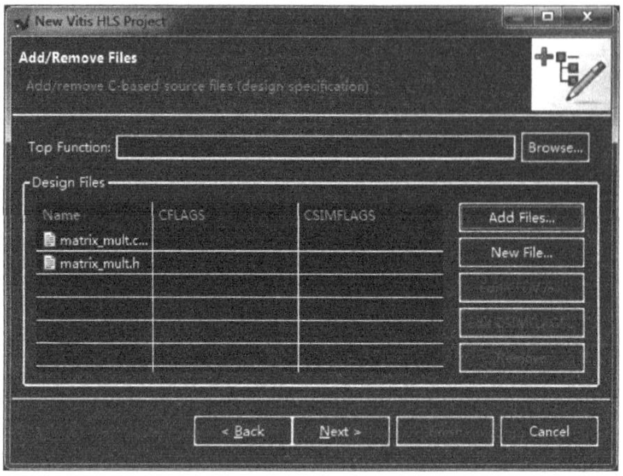

图 2-199　向工程中添加文件

(4) 单击当前对话框中的“Top Function”文本框右边的“Brows”按钮，打开“Select Top Function”对话框(图 2-200)，选择“matrix_mult(matrix_mult.cpp)”选项，单击“OK”按钮，此时的“New Vitis HLS Project”窗口如图 2-201 所示，单击“Next”按钮。

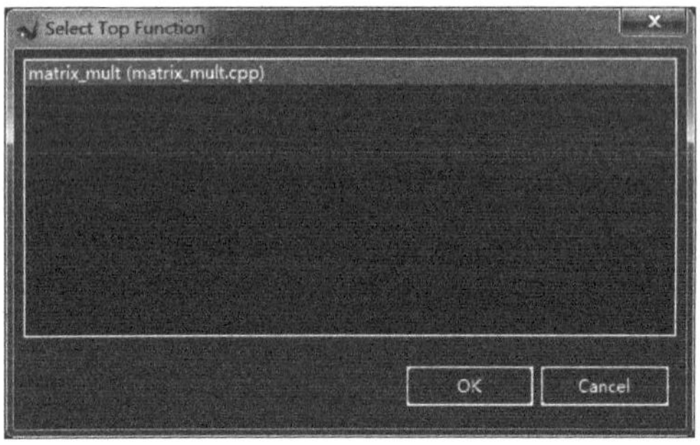

图 2-200　“Select Top Function”对话框

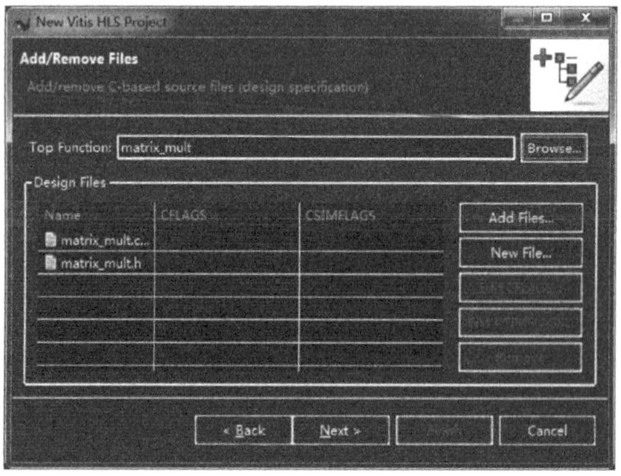

图 2-201　“New Vitis HLS Project”窗口

(5) 此时提示添加用于工程测试的 C 格式的测试文件(图 2-202)，将“D:\source\hls\hls”目录下的“matrix_mult_test.cpp”文件添加进来，单击“Next”按钮。

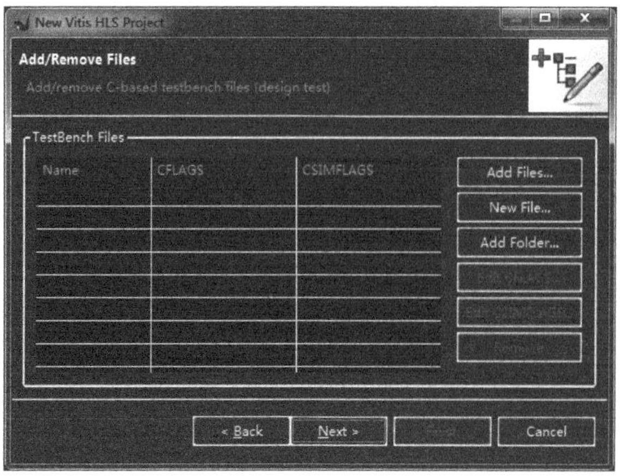

图 2-202　“Add/Remove Files”界面

下一步是配置 1 个用于特定 FPGA 技术的解决方案。

(6) 保持“Solution Name”不变，将“Clock”区域中的“Period”设置成“5”(图 2-203)，单击“Part Selection”区域右侧的“...”按钮。

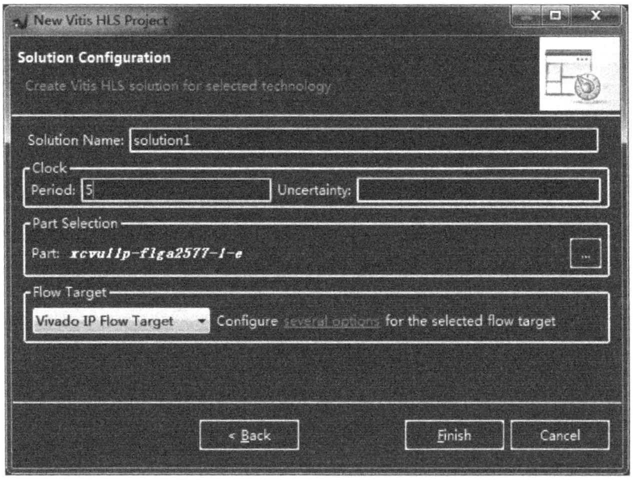

图 2-203　“Solution Configuration”界面

①如果使用的是 ZedBoard 开发板：从弹出的“Device Selection Dialog”对话框中选择“Boards”选项，并从“Filter”区域中的“Display Name”下拉列表中选择“ZedBoard Zynq Evaluation and Development Kit”选项，选中下面的“ZedBoard Zynq Evaluation and Development Kit”(图 2-204(a))，单击“OK”按钮。

②如果使用的是 Zybo 开发板：从弹出的“Device Selection Dialog”对话框中选择“Parts”选项，在“Filter”区域输入过滤参数：“Package”选“clg400”，“Family”选“zynq”，“Speed grade”选“All”，“Sub-Family”选“zynq-7000”，“Temp grade”选“All”，然后从下面的过滤结果中选择“xc7z010clg400-1”(图 2-204(b))，单击“OK”按钮。

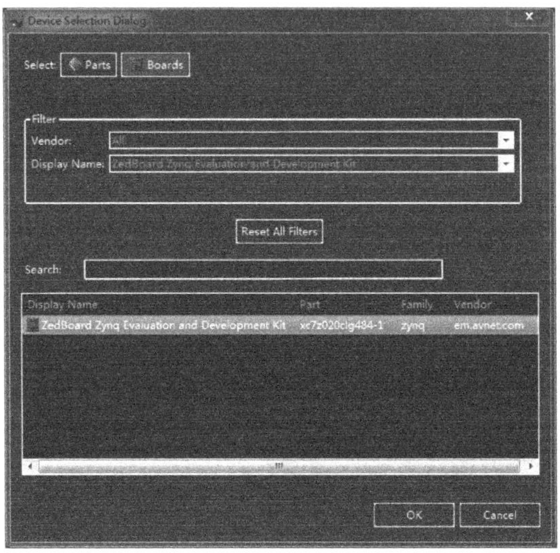

(a) 使用 ZedBoard 开发板时

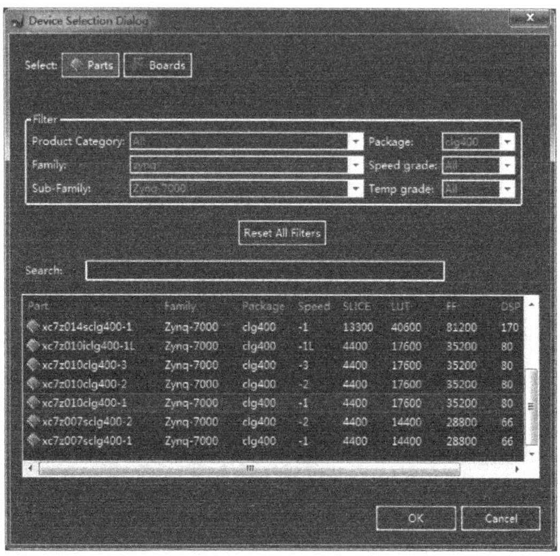

(b) 使用 Zybo 开发板时

图 2-204　“Device Selection Dialog”对话框

此时，开发板信息将出现在“Solution Configuration”界面(如图 2-205 所示，图中显示使用的是 ZedBoard 开发板)。

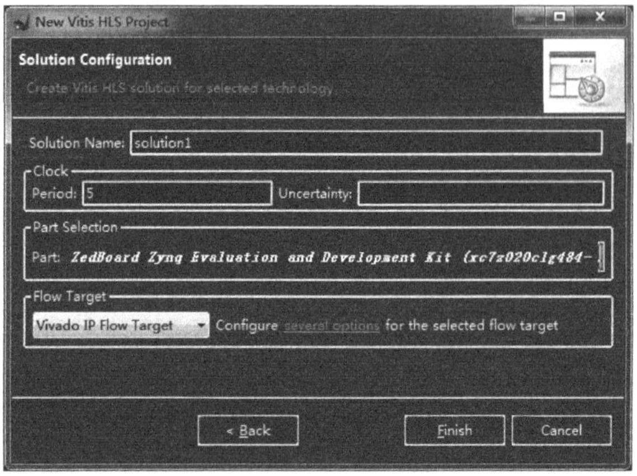

图 2-205　更新了开发板信息的“Solution Configuration”界面

(7)单击“Finish”按钮，将生成工程，并在综合模式下打开其工作空间(图 2-206)。

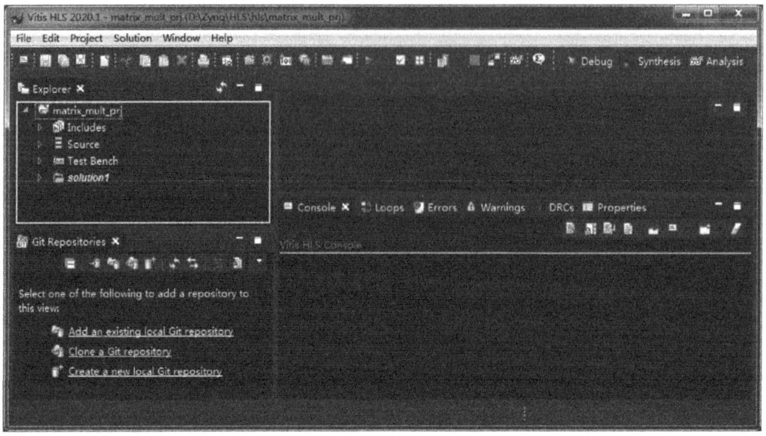

图 2-206　工作空间的综合模式视图

在“Explorer”标签页中展开“Source”和“Test Bench”部分，双击源文件和测试文件可在编辑器视图中打开它们进行检查和编辑。

与 2.3.2 节一样，下面使用脚本方法创建相同的项目。

(8)关闭 Vitis HLS GUI，然后通过“Start”→“All Programs”→“Xilinx Design Tools”→“Vitis 2020.1”→“Vitis HLS 2020.1 Command Prompt”选项打开 Vitis HLS 命令行方式，打开后的界面如图 2-207 所示。启动后的默认目录是 Vitis 的安装目录。

图 2-207　Vitis HLS 命令行方式

(9) 如图 2-208 所示，依次输入下列命令将当前目录改为本实验的工作目录“D:\Zynq\HLS\hls”(在每一个命令后面输入回车符)。

这几个命令执行的操作如表 2-2 所示。注意，开始的时候需要 3 个连续的“cd..”命令。

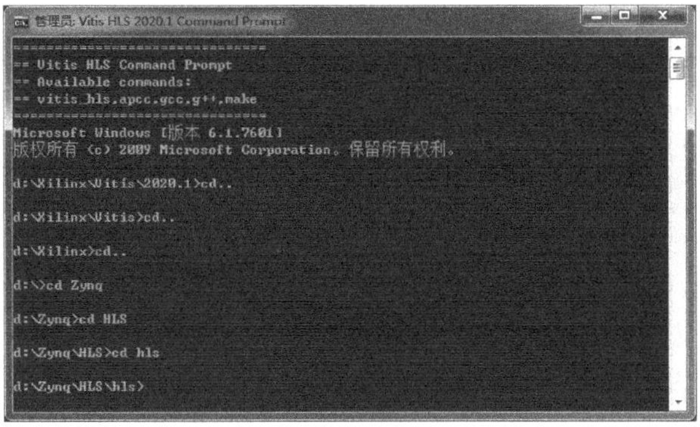

图 2-208　更改 Vitis HLS 命令行方式工作目录到指定位置

表 2-2　图 2-208 中各命令执行的操作

命令	执行的操作
cd..	更改目录命令，向上移动目录中的一个级别
cd Zynq	将目录改为当前目录下的子目录“Zynq”
cd HLS	将目录改为当前目录下的子目录“HLS”
cd hls	将目录改为当前目录下的子目录“hls”

命令行方式现在应该在工作目录“D:\Zynq\HLS\hls”，此文件夹包含工程的源文件、测试文件，以及构建项目所需的 Tcl 脚本“run_hls_zed.tcl”和“run_hls_zybo.tcl”。当工作目录正确且目录中存在所需文件后，可通过命令简单地运行 Tcl 脚本来实现构建项目。

(10) 如果使用的是 ZedBoard 开发板，输入命令“vitis_hls -f run_hls_zed.tcl”，运行脚本(图 2-209)。如果使用 Zybo 开发板，则输入命令“vitis_hls -f run_hls_zybo.tcl”，脚本运行与之类似。

图 2-209　通过脚本创建并验证工程

这将开始创建项目并添加源文件和测试台文件，先创建 1 个 HLS 解决方案，再针对目标器件对工程做相应的配置，最后进行 C 模拟操作，利用测试台确保工程运行正常。

测试台使用 HLS 硬件解决方案和软件执行相同的乘法运算，并比较结果，如果这些结果相同，则显示“Test passed！”消息。

(11)输入命令“vitis_hls -p matrix_mult_prj”，在 Vitis HLS GUI 中打开工程(图 2-210)。

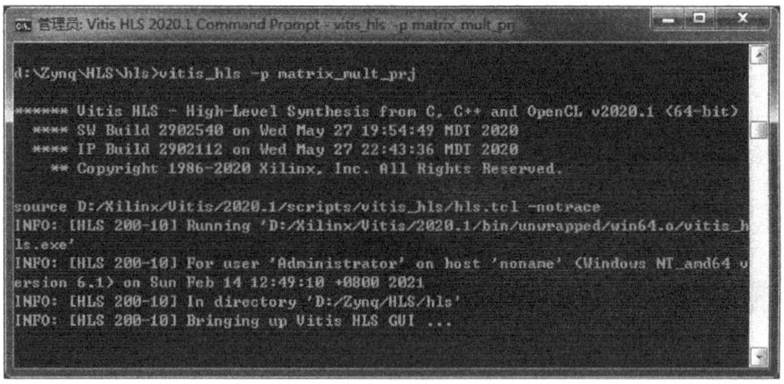

图 2-210　通过命令行在 Vitis HLS GUI 中打开工程

注意：暂时不要关闭命令行窗口，否则将使 Vitis 退出。

在打开的 Vitis HLS GUI 中展开“Explorer”标签页中的“Source”部分和“Test Bench”部分，此时的工程如图 2-211 所示，仔细对比，发现它和图 2-206 相比仅存在细微的差别，主要是这种脚本命令方式进行了 C 模拟操作，而前面的那种方式没有进行这种操作。

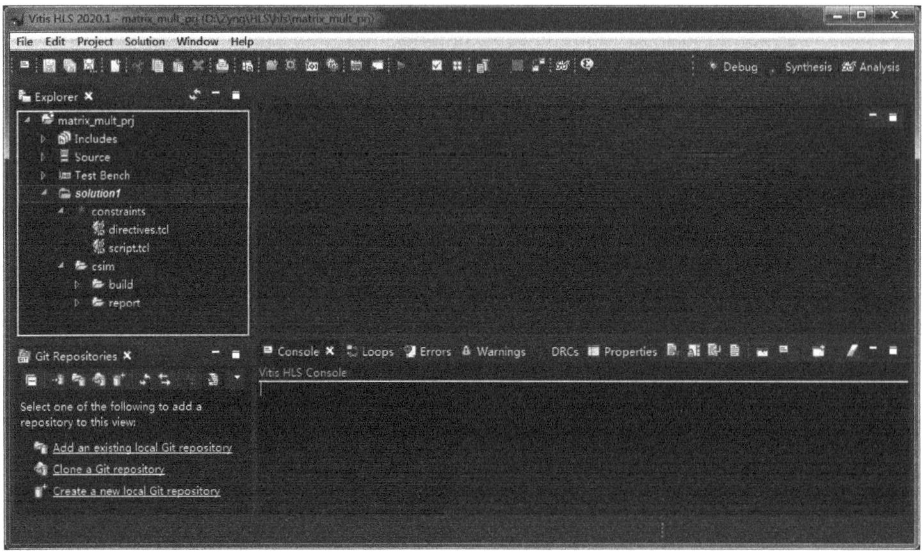

图 2-211　通过命令行建立的工程

虽然脚本命令方式已经进行了 C 模拟操作，为了跟 2.3.2 节的操作对应，下面还是从 C 模拟开始。

(12)从工具栏单击“Run C Simulation”(运行 C 模拟)按钮运行解决方案的 C 模拟过程(图 2-212)，在弹出的“C Simulation Dialog”对话框中保持默认选项(没有复选框被选中，没有输入参数，如图 2-213 所示)，单击“OK”按钮。

图 2-212　“Run C Simulation”按钮

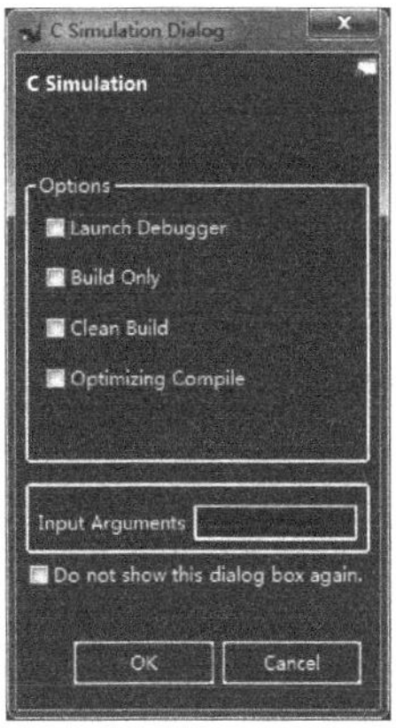

图 2-213　“C Simulation Dialog”对话框

模拟过程中，屏幕底端的控制台中将显示相关信息。当模拟结束控制台出现“Test passed！”消息(图 2-214)时，表示模拟测试通过。

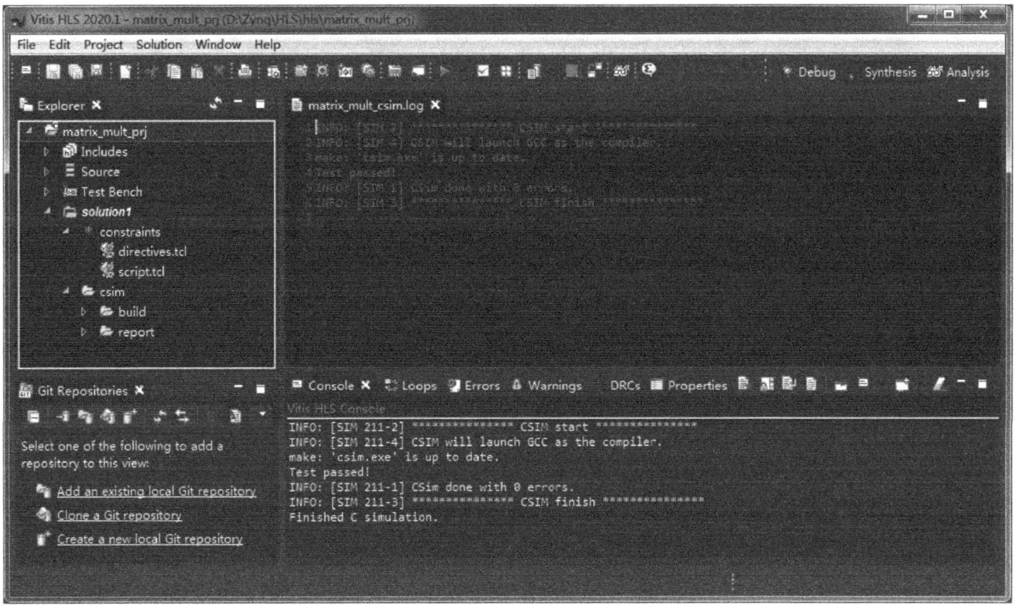

图 2-214　Vitis HLS 控制台显示测试通过

(13)单击工具栏的“Run C Synthesis”(运行 C 综合)按钮▶(图 2-215)，Vitis HLS 开始将 C++代码转换为具有相关 VHDL 或 Verilog 或 System C 代码的 RTL 模式的过程。

图 2-215　“Run C Synthesis”按钮

在此过程中控制台将实时显示各个步骤的详细信息。当综合过程结束时，将自动打开如图 2-216 所示的概要综合报告窗口(可能需要展开某些子部分以查看相关结果)。

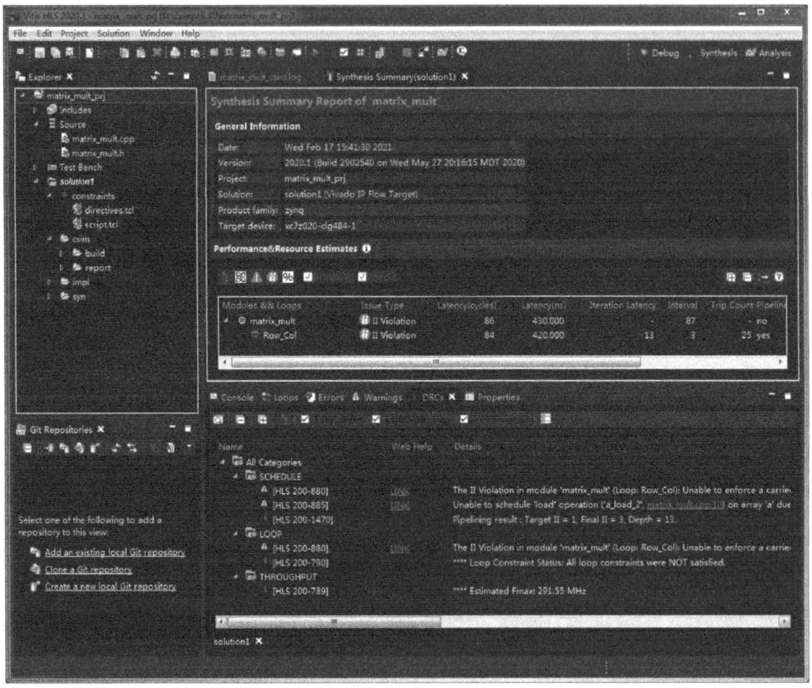

图 2-216　概要综合报告

为了查看所综合结果更多更详细的信息，在“Explorer”标签页展开“matrix_mult_prj”→“solution1”→“syn”→“report”→“matrix_mult_csynth.rpt”（图 2-217），并打开详细综合报告“matrix_mult_ csynth.rpt”（图 2-218），这里详细给出了被综合设计的各参数。

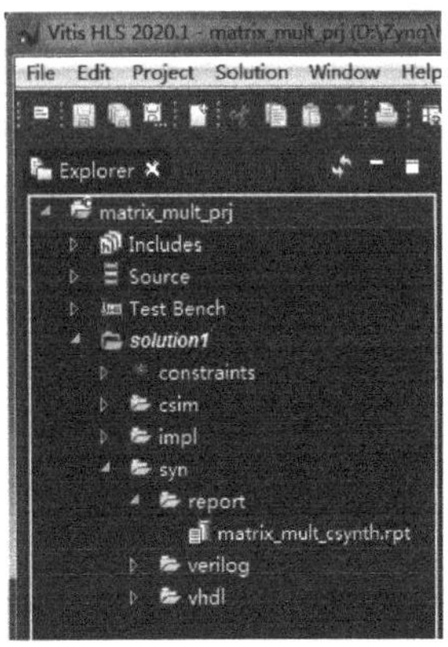

图 2-217　打开综合报告

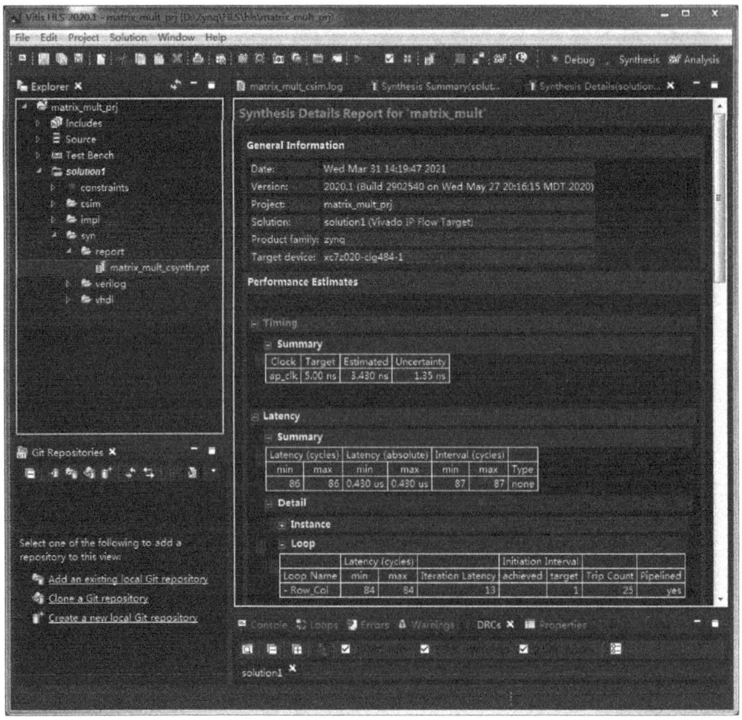

图 2-218　详细综合报告

从图 2-218 可以看到，这个设计每组数据需要 86 个时钟周期延迟，每隔 87 个时钟周期可以输入下一组数据；同时，这里已经把 Row_Col 循环展开了。

向下拖动滚动条显示本设计的接口综合结果(图 2-219)。

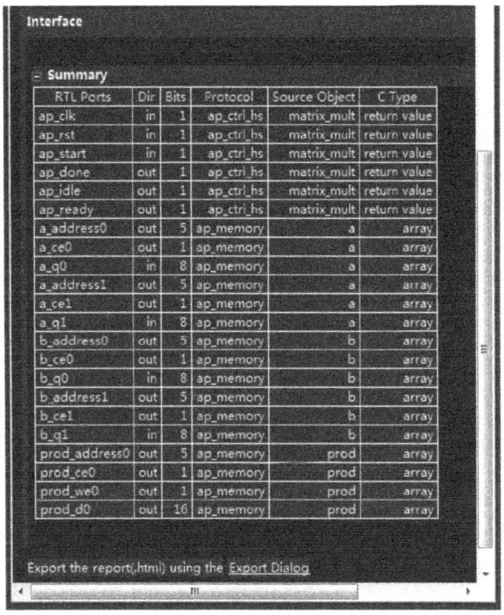

图 2-219　接口综合结果

可以看到，这里已经把数组 a 和数组 b 分拆完毕了。也就是说，Vitis HLS 综合时自动完成了 2.3.2 节中所进行的一些设计优化工作。但是，从图 2-218 中仍然可以看出，这里同样没有实现启动距离(II)=1 的设计目标，实际的启动距离(II)=3。

为确保被综合的 RTL 与测试中的 C++代码运行完全一致，下面同样需要运行 C/RTL 联合模拟。

(14)单击工具栏的“Run C/RTL Cosimulation”(运行 C/RTL 联合模拟)按钮☑(图 2-220)，在打开的“Co-simulation Dialog”对话框中选择“Verilog”作为目标 RTL 系统语言，其他保持默认值不变(没有复选框被选中，没有输入参数，见图 2-221)。

图 2-220　“Run C/RTL Cosimulation”按钮

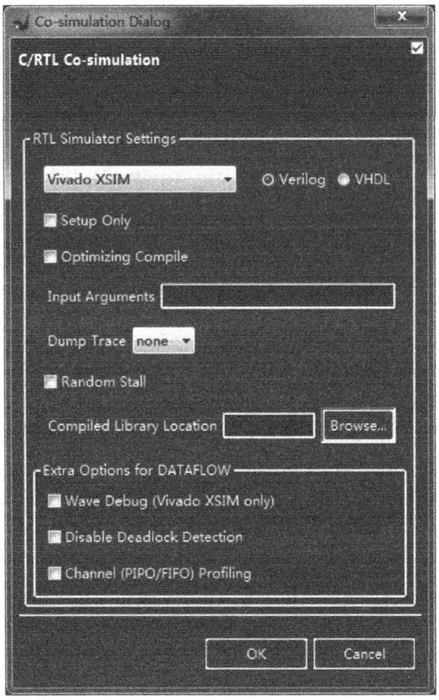

图 2-221　“Co-simulation Dialog”对话框

单击“OK”按钮将启动联合模拟，并同时使用 Verilog 生成 RTL 系统。

联合模拟需要一些时间，在此过程中，控制台将实时显示工作过程等信息。

一旦联合模拟结束，将自动打开“Cosimulation Report”窗口(图 2-222)，联合模拟报告中显示“Status”为“Pass”表示 RTL 与 C++代码运行完全一致。

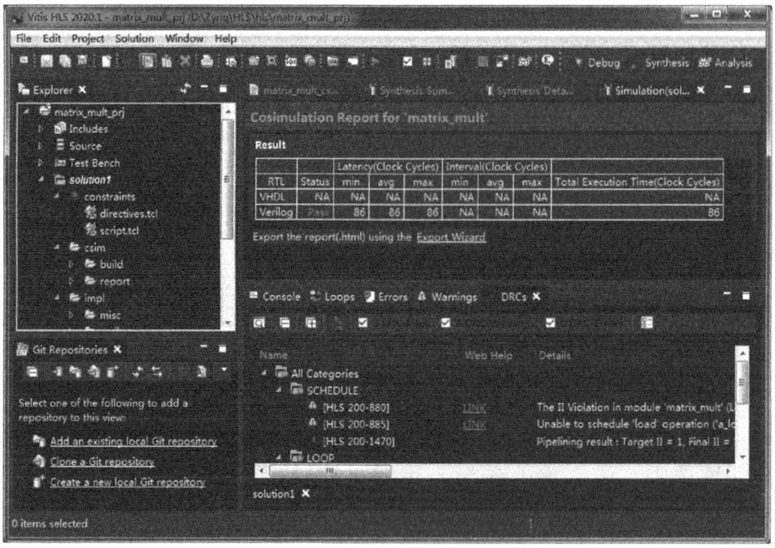

图 2-222　联合模拟报告

如前所述，这个设计没有实现启动距离(II)=1 的设计目标，为了优化设计，再次分析综合报告。

(15)单击“Synthesis Summary”标签页(图 2-223)重新查看概要综合报告。

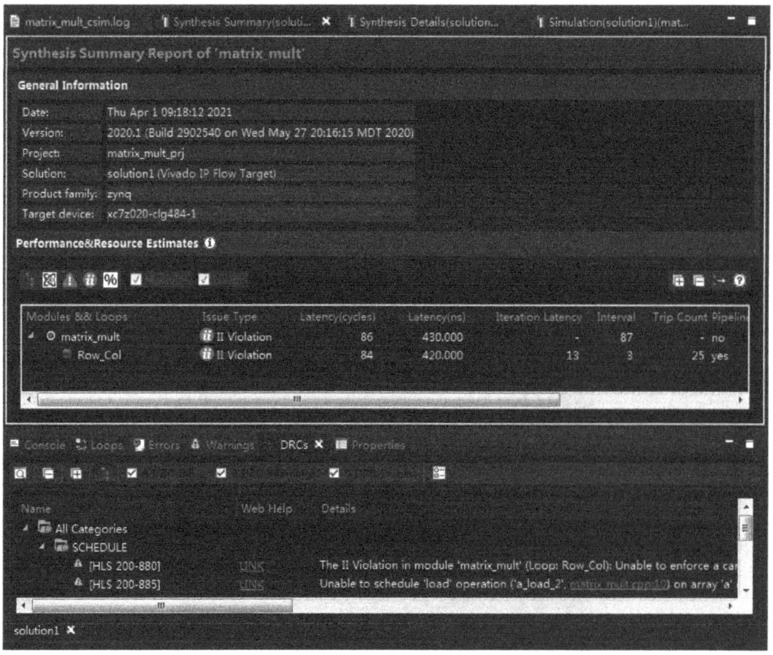

图 2-223　重新查看概要综合报告

在概要综合报告的“Performance&Resource Estimates”(性能与资源预测)部分可以看到，虽然内层循环 Row_Col 已经打开了(即“Pipelined”状态为“yes”)，但是顶层循环 matrix_mult 并没有被打开(即“Pipelined”状态为“no”)。

下面查看 Vitis HLS 的分析视角。

(16)单击工具栏中的“Open Analysis perspective”按钮或者从菜单栏的“Window”下拉菜单中选择“Analysis perspective”选项打开分析视角，它同时会打开“Schedule Viewer(solution1)”标签页，显示代码中的各种操作是如何随着时钟周期被调度的。单击“Row_Col”前面的小三角按钮展开它(图 2-224)。

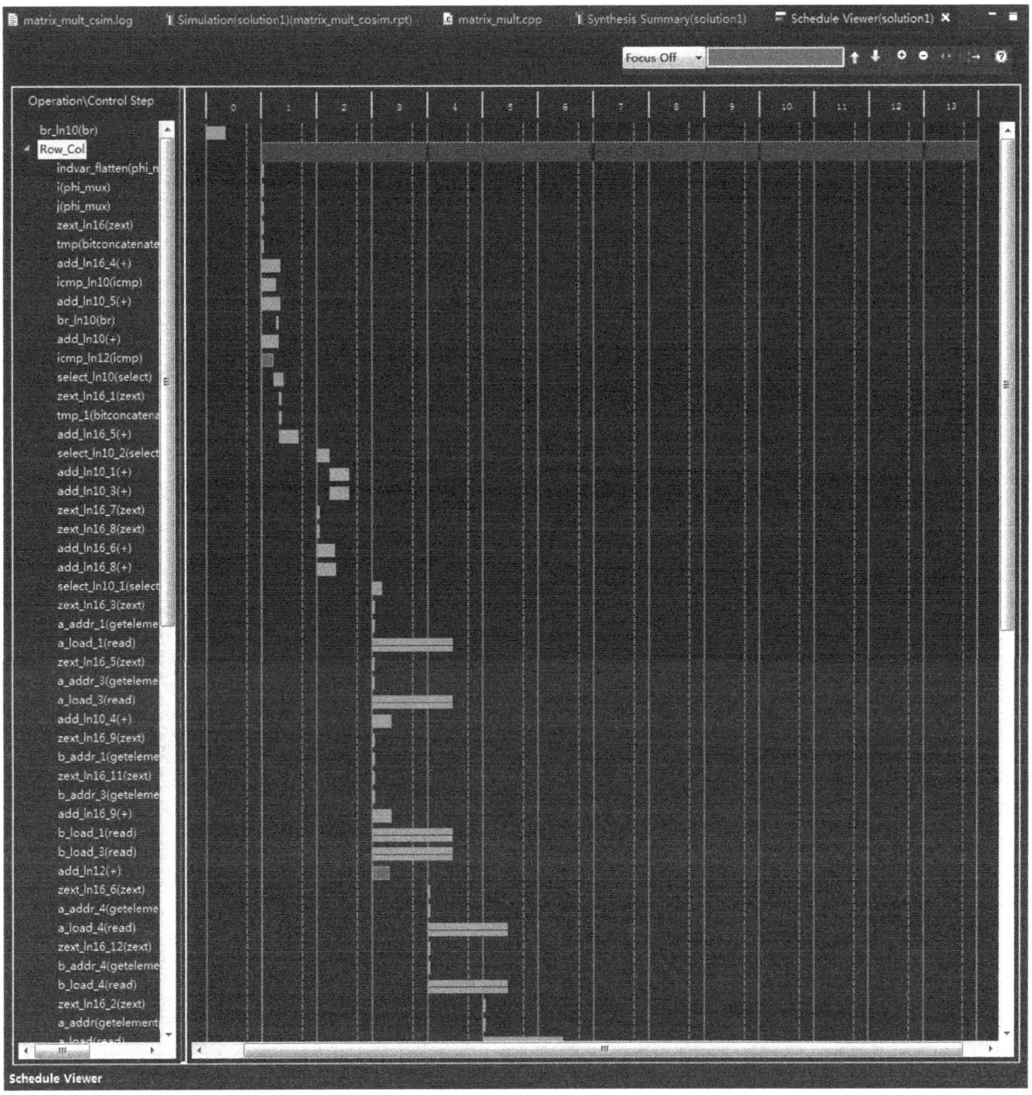

图 2-224 “Schedule Viewer(solution1)”标签页

Vitis HLS 中进行性能分析的方法和步骤与 Vivado HLS 中基本相同，包括显示语句块之间的调用关系(图 2-225)、通过“Goto Source”选项查看操作对应的源代码(图 2-226)、查看控制台消息并从消息提示定位源代码(图 2-227)等。

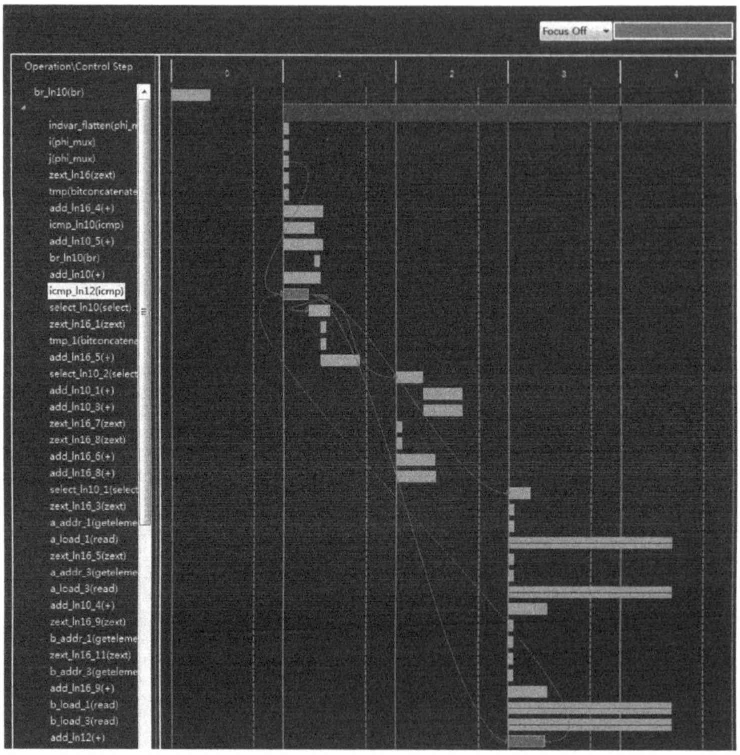

图 2-225　显示语句块之间的调用关系

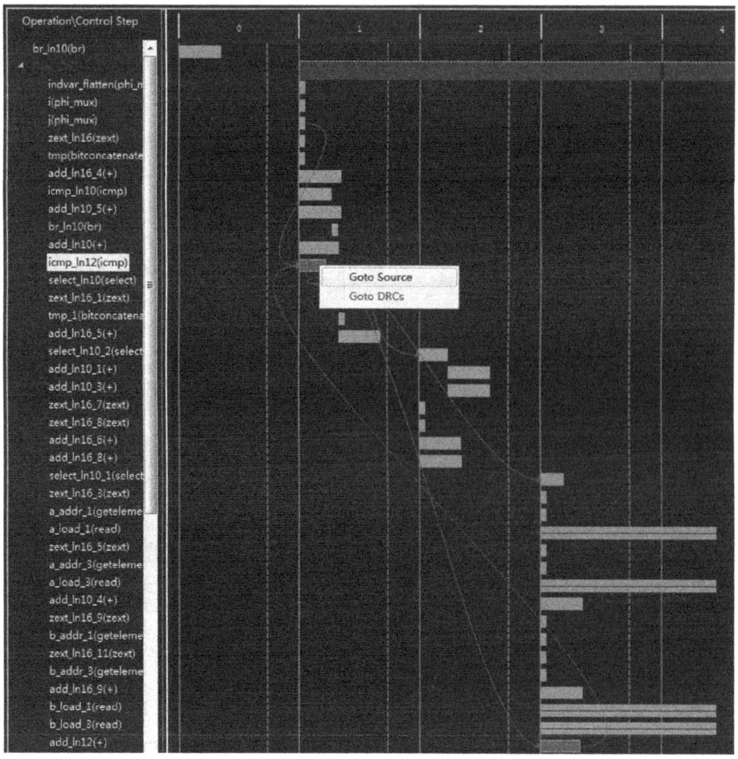

图 2-226　查看操作对应的源代码

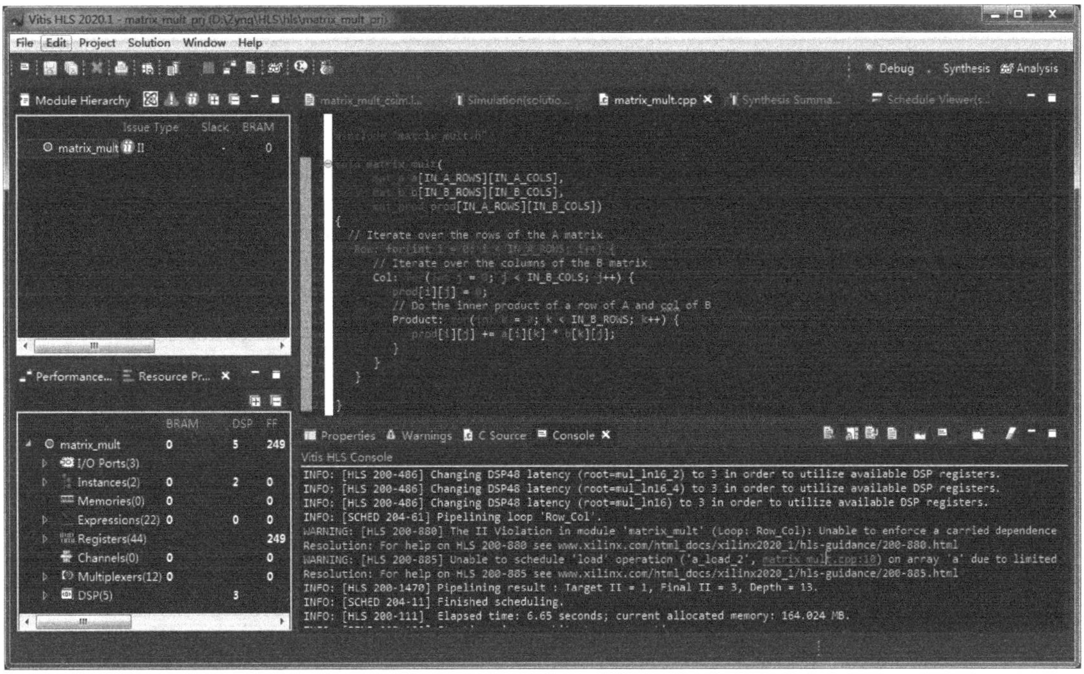

图 2-227　从消息提示中定位相应的源代码

下面尝试打开顶层循环。

(17) 从菜单栏的“Window”下拉菜单中选择“Synthesis Perspective”选项(图 2-228)返回默认综合视角。若有对话框出现，单击“Yes”按钮。

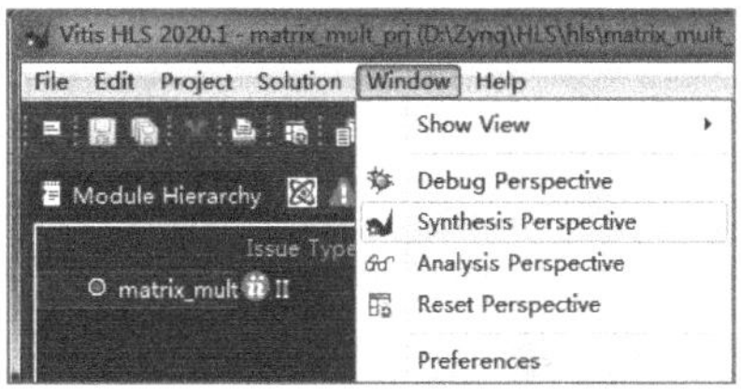

图 2-228　返回默认综合视角

(18) 单击工具栏的“New Solution”按钮 (图 2-229)，或者从菜单栏的“Project”下拉菜单中选择“New Solution”选项，在弹出的对话框中为新解决方案接受所有默认设置并单击“Finish”按钮(图 2-230)，可以看到，这里从“solution1”复制了指令与约束。

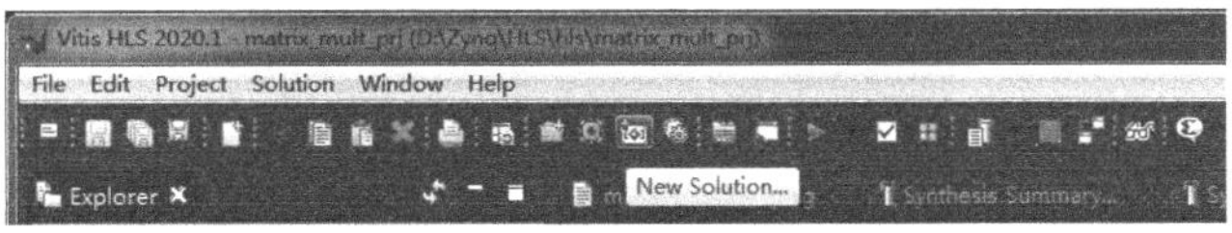

图 2-229　“New Solution”按钮

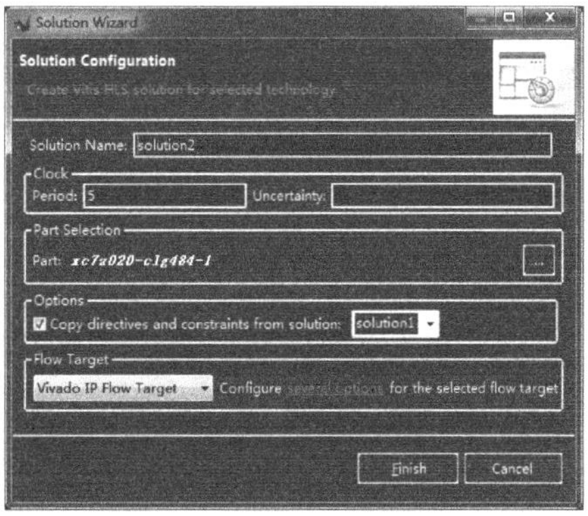

图 2-230　“Solution Wizard”对话框

(19) 在“Explorer”标签页中的“Source”部分双击“matrix_mult.cpp”文件以确保在工作区显示源代码。

下面将插入 1 条指令，将矩阵乘法的循环嵌套流水化，这样可使循环展开，消除对循环转移的需要。

(20)打开工作区右侧的“Directive”标签(图 2-231)。

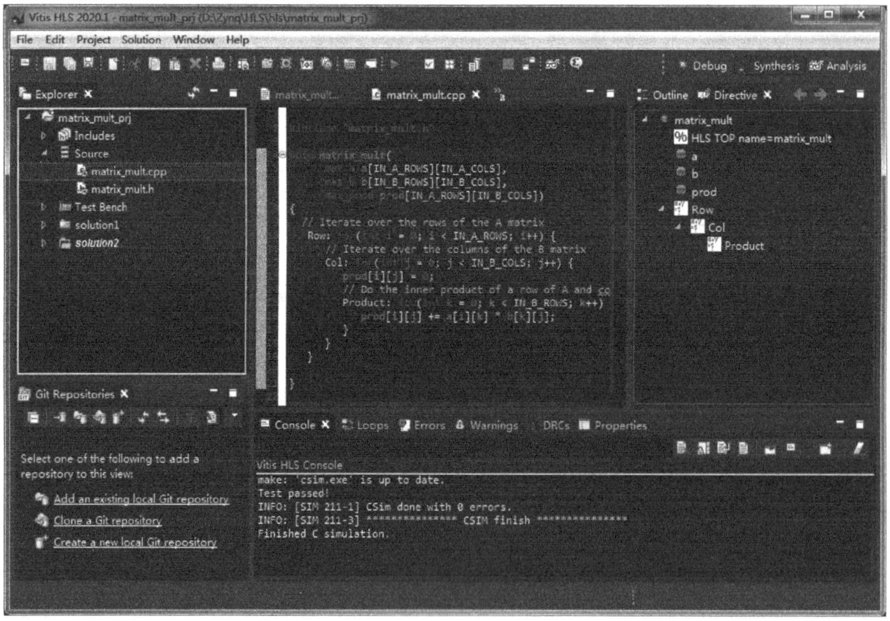

图 2-231　Vitis HDL 自动插入的优化指令

在顶层循环“matrix_mult”上右击并在弹出的菜单中选择“Insert Directive”选项(图 2-232)，在打开的“Vitis HLS Directive Editor”对话框的“Directive”下拉列表选择“PIPELINE”选项(图 2-233)，保持其他默认选项不变，单击“OK”按钮，此时“Directive”标签部分将如图 2-234 所示。

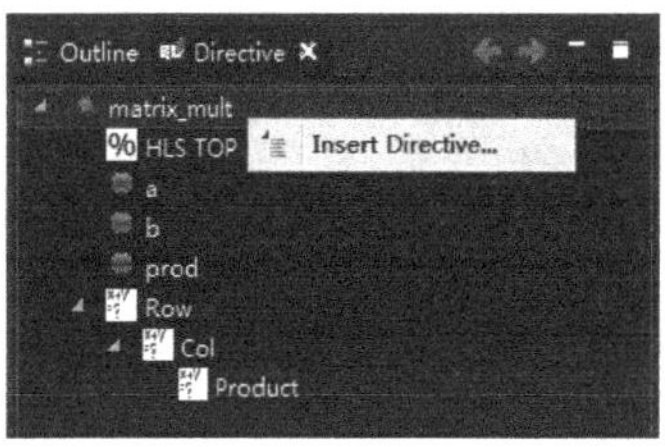

图 2-232　插入指令

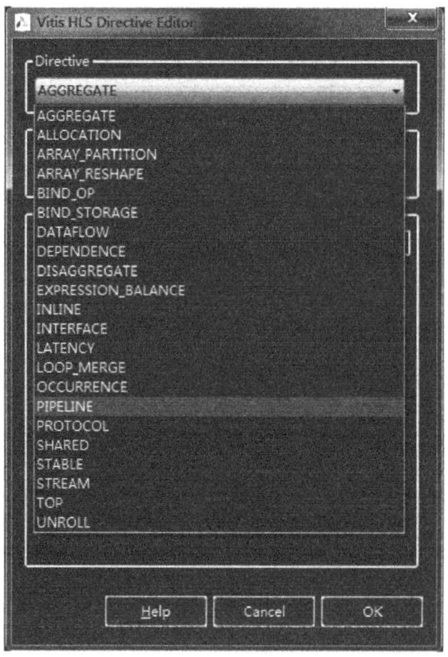

图 2-233　从指令编辑器中选择流水

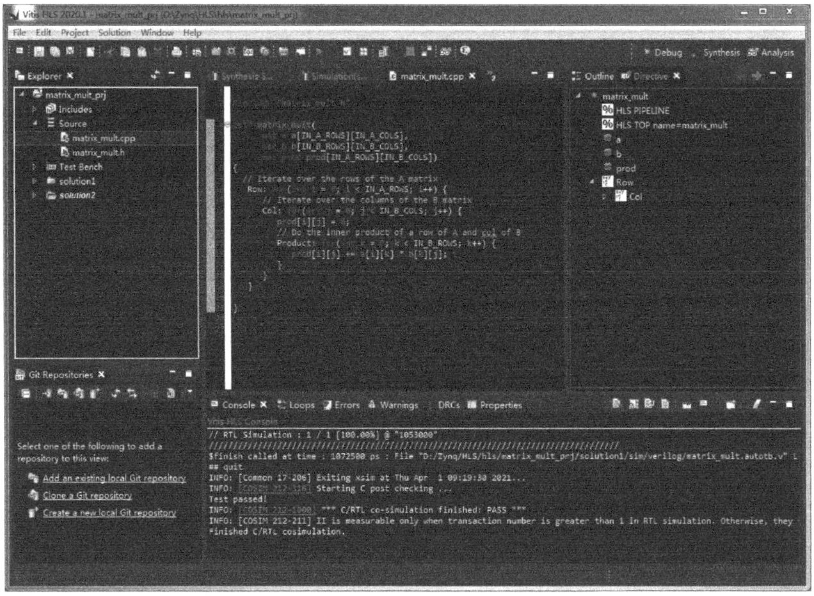

图 2-234　Vitis HLS 顶层循环嵌套流水化

(21)单击工具栏的“C Synthesis”按钮▶综合 RTL 设计。

C 综合结束时自动打开的矩阵乘法器“solution2”的概要综合报告显示现在已经完全没有循环了(图 2-235)。

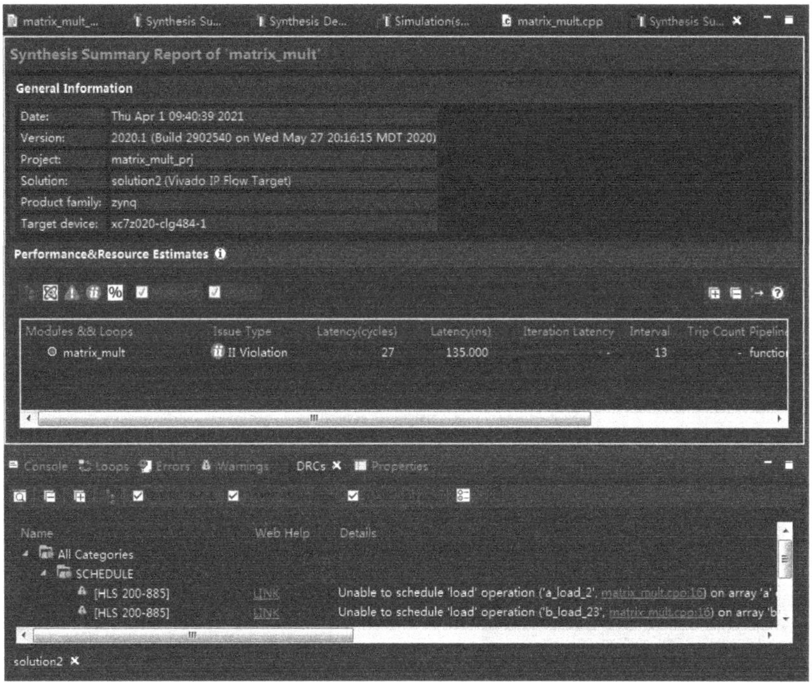

图 2-235　解决方案 2 的概要综合报告

为了查看所综合结果更多更详细的信息，在“Explorer”标签页展开“matrix_mult_prj”→“solution2”→“syn”→“report”→“matrix_mult_csynth.rpt”，打开解决方案 2 的详细综合报告(图 2-236)。

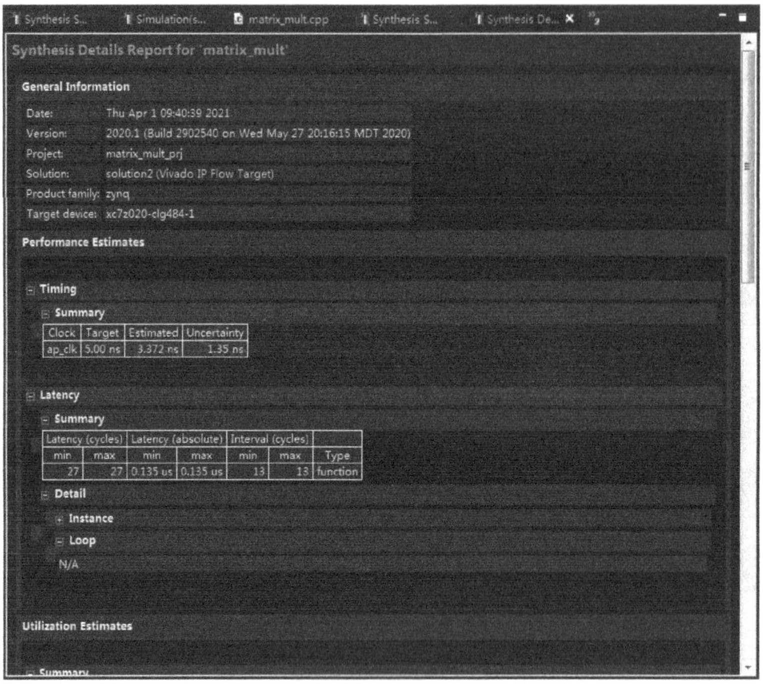

图 2-236　解决方案 2 的详细综合报告

解决方案 2 的详细综合报告也显示目前已经没有循环未被打开了，当前的最小启动距离(II)=1 的设计目标已经实现；另外，报告还显示，这种解决方案下每处理 1 组数据需要经过 27 个时钟周期，但是在处理数据过程中每隔 13 个时钟周期即可输入并开始处理下 1 组数据。

Vitis HLS 同样可进行不同设计的综合性能比较。

(22) 单击工具栏上的“Compare Reports”按钮(图 2-237)，或者从菜单栏的“Project”下拉菜单中选择“Compare Reports”选项，打开如图 2-238 所示的对话框，将要比较的解决方案加入到“Selected solutions”列表中(图 2-239)，单击“OK”按钮。

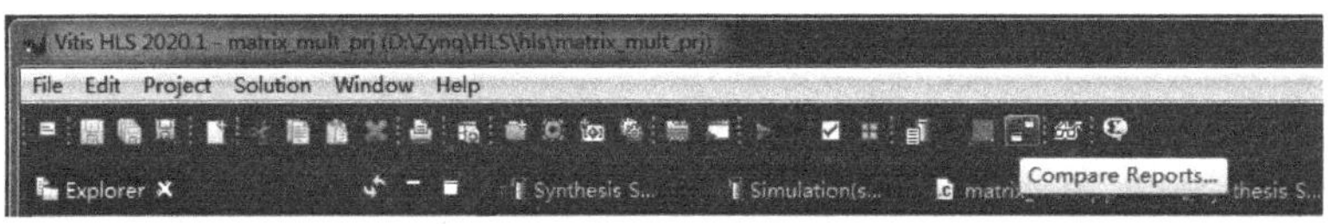

图 2-237　“Compare Reports”按钮

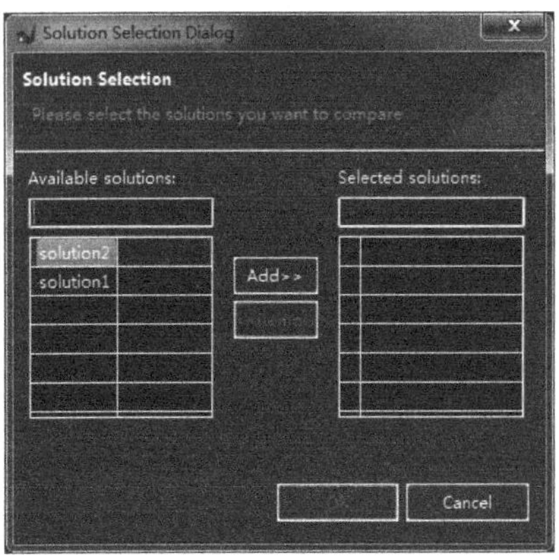

图 2-238　“Solution Selection Dialog”对话框

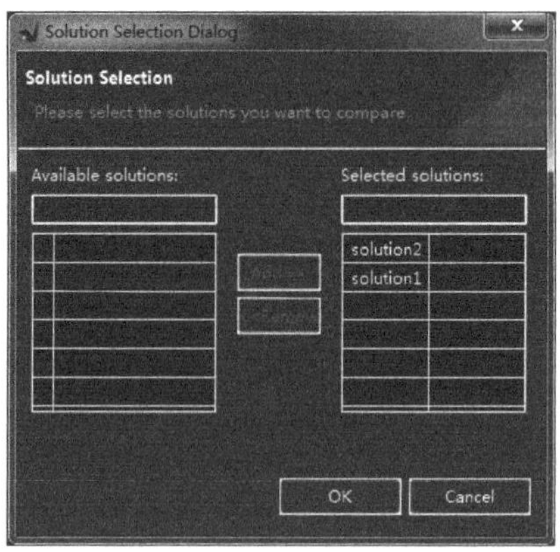

图 2-239　选择用于比较的解决方案

图 2-240 所示是这 2 个解决方案性能与资源使用情况。

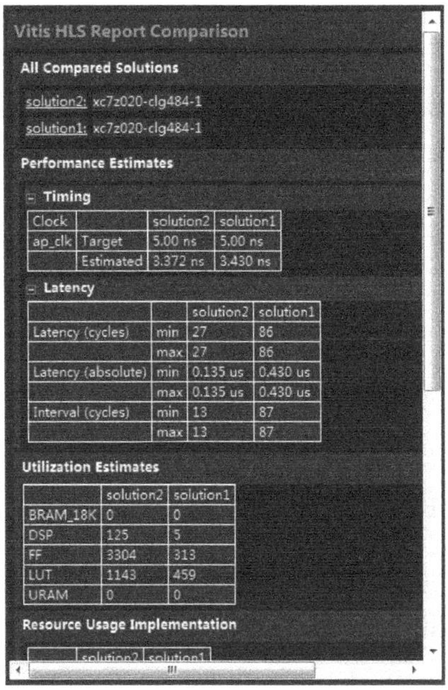

图 2-240　各种解决方案性能与资源使用情况

可以看到，解决方案 1 需要 86 个时钟周期完成测试数据(2 个 5×5 矩阵)处理，而方案 2 只需要 27 个时钟周期处理相同的数据，并且方案 1 在处理完本组数据后需要再过 1 个时钟周期才能输入下一组数据，而方案 2 在处理本组数据的过程中每隔 13 个时钟周期即可输入下一组数据。显然，解决方案 2 具有更好的性能。

同样地，性能优化需要以增加硬件资源消耗为代价，在实际设计时需要结合成本、性能等多方面因素综合考量。

(23) 本实验到此全部结束，关闭 Vitis HLS GUI。

请自行比较 Vivado HLS 和 Vitis HLS 高层次综合的设计结果。

2.4　创 建 IP 核

本节实验仍然基于 Vivado 2019.1 进行，后面的练习将引导创建与来自各种不同来源的 Vivado IP 集成器兼容的自定义 IP 模块，所有创建的 IP 都将与 Xilinx 支持的 AXI-Lite 接口兼容，并且在 Vivado IP 集成器中实现时都将连接成从设备。

本实验涵盖的 IP 创建方法包括硬件描述语言、MathWorks HDL Coder 和 Vivado HLS。

实验被分成 4 个练习，其组织如下。

2.4.1 节将使用硬件描述语言创建 1 个控制器，它允许 Zynq 开发板上的 LED 灯被运行在 PS 上的软件控制。先使用“Create and Package IP Wizard”创建 1 个 AXI-Lite 接口包装，加上 LED 控制过程与接口，然后使用 IP 封装过程创建与 IP 集成器兼容的 IP 模块，最后调用该块验证其功能。

2.4.2 节复习 2.4.1 节使用硬件描述语言创建 1 个 IP 的过程，利用软硬件协同设计的方式，设计实现 1 个计数器，它从 0 开始自动循环计数，计数结果通过 Zynq 开发板的 LED 灯显示出来。计数过程中可以接收来自 Zynq 开发板按钮的中断信号，并根据按钮中断实时改变 LED 灯的显示结果。

2.4.3 节将介绍 MathWorks 硬件描述语言生成工具：硬件描述语言编码器(HDL Coder)。先创建 1 个最小均方(Least Mean Squares，LMS)自适应滤波器，并在 Simulink 工作区测试它，然后调用“HDL Coder Workflow Advisor”并选择“generate a Xilinx IP Core”选项，使用该 LMS 设计创建 HDL 代码。在工作流程的各个不同阶段均将验证设计并确保它与 HDL 编码器兼容，还以与 IP 集成器兼容的格式生成 HDL 代码。注意：完成 2.4.3 节需要 MATLAB 的 Simulink 和硬件描述语言编码器。

2.4.4 节将用 Vivado HLS 创建 1 个数控振荡器(Numerically Controlled Oscillator，NCO) IP 核，将对现有 C 代码算法进行模拟测试，并运行各综合阶段，创建 IP 集成器所兼容的 IP 核。

2.4.1 在硬件描述语言中创建 IP 并调用它

Zynq 设备既包含 PS 部分，又包含 PL 部分，因此大多数创建在 PL 中运行的 IP 应该能够与 PS 上运行的软件进行通信，这就要求 IP 应该以 1 个与 PS 兼容的接口进行封装(在这里就是 AXI)。

当在硬件描述语言中创建 IP 时，Vivado 提供了 1 组 AXI 模板，可以通过“Create and Package IP Wizard”创建与定制，该向导提供 2 个主要的便利功能：创建 AXI4 IP 外设，以及将现有源文件打包到与 IP 集成器工具兼容的 IP 包中。

在本节中，实际上将利用这两个功能来首先创建一个 AXI4-Lite IP 模板，并添加功能以允许 Zynq 开发板上的 LED 通过运行在 Zynq PS 上的软件应用程序来进行控制，一旦该功能添加到模板中，相应的源文件将被封装到包含在 1 个简单的 Zynq 处理系统中的与 IP 集成器兼容的 IP 块中。

下面从创建 1 个新的 Vivado 工程开始。

1. 创建 1 个新的 Vivado 工程

(1) 启动 Vivado，选择“Create Project”选项，打开“New Project”对话框，单击“Next”按钮。在“Project name”文本框中输入工程的名字“led_controller”，设定工程的目录为“D:\Zynq”，并选择“Create project subdirectory”选项。单击“Next”按钮。

(2) 在“Project Type”界面中选择“RTL Project”单选按钮，并确保“Do not specify sources at this time”复选框没有被选中。单击“Next”按钮。

(3) 在“Add Sources”界面中选择“Verilog”作为目标语言，并将模拟语言设置为“Mixed”。到目前为止没有需要添加到工程的源文件，直接单击“Next”按钮。

(4) 此时出现“Add Constraints (optional)”界面。目前不需要添加任何约束文件，直接单击“Next”按钮。

(5) 此时弹出“Default Part”界面。选择“Boards”标签页，从“Display Name”下拉列表中选择开发板，并选择与开发板相对应的版本号。单击“Next”按钮。

(6) 在弹出的“New Project Summary”界面中查看各选项设置是否正确，单击“Finish”按钮建立该工程。

当新工程创建完毕后，下面可以开始创建基于 HDL 的 IP。

2. 创建基于 HDL 的 IP 核

(1)从菜单栏的“Tools”下拉菜单中选择“Create and Package New IP”(创建与封装新 IP)选项(图 2-241)，打开“Create and Package New IP”对话框(图 2-242)，单击“Next”按钮。

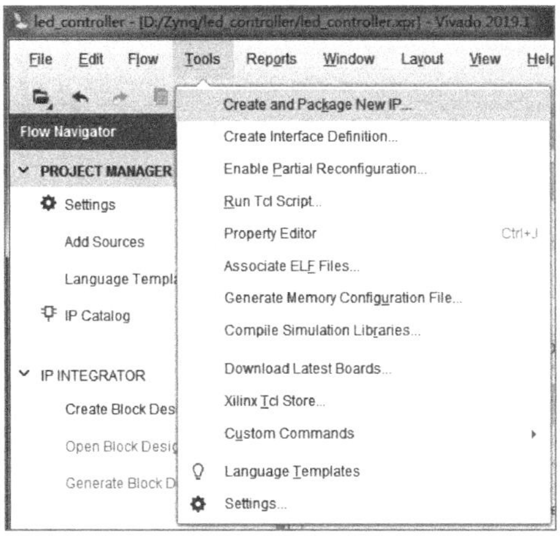

图 2-241　“Create and Package New IP”选项

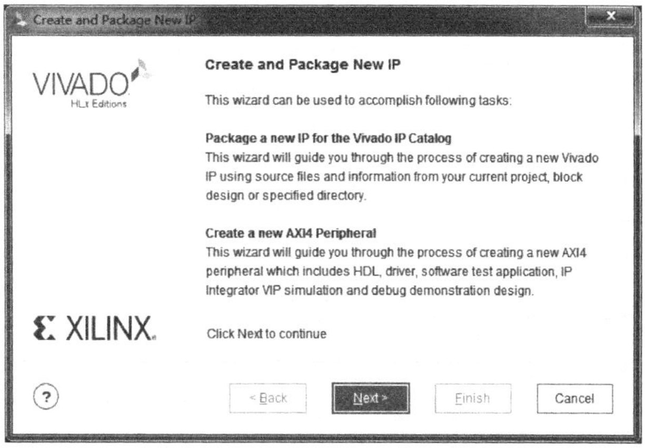

图 2-242　“Create and Package New IP”对话框

此时打开“Choose Create Peripheral or Package IP”对话框(图 2-243)，在这里可以指定是创建 1 个新的外围设备模板还是将现有源文件封装进 1 个 IP 核。

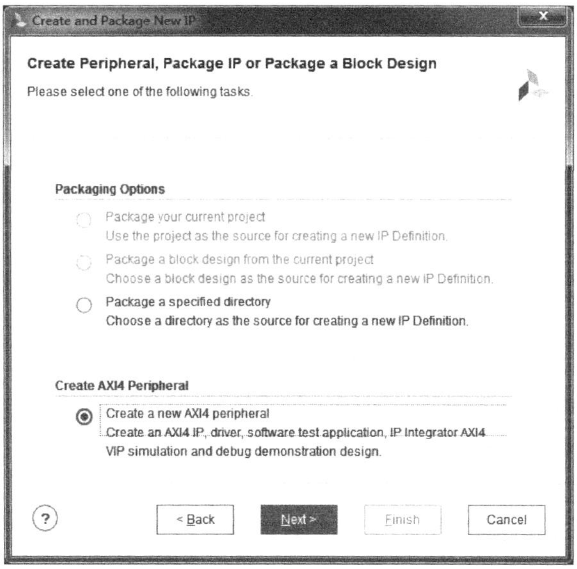

图 2-243　创建外围设备或封装 IP 对话框

本例中现在要创建 1 个新的 IP 模板。选择“Create a new AXI4 peripheral”单选按钮，单击“Next”按钮。

(2)此时出现的“Peripheral Details”(外围设备细节)界面(图 2-244)允许为新的外围设备指定厂商、库、名字和版本(Vendor, Library, Name and Version，VLNV)信息以及其他细节。

在“Name”文本框输入名字“led_controller”，此时“Display name”(外围设备显示名)自动变为“led_controller_v1.0”，将“Description”(外围设备描述信息)也改为“led_controller_v1.0”，“IP location”(IP 位置)设置为“D:\Zynq\ip_repo”，其他默认值不变，单击“Next”按钮。

(3)此时出现“Add Interfaces”(增加接口)界面(图 2-245)。

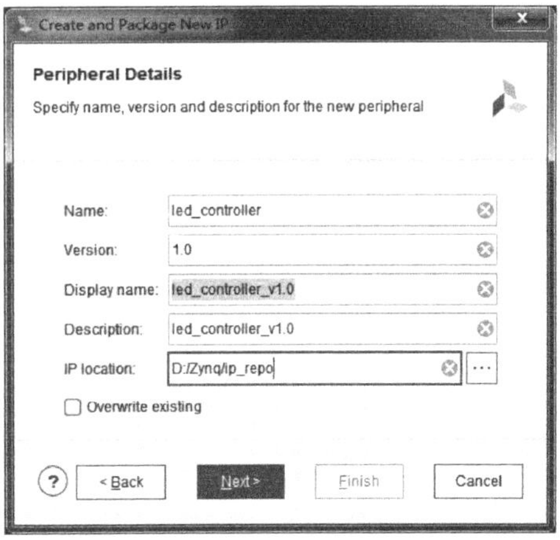

图 2-244　“Peripheral Details”界面

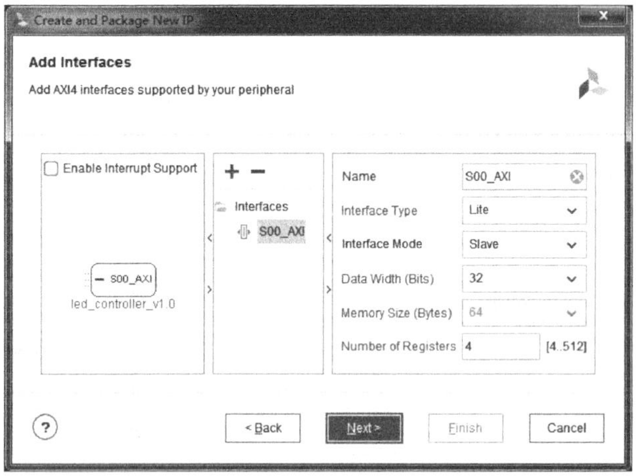

图 2-245　“Add Interfaces”界面

“Add Interfaces”界面允许指定将出现在定制外围设备中的 AXI4，包括接口数量、接口类型(AXI-Lite、AXI-Stream 或者 AXI-Full)、接口模式(主/从)、接口数据宽度，也可以在相应类型被选中时对单个接口类型参数进行指定。

(4)按照如图 2-245 所示指定接口的相关参数。

本例中的外围设备是 1 个简单的 LED 控制器，只需要 1 个值被传入，因此 1 个 AXI-Lite 从接口就够了。另外，虽然这里只需要 1 个存储器映射寄存器，但是这里能指定的最小值是 4(最大值是 512)，因此选择最小值 4。

单击“Next”按钮。

(5)检查图 2-246 中的“Peripheral Generation Summary”部分的相关信息，它详细描述了将要创建的输出文件信息。

在图 2-246 中“Next Steps”部分选择“Edit IP”单选按钮，这将创建 IP 外围设备文件，并创建 1 个名为“edit_led_ controller_v1_0”的新工程，创建外围设备模板关闭后将自动打开该工程，这里可以在源 HDL 代码中修改外围设备的功能，并封装它。

(6)单击“Finish”按钮关闭向导并创建外围设备模板。

此时新工程“edit_led_ controller_v1_0”将在另一个 Vivado 窗口中被打开(图 2-247)。

(7)展开工作区中间靠上部分“Sources”窗口中“Design Sources”目录下的“led_controller_v1_0”目录，可以看到这里有 2 个 HDL 源文件(图 2-248)。

由于本节第 1 部分步骤(3)中已经指定 Verilog 作为目标语言，这个模板中的源文件应该用 Verilog 格式创建。这里的 2 个源文件分别如下。

①“led_controller_v1_0.v”文件——实例化所有 AXI-Lite 接口。本例中只有 1 个接口。

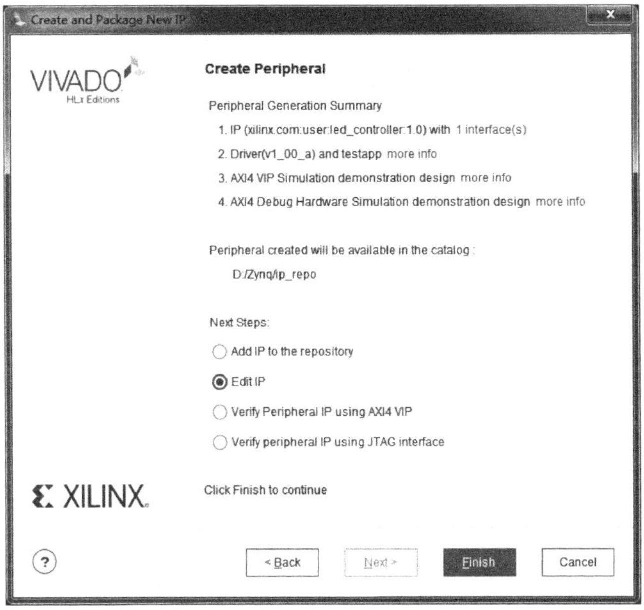

图 2-246　“Create Peripheral”界面

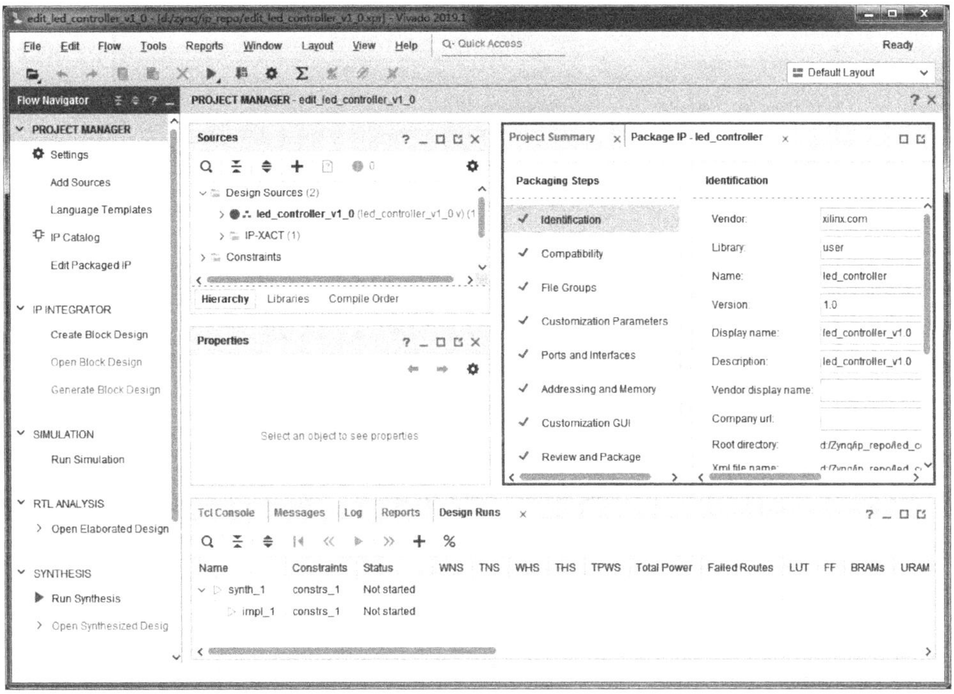

图 2-247　新打开的 Vivado 窗口

②“led_controller_v1_0_S00_AXI.v”文件——包含处理 PL 中的外围设备和 PS 中的软件间交互的 AXI4-Lite 接口功能。

工作区右面部分打开的是“IP Packager”标签页(图 2-249)。在这里可以看到在步骤(4)中为外围设备指定的参数，其中厂商参数“Vendor”依赖于所使用的计算机网络域名，它是可以修改的。

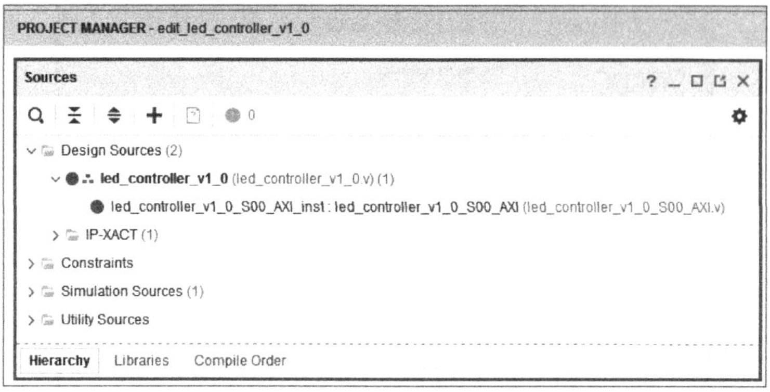

图 2-248　“Sources”窗口中显示的源文件

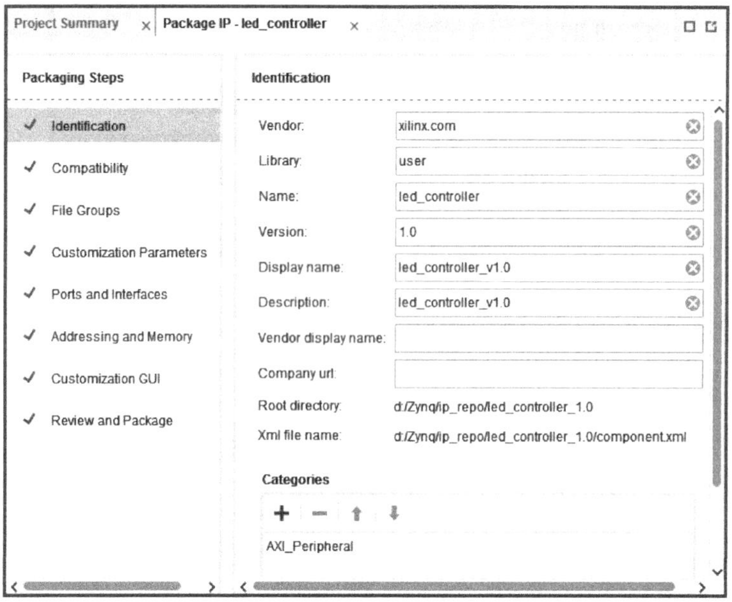

图 2-249　“IP 封装器”面板显示的信息

下面向外围设备“led_controller”中添加功能。将向外围设备模板新增 1 个输出端口以允许它连接到 Zynq 设备上的 LED 引脚，同时将从 Zynq PS 接收到的值赋给这个新的输出端口。

向 Verilog 外围设备模板中添加上述功能执行下面的步骤(8)～(11)。

(8)在“Sources”窗口双击“led_controller_v1_0_S00_AXI.v”文件，该文件将显示在工作区中。

上下拖动滚动条，直到看到下面的提示语句：

```
// Users to add ports here
```

在这一行的下面，增加端口定义，如果使用的是 ZedBoard 开发板，输入下列语句(图 2-250)：

```
output wire [7:0] LEDs_out,
```

```
    (
        // Users to add ports here
        output wire [7:0] LEDs_out,
        // User ports ends
```

图 2-250　为 IP 模块新增输出端口

这条语句新增了 1 个 8 位的输出端口，每 1 位对应 ZedBoard 开发板上的 1 个 LED 灯。

注意：如果使用的是 Zybo 开发板，将上述语句中的“[7:0]”改为“[3:0]”，它将新增 1 个 4 位的输出端口，每 1 位对应 Zybo 开发板上的 1 个 LED 灯。

继续向下拖动滚动条，直到看到下面的提示语句：

```
// Add user logic here
```

如果使用的是 ZedBoard 开发板，在这一行的下面，增加下列信号赋值语句(图 2-251)：

```
assign LEDs_out[7:0] = slv_reg0[7:0];
```

```
    // Add user logic here
    assign LEDs_out[7:0] = slv_reg0[7:0];
    // User logic ends
```

图 2-251　将来自 Zynq PS 的信号的值赋给新增加的输出端口

这条语句将来自 Zynq PS 的信号(暂存于信号量 slv_reg0 中)的值赋给前面增加的输出端口。

注意：如果使用的是 Zybo 开发板，将上述语句中的“[7:0]”改为“[3:0]”。

(9) 从菜单栏选择“File”→“Save File”选项(图 2-252)或者使用 Ctrl+S 键保存文件。

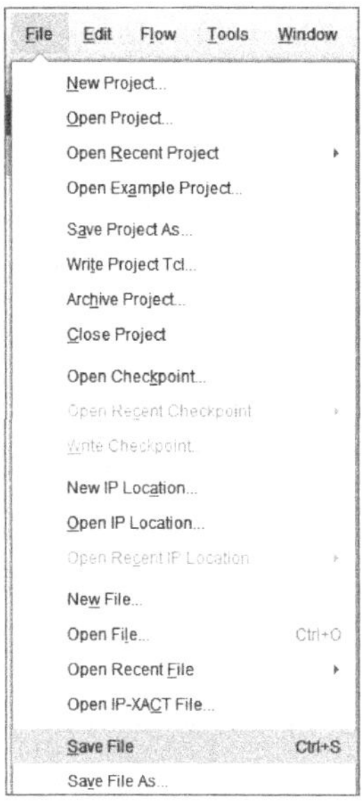

图 2-252　保存文件

下面需要为顶层设计文件新增 1 个输出端口，并且将它映射到此前在 AXI4-Lite 中创建的设备端口。

(10) 双击“led_controller_v1_0.v”文件，该文件将显示在工作区中。

上下拖动滚动条，直到看到下面的提示语句：

```
// Users to add ports here
```

如果使用的是 ZedBoard 开发板，在这一行的下面，增加下列端口定义语句(图 2-253)：

```
output wire [7:0] LEDs_out,
```

```
    (
        // Users to add ports here
        output wire [7:0] LEDs_out,
        // User ports ends
        // Do not modify the ports beyond this line
```

图 2-253　为顶层设计新增输出端口

注意：如果使用的是 Zybo 开发板，将上述语句中的“[7:0]”改为“[3:0]”。

最后，需要在顶层设计文件 LED 输出端口和 AXI4-Lite 接口文件之间增加 1 个端口映射。

继续向下拖动滚动条，直到看到下面的提示语句：

```
// Instantiation of Axi Bus Interface S00_AXI
```

再过几行会出现代码：

```
) led_controller_v1_0_S00_AXI_inst (
```

在这一行下面增加下面的端口映射语句(图 2-254)：

```
.LEDs_out(LEDs_out),
```

```
// Instantiation of Axi Bus Interface S00_AXI
    led_controller_v1_0_S00_AXI # (
        .C_S_AXI_DATA_WIDTH(C_S00_AXI_DATA_WIDTH),
        .C_S_AXI_ADDR_WIDTH(C_S00_AXI_ADDR_WIDTH)
    ) led_controller_v1_0_S00_AXI_inst (
        .LEDs_out(LEDs_out),
        .S_AXI_ACLK(s00_axi_aclk),
```

图 2-254　新增端口映射

(11) 从菜单栏选择 “File” → “Save File” 选项或者使用 Ctrl+S 键保存文件。

由于本节第 1 部分步骤(3)中已经指定 VHDL 作为目标语言，这个模板中的源文件应该用 VHDL 格式创建。这里的 2 个源文件分别如下。

①“led_controller_v1_0.vhd”文件——实例化所有 AXI-Lite 接口。本例中只有 1 个接口。

②“led_controller_v1_0_S00_AXI.vhd”文件——包含处理 PL 中的外围设备和 PS 中的软件间交互的 AXI4-Lite 接口功能。

向 VHDL 外围设备模板新增 1 个输出端口以允许它连接到 Zynq 设备上的 LED 引脚，同时将从 Zynq PS 接收到的值赋给这个新的输出端口执行下面的步骤(12)～(15)。

(12) 在 “Sources” 窗口双击 “led_controller_v1_0_S00_AXI.vhd” 文件，该文件将显示在工作区中。

上下拖动滚动条，直到看到下面的提示语句：

```
-- Users to add ports here
```

如果使用的是 ZedBoard 开发板，在这一行的下面，增加端口定义语句(图 2-255)：

```
LEDs_out : out std_logic_vector(7 downto 0);
```

```
    port (
        -- Users to add ports here
        LEDs_out : out std_logic_vector(7 downto 0);
        -- User ports ends
```

图 2-255　为 IP 模块新增输出端口

这条语句新增了 1 个 8 位的输出端口，每 1 位对应 ZedBoard 开发板上的 1 个 LED 灯。

注意：如果使用的是 Zybo 开发板，将上述语句中的 “7 downto 0” 改为 “3 downto 0”，每 1 位对应 Zybo 开发板上的 1 个 LED 灯。

继续向下拖动滚动条，直到看到下面的提示语句：

```
-- Add user logic here
```

如果使用的是 ZedBoard 开发板，在这一行的下面，增加下列信号赋值语句(图 2-256)：

```
LEDs_out <= slv_reg0(7 downto 0);
```

```
    -- Add user logic here
    LEDs_out <= slv_reg0(7 downto 0);
    -- User logic ends
```

图 2-256　将来自 Zynq PS 的信号的值赋给新增加的输出端口

这条语句将来自 Zynq PS 的信号(暂存于信号量 slv_reg0 中)的值赋给前面增加的输出端口。

注意：如果使用的是 Zybo 开发板，将上述语句中的“7 downto 0”改为“3 downto 0”。

(13)从菜单栏选择“File”→“Save File”选项或者使用 Ctrl+S 键保存文件。

下面需要为顶层设计文件新增 1 个输出端口，并且将它映射到此前在 AXI4-Lite 中创建的设备端口。

(14)双击“led_controller_v1_0.vhd”文件，该文件将显示在工作区中。

上下滚动，直到看到下面的提示语句：

```
-- Users to add ports here
```

如果使用的是 ZedBoard 开发板，在这一行的下面，增加下列端口定义语句(图 2-257)：

```
LEDs_out : out std_logic_vector(7 downto 0);
```

```
    port (
        -- Users to add ports here
        LEDs_out : out std_logic_vector(7 downto 0);
        -- User ports ends
```

图 2-257　为顶层设计新增输出端口

注意：如果使用的是 Zybo 开发板，将上述语句中的“7 downto 0”改为“3 downto 0”。

由于前面给 AXI4-Lite 接口文件添加了 1 个端口，这里也必须要在顶层文件里将它添加到元件声明语句中。

继续向下拖动滚动条，直到看到下面的提示语句：

```
-- component declaration
```

在这一行下面过几行将会看到元件声明语句：

```
port (
```

如果使用的是 ZedBoard 开发板，在这一行下面增加下列端口声明语句(图 2-258)：

```
LEDs_out : out std_logic_vector(7 downto 0);
```

```
        port (
        LEDs_out : out std_logic_vector(7 downto 0);
        S_AXI_ACLK  : in std_logic;
```

图 2-258　为元件声明新增输出端口

注意：如果使用的是 Zybo 开发板，将上述语句中的“7 downto 0”改为“3 downto 0”。

最后，需要在顶层设计文件 LED 输出端口和 AXI4-Lite 接口文件之间增加 1 个端口映射。

向下拖动滚动条，直到看到下面的提示语句：

```
-- Instantiation of Axi Bus Interface S00_AXI
```

再过几行会看见元件端口映射语句：

```
port map (
```

在这一行下面增加下面的端口映射语句(图 2-259)：

```
LEDs_out => LEDs_out,
```

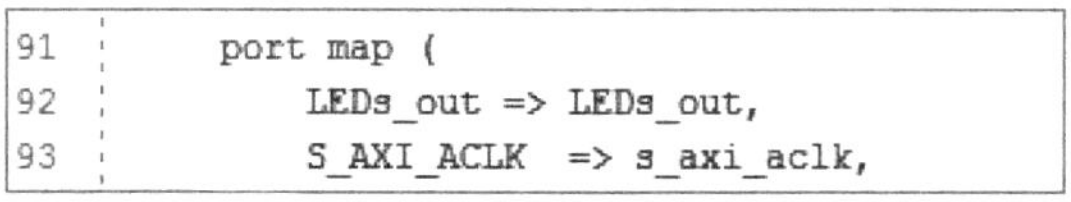

图 2-259　新增端口映射

(15) 从菜单栏选择“File”→“Save File”选项或者使用 Ctrl+S 键保存文件。

修改代码增添功能后需要对设计进行综合。

(16) 选择“Flow Navigator”面板中“SYNTHESIS”部分的“Run Synthesis”命令，或单击工具栏中“Run”按钮并选择“Run Synthesis”选项对修改后的源文件进行综合。

在弹出的“Launch Runs”对话框单击“OK”按钮，开始运行综合过程。综合结束后选择“Run Implementation”单选按钮(图 2-260)，单击“OK”按钮，在接下来弹出的“Launch Runs”对话框中继续单击“OK”按钮完成硬件实现。

硬件实现操作结束后，可以选择“Open Implemented Design”单选按钮(图 2-261)打开所实现的设计，在这里可以查看器件封装(图 2-262)或资源使用情况等。

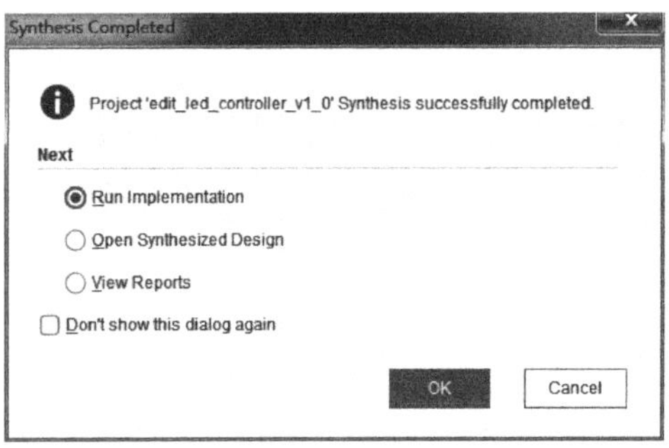

图 2-260　“硬件实现结束”对话框

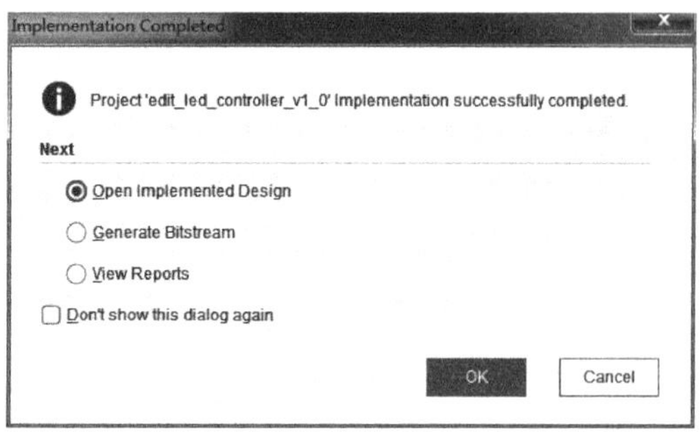

图 2-261　打开所实现的设计

现在，已经对外围设备源文件进行了必要的修改，下面需要重新封装 IP 使上述修改生效。

(17) 在工作区选择“Package IP - led_controller”标签页。

IP 封装器会自动检测对源文件的修改，并且在“Packaging Steps”(封装步骤)面板通过图标标识需要刷新的项目(图 2-263)。

(18) 在“Packaging Steps”面板选择“File Groups”(文件组)标签，在右侧面板将出现内容为“Merge changes from file Groups Wizard”的黄色信息提示条(图 2-264)。单击这个提示条，系统将根据前面对 HDL 源文件的修改更新 IP 封装器的信息，修改完成后，“File Groups”标签左侧的图标将被变成绿色的“✔”。

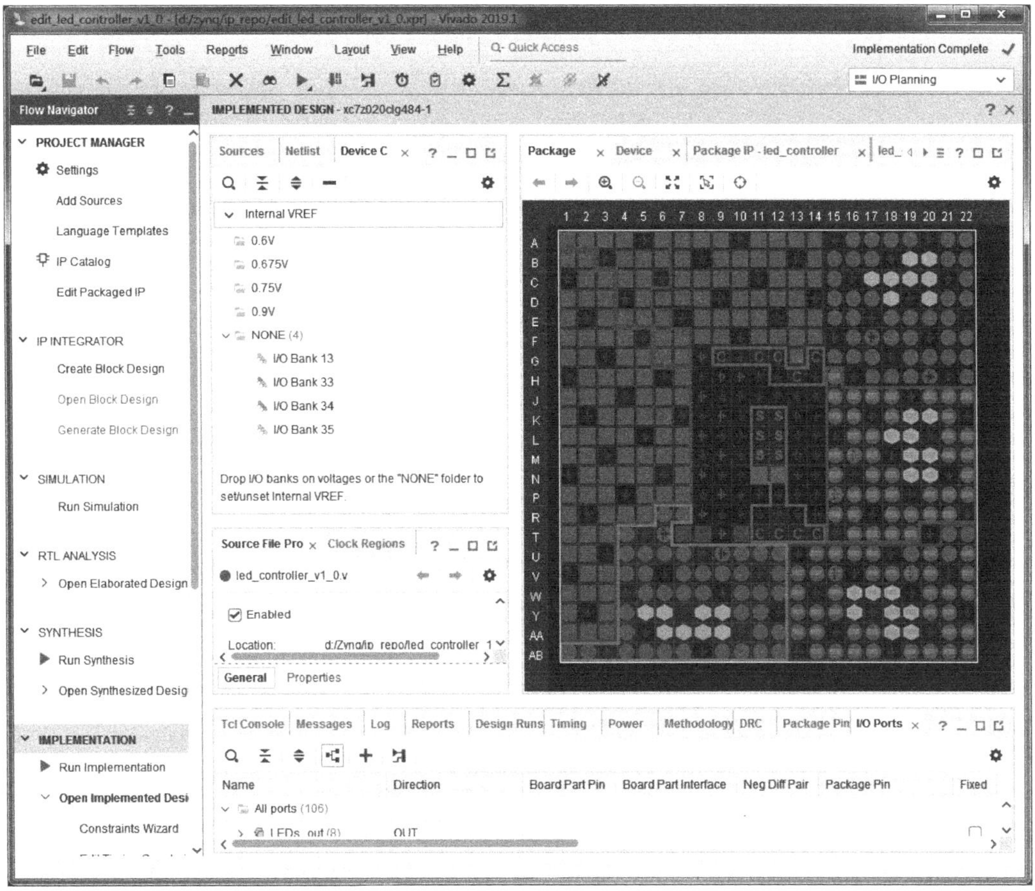

图 2-262　通过封装视图查看所实现的设计

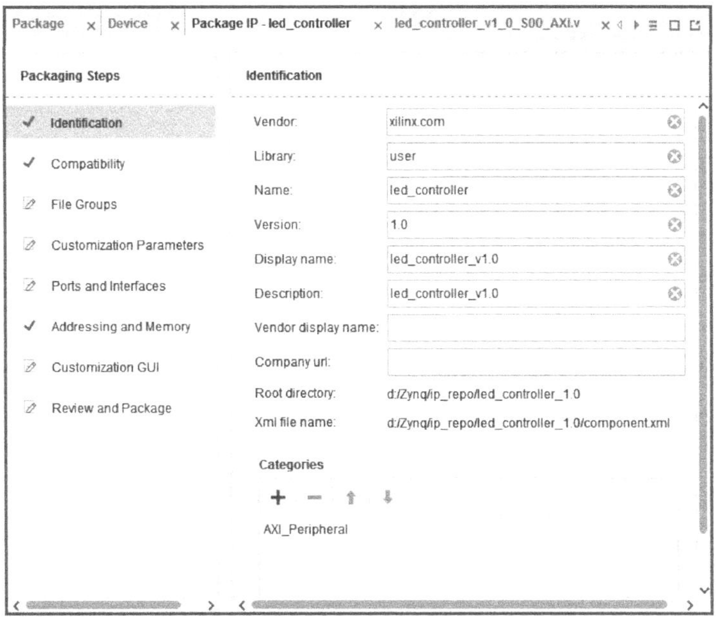

图 2-263　“Packaging Steps”面板

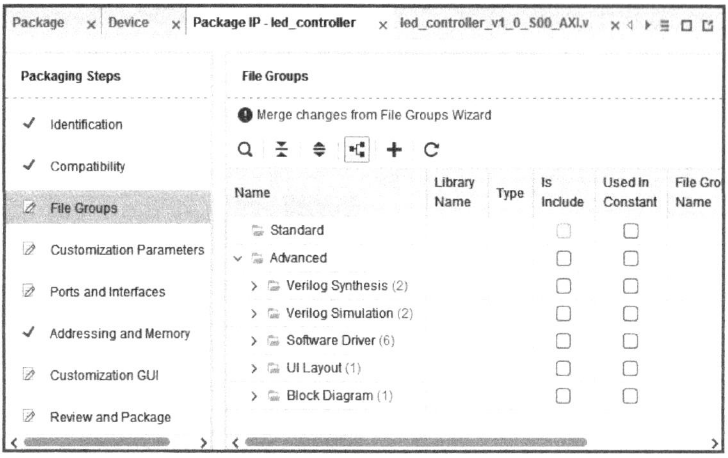

图 2-264　“File Groups”面板

(19) 在“Packaging Steps”面板选择“Customization Parameters”(定制参数)标签，单击右侧面板出现的“Merge changes from Customization Parameters Wizard”黄色信息提示条，它同样要根据前面对 HDL 源文件的修改更新 IP 封装器的信息。

更新完成后，发现除了“Review and Package”之外，原来显示需要刷新的项目都不需要再刷新了(图 2-265)。这是因为其他需要刷新的项目在这一步一起完成了刷新。

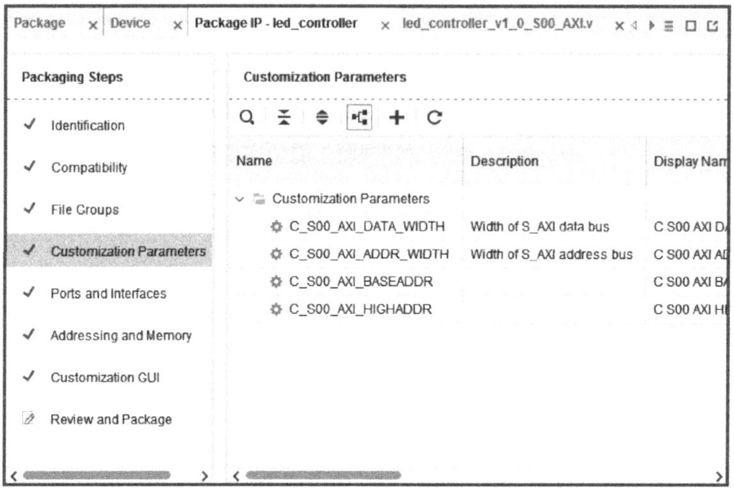

图 2-265　“Customization Parameters”更新后的结果

为了确定 IP 封装器确实更新了“Ports and Interfaces”(端口与接口)面板，下面打开并检查它。

(20) 在“Packaging Steps”面板选择“Ports and Interfaces”标签，可以看到前面添加到源文件中的端口 LEDs_out 确实已经添加到 IP 端口中了，如果使用的是 ZedBoard 开发板，其宽度为 7(图 2-266(a))；如果使用的是 Zybo 开发板，其宽度为 3(图 2-266(b))。

创建新 IP 外围设备的最后一步是对 IP 进行封装。

(21) 在“Packaging Steps”面板选择“Review and Package”(浏览与封装)标签，在右侧“Review and Package”面板中的“After Packaging”部分下端单击“Edit packaging settings”链接(图 2-267)。

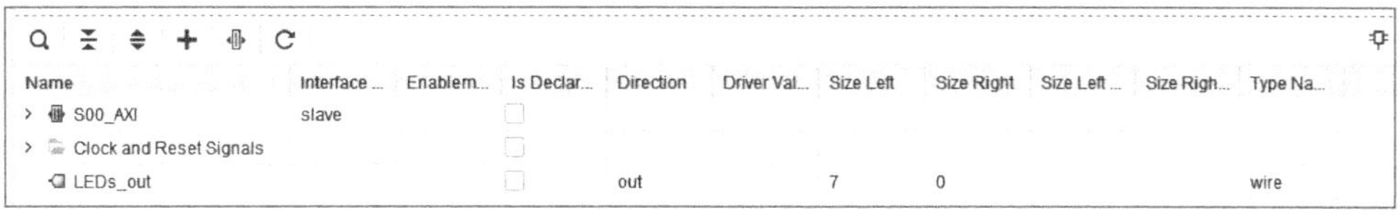

(a) 使用 ZedBoard 开发板时

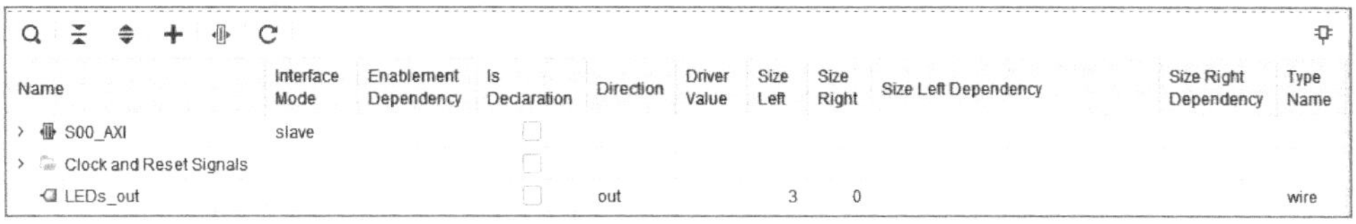

(b) 使用 Zybo 开发板时

图 2-266　“Ports and Interfaces”面板更新后的结果

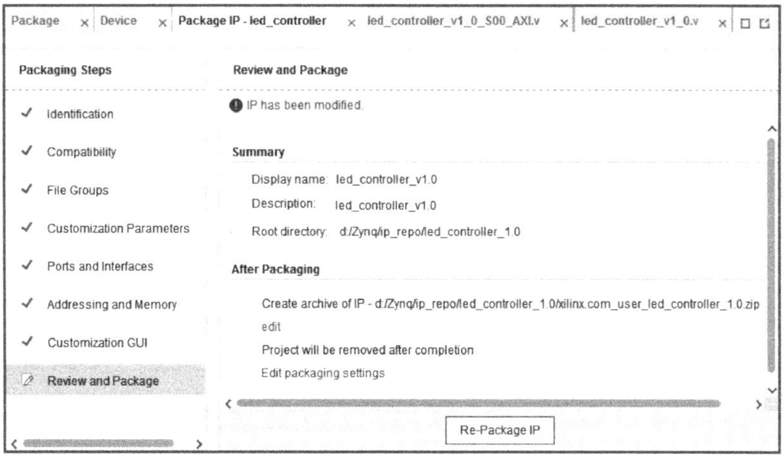

图 2-267　“Review and Package”面板

(22) 此时弹出“Settings”对话框，在“Automatic Behavior”部分，选中“Create archive of IP”、“Add IP to the IP Catalog of the current project”和“Close IP Packager window”复选框(图 2-268)。这将为被封装的 IP 创建 1 个 ZIP 文件包，并且在完成封装操作后关闭 IP 集成器。

根据自己的需要也可以选择“Edit IP in IP Packager”部分的“Delete project after packaging”复选框(这个对本实验后面的操作没有影响)。

单击“OK”按钮应用上述设置。

(23) 单击“Review and Package”面板底部的“Re-Package IP”按钮。此时弹出如图 2-269 所示的对话框，询问是否关闭当前工程，单击“Yes”按钮。

此时对 IP 外围设备所做的修改已经被包含进被封装的 IP 了，Vivado 自动打开的工程也已经关闭。

IP 封装成功以后，在指定的目录(本例中是“D:\Zynq\ip_repo\led_controller_1.0”，它是通过图 2-244 的操作指定的)下将出现 1 个名为“xilinx.com_user_led_controller_1.0”的压缩包(图 2-270)，同时该目录下新增了 1 个名为“drivers”的文件夹，这个文件夹下有支持调用该 IP 所需的各种资源文件(图 2-271)。

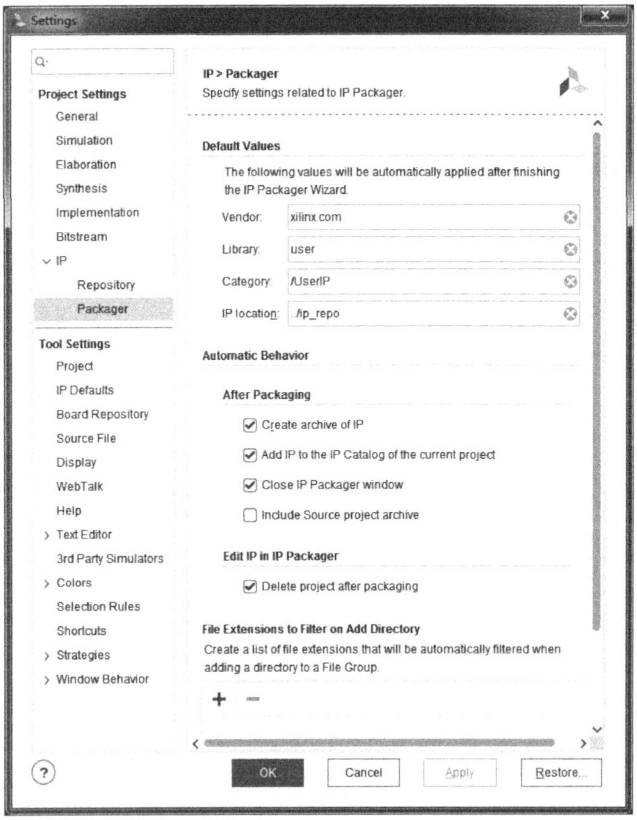

图 2-268　“Settings”对话框

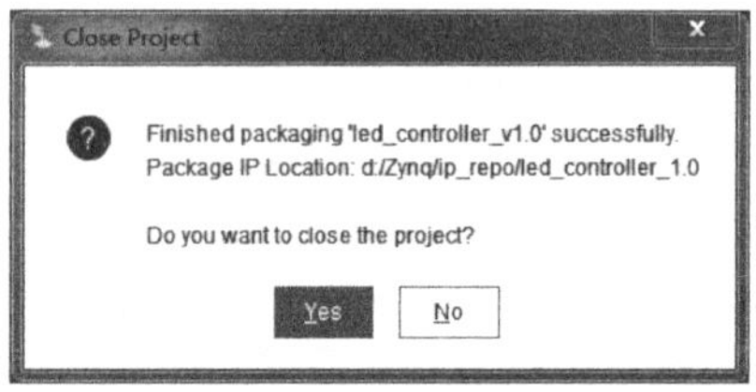

图 2-269　“Close Project”对话框

图 2-270　封装 IP 所在目录

图 2-271　封装 IP 的源文件

下面回到最初创建的 Vivado 工程，创建 1 个简单的 Zynq 处理器块设计来检验前面创建的 LED 控制器外围设备的功能。

以下将从创建 1 个新的块设计并增加前面设计的 IP 外围设备开始。

3. 在 Vivado 中创建 1 个使用自创建 IP 核的块设计

(1)在“Flow Navigator”面板的“IP INTEGRATOR”部分选择“Create Block Design”命令将出现“GREATE Block Design”对话框，在“Design name”文本框输入设计名字“led_test_system”，单击“OK”按钮，创建 1 个空的设计。

(2)在 Vivado IP 集成器框图画布空白处任意位置右击，在弹出的菜单中选择“Add IP”选项，或者在画布上方工具栏中选择“Add IP”按钮，或者使用快捷键 Ctrl+I，将弹出 1 个 IP 目录界面。在“Search”文本框输入“led”并选择“led_controller_v1.0”选项，双击或选中后按回车键，向设计中添加 1 个 LED 控制器 IP 的实例。此时 1 个 led_controller_v1.0 块出现在块设计中(图 2-272)。

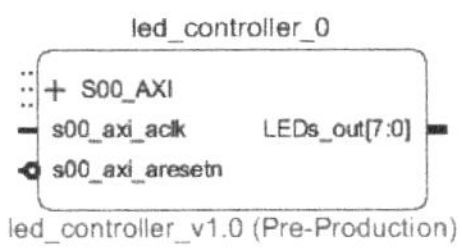

(a) 使用 ZedBoard 开发板时

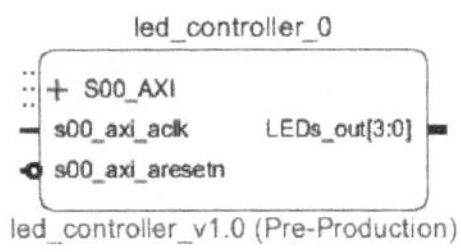

(b) 使用 Zybo 开发板时

图 2-272　led_controller_v1.0 块

可以看到，前面添加到外围设备的 8 位或 4 位端口 LEDs_out 出现在 led_controller_v1.0 块的右边。要让外围设备连接到 Zynq 开发板的 LED 灯上，必须将 LEDs_out 端口引出来，这样就允许输出端口连接到 Zynq 设备上连接 LED 灯的指定物理引脚上。

(3)将鼠标指针悬停在 led_controller 块的 LEDs_out 端口(靠近端口名称的小黑线)上方，直到鼠标指针变成铅笔形状，右击并从弹出的菜单选择“Make External”选项(图 2-273)，或者单击 led_controller 块的 LEDs_out 端口(此时 LEDs_out 端口以及靠近端口名称的小黑线会变成橘色)，然后使用 Ctrl+T 键。将端口 LEDs_out 引出来以后的样子如图 2-274 所示。

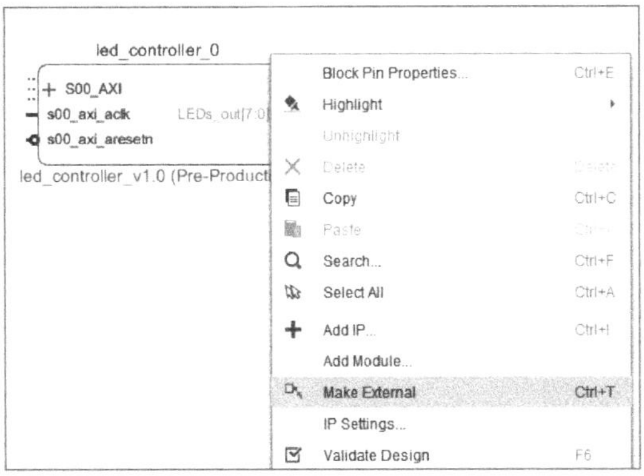

图 2-273　为引脚添加外部端口

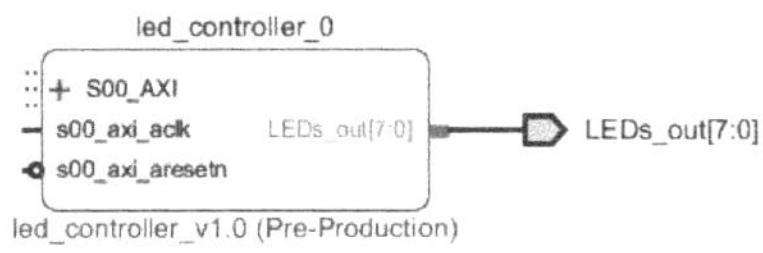

(a) 使用 ZedBoard 开发板时

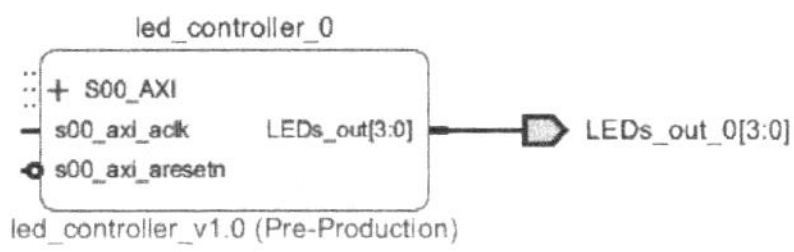

(b) 使用 Zybo 开发板时

图 2-274　具有外部端口的 LED 控制器块

下一步是添加 1 个 Zynq 处理系统块，并将 LED 控制器与之相连。

(4) 在 Vivado IP 集成器框图画布空白处任意位置右击，在弹出的菜单中选择“Add IP”选项，或者在画布上方工具栏中选择“Add IP”按钮，将弹出 1 个 IP 目录界面。在“Search”文本框输入“zynq”并选择“ZYNQ7 Processing System”选项，双击或选中后按回车键，将它添加到画布上。

(5) 在框图窗口上端的“Designer Assistance”消息中选择“Run Block Automation”信息提示条，将弹出“Run Block Automation”对话框。在这个对话框中，选中“Apply Board Preset”复选框，单击“OK”按钮。

这将对与开发板预设相关的 Zynq 处理系统进行必要的修改，并进行所需的外部连接。

(6) 在框图窗口上端的“Designer Assistance”消息中单击“Run Connection Automation”信息提示条，在弹出的对话框中选中“led_controller_0/S00_AXI”复选框，单击“OK”按钮。

这将连接 LED 控制器和 Zynq 处理系统，并自动添加一些必需的附加块。

至此，块设计全部完成，最终设计结果类似图 2-275。

将图 2-275 与图 2-28 进行对照，发现这里用的是自己新建的 LED 控制器 IP 块，而不是系统提供的 AXI GPIO 块。

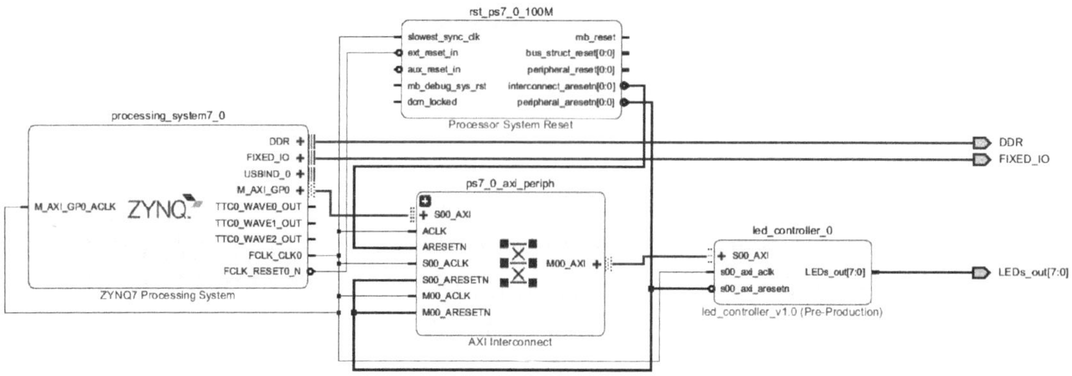

(a) 使用 ZedBoard 开发板时

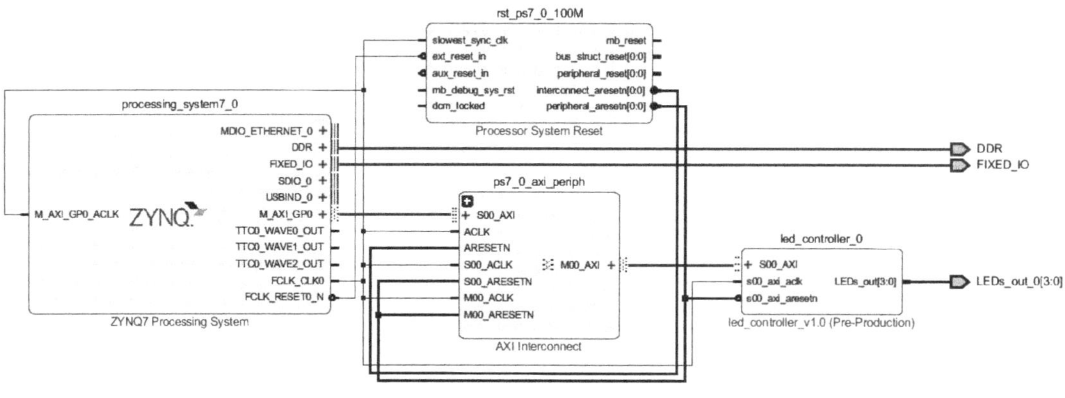

(b) 使用 Zybo 开发板时

图 2-275　块设计最终结果

(7) 从菜单栏中选择“Tools”→“Validate Design”选项对设计进行检查。也可以通过单击工具栏中的“Validate Design”按钮，或者在框图画布中任何位置右击并在弹出的菜单中选择“Validate Design”选项，或者使用快捷键 F6 来进行设计检查。

单击“OK”按钮来忽略设计检查过程中的所有消息。

设计检查结束后，可以生成设计的 HDL 文件。

(8) 在“Sources”窗口中的系统顶层设计（本例中为“led_test_system”）上右击，在弹出的菜单中选择“Create HDL Wrapper”选项(图 2-276)，将弹出“Create HDL Wrapper”对话框，选择“Let Vivado manage wrapper and auto-update”单选按钮，单击“OK”按钮，将生成系统的顶层 HDL 包装器。

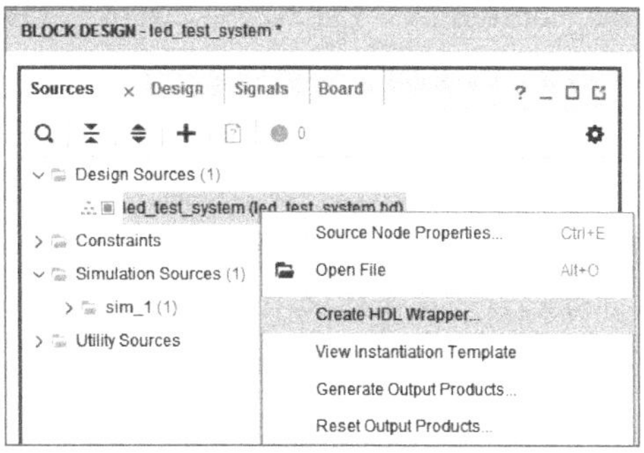

图 2-276　创建 HDL 包装器

下面通过约束文件中的约束指定把设计的 LEDs_out 端口与 Zynq 设备的对应引脚相连。

(9) 在“Flow Navigator”面板的“PROJECT MANAGER”部分选择“Add Sources”（添加源文件）命令，打开“Add Sources”对话框，选择“Add or create constraints”单选按钮(图 2-277)，单击“Next”按钮。

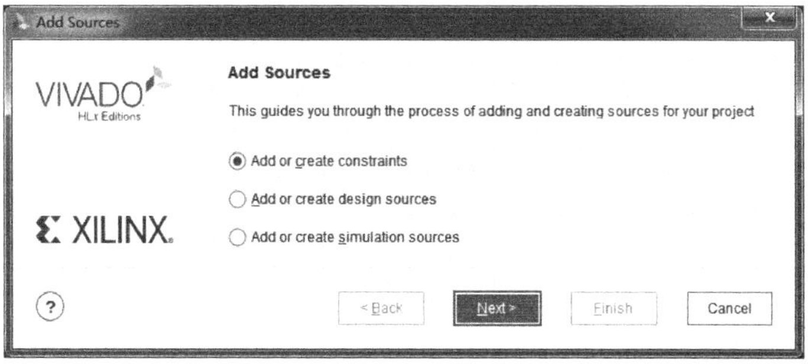

图 2-277　“Add Sources”对话框

(10) 在“Add or Create Constraints”（添加或创建约束）界面中单击 + 按钮并选择“Create File”选项(图 2-278)。

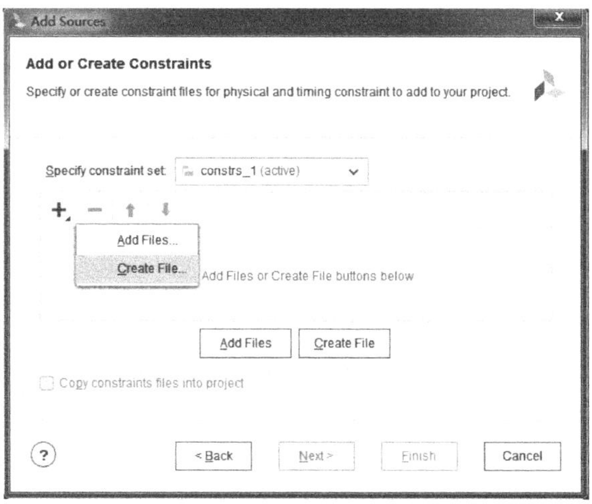

图 2-278　“Add or Create Constraints”界面

这将打开“Create Constraints File”(创建约束文件)对话框。从“File type”下拉列表中选择“XDC”选项，在“File name”文本框输入文件名“led_constraints”(图 2-279)，单击“OK”按钮。

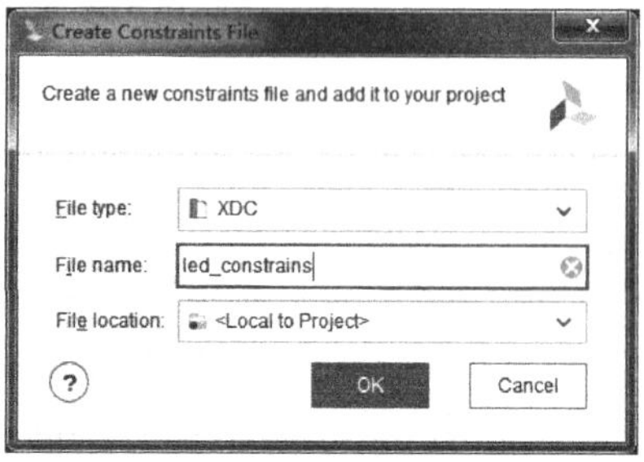

图 2-279　“Create Constraints File”对话框

单击“Finish”按钮创建约束文件，并关闭对话框。

(11) 在“Sources”窗口展开“Constraints”文件夹，双击新创建的约束文件“led_constraints.xdc”，该文件将显示在工作区中。

①如果使用的是 ZedBoard 开发板，将下列代码添加到文件中：

```
set_property PACKAGE_PIN T22 [get_ports {LEDs_out[0]}]
set_property IOSTANDARD LVCMOS33 [get_ports {LEDs_out[0]}]
set_property PACKAGE_PIN T21 [get_ports {LEDs_out[1]}]
set_property IOSTANDARD LVCMOS33 [get_ports {LEDs_out[1]}]
set_property PACKAGE_PIN U22 [get_ports {LEDs_out[2]}]
set_property IOSTANDARD LVCMOS33 [get_ports {LEDs_out[2]}]
set_property PACKAGE_PIN U21 [get_ports {LEDs_out[3]}]
set_property IOSTANDARD LVCMOS33 [get_ports {LEDs_out[3]}]
set_property PACKAGE_PIN V22 [get_ports {LEDs_out[4]}]
set_property IOSTANDARD LVCMOS33 [get_ports {LEDs_out[4]}]
set_property PACKAGE_PIN W22 [get_ports {LEDs_out[5]}]
set_property IOSTANDARD LVCMOS33 [get_ports {LEDs_out[5]}]
set_property PACKAGE_PIN U19 [get_ports {LEDs_out[6]}]
set_property IOSTANDARD LVCMOS33 [get_ports {LEDs_out[6]}]
set_property PACKAGE_PIN U14 [get_ports {LEDs_out[7]}]
set_property IOSTANDARD LVCMOS33 [get_ports {LEDs_out[7]}]
```

这些代码也可以从例程源文件“\source\zedboard\led_controller”目录复制，它将 LEDs_out 端口的每 1 位都连接到 Zynq 器件上的特定引脚，这些引脚都连接到 ZedBoard 开发板上对应的 LED 灯。

②如果使用的是 Zybo 开发板，将下列代码添加到文件中：

```
set_property PACKAGE_PIN M14 [ get_ports {LEDs_out[0]}]
set_property IOSTANDARD LVCMOS33 [ get_ports {LEDs_out[0]}]
set_property PACKAGE_PIN M15 [ get_ports {LEDs_out[1]}]
set_property IOSTANDARD LVCMOS33 [ get_ports {LEDs_out[1]}]
set_property PACKAGE_PIN G14 [ get_ports {LEDs_out[2]}]
set_property IOSTANDARD LVCMOS33 [ get_ports {LEDs_out[2]}]
set_property PACKAGE_PIN D18 [ get_ports {LEDs_out[3]}]
set_property IOSTANDARD LVCMOS33 [ get_ports {LEDs_out[3]}]
```

这些代码也可以从例程源文件“\source\zybo\led_controller”目录复制，它将 LEDs_out 端口的每 1 位都连接到 Zynq 器件上的特定引脚，这些引脚都连接到 Zybo 开发板上对应的 LED 灯。

添加完约束代码的“led_constraints.xdc”文件如图 2-280 所示。

约束文件修改完毕后，保存约束文件。

到目前为止，用于检验前面创建的 LED 控制器外围设备功能的简单 Zynq 处理器块设计完成，下面生成比特流文件。

(a) 使用 ZedBoard 开发板时

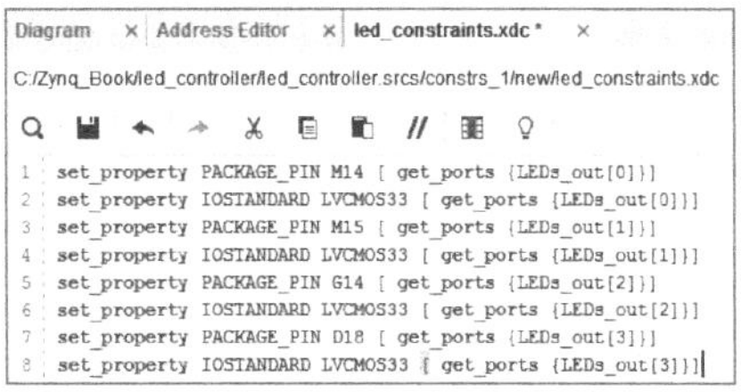

(b) 使用 Zybo 开发板时

图 2-280　修改后的约束文件

(12) 在“Flow Navigator”面板中的“PROGRAM AND DEBUG”部分选择“Generate Bitstream”命令，或者单击工具栏中的“Generate Bitstream”按钮，此时若有对话框弹出提示保存工程，单击“Save”按钮。由于此前并未实现，会出现对话框，提示将先运行综合、实现过程，并将在上述过程结束后自动开始生成比特流文件。单击“Yes”按钮确认。

这时会弹出对话框，提示将要启动运行器件综合或硬件实现，单击“OK”按钮。

比特流文件生成后，选择“Open Implemented Design”选项，单击“OK”按钮。

Vivado 将使用“I/O Planning”(输入/输出规划) 布局显示综合后的设计并自动打开封装视图(图 2-281)。

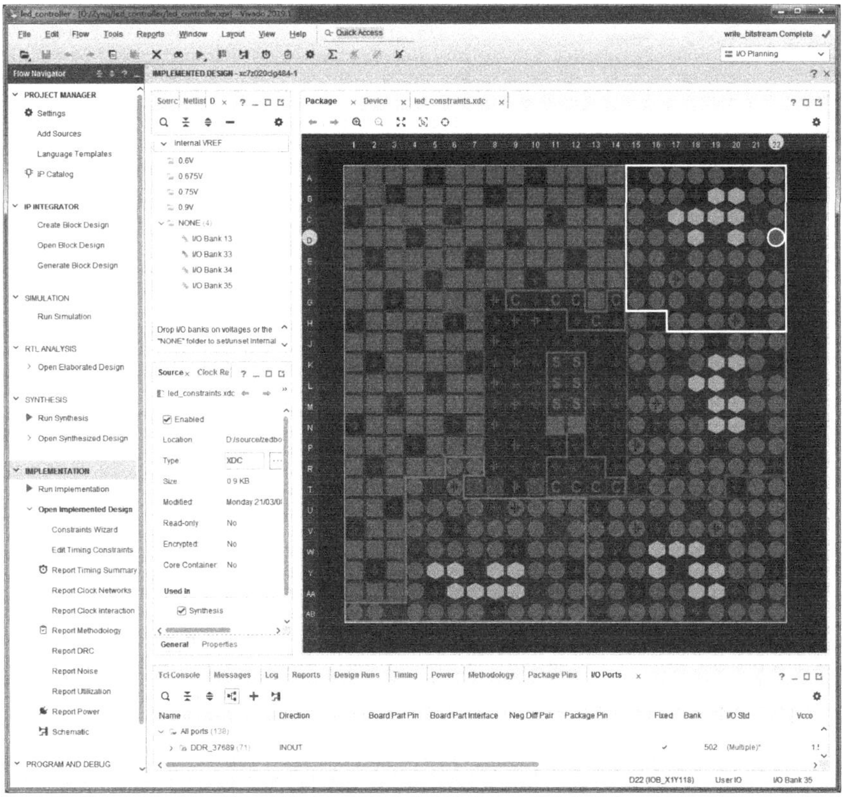

图 2-281　“已实现的设计”封装视图

在“I/O Planning”布局这里可看到设计所使用的 PL 资源，它显示了器件约束与资源分配等相关信息。前面使用了引脚约束，下面要检查实现后的引脚分配情况与引脚约束的规定是否一致。

(13)在“I/O Planning”布局中选择屏幕下方控制台部分里的“I/O Ports”(I/O 端口)标签页(图 2-282)或者从菜单栏选择“Window”→“I/O Ports”选项，(图 2-283)打开“I/O Ports”标签页。这里要看的是前面进行约束的引脚 LEDs_out 的分配情况。

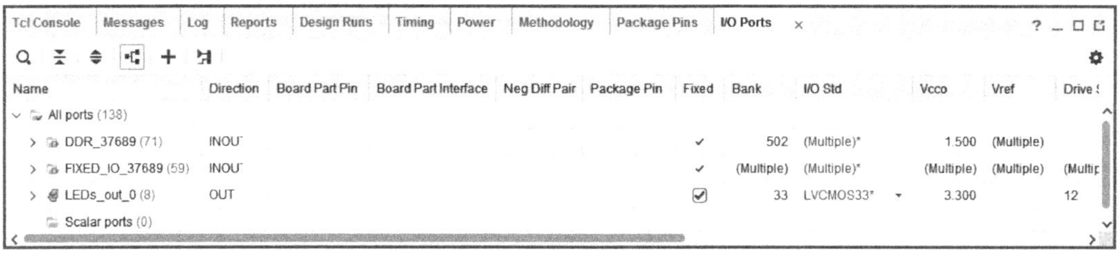

图 2-282 “I/O Ports”标签页

备注：查看引脚分配情况需要首先使用“I/O Planning”布局，如果不是，从屏幕右上角的“视图”下拉列表选择“I/O Planning”布局(图 2-284)。

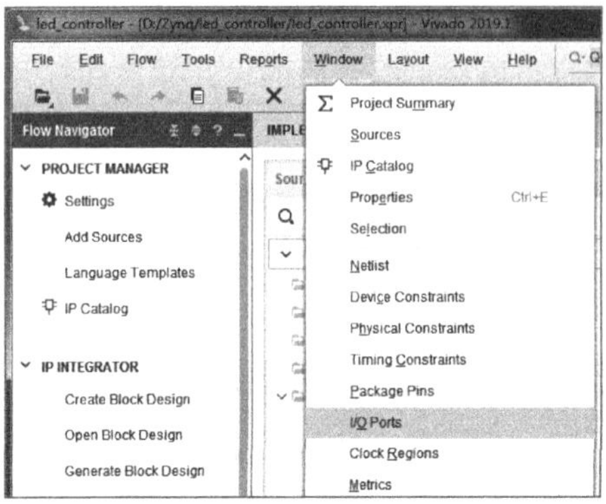

图 2-283 从菜单栏打开“I/O Ports”标签页

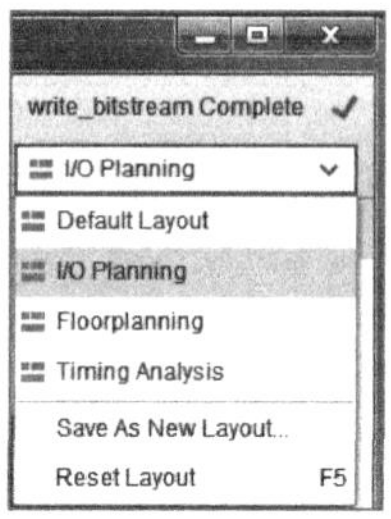

图 2-284 选择“I/O Planning”布局

展开引脚组“LEDs_out”，可以看到这里的引脚分配情况与约束文件的规定是一致的(图 2-285)。

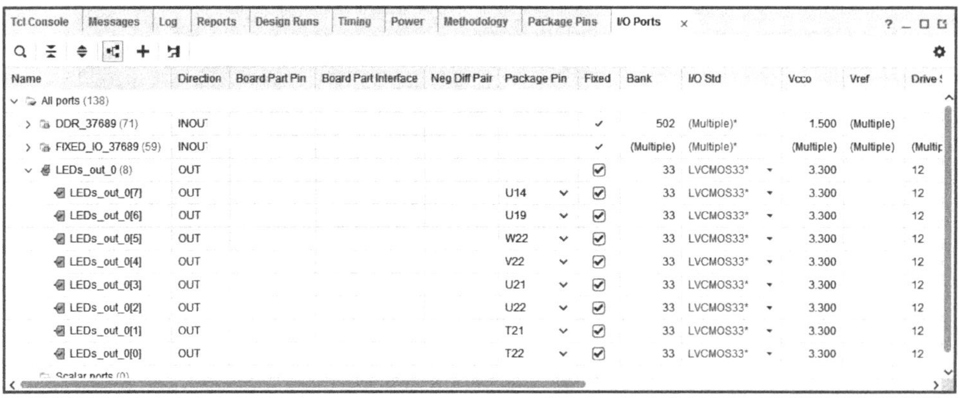

图 2-285　引脚分配情况

注意：一定要保证实际的引脚分配情况与前面的约束文件的规定是一致的。如果引脚分配情况(包括引脚号和引脚电平)与约束文件的规定不一致，可以在这里手动修正，然后重新生成比特流文件。

比特流文件生成后，Vivado 中的最后一步是将前面的设计导出到 SDK 中，在 SDK 中将创建一个软件应用程序允许 Zynq PS 控制开发板上的 LED。

(14) 从菜单栏中选择“File”→“Export”→“Export Hardware”(导出硬件)选项(图 2-286)，打开“Export Hardware”对话框，选中“Include bitstream”复选框(图 2-287)，单击“OK”按钮。

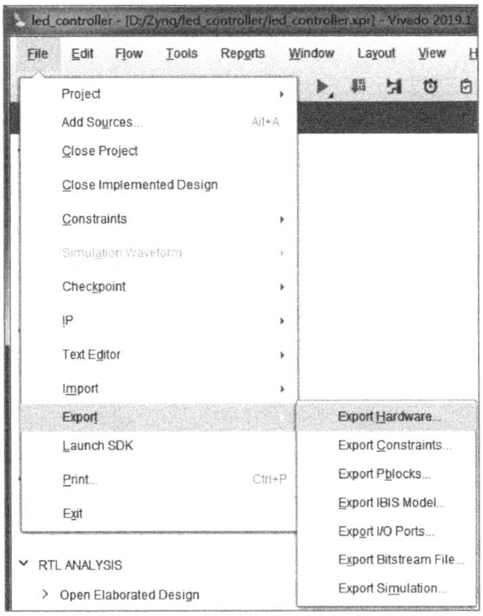

图 2-286　“Export Hardware”选项

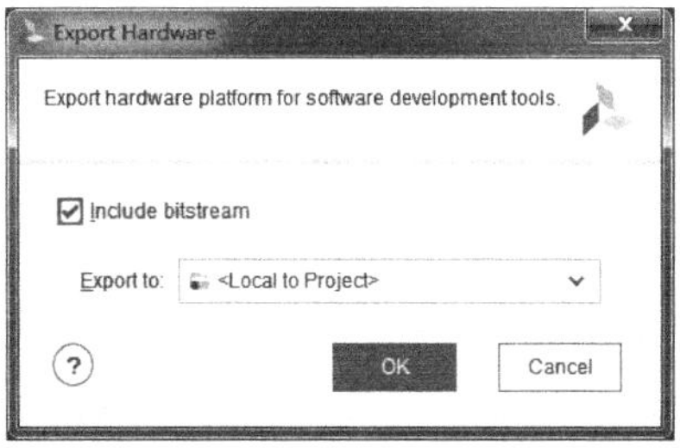

图 2-287　“Export Hardware”对话框

(15) 从 Vivado 菜单栏选择“File”→“Launch SDK”(启动 SDK)选项(图 2-288)，在弹出的“Launch SDK”对话框中单击“OK”按钮(图 2-289)，启动 SDK。

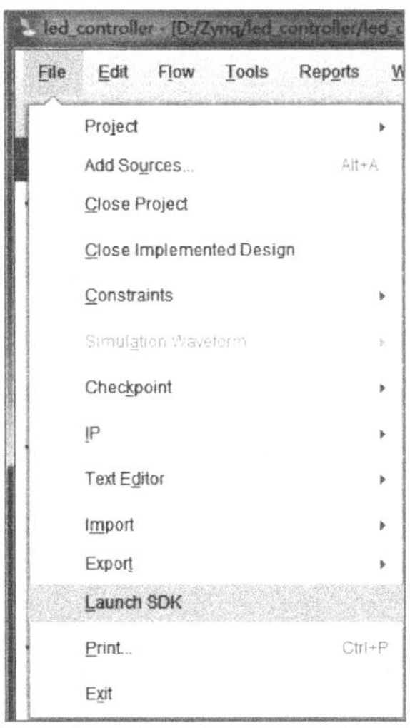

图 2-288　“Launch SDK”选项

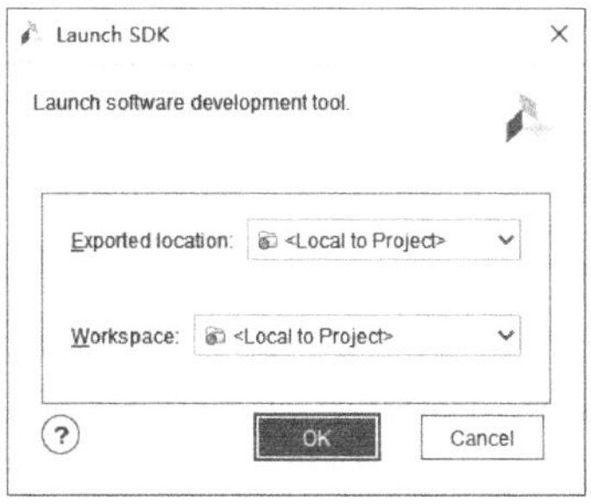

图 2-289　“Launch SDK”对话框

4. 在 SDK 中创建 1 个软件应用程序并测试 IP 核

上一步操作已经启动了 SDK(图 2-290)。

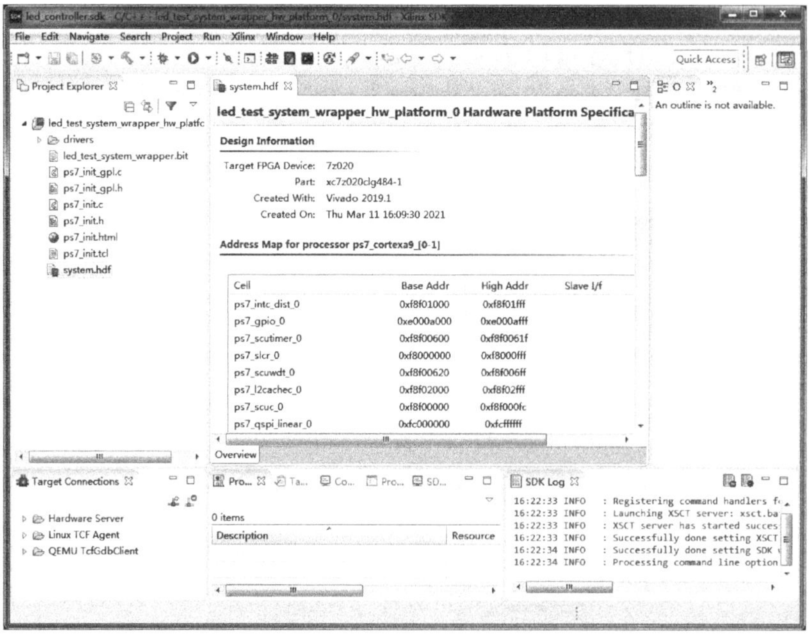

图 2-290　SDK 启动界面

(1) 从菜单栏选择“File”→“New”→“Application Project”选项(图 2-291)，在打开的“New Project”对话框中的“Project name”文本框输入“led_controller_test”(图 2-292)，默认情况下“create a new board support package”选项是被选中的，单击“Next”按钮，从模板对话框中选择“Empty Application”选项，单击“Finish”按钮。

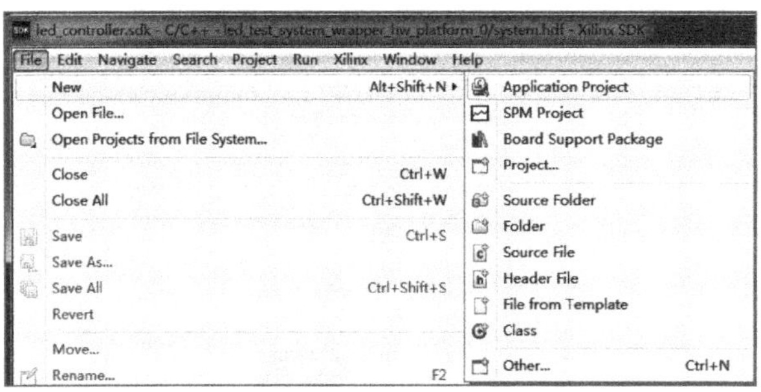

图 2-291　“Application Project”选项

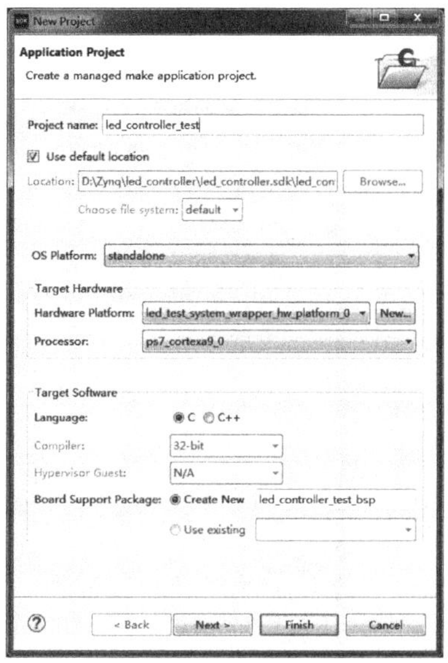

图 2-292　“New Project”对话框

在前面创建外围设备的步骤中创建了 1 组软件驱动文件，现在要向 SDK 工程添加 1 个新的库将 SDK 指向这些驱动文件。

(2) 从菜单“Xilinx”中选择“Repositories”选项(图 2-293)，在打开的“Preferences”对话框中单击“New”按钮(图 2-294)。

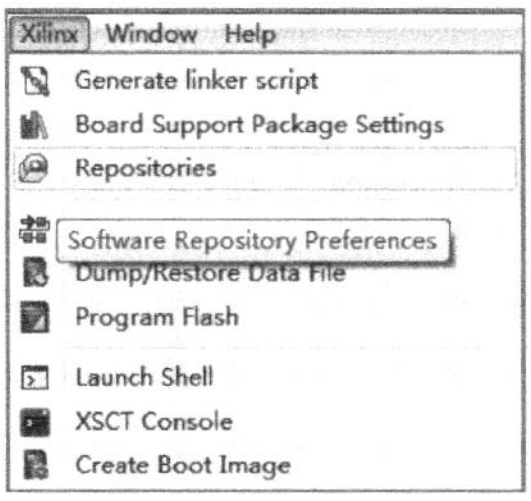

图 2-293　“Repositories”选项

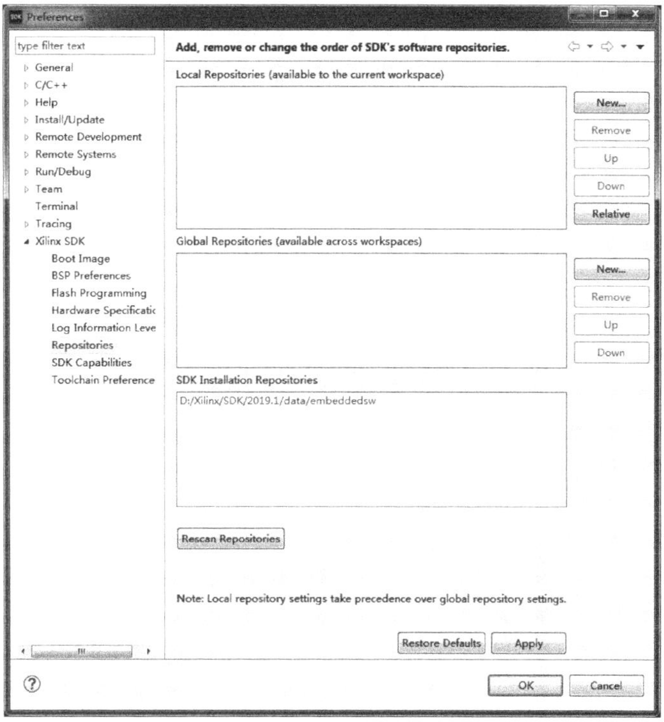

图 2-294　“Preferences”对话框

(3) 在弹出的“浏览文件夹”对话框中打开文件夹“D:\Zynq\ip_repo\led_controller_1.0”(图 2-295)，单击“确定”按钮。

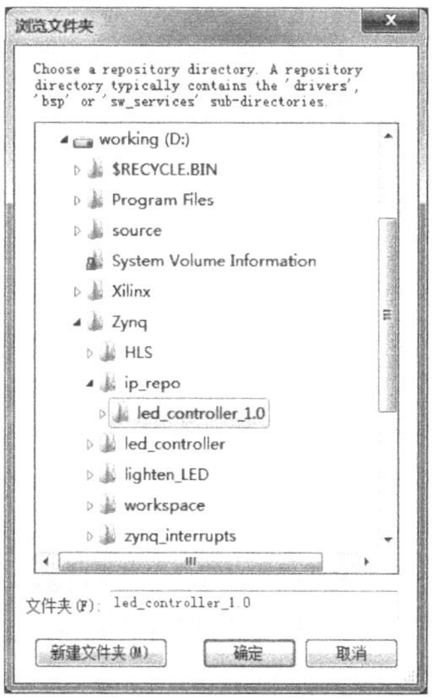

图 2-295　“浏览文件夹”对话框

(4) 单击“OK”按钮关闭“Preferences”对话框。

关闭“Preferences”对话框后，将出现如图 2-296 所示的“Progress Information”(进度信息)界面，这是因为发现库被更改后，SDK 将自动扫描存储库并重新编译(Rebuild)工程以便将驱动程序文件包括进来。这个过程中可以从状态栏看到编译进度(图 2-297)。

下面需要检查新导入的驱动程序是否已经指定给 LED 控制器外围设备。

此时“system.mss”标签页应该已经在工作区打开，如果没有，在“Project Explorer”标签页中展开“LED_Controller_test_bsp”文件夹并双击“system.mss”链接。

(5) 在“system.mss”标签页单击“Modify this BSP's Settings”按钮(图 2-298)，将打开“Board Support Package Settings”(开发板支持封装设置)对话框(图 2-299)。

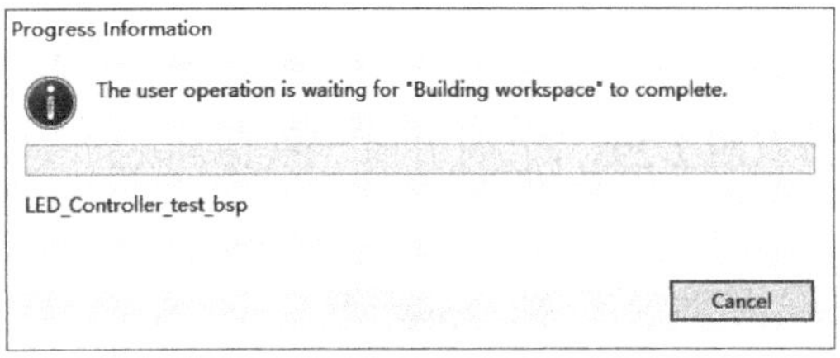

图 2-296　“Progress Information”界面

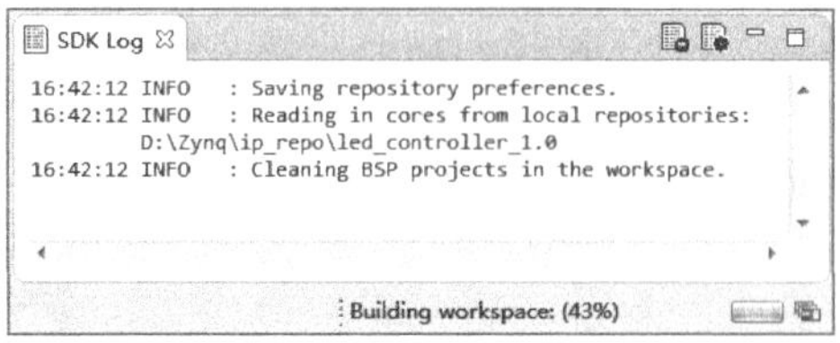

图 2-297　查看编译进度

图 2-298　“Modify this BSP’s Settings”按钮

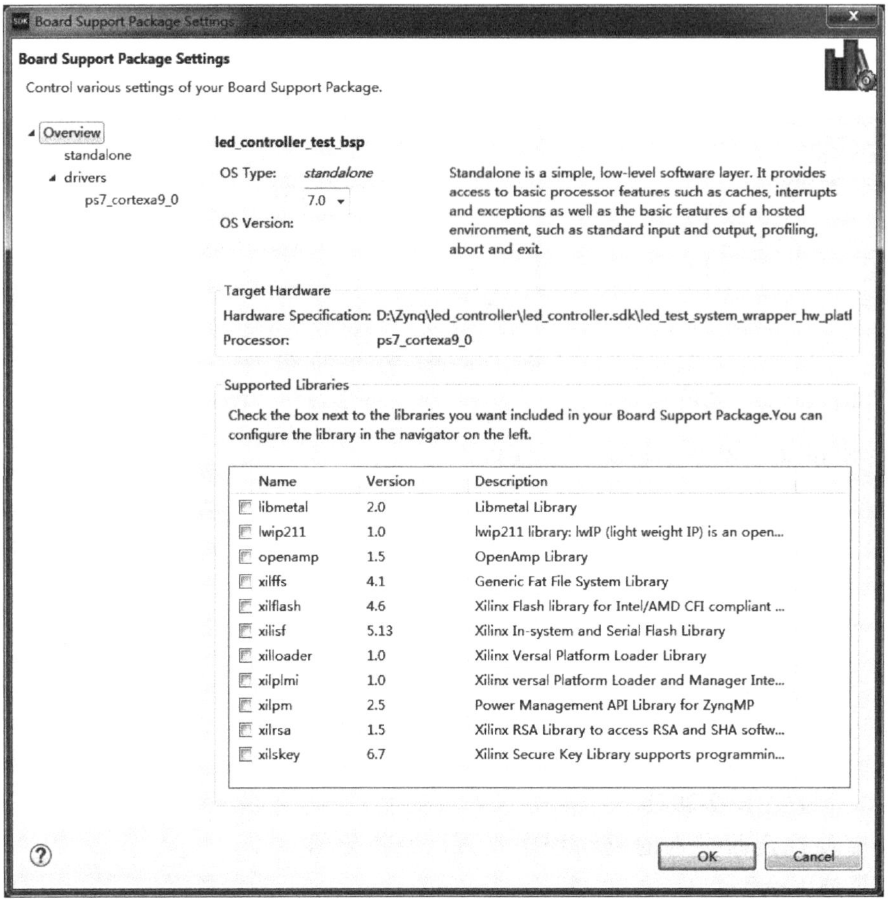

图 2-299　“Board Support Package Settings”对话框

(6)在“Board Support Package Settings”对话框左侧选择“drivers”选项，从“Drivers”面板的元件列表中找到“led_controller_0”选项并确认它对应的驱动程序是从“驱动”下拉列表中选择的“led_controller”选项(图 2-300)，单击“OK”按钮。

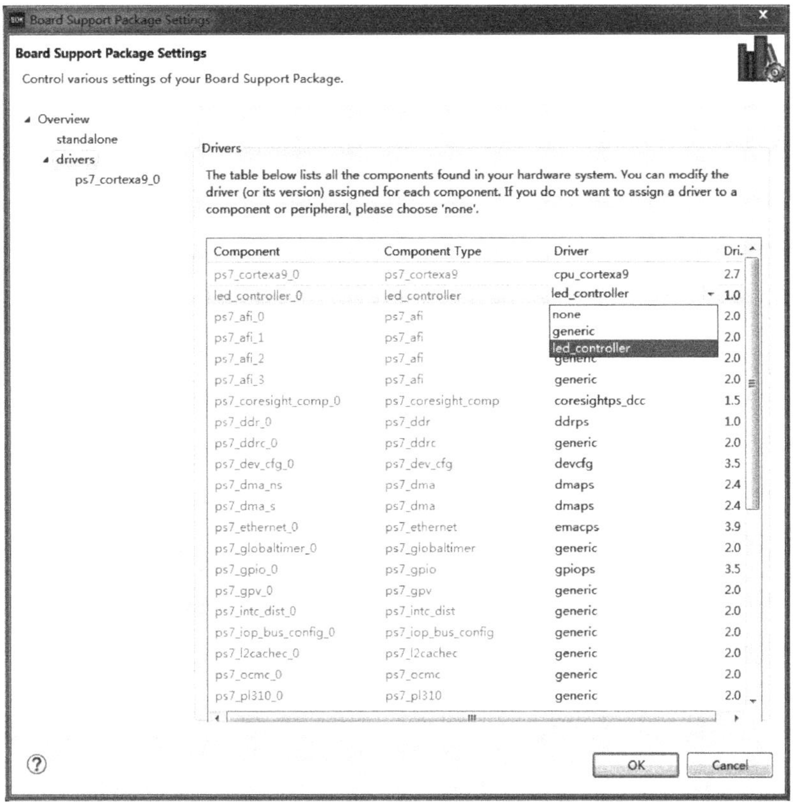

图 2-300　选择 LED 控制器驱动程序

(7) 从菜单“Project”中选择“Build All”选项(图 2-301)，或使用快捷键 Ctrl+B 重新编译。

图 2-301　重新编译

注意：这里因为没有对工程进行修改，其实无须重新编译。但是，为了以防万一，建议养成在对系统源程序或系统设置，进行修改后及时重编译的习惯。

下面可以创建 1 个简单的 C 程序来控制 LED 灯，这里导入 1 个提前写好的源文件。

(8) 在“Project Explorer”标签页展开“led_controller_test”文件夹，右击“src”子文件夹并在弹出菜单中选择“Import”选项(图 2-302)，打开“Import”窗口。

展开“General”子文件夹，选择“File System”子文件夹(图 2-303)，单击“Next”按钮。

(9) 在“File System”界面单击“From directory”下拉列表框右侧的“Browse”按钮。

①如果使用的是 ZedBoard 开发板，打开例程源文件“\source\zedboard\led_controller”目录，选中“led_controller_test.c”复选框(图 2-304(a))；

②如果使用的是 Zybo 开发板，打开例程源文件“\source\zybo\led_controller”目录，选中“led_controller_test.c”复选框(图 2-304(b))。

单击“Finish”按钮，导入源文件。

源文件导入后 SDK 将自动重编译(如没有，请手动重新编译)。

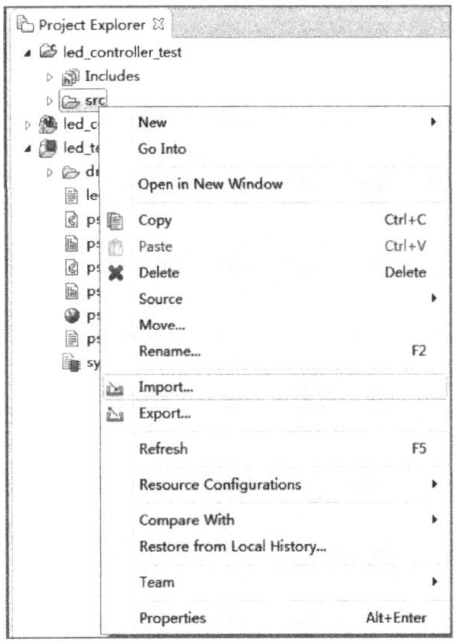

图 2-302　源文件导入

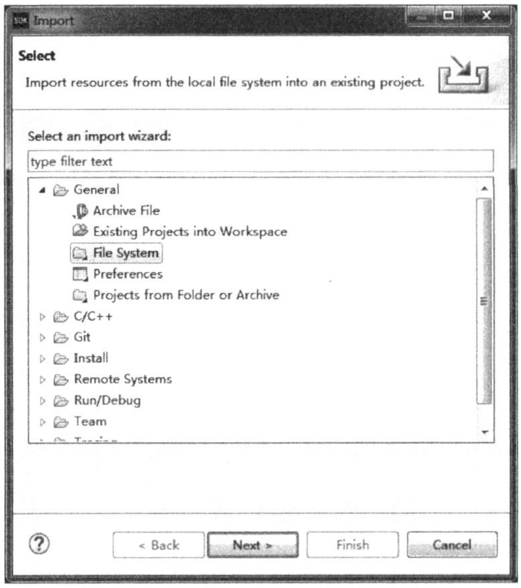

图 2-303　选择导入类型

编译完成后可打开“led_controller_test.c”文件并检查其功能。

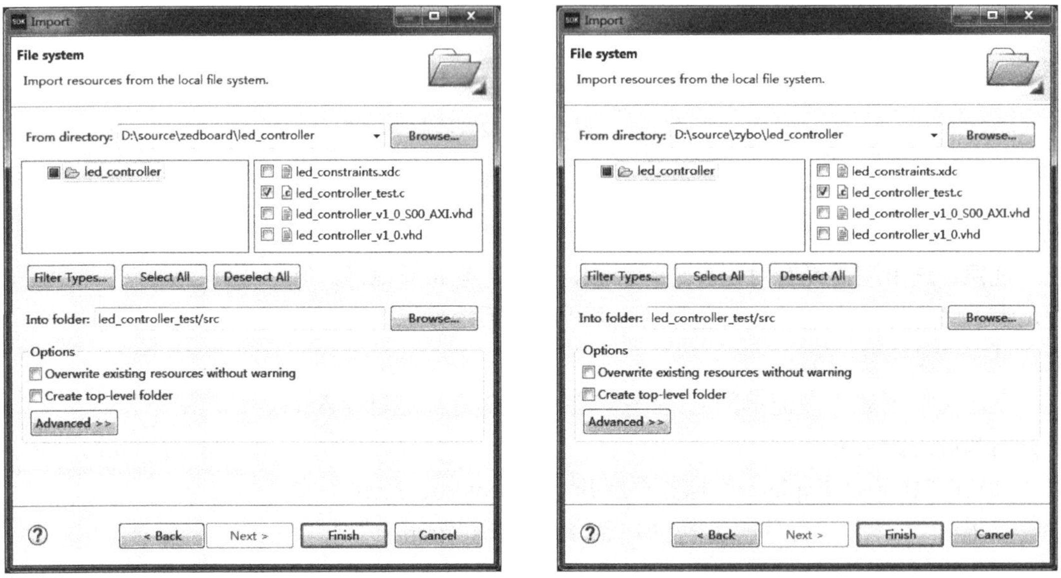

(a) 使用 ZedBoard 开发板时　　　　(b) 使用 Zybo 开发板时

图 2-304　选择导入的文件

下面查看这个 C 文件。

①如果使用的是 ZedBoard 开发板，其代码如下：

```
    /* led_test.c*/
    // A simple software application to test the functionality of the led_controller
IP core.
    // The value of a counter is output to the LEDs.
```

```
/* Generated driver function for led_controller IP core */
#include "led_controller.h"
#include "xparameters.h"
#include "Xil_io.h"

// Define maximum LED value (2^8)-1 = 255
#define LED_LIMIT 255
// Define delay length
#define DELAY 10000000

/* Define the base memory address of the led_controller IP core */
#define LED_BASE XPAR_LED_CONTROLLER_0_S00_AXI_BASEADDR

/* main function */
int main(void){
  /* unsigned 32-bit variables for storing current LED value */
  u32 led_val = 0;
  int i=0;

  xil_printf("led_controller IP test begin.\r\n");
  xil_printf("--------------------------------------------\r\n\n");

    /* Loop forever */
    while(1){
      while(led_val<=LED_LIMIT){
        /* Print value to terminal */
        xil_printf("LED value: 0x%02x = %d\r\n", led_val, led_val);
        /* Write value to led_controller IP core using generated
           driver function */
        LED_CONTROLLER_mWriteReg(LED_BASE, 0, led_val);
        /* increment LED value */
        led_val++;
        /* run a simple delay to allow changes on LEDs to be visible */
        for(i=0;i<DELAY;i++);
      }
      /* Reset LED value to zero */
      led_val = 0;
      }
    return 1;
}
```

上述代码的主要功能是通过 8 位 LED 灯从 0 开始循环计数，其中用于检验 LED 控制器 IP 功能的是 LED 输出函数 LED_CONTROLLER_mWriteReg(LED_BASE, 0, led_val)，它把当前计数值(led_val)通过终端显示出来，同时把它从 LED 灯上显示出来(为了方便与 LED 显示结果对照，这里先显示十六进制表示的计数结果，再显示十进制表示的计数结果)，其中的 LED_BASE(即 XPAR_LED_CONTROLLER_0_S00_AXI_BASEADDR)就指向 LED 灯的映射内存地址。

②如果使用的是 Zybo 开发板，其代码与使用 ZedBoard 开发板时几乎一模一样，只是把语句：

```
// Define maximum LED value (2^8)-1 = 255
#define LED_LIMIT 255
```

换成了：

```
// Define maximum LED value (2^4)-1 = 15
#define LED_LIMIT 15
```

因此其功能也是一样的。

在加载应用程序到 Zynq 开发板上之前，先要对 Zynq PL 进行编程。

(10)参照图 2-77 或图 2-78 确保开发板上的跳线设置正确以允许从 JTAG 启动，使用系统自带的 USB 线将 Zynq 开发板 JTAG 端口与 PC 相连，打开开发板电源。从菜单栏选择“Xilinx”→“Program FPGA”选项(图 2-305)，将比特流文件下载到 Zynq PL 中，此时“Program FPGA”对话框将打开，其中“Bitstream”文本框也应该已经自动填入了正确的比特流文件(图 2-306)。

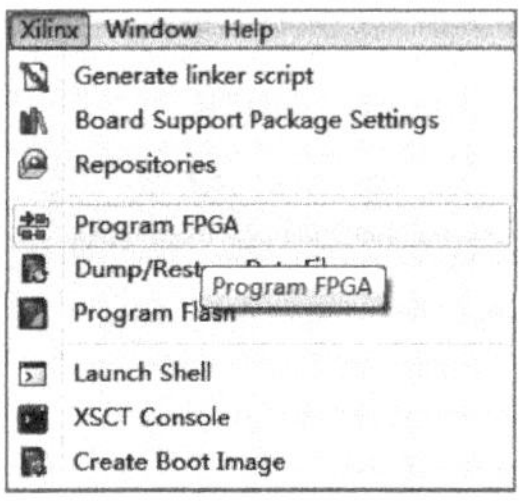

图 2-305　“Program FPGA”选项

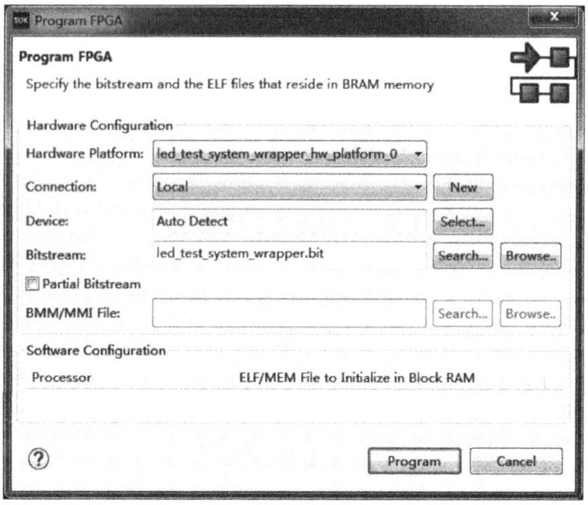

图 2-306　“Program FPGA”对话框

单击“Program”按钮开始 FPGA 编程。编程结束时，开发板上的“DONE”指示灯(ZedBoard 是蓝色 LED 灯，而 Zybo 则是绿色 LED 灯)将点亮。

Zynq PL 编程完毕后，可以在 Zynq PS 上运行软件应用程序检测前面创建的 LED 控制器 IP 的功能。

(11)从工作区下部的“Console”窗口打开“SDK Terminal”面板(图 2-307)，单击“Console”窗口右上方的“Connect to serial port”按钮。

(12)此时将打开如图 2-308 所示的“Connect to serial port”对话框，按照如图 2-308 所示设置各项参数。

注意：这里“Port”指的是连接到 UART 端口的串口号，图 2-308 中选中的是“COM3”选项，它根据不同机器可能不同。这个具体信息在 Windows 系统中可通过打开“设备管理器”窗口查看其中的“端口(COM 和 LPT)”信息获得，它很可能被命名为“USB Serial

Port”，或者当通过“Cypress Serial”安装 UART 驱动时，它将被命名为“Cypress Serial”(如图 2-309 所示，这里显示的是“COM3”)。

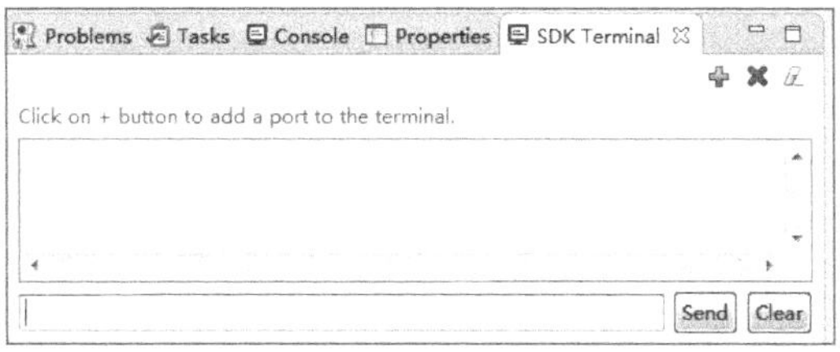

图 2-307　SDK 终端面板

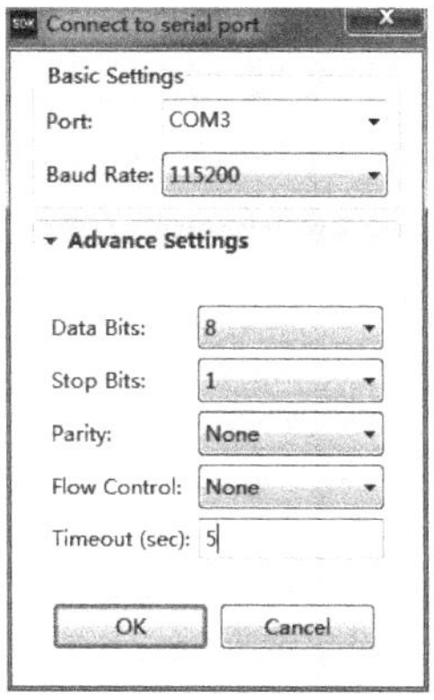

图 2-308　配置串口

特别提示：对于 Zybo 开发板而言，JTAG 端口与 UART 端口是复用的，因此只需连接 1 根 USB 线；但是 ZedBoard 开发板 JTAG 端口与 UART 端口是分开的，因此需要使用另 1 根 USB 线将 ZedBoard 开发板的 UART 端口与计算机相连接后，这个端口才可用。

(13) 单击“OK”按钮初始化新的终端连接，连接完成后如图 2-310 所示。

图 2-309　查找串口信息

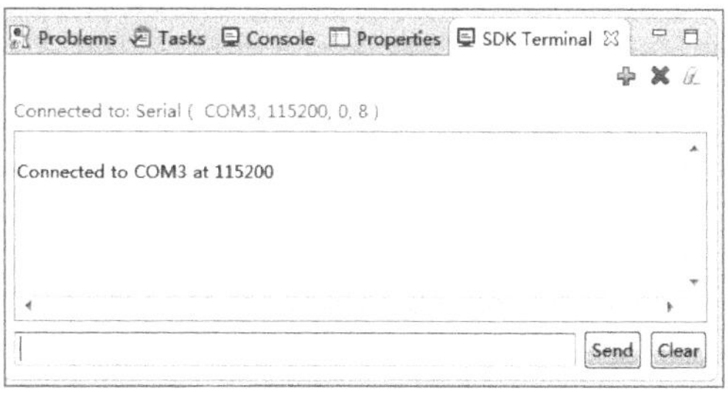

图 2-310　终端连接完成

终端连接打开后，下面可以在 Zynq PS 上运行软件。

(14) 在“Project Explorer”标签页中右击“led_controller_test”，在弹出的菜单中选择“Run As”→“Launch on Hardware (GDB)”选项(图 2-311)，或者通过选择“Run”→“Run As”→“4 Launch on Hardware (GDB)”选项(图 2-312)加载程序运行。

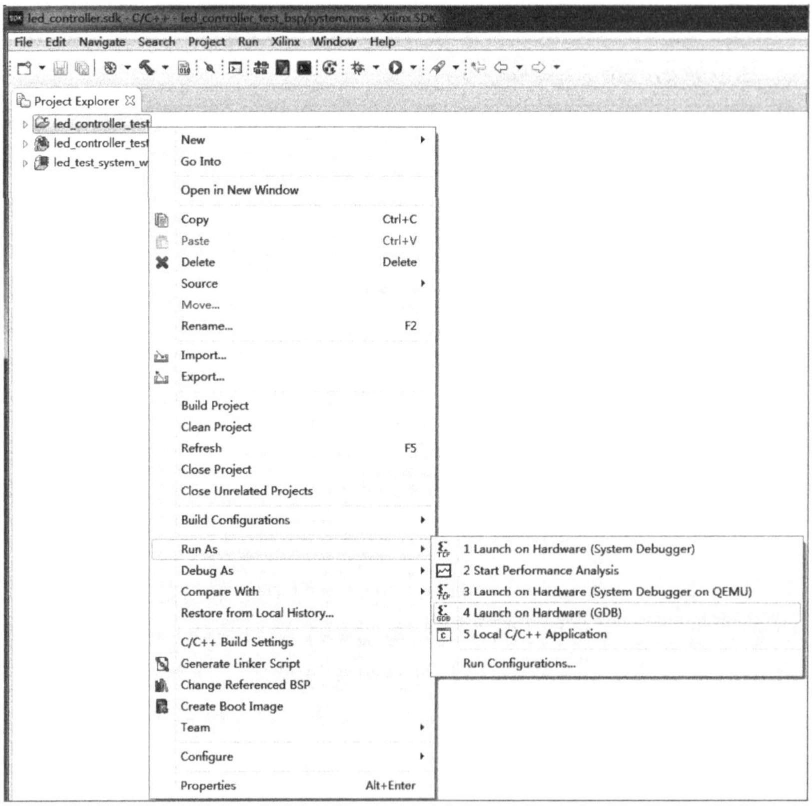

图 2-311　从应用程序工程加载程序加载

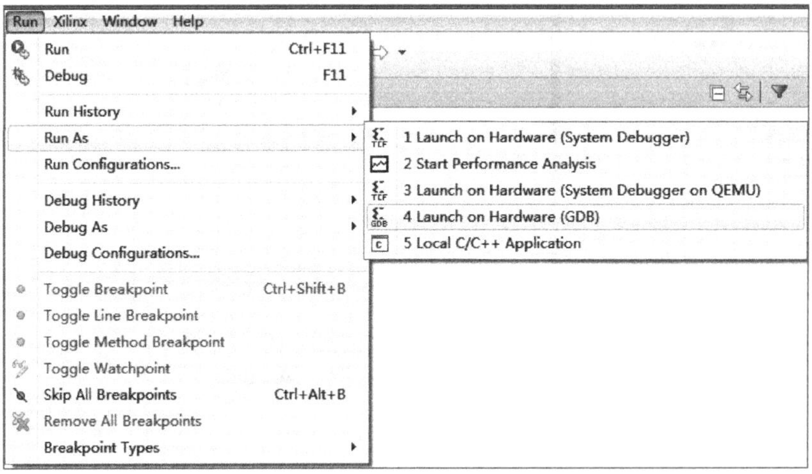

图 2-312　“Launch on Hardware(GDB)”选项

(15)程序加载完成后，转到“Console”窗口打开“Terminal”面板，终端连接开始显示当前计数器结果(图 2-313)，这个值应该与开发板上 LED 灯显示的相同。

使用 ZedBoard 开发板当计数器计满 8 位(即计数值为 255)时或使用 Zybo 开发板当计数器计满 4 位(即计数值为 15)时，计数器会从 0 开始重新计数(图 2-314)，LED 灯的显示也相应地从头开始。

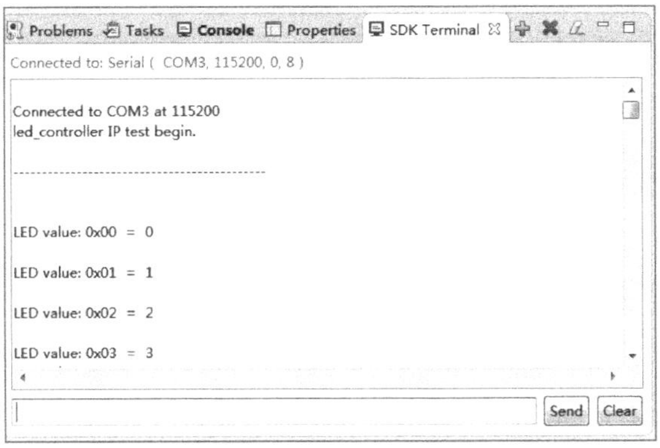

图 2-313　“Terminal”面板显示计数器结果

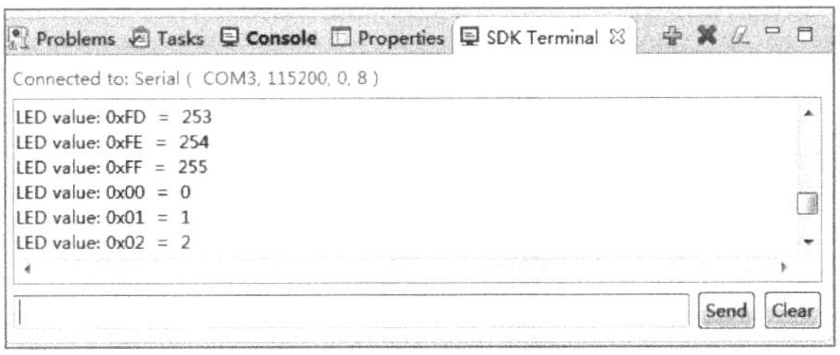

(a) 使用 ZedBoard 开发板时

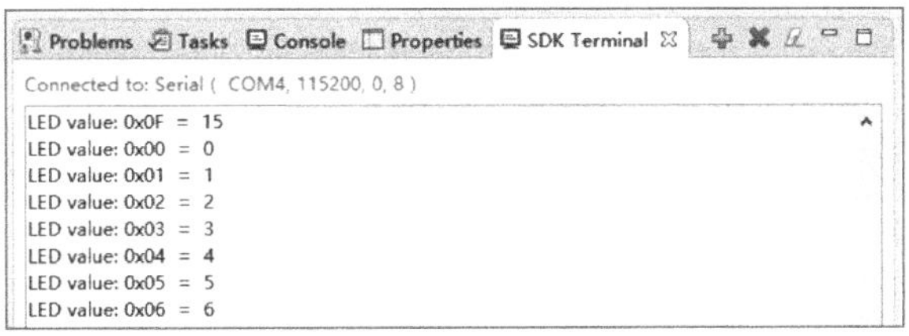

(b) 使用 Zybo 开发板时

图 2-314　计数器循环计数

至此，关于使用 HDL 创建 Zynq IP 的练习结束了，通过这个练习，应该学会：

(1) 使用“Create and Package IP Wizard”创建 AXI 模板；

(2) 在 Vivado 和 IP 集成器中向 HDL IP 外围设备添加功能；

(3) 在 IP 集成器中连接已封装的 IP 和 Zynq 处理系统；

(4) 使用产生的 C 软件驱动程序创建软件应用程序控制 HDL IP，并且在 Zynq 开发板上执行它；

(5) 配置终端程序，显示 Zynq PS 的输出。

2.4.2 创建 IP 并实现具有按钮中断功能的计数器

作为复习，下面还是使用硬件描述语言创建 1 个 LED 控制器 IP，然后调用它，利用软硬件协同设计的方式，设计实现 1 个计数器，它从 0 开始自动循环计数，计数结果通过 Zynq 开发板的 LED 灯显示出来。计数过程中可以接收来自 Zynq 开发板按钮的中断信号，并根据按钮中断实时改变 LED 灯的显示结果。

下面还是从创建 1 个新的 Vivado 工程开始。

1. 创建 1 个新的 Vivado 工程

(1) 启动 Vivado，选择“Create Project”选项(图 2-315)，打开“New Project”对话框，单击“Next”按钮。

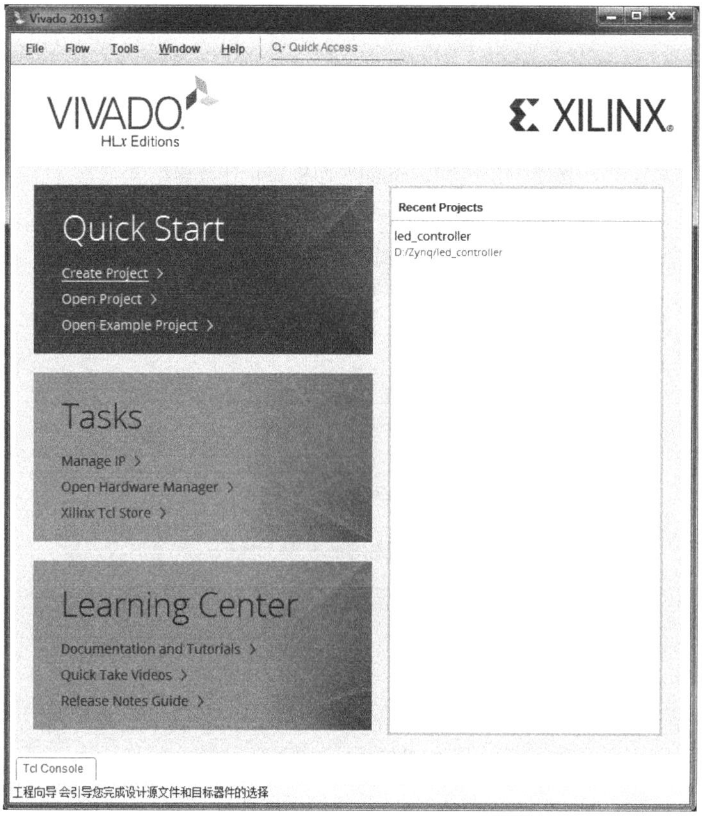

图 2-315　新建工程

(2) 在弹出的对话框中输入工程的名字“led_controller_try”，设定工程的目录为“D:\Zynq”，并选择“Create project subdirectory”选项。单击“Next”按钮。

(3) 在“Project Type”界面中选择“RTL Project”单选按钮，并确保“Do not specify sources at this time”复选框没有被选中。单击“Next”按钮。

(4) 在“Add Sources”界面中选择“Verilog”作为目标语言，并将模拟语言设置为“Mixed”，单击“Next”按钮。

(5) 此时出现“Add Constraints (optional)”界面，单击“Next”按钮。

(6) 此时弹出“Default Part”界面。选择“Boards”标签页，从“Display Name”下拉列表中选择开发板，并选择与开发板相对应的版本号。单击“Next”按钮。

(7) 在弹出的“New Project Summary”界面中查看各个选项设置，最后单击“Finish”按钮建立该工程。

当新工程创建完毕后，下面可以开始创建基于 HDL 的 IP。

2. 创建基于 HDL 的 IP

(1) 从菜单栏的“Tools”下拉菜单中选择“Create and Package New IP”选项，打开“Create and Package New IP”对话框，单击“Next”按钮。

(2) 在打开的“Choose Create Peripheral or Package IP”对话框选择“Create new AXI peripheral”，单击“Next”按钮。

(3) 在出现的“Peripheral Details”界面的“Name”文本框输入名字“led_controller_try”，此时“Display name”自动变为“led_controller_try_v1.0”，将“Description”也改为“led_controller_try_v1.0”，“IP Location”设置为“D:\Zynq\ip_repo_try”，其他默认值不变，单击“Next”按钮。

(4) 在出现的“Add Interfaces”界面中按照如图 2-316 所示指定接口的相关参数，因为只有 1 个 AXI 设备，这里把“Name”里面默认的编号“00”去掉了。

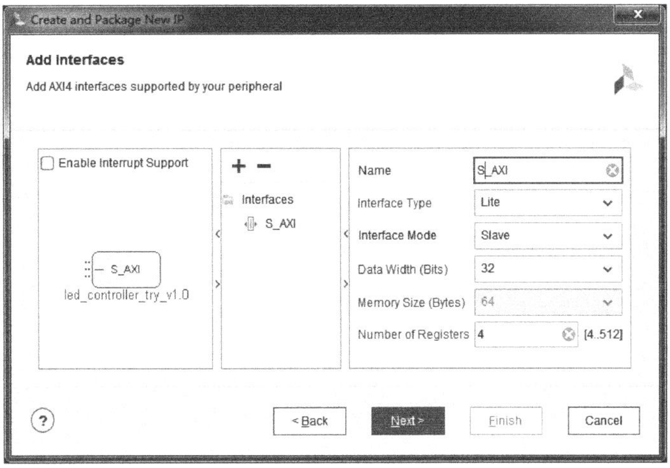

图 2-316　“Add Interfaces”界面

单击“Next”按钮。

(5) 检查“Peripheral Generation Summary”部分的相关信息，在“Next Steps”部分选择“Edit IP”单选按钮，单击“Finish”按钮关闭向导并创建外围设备模板。

此时新工程“edit_led_ controller_try_v1_0”将被打开。

向 Verilog 外围设备模板新增 1 个输出端口以允许它连接到 Zynq 设备上的 LED 引脚，同时将从 Zynq PS 接收到的值赋给这个新的输出端口，执行下面的步骤(6)～(7)。

(6) 在“Sources”窗口双击“led_controller_try_v1_0_S_AXI.v”文件，该文件将显示在工作区中。

上下拖动滚动条，直到看到下面的提示语句：

```
// Users to add ports here
```

如果使用的是 ZedBoard 开发板，在这一行的下面，增加端口定义：

```
output wire [7:0] LEDs_out,
```

这条语句新增了 1 个 8 位的输出端口，每 1 位对应 ZedBoard 开发板上的 1 个 LED 灯。

注意：如果使用的是 Zybo 开发板，将上述语句中的“[7:0]”改为“[3:0]”，它将新增 1 个 4 位的输出端口，每 1 位对应 Zybo 开发板上的 1 个 LED 灯。

继续向下拖动滚动条，直到看到下面的提示语句：

```
// Add user logic here
```

如果使用的是 ZedBoard 开发板，在这一行的下面，增加信号赋值语句：

```
assign LEDs_out[7:0] = slv_reg0[7:0];
```

这条语句将来自 Zynq PS 的信号(暂存于信号量 slv_reg0 中)的值赋给前面增加的输出端口。

注意：如果使用的是 Zybo 开发板，将上述语句中的“[7:0]”改为“[3:0]”。

保存文件“led_controller_try_v1_0_S_AXI.v”。

(7) 双击“led_controller_try_v1_0.v”文件，该文件将显示在工作区中。

上下拖动滚动条，直到看到下面的提示语句：

```
// Users to add ports here
```

如果使用的是 ZedBoard 开发板，在这一行的下面，增加端口定义：

```
output wire [7:0] LEDs_out,
```

注意：如果使用的是 Zybo 开发板，将上述语句中的“[7:0]”改为“[3:0]”。

继续向下拖动滚动条，直到看到下面的提示语句：

```
// Instantiation of Axi Bus Interface S_AXI
```

再过几行会出现代码：

```
) led_controller_try_v1_0_S_AXI_inst (
```

在这一行下面增加下面的端口映射语句：

```
.LEDs_out(LEDs_out),
```

保存文件“led_controller_try_v1_0.v”。

向 VHDL 外围设备模板新增 1 个输出端口以允许它连接到 Zynq 设备上的 LED 引脚，同时将从 Zynq PS 接收到的值赋给这个新的输出端口，执行下面的步骤(8)～(9)。

(8) 在“Sources”窗口双击“led_controller_try_v1_0_S_AXI.vhd”文件，该文件将显示在工作区中。

上下拖动滚动条，直到看到下面的提示语句：

```
-- Users to add ports here
```

如果使用的是 ZedBoard 开发板，在这一行的下面，增加端口定义：

```
LEDs_out : out std_logic_vector(7 downto 0);
```

这条语句新增了 1 个 8 位的输出端口，每 1 位对应 ZedBoard 开发板上的 1 个 LED 灯。

注意：如果使用的是 Zybo 开发板，将上述语句中的“7 downto 0”改为“3 downto 0”，它将新增 1 个 4 位的输出端口，每 1 位对应 Zybo 开发板上的 1 个 LED 灯。

继续向下拖动滚动条，直到看到下面的提示语句：

```
-- Add user logic here
```

如果使用的是 ZedBoard 开发板，在这一行的下面，增加信号赋值语句：

```
LEDs_out <= slv_reg0(7 downto 0);
```

注意：如果使用的是 Zybo 开发板，将上述语句中的“7 downto 0”改为“3 downto 0”。这条语句将来自 Zynq PS 的信号(暂存于信号量 slv_reg0 中)的值赋给前面增加的输出端口。保存文件“led_controller_try_v1_0_S_AXI.vhd”。

(9)双击“led_controller_try_v1_0.vhd”文件，该文件将显示在工作区中。

上下拖动滚动条，直到看到下面的提示语句：

```
-- Users to add ports here
```

如果使用的是 ZedBoard 开发板，在这一行的下面，增加端口定义：

```
LEDs_out : out std_logic_vector(7 downto 0);
```

注意：如果使用的是 Zybo 开发板，将上述语句中的“7 downto 0”改为“3 downto 0”。继续向下拖动滚动条，直到看到下面的提示语句：

```
-- component declaration
```

在这一行下面过几行将会看到元件声明语句：

```
port (
```

如果使用的是 ZedBoard 开发板，在这一行下面增加下面的端口声明语句：

```
LEDs_out : out std_logic_vector(7 downto 0);
```

注意：如果使用的是 Zybo 开发板，将上述语句中的“7 downto 0”改为“3 downto 0”。向下拖动滚动条，直到看到下面的提示语句：

```
-- Instantiation of Axi Bus Interface S_AXI
```

再过几行会看见元件端口映射语句：

```
port map (
```

在这一行下面增加下面的端口映射语句：

```
LEDs_out => LEDs_out,
```

保存文件“led_controller_try_v1_0.vhd”。

(10)选择“Flow Navigator”面板中“SYNTHESIS”部分的“Run Synthesis”命令，或单击工具栏中“Run”按钮并选择“Run Synthesis”选项对修改后的源文件进行综合。综合结束后选择“View Reports”单选按钮，单击“OK”按钮。

(11)在工作区选择“Package IP - led_controller_try”标签页。

在“Packaging Steps”面板选择“File Groups”标签，单击右侧面板上方出现的为“Merge changes from file Groups Wizard”黄色信息提示条；在“Packaging Steps”面板选择

“Customization Parameters”标签，单击右侧面板上方出现的“Merge changes from Customization Parameters Wizard”黄色信息提示条。

(12)在“Packaging Steps”面板选择“Ports and Interfaces”标签，确认前面添加到源文件中的端口 LEDs_out 已经添加到 IP 端口中。

(13)在“Packaging Steps”面板选择“Review and Package”标签，在右侧“Review and Package”面板中的“After Packaging”部分下端选择“Edit packaging settings”，弹出“Settings”对话框。在“Automatic Behavior”部分，选中“Create archive of IP”、“Add IP to the IP Catalog of the current project”和“Close IP Packager window”复选框。

单击“OK”按钮应用上述设置。

(14)单击“Review and Package”面板底部的“Re-Package IP”按钮。当弹出对话框询问是否关闭当前工程，单击“Yes”按钮。

此时对 IP 外围设备所做的修改已经被包含进被封装的 IP 了，Vivado 自动打开的工程也已经关闭，并回到了最初创建的 Vivado 工程。

3. 在 Vivado 中创建 1 个具有按钮中断的 Zynq 系统

(1)在“Flow Navigator”面板的“IP INTEGRATOR”部分选择“Create Block Design”命令，在弹出的对话框中的“Design name”文本框输入设计名字“led_test_try_system”，单击“OK”按钮，创建 1 个空的设计。

(2)在 Vivado IP 集成器框图画布空白处任意位置右击，在弹出的菜单中选择“Add IP”选项，或者在画布上方工具栏中选择“Add IP”按钮，或者使用快捷键 Ctrl+I，将弹出 1 个 IP 目录界面。在“Search”文本框中输入“led”并选择“led_controller_try_v1.0”选项，双击或选中后按回车键，向设计中添加 1 个 LED 控制器 IP 的实例。

(3)将 led_controller_try 块的 LEDs_out 端口引出来。

(4)在框图窗口空白处右击并在弹出的菜单中选择“Add IP”选项，在弹出的 IP 目录界面的“Search”文本框中输入“zynq”并选择“ZYNQ7 Processing System”选项，将它添加到画布上。重复添加 IP 操作，增加 1 个 AXI GPIO IP 实例到画布上。

(5)在框图窗口上端的“Designer Assistance”消息中选择“Run Block Automation”信息提示条，将弹出“Run Block Automation”对话框。在这个对话框中，选中“Apply Board Preset”复选框，单击“OK”按钮。

(6)在框图窗口上端的“Designer Assistance”消息中单击“Run Connection Automation”信息提示条，在弹出的对话框中选中“/led_controller_try_0/S_AXI”和“/axi_gpio_0/S_AXI”复选框，再选中“/axi_gpio_0/GPIO”复选框，如果使用的是 ZedBoard 开发板，从“Select Board Part Interface”下拉列表中选择“btns_5bits(Push buttons)”选项(图 2-317)；如果使用的是 Zybo 开发板，从“Select Board Part Interface”下拉列表中选择“btns_4bits(btns_4bits)”选项(图 2-318)；单击“OK”按钮，开始自动进行块间连接。

(7)双击连接到按钮的块 axi_gpio_0，将打开“Re-customize IP”对话框，选择“IP Configuration”标签页，选中下部的“Enable Interrupt”复选框以允许来自按钮的中断(图 2-319)。

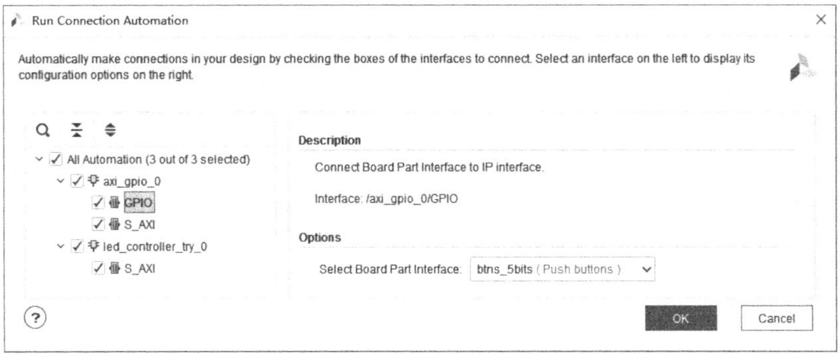

图 2-317　连接中断开关——使用 ZedBoard 开发板时

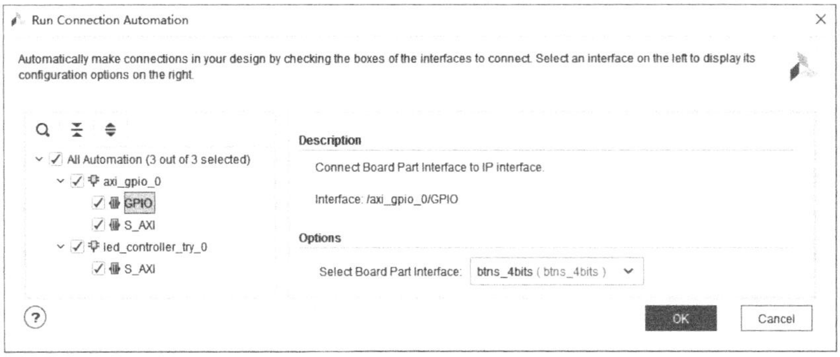

图 2-318　连接中断开关——使用 Zybo 开发板时

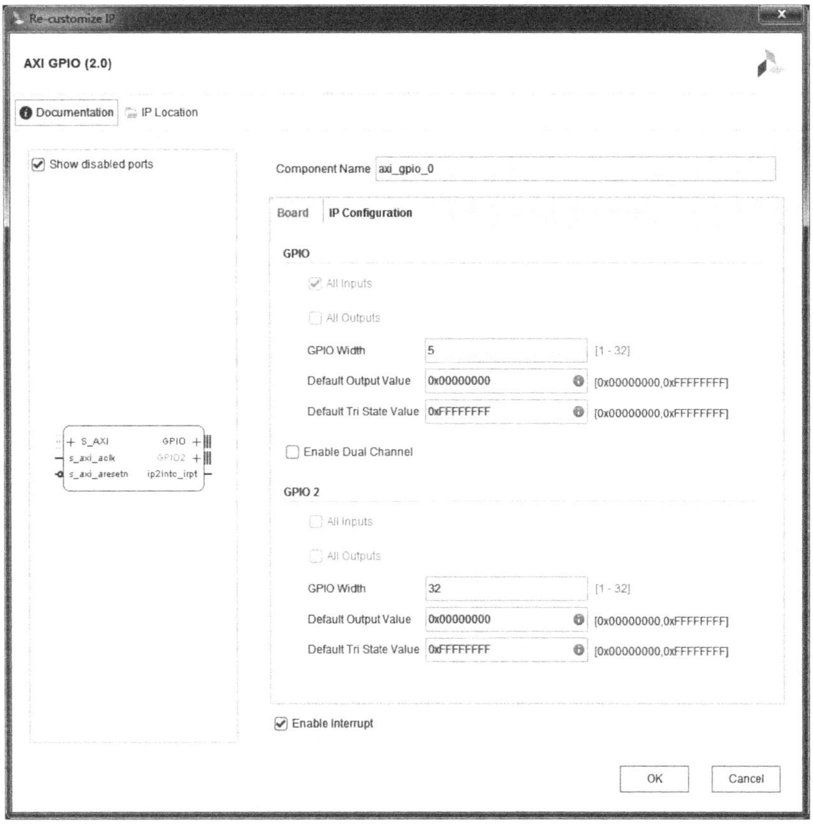

图 2-319　“Re-customize IP”对话框——允许中断

单击“OK”按钮。

(8) 双击 Zynq PS 中的块 processing_system7_0 打开“Re-customize IP”对话框，在左边“Page Navigator”面板中选择“Interrupts”标签，展开右边的条目，选中“Fabric Interrupts”复选框，以及“Enable 16-bit shared interrupt port from”复选框(图 2-320)，单击“OK”按钮。

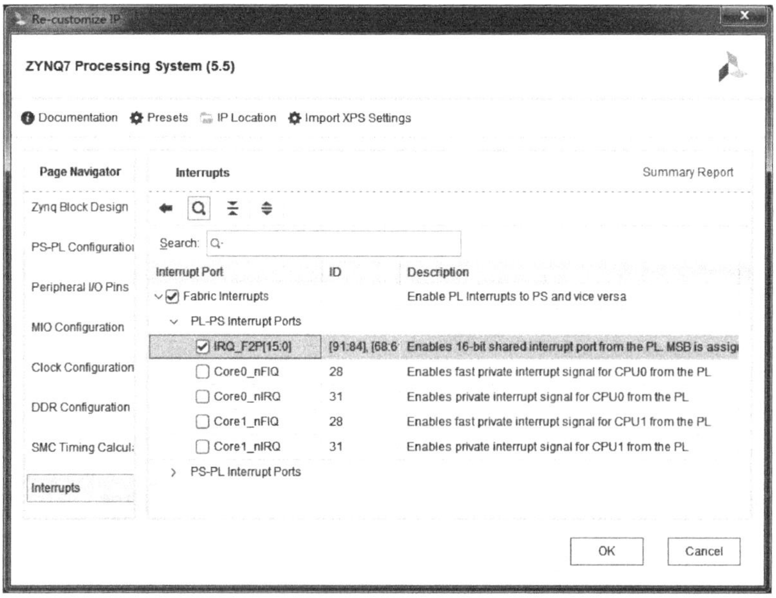

图 2-320　“重配置 IP”对话框——允许结构中断

(9) 将 Zynq PS 的端口 IRQ_F2P[0:0]与 AXI_GPIO 块 axi_gpio_0 的端口 ip2intc_irpt 相连。此时的设计结果类似图 2-321 所示(布局可能不同，但是块以及块间互连应该一样)。

(10) 从菜单栏中选择“Tools”→“Validate Design”选项对设计进行检查。

单击“OK”按钮来忽略设计检查过程中的所有消息。

(11) 在“Sources”窗口中的顶层系统设计(本例中为“led_test_try_system”)上右击，在弹出的菜单中选择“Create HDL Wrapper”选项，弹出“Create HDL Wrapper”对话框，选择“Let Vivado manage wrapper and auto-update”单选按钮，单击“OK”按钮，生成系统的顶层 HDL 包装器。

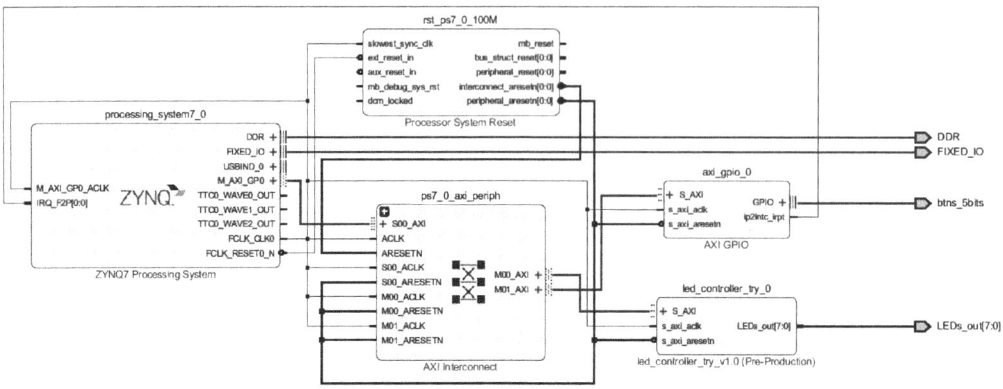

(a) 使用 ZedBoard 开发板时

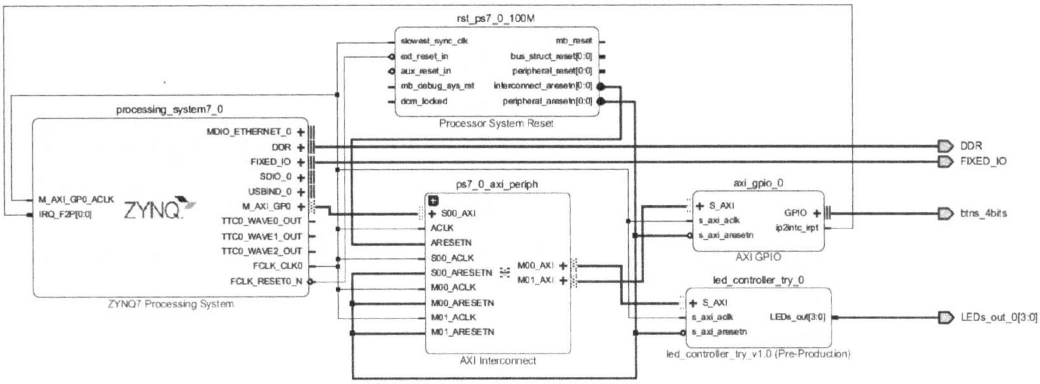

(b) 使用 Zybo 开发板时

图 2-321　使用自创建 IP 块的按钮中断系统最终设计结果

(12) 在“Flow Navigator”面板的“PROJECT MANAGER”部分选择“Add Sources”命令，打开“Add Sources”对话框，选择“Add or create constraints”单选按钮，单击“Next”按钮。

(13) 在“Add or Create Constraints”界面中单击 + 按钮并选择“Create File”选项，打开“Create Constraints File”对话框。从“File type”下拉列表中选择“XDC”选项，输入文件名“led_constraints”，单击“OK”按钮。

单击“Finish”按钮创建约束文件，并关闭对话框。

(14) 在“Sources”窗口展开“Constraints”文件夹，双击新创建的约束文件“led_constraints.xdc”，该文件将显示在工作区中。

①如果使用的是 ZedBoard 开发板，将下列代码添加到文件中。

```
set_property PACKAGE_PIN T22 [get_ports {LEDs_out[0]}]
set_property IOSTANDARD LVCMOS33 [get_ports {LEDs_out[0]}]
set_property PACKAGE_PIN T21 [get_ports {LEDs_out[1]}]
set_property IOSTANDARD LVCMOS33 [get_ports {LEDs_out[1]}]
set_property PACKAGE_PIN U22 [get_ports {LEDs_out[2]}]
set_property IOSTANDARD LVCMOS33 [get_ports {LEDs_out[2]}]
set_property PACKAGE_PIN U21 [get_ports {LEDs_out[3]}]
set_property IOSTANDARD LVCMOS33 [get_ports {LEDs_out[3]}]
set_property PACKAGE_PIN V22 [get_ports {LEDs_out[4]}]
set_property IOSTANDARD LVCMOS33 [get_ports {LEDs_out[4]}]
set_property PACKAGE_PIN W22 [get_ports {LEDs_out[5]}]
set_property IOSTANDARD LVCMOS33 [get_ports {LEDs_out[5]}]
set_property PACKAGE_PIN U19 [get_ports {LEDs_out[6]}]
set_property IOSTANDARD LVCMOS33 [get_ports {LEDs_out[6]}]
set_property PACKAGE_PIN U14 [get_ports {LEDs_out[7]}]
set_property IOSTANDARD LVCMOS33 [get_ports {LEDs_out[7]}]
```

②如果使用的是 Zybo 开发板，将下列代码添加到文件中：

```
set_property PACKAGE_PIN M14 [ get_ports {LEDs_out[0]}]
set_property IOSTANDARD LVCMOS33 [ get_ports {LEDs_out[0]}]
```

```
set_property PACKAGE_PIN M15 [ get_ports {LEDs_out[1]}]
set_property IOSTANDARD LVCMOS33 [ get_ports {LEDs_out[1]}]
set_property PACKAGE_PIN G14 [ get_ports {LEDs_out[2]}]
set_property IOSTANDARD LVCMOS33 [ get_ports {LEDs_out[2]}]
set_property PACKAGE_PIN D18 [ get_ports {LEDs_out[3]}]
set_property IOSTANDARD LVCMOS33 [ get_ports {LEDs_out[3]}]
```

这些代码将 LEDs_out 端口的每 1 位都连接到 Zynq 器件上的特定引脚，这些引脚都连接到开发板上对应的 LED 灯。

约束文件修改完毕后，保存约束文件。

(15) 在“Flow Navigator”面板中的“PROGRAM AND DEBUG”部分选择“Generate Bitstream”命令生成比特流文件。

比特流文件生成后，选择“Open Implemented Design”选项，单击“OK”按钮，并检查引脚分配情况，确保引脚分配情况与约束文件的规定一致。

(16) 从菜单栏中选择“File”→“Export”→“Export Hardware”选项，打开“Export Hardware”对话框，选中“Include bitstream”复选框，单击“OK”按钮。

(17) 从 Vivado 菜单栏选择“File”→“Launch SDK”选项，在弹出的对话框中单击“OK”按钮，启动 SDK。

4. 在 SDK 中创建 1 个软件应用程序并测试

(1) 从菜单栏选择“File”→“New”→“Application Project”选项，在打开的“New Project”对话框中的“Project name”文本框输入“led_controller_try_test”，选中“create a new board support package”选项，单击“Next”按钮，从模板对话框中选择“Empty Application”选项，单击“Finish”按钮。

(2) 从菜单“Xilinx Tools”中选择“Repositories”选项，在打开的“Preferences”对话框中单击“New”按钮。在弹出的“Browser For Folder”对话框中打开文件夹“D:\Zynq\ip_repo_try\led_controller_try_1.0”，单击“OK”按钮。

单击“OK”按钮关闭“Preferences”对话框。

(3)（系统自动重编译结束后）“system.mss”标签页应该已经在工作区打开(如果没有，在“Project Explorer”标签页中展开“led_controller_try_test_bsp”并双击“system.mss”)，在“system.mss”标签页单击“Modify this BSP's Settings”按钮，打开“Board Support Package Settings”对话框。

(4) 在“Board Support Package Settings”对话框左侧选择“drivers”选项，从“Drivers”面板元件列表中找到“led_controller_try_0”选项并确认它对应的驱动程序是从“驱动”下拉列表中选择的“led_controller_try”选项，单击“OK”按钮。

(5) 从菜单“Project”中选择“Build All”选项，或使用快捷键 Ctrl+B 重新编译。

(6) 在“Project Explorer”标签页中展开“led_controller_try_test”文件夹，右击“src”子文件夹并在弹出菜单中选择“New”→“Source File”选项(图 2-322)，打开“New Source File”(新建源文件)窗口，在“Source file”文本框输入文件名“led_IP_and_interrupt.c”(图 2-323)。单击“Finish”按钮。

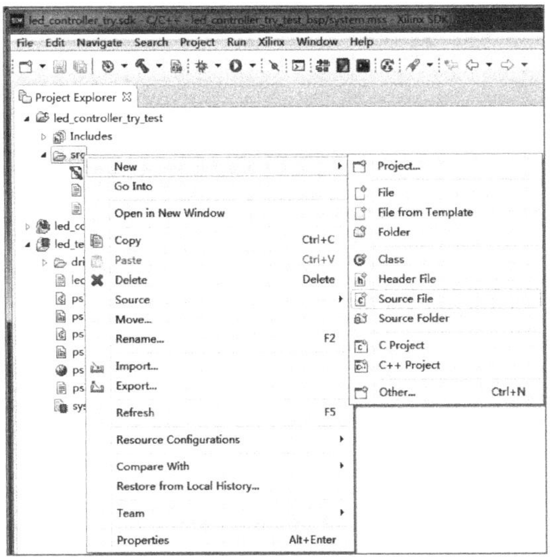

图 2-322　创建新源文件

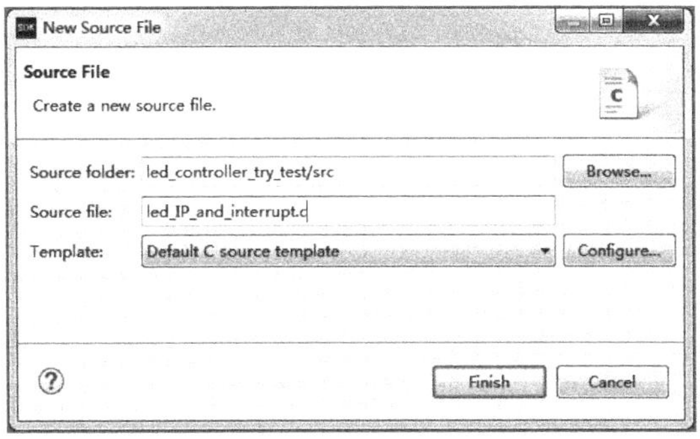

图 2-323　“New Source File”对话框

(7) 打开文件“LED_IP_and_interrupt.c”，输入以下代码：

```
#include "led_controller_try.h"
#include "xparameters.h"
#include "xgpio.h"
#include "xscugic.h"
#include "xil_exception.h"
#include "xil_printf.h"
#include "Xil_io.h"

// Parameter definitions
#define INTC_DEVICE_ID XPAR_PS7_SCUGIC_0_DEVICE_ID
#define BTNS_DEVICE_ID      XPAR_AXI_GPIO_0_DEVICE_ID
#define LEDS_DEVICE_ID      XPAR_LED_CONTROLLER_TRY_0_DEVICE_ID
#define INTC_GPIO_INTERRUPT_ID XPAR_FABRIC_AXI_GPIO_0_IP2INTC_IRPT_INTR

/*  Define the base memory address of the led_controller IP core */
#define LED_BASE XPAR_LED_CONTROLLER_TRY_0_S_AXI_BASEADDR

#define BTN_INT              XGPIO_IR_CH1_MASK

#define LED_DELAY 100000000

XGpio LEDInst, BTNInst;
XScuGic INTCInst;
static int led_data=0;
static int btn_value;

//----------------------------------------------------
// PROTOTYPE FUNCTIONS
//----------------------------------------------------
```

```
static void BTN_Intr_Handler(void *baseaddr_p);
static int InterruptSystemSetup(XScuGic *XScuGicInstancePtr);
static int IntcInitFunction(u16 DeviceId, XGpio *GpioInstancePtr);

//------------------------------------------------------
// INTERRUPT HANDLER FUNCTIONS
// - called by the timer, button interrupt, performs
// - LED flashing
//------------------------------------------------------

void BTN_Intr_Handler(void *InstancePtr)
{
  // Disable GPIO interrupts
  XGpio_InterruptDisable(&BTNInst, BTN_INT);
  // Ignore additional button presses
  if ((XGpio_InterruptGetStatus(&BTNInst) & BTN_INT) !=BTN_INT) {return;}
  btn_value = XGpio_DiscreteRead(&BTNInst, 1);
  // Increment counter based on button value, Reset if centre button pressed
  if(btn_value != 1) led_data = led_data + btn_value;
    else led_data = 0;
  LED_CONTROLLER_TRY_mWriteReg(LED_BASE, 0, led_data);
  (void)XGpio_InterruptClear(&BTNInst, BTN_INT);
  // Enable GPIO interrupts
  XGpio_InterruptEnable(&BTNInst, BTN_INT);
}

//------------------------------------------------------
// MAIN FUNCTION
//------------------------------------------------------
int main (void)
{
  volatile int Delay;
  int status;
  //------------------------------------------------------
  // INITIALIZE THE PERIPHERALS & SET DIRECTIONS OF GPIO
  //------------------------------------------------------
  // Initialise LEDs
  status = XGpio_Initialize(&LEDInst, LEDS_DEVICE_ID);
  if(status != XST_SUCCESS) return XST_FAILURE;
  // Initialise Push Buttons
  status = XGpio_Initialize(&BTNInst, BTNS_DEVICE_ID);
  if(status != XST_SUCCESS) return XST_FAILURE;
  // Set LEDs direction to outputs
  XGpio_SetDataDirection(&LEDInst, 1, 0x00);
  // Set all buttons direction to inputs
  XGpio_SetDataDirection(&BTNInst, 1, 0xFF);

  // Initialize interrupt controller
  status = IntcInitFunction(INTC_DEVICE_ID, &BTNInst);
```

```
  if(status != XST_SUCCESS) return XST_FAILURE;

  while(1){
    /* Write output to the LEDs. */
    LED_CONTROLLER_TRY_mWriteReg(LED_BASE, 0, led_data);

    /* Increase Led. */
    led_data = led_data + 1;

    /* Wait a small amount of time so that the LED blinking is visible. */
    for (Delay = 0; Delay < LED_DELAY; Delay++);
  }

  return 0;
}

//----------------------------------------------------
// INITIAL SETUP FUNCTIONS
//----------------------------------------------------

int InterruptSystemSetup(XScuGic *XScuGicInstancePtr)
{
  // Enable interrupt
  XGpio_InterruptEnable(&BTNInst, BTN_INT);
  XGpio_InterruptGlobalEnable(&BTNInst);

  Xil_ExceptionRegisterHandler(XIL_EXCEPTION_ID_INT,
          (Xil_ExceptionHandler)XScuGic_InterruptHandler,
          XScuGicInstancePtr);
  Xil_ExceptionEnable();

  return XST_SUCCESS;

}

int IntcInitFunction(u16 DeviceId, XGpio *GpioInstancePtr)
{
  XScuGic_Config *IntcConfig;
  int status;

  // Interrupt controller initialisation
  IntcConfig = XScuGic_LookupConfig(DeviceId);
  status = XScuGic_CfgInitialize(&INTCInst, IntcConfig, IntcConfig->CpuBaseAddress);
  if(status != XST_SUCCESS) return XST_FAILURE;

  // Call to interrupt setup
  status = InterruptSystemSetup(&INTCInst);
  if(status != XST_SUCCESS) return XST_FAILURE;

  // Connect GPIO interrupt to handler
```

```
    status = XScuGic_Connect(&INTCInst,
                             INTC_GPIO_INTERRUPT_ID,
                             (Xil_ExceptionHandler)BTN_Intr_Handler,
                             (void *)GpioInstancePtr);
    if(status != XST_SUCCESS) return XST_FAILURE;

    // Enable GPIO interrupts interrupt
    XGpio_InterruptEnable(GpioInstancePtr, 1);
    XGpio_InterruptGlobalEnable(GpioInstancePtr);

    // Enable GPIO and timer interrupts in the controller
    XScuGic_Enable(&INTCInst, INTC_GPIO_INTERRUPT_ID);

      return XST_SUCCESS;
  }
```

将上述代码与 2.2.3 节、2.2.4 节中在 SDK 里创建的 C 代码进行比较，就会明白上述代码的功能。

(8) 保存文件“LED_IP_and_interrupt.c”，系统将自动对文件进行编译，如果没有，从菜单“Project”中选择“Build All”选项，或使用快捷键 Ctrl+B 重新编译。

(9) 参考图 2-77 或图 2-78 确保开发板上的跳线设置正确以允许从 JTAG 启动，使用系统自带的 USB 线将 Zynq 开发板 JTAG 端口与 PC 相连，打开开发板电源。从菜单栏选择“Xilinx Tools”→“Program FPGA”选项，将比特流文件下载到 Zynq PL 中，此时“Program FPGA”对话框将打开，其中“Bitstream”文本框也应该已经自动填入了正确的比特流文件。

单击“Program”按钮开始 FPGA 编程。

当编程结束时，开发板上的“DONE”指示灯(ZedBoard 是蓝色 LED 灯，而 Zybo 则是绿色 LED 灯)将点亮。

(10) 在“Project Explorer”标签页中右击“led_controller_try_test”选项，在弹出的菜单中选择“Run As”→“4 Launch on Hardware (GDB)”选项。

系统加载完成后，LED 将从 0 开始循环计数，在这个过程中，如果有按钮被按下，计数结果会根据按钮功能实时变化，并通过 LED 灯显示出来。

通过分析发现，ZedBoard 开发板上，这些按钮的功能分别是：

①按下下边的按钮 BTND 时，在原来结果的基础上加 2；

②按下左边的按钮 BTNL 时，在原来结果的基础上加 4；

③按下右边的按钮 BTNR 时，在原来结果的基础上加 8；

④按下上边的按钮 BTNU 时，在原来结果的基础上加 16；

⑤按下中间的按钮 BTNC 时，计数值清零。

Zybo 开发板上，按下这些按钮的功能分别是：

①按下按钮 BTN0 时，在原来结果的基础上加 1；

②按下按钮 BTN1 时，在原来结果的基础上加 2；

③按下按钮 BTN2 时，在原来结果的基础上加 4；

④按下按钮 BTN3 时，在原来结果的基础上加 8。

至此，本节的操作全部结束。

2.4.3　在 MathWorks HDL Coder 中创建 IP 核

本节将创建一个 IP 核执行最小均方噪声消除滤波器的功能，它用 MathWorks HDL 编码器将现有的基于块的 Simulink 模型转换为将打包用于 Vivado IP 目录的 RTL 描述。

开始本节之前，需要将“\source\hdl_coder_lms”目录下的内容复制到 1 个新的工作目录“D:\Zynq\ hdl_coder_lms”。

首先在 MATLAB 中打开 Simulink 模式。

(1) 启动 MATLAB。

MATLAB 启动后将出现如图 2-324 所示或类似的主界面。

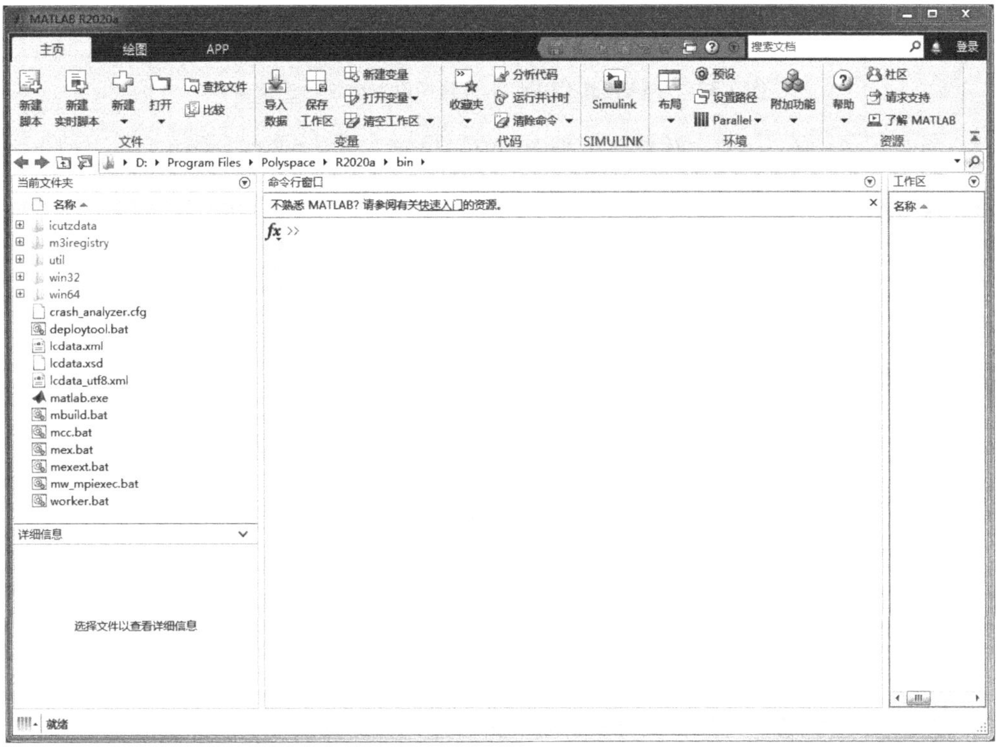

图 2-324　MATLAB 工作区主界面

(2) 若 MATLAB HDL 工具路径已经设置，跳过这一步直接到步骤(3)，否则执行下列操作。

①从 Xilinx 网站下载并安装 Vivado 2019.1。

②利用 Windows 资源管理器确定 Vivado 2019.1 应用程序“vivado.bat”的位置，如果 Vivado 2019.1 安装在 D 盘，这个位置一般是：“D:\Xilinx\vivado\2019.1\bin\vivado.bat”，将这个地址复制到剪贴板。

③打开 MATLAB 并显示如图 2-324 所示的命令行窗口，输入下列函数：

```
    hdlsetuptoolpath('ToolName', 'Xilinx Vivado', 'ToolPath', ' D:\Xilinx\vivado\
2019.1\bin\vivado.bat')
```

其中的第 4 项参数 Toolpath(即应用程序地址)是前面复制到剪贴板的那个应用程序的安装位置。

MATLAB HDL 工具路径设置成功后将显示如图 2-325 所示的信息，现在可用 HDL 编码器综合 Xilinx 硬件平台 HDL 代码了。

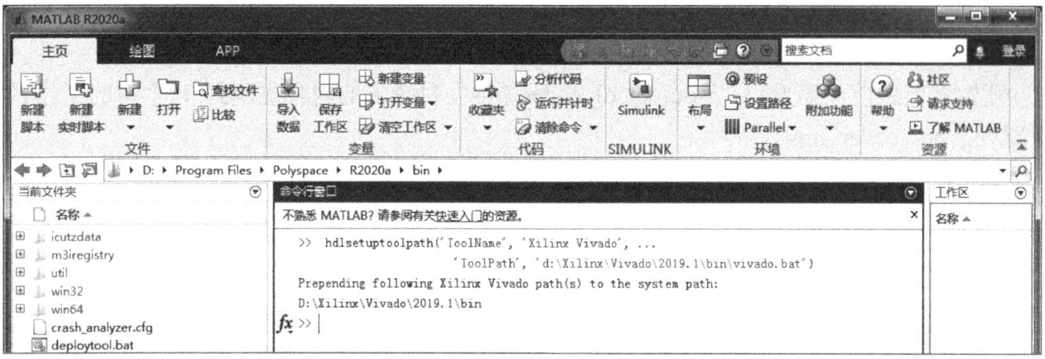

图 2-325　MATLAB HDL 工具路径设置成功后的信息

(3) 如图 2-326 所示，将工作路径改为“D:\Zynq\hdl_coder_lms”。

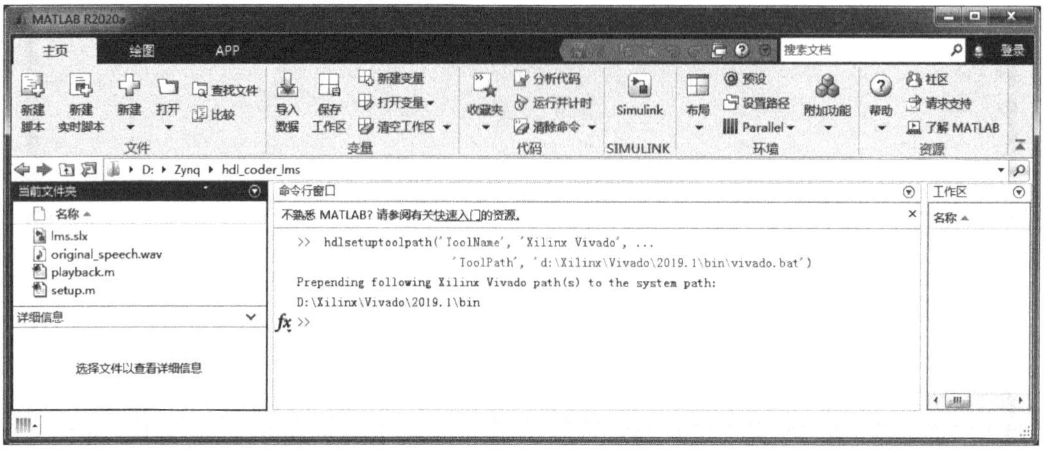

图 2-326　设置 MATLAB 工作路径

此时，在“当前文件夹”面板将显示以下文件(图 2-326)。

①“lms.slx”文件——实现 LMS 噪声消除过程的 Simulink 模型。

②“original_speech.wav”文件——一小段音频片段。

③“playback.m”文件——可用于通过各阶段音频反馈来验证 LMS 滤波过程。

④“setup.m”文件——执行设置命令，将音频样本导入 MATLAB 工作区，设置相应的系统采样率。当 Simulink 模拟初始化时设置命令“setup.m”将被自动调用。

(4) 双击“当前文件夹”面板中的文件“lms.slx”打开 LMS Simulink 模型。模型打开后将看到 LMS 系统(图 2-327)。

该模型有 2 个源：

①Sine Wave 块，用于产生音调噪声；

②From Workspace 块，从 MATLAB 工作区导入音频样本。

这样，音调噪声被加入到音频样本中产生 1 个受损音频信号。

为了使用 HDL 编码器产生用于 Simulink LMS 模型的 HDL 代码，系统输入必须是浮点数字格式，这里使用 2 个“数据类型转换”块将受损音频信号和音调噪声信号转换成浮点数字格式，这样就实现了将定点信号输入到 LMS 子系统，LMS 子系统将在后面讨论。

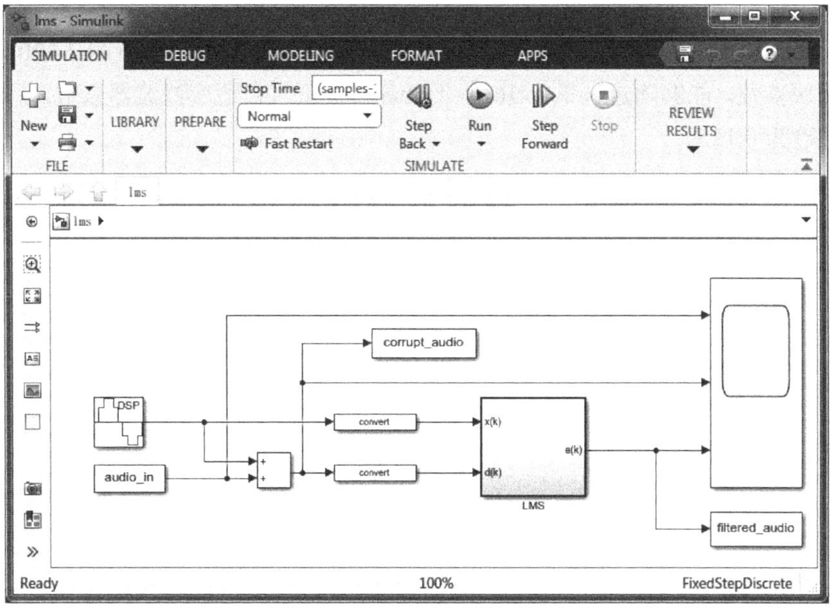

图 2-327　Simulink 中的 LMS 模型

在 LMS 子系统的输出端，错误信号 e(k) 与受损音频输入、音调噪声输入一起被送到 1 个示波器(Scope)进行视觉信号检查。这里还有 2 个“去工作区”块，它允许 LMS 的输出信号和受损音频信号输出到 MatLab 工作区用于音频反馈。

(5) 双击 LMS 子系统块，可以看到子系统如图 2-328 所示。

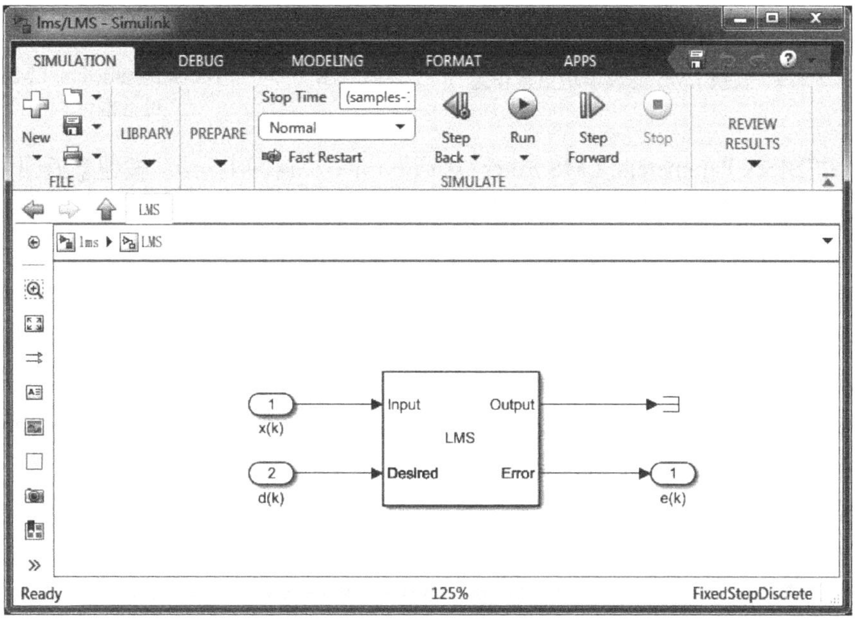

图 2-328　LMS 子系统

LMS 子系统块里只有 1 个 LMS 滤波器块。由于这里不考虑输出信号，输出信号并没有连接。有关 LMS 滤波器功能的更多信息可通过右击 LMS 滤波器块并在弹出的菜单中选择“Help”选项(图 2-329)获得。

(6)双击 LMS 滤波器块打开“Block Parameters: LMS Filter”对话框(图 2-330)。通过浏览 LMS 滤波器块参数，能够确定这里有 16 个“Filter length”(自适应滤波器系数)，且“Step size (mu)”(步长)为 0.125。

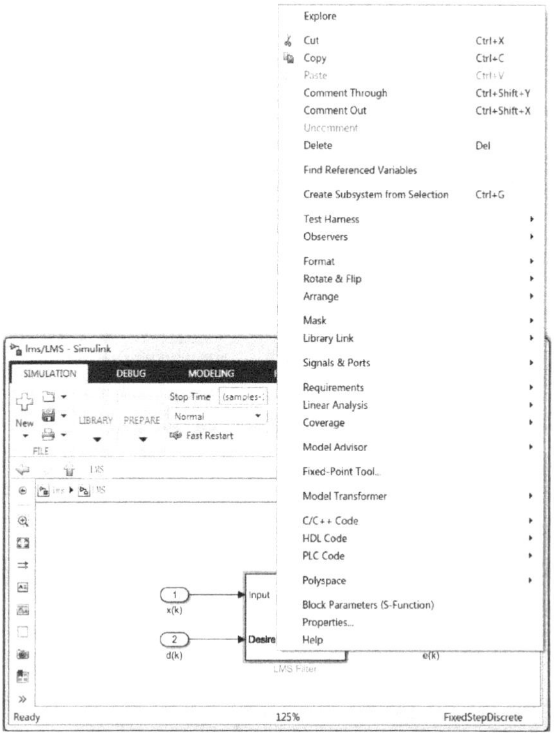

图 2-329　查找 LMS 滤波器块更多信息

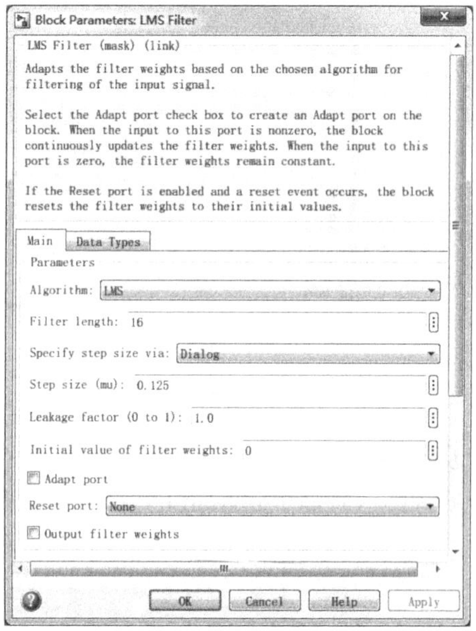

图 2-330　“Block Parameters: LMS Filter”对话框

(7)关闭“Block Parameters: LMS Filter”对话框，单击“返回上一级”按钮返回主 Simulink 模式。

下面仅仅生成 LMS 子系统的 HDL 代码。

(8)右击 LMS 子系统块，在弹出的菜单中选择“HDL Code”→“HDL Workflow Advisor”选项(图 2-331)，打开“HDL Workflow Advisor - lms/LMS”窗口(图 2-332)。“HDL Workflow Advisor - lms/ LMS”窗口将引导生成 RTL 代码的所需步骤。

(9)在左边面板展开“1. Set Target”文件夹并选择“1.1. Set Target Device and Synthesis Tool”选项，打开“1.1 Set Target Device and Synthesis Tool”界面(图 2-333)。

这里将指定 RTL 的输出格式和目标平台。

在“Input Parameters”窗格中的下拉列表选择参数：“Target workflow”选择“IP Core Generation”，“Target platform”选择“Generic Xilinx Platform”。

①如果使用的是 ZedBoard 开发板，“Family”选择“Zynq”，“Device”选择“xc7z020”，“Package”选择“clg484”，“Speed”选择“–1”(图 2-334(a))；

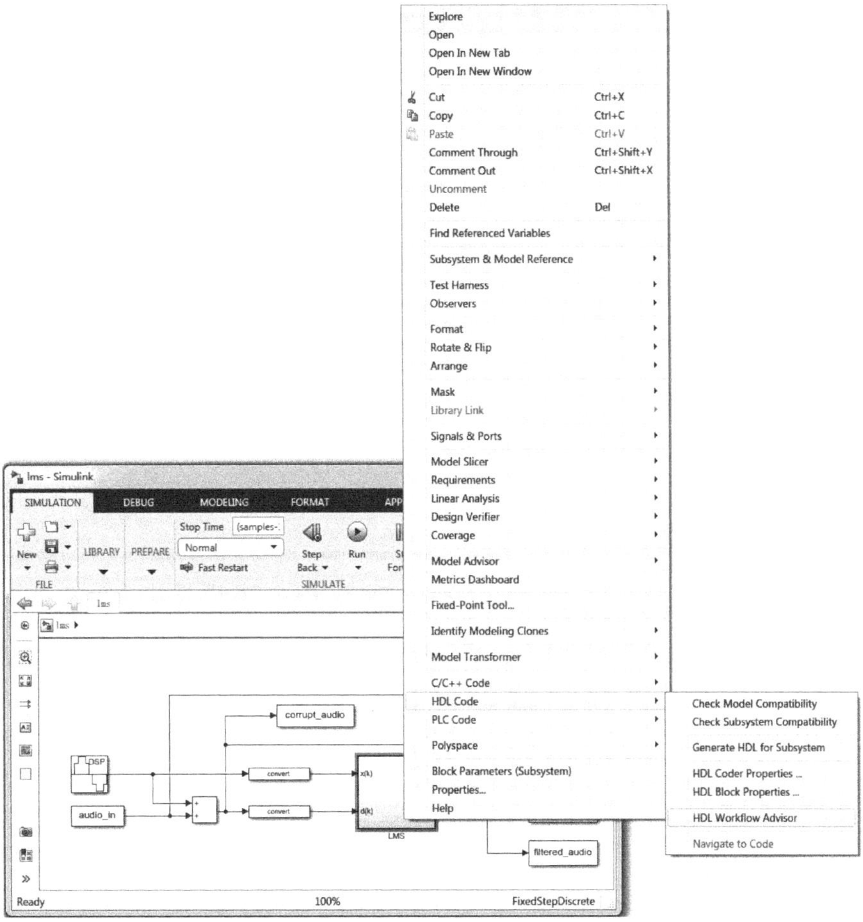

图 2-331　“HDL Workflow Advisor”选项

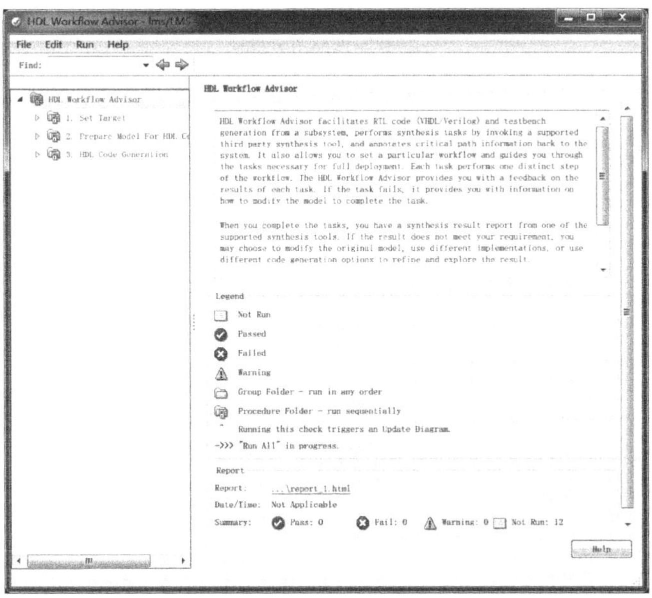

图 2-332　“HDL Workflow Advisor-lms/ LMS”窗口

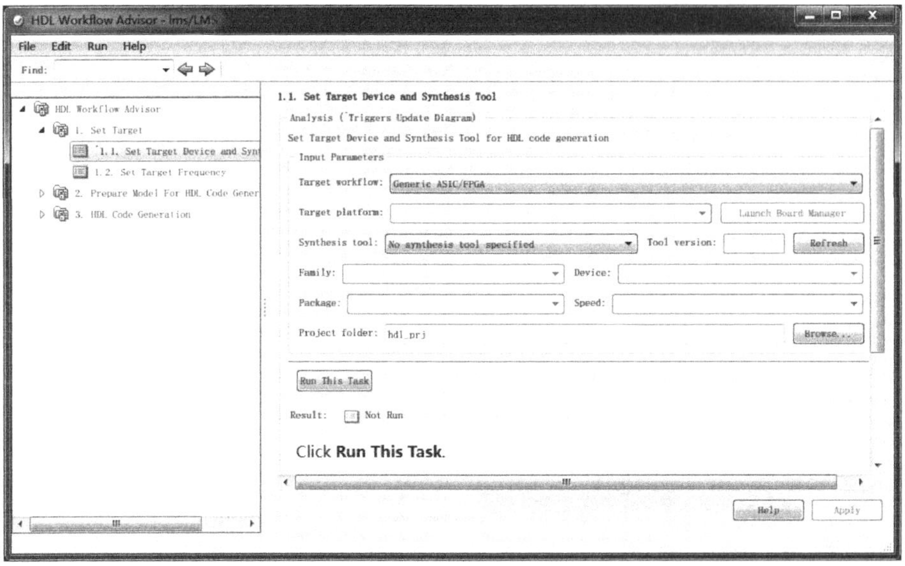

图 2-333 “1.1 Set Target Device and Synthesis Tool”界面

②如果使用的是 Zybo 开发板，“Family”选择“Zynq”，“Device”选择“xc7z010”，“Package”选择“clg400”，“Speed”选择“–1”（图 2-334(b)）。

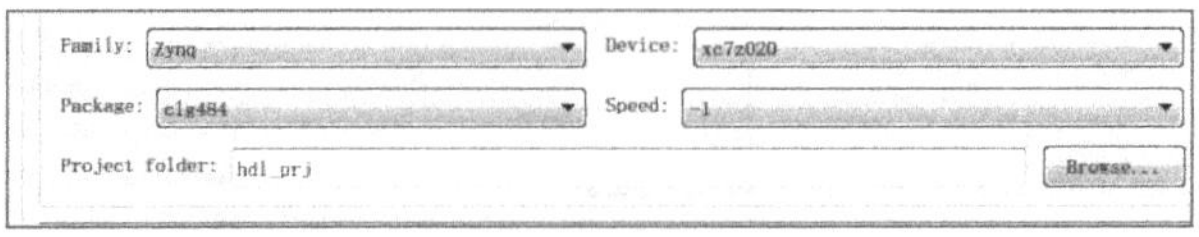

(a) 使用 ZedBoard 开发板时

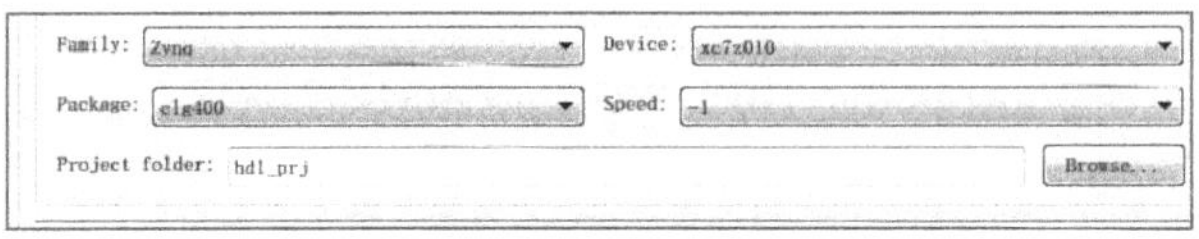

(b) 使用 Zybo 开发板时

图 2-334 在“1.1 Set Target Device and Synthesis Tool”界面中选择与输入参数

在“Project folder”文本框中输入“hdl_prj”。

单击“Run This Task”按钮或者从菜单栏选择“Run”→“Run This Task”命令应用上述设置。

此过程中如果有弹出关于 DSP 设置的错误提示，单击“OK”按钮忽略它。

(10) 从左侧面板选择“1.2. Set Target Interface”选项，打开“1.2. Set Target Interface”界面。

这里将为 HDL 代码生成指定目标接口。

在“Input Parameters”窗格中的“Processor/FPGA synchronization”下拉列表选择“Coprocessing - blocking”选项，这将自动推断设计中所有端口的 AXI4-Lite 接口，并为每一个接口指定内存地址(图 2-335)。

单击“Run This Task”按钮应用上述设置。

(11) 从左边面板展开“2. Prepare Model for HDL Code Generation”文件夹，单击“2.1. Check Global Settings”选项。

这里将检查模型级设置，以确保该模型已准备好 HDL 代码生成。

单击“Run This Task”按钮检查模型级设置。这里应该可以通过检查，得到一个结果表。

若这一步失败，单击“Modify All”按钮允许“HDL Workflow Advisor”修改设置。

下面几步都是进行检查，可以合并执行。

(12) 在“2.4. Check Sample Times”选项上右击，并在弹出的菜单中选择“Run to Selected Task”命令(图 2-336)，这将一项接一项地进行检查，以避免各项单独运行。这里应该所有检查都通过。

图 2-335　“1.2. Set Target Interface”界面

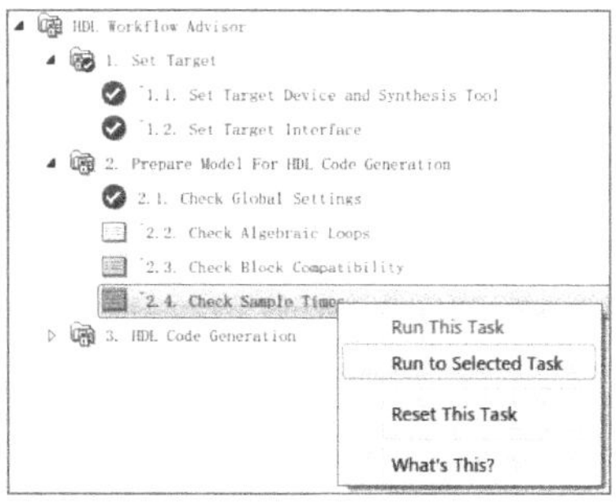

图 2-336　运行选择的任务

下面的步骤包括指定 RTL 代码的基本设置，例如，使用何种语言(VHDL/Verilog)，生成哪些代码生成报告。最后，将生成 HDL 代码。

(13) 从左边面板展开“3. HDL Code Generation”文件夹，再展开“3.1. Set Code Generation Options”子文件夹，选择“3.1.1. Set Basic Options”选项，在“Target”窗格中选择“Verilog”作为语言，单击“Apply”按钮应用设置。

在这里可根据自己的需求选择所需的任何代码生成报告。

(14) 在左边面板选择“3.1.3. Set Advanced Options”选项。

这里可以为 HDL 代码指定更多高级选项。

这里采用默认值，但是为便于以后使用，可以浏览各种设置。

(15) 在“3.1.3. Set Advanced Options”选项上右击，并在弹出的菜单中选择“Run to Selected Task”命令应用上述设置。

(16) 在左边面板选择“3.2. Generate RTL Code and IP Core”选项。

在“Input Parameters”窗格中的“IP core name”文本框输入 IP 核名字“lms_pcore”，单击“Run This Task”按钮。

一旦 HDL 编码器完成 HDL 代码的生成，将弹出“Code Generation Report”(代码生成报告)窗口(图 2-337)，它给出了 HDL 编码器结果的概要，并提供了目标接口与时钟的进一步信息。

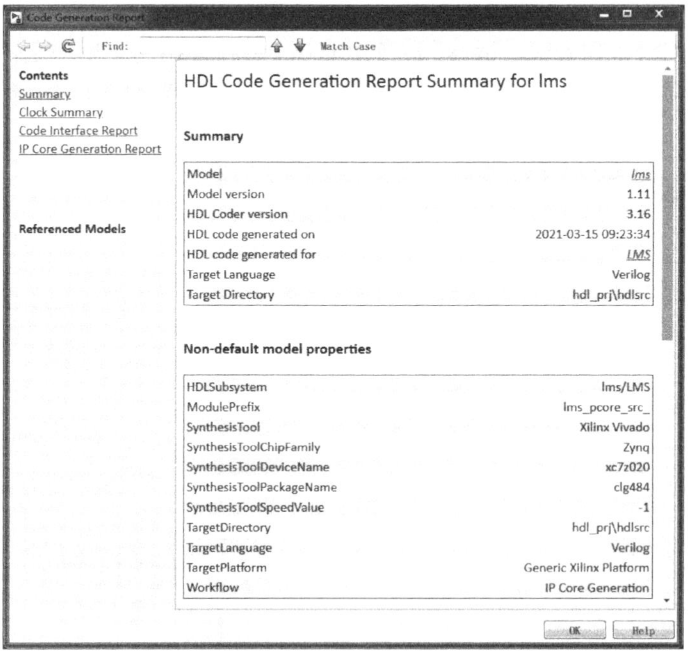

图 2-337 “Code Generation Report”窗口

(17)单击“OK”按钮关闭“Code Generation Report”窗口。

(18)关闭“HDL Workflow Advisor - lms/LMS”窗口。

(19)保存对“lms”的修改，关闭“Simulink”窗口；关闭 MATLAB。

生成 LMS IP 核的最后一步是使用 IP 封装器进行封装，以便在 IP 集成器设计中使用。为此，需要创建 1 个新的 Vivado 工程。

(20)启动 Vivado，在路径“D:\Zynq\hdl_coder_lms”下创建 1 个名为“lms_packaging”的工程，确保“create a project subdirectory”被选中，设置“Project Type”为“RTL Project”，选择“Verilog”作为目标语言，根据 Zynq 开发板选择“default part”。

(21)新工程创建完毕并打开后，从菜单栏选择“Tools”→“Create and Package IP”选项，在弹出的对话框中单击“Next”按钮。

(22)选择“Package a specified directory”单选按钮(图 2-338)，单击“Next”按钮，输入要封装的目录“D:\Zynq\hdl_coder_lms\hdl_prj\ipcore\lms_pcore_v1_0”(图 2-339)，单击“Next”按钮。

此时若有对话框询问是否覆盖已有的封装，单击“Overwrite”选项。

(23)在打开的如图 2-340 所示的“Edit in IP Packager Project Name”界面中，接受默认的工程名和工程目录，单击“Next”按钮。

(24)浏览“Create and Package New IP”对话框中的概要信息(图 2-341)，单击“Finish”按钮，启动 IP 封装器。

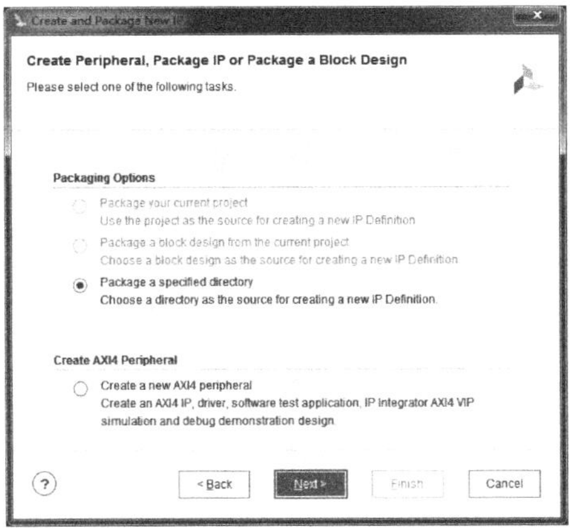

图 2-338　选择封装指定目录

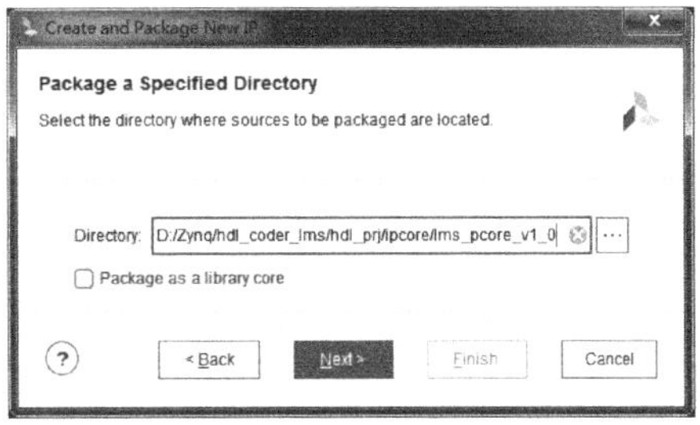

图 2-339　指定要封装的目录

图 2-340 “Edit in IP Packager Project Name”界面

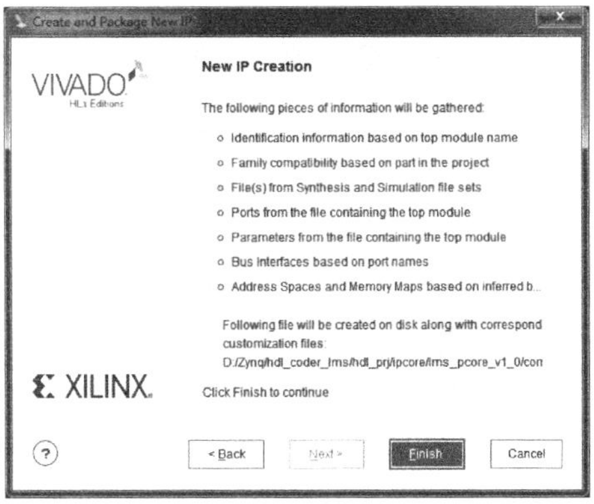

图 2-341 “Create and Package New IP”对话框

(25) 在“Packaging Steps”面板选择“Ports and Interfaces”标签，打开“IP Interfaces”面板。

此时，IP 封装器已经指定了各个 AXI 端口，但是并没有推断 AXI(图 2-342)，要推断 AXI 需要执行下列步骤。

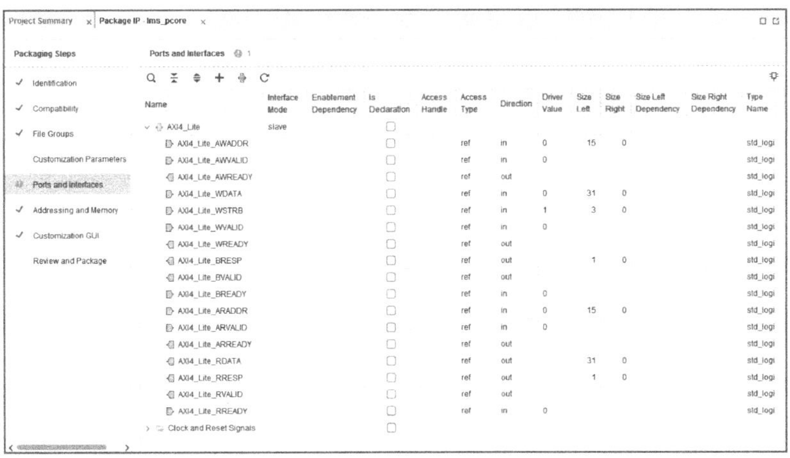

图 2-342　缺少接口信息的 AXI 信息

(26)在“Ports and Interfaces”面板中“AXI-Lite”文件夹上右击，并在弹出的菜单中选择“Auto Infer Interface”(自动推断接口)选项(图 2-343)，或者单击“IP Ports and Interfaces”窗格上端工具栏上的“Auto Infer Interface”按钮(图 2-344)，打开“Auto Infer Interface Chooser”(自动推断接口选择)对话框，选择“AXI”选项下面的“aximm_rtl”选项(图 2-345)，单击“OK”按钮。

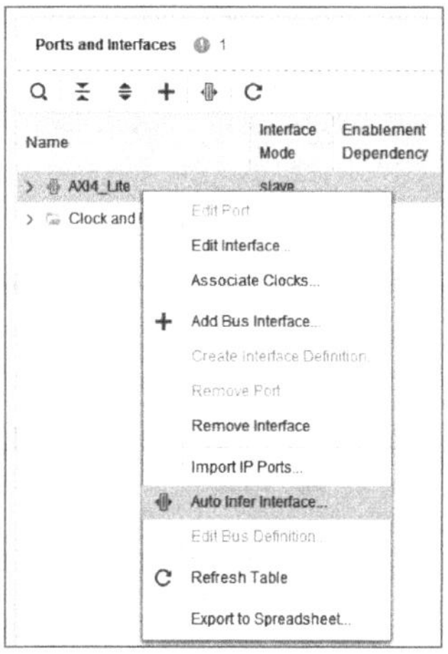

图 2-343 “Auto Infer Interface”选项

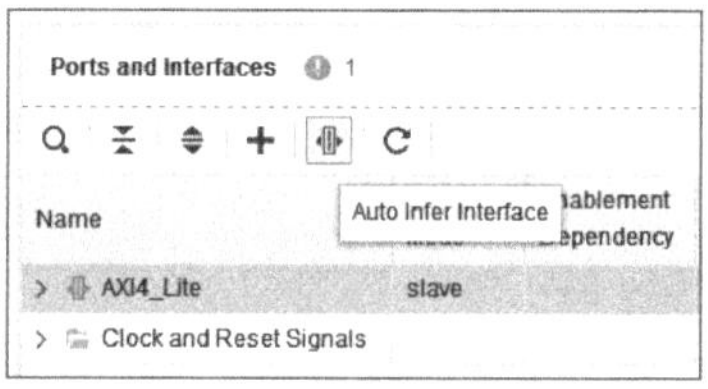

图 2-344 “Auto Infer Interface”按钮

至此，设计中的各 AXI 端口均将映射到 1 个 AXILite 接口。

(27)在“Packaging Steps”面板选择“Addressing and Memory”标签。这里，IP 封装器错误地指定了 1 个地址范围“65536”，单击“Range”域，把它改成“4096”(图 2-346)。

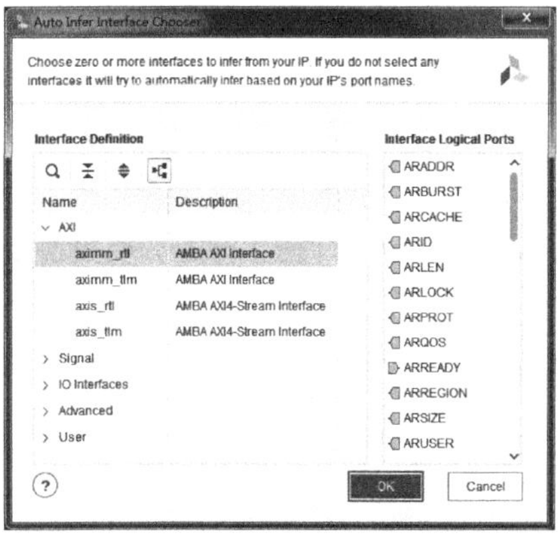

图 2-345 “Auto Infer Interface Chooser”对话框

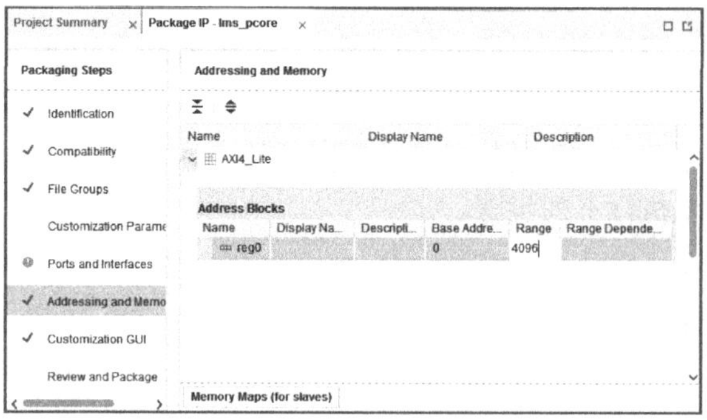

图 2-346 修改地址范围

(28)在“Packaging Steps”面板选择“Review and Package”标签，检查给出的各种信息，单击“Packager Steps”按钮。

此时会弹出对话框询问是否关闭当前工程，单击“Yes”按钮。

IP 封装完成后，Vivado 自动打开的工程被关闭，回到步骤(20)创建的 Vivado 工程。

(29)关闭 Vivado。

至此，从 Mathworks HDL 编码器生成 LMS 元件完成。通过本节应该学会：

①使用 Simulink 基于块的设计环境进行 IP 设计和仿真；

②通过 HDL 工作流程建议逐步引导，实现生成已有 Simulink 设计的 RTL 代码和 IP 核；

③在 IP 集成器中封装 HDL 编码器生成的 IP 块以便在 Vivado IP 集成器设计中使用。

2.4.4　在 Vivado HLS 中创建 IP 核

在本节中，将创建一个实现数控振荡器功能的 IP 核。下面将使用的工具是 Vivado HLS，而且将探讨一些功能，包括允许指定任意精度的定点数据类型和使用 AXI-Lite 从接口导出 IP 所需的指令、允许 IP 核与 Zynq 处理器交互等。

下面从在 Vivado HLS 创建 1 个新的工程开始。

(1) 启动 Vivado HLS。启动后将出现如图 2-347 或图 2-348 所示的欢迎界面。

图 2-347　Vivado HLS 欢迎界面(首次使用 Vivado HLS)

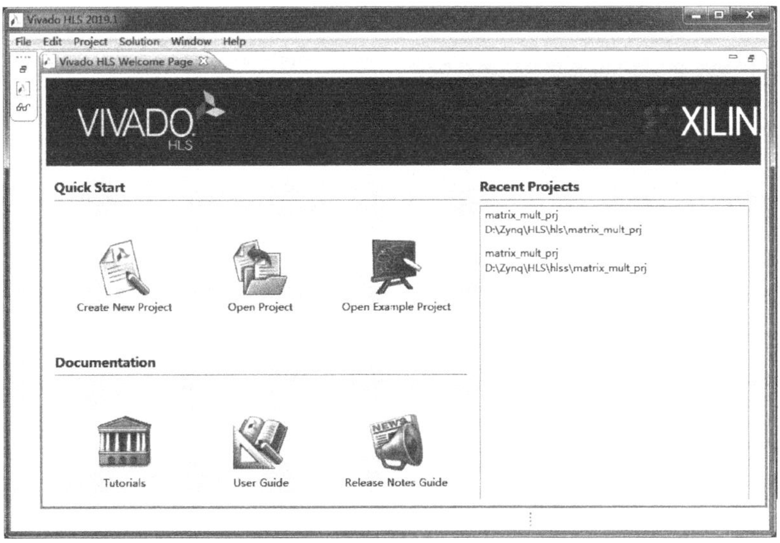

图 2-348　Vivado HLS 欢迎界面(非首次使用 Vivado HLS)

(2) 单击“Create New Project”选项，在弹出的“New Vivado HLS Project”窗口中的“Project name”文本框输入新工程名字“hls_nco”，并指定“D:\Zynq”作为工程所在位置(图 2-349)，单击“Next”按钮。

(3) 在弹出的“Add/Remove Files”界面中，“Top Function”文本框输入“nco”作为顶层函数名，单击“Add Files”按钮，打开例程源文件目录“\source\hls_nco”，选择“nco.cpp”文件，单击“Open”按钮，此时“Add/Remove Files”界面应如图 2-350 所示。单击“Next”按钮。

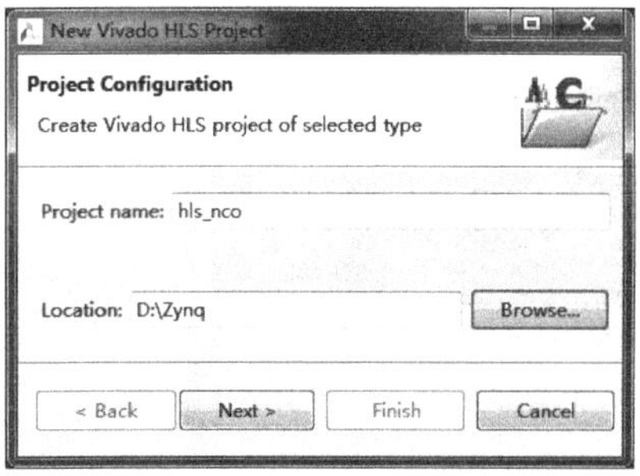

图 2-349　“New Vivado HLS project”窗口

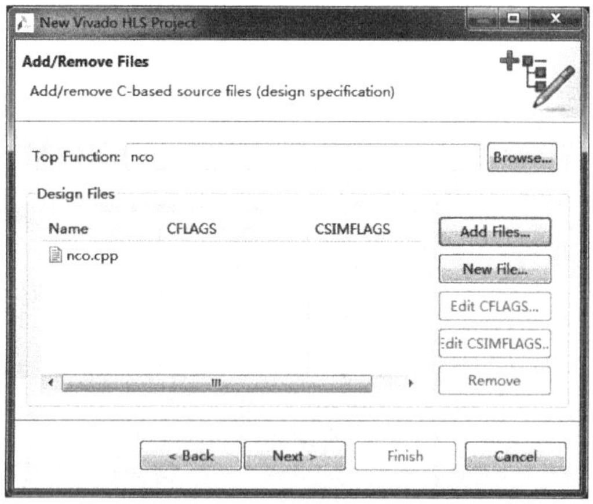

图 2-350　添加源文件

(4) 此时出现第 2 个“Add/Remove Files”界面，在这里可以将基于 C 的测试台文件添加到工程中，也可以新建测试台文件。单击“Add Files”按钮，打开例程源文件目录“\source\hls_nco”，选择“nco_tb.cpp”文件，单击“Open”按钮，将测试台文件添加到工程中(图 2-351)。单击“Next”按钮。

(5) 在“Solution Configuration”界面中保持“Solution Name”不变，将“Clock”区域中的“Period”设置成“10”(图 2-352)。

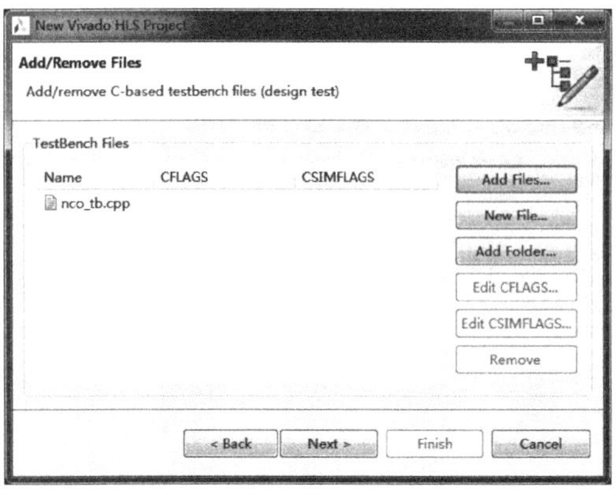

图 2-351　添加测试台文件

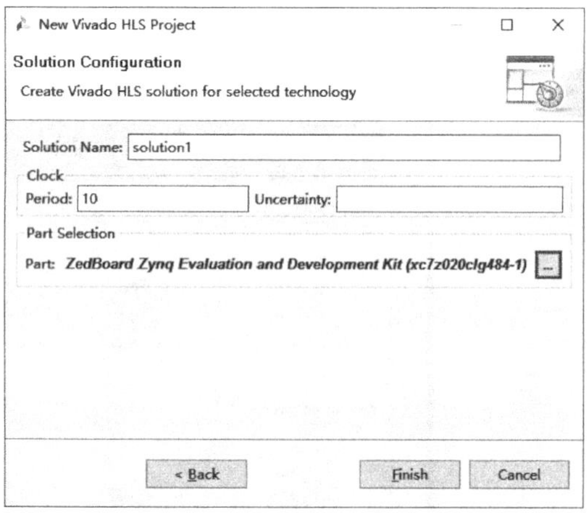

图 2-352　“Solution Configuration”界面

单击“Part Selection”区域右侧的“...”按钮，

①如果使用的是 ZedBoard 开发板：从弹出的“Device Selection Dialog”对话框中选择

“Boards”选项，并从“Display Name”下拉列表中选择“ZedBoard Zynq Evaluation and Development Kit”选项，单击“OK”按钮。

②如果使用的是 Zybo 开发板：从弹出的“Device Selection Dialog”对话框中选择“Parts”选项，在“Filter”区域输入过滤参数：“Package”选“clg400”，“Family”选“zynq”，“Speed grade”选“–1”，“Sub-Family”选“zynq-7000”，“Temp grade”选“c”，然后从下面的过滤结果中选择“xc7z010clg400-1”，单击“OK”按钮。

(6) 此时又回到了如图 2-352 所示的“Solution Confi-guration”界面，单击“Finish”按钮，关闭新建工程向导，生成工程，并在综合模式下打开其工作空间(图 2-353)。

在“Explorer”标签页中展开“Source”和“Test Bench”部分，可以显示前面步骤中包含的源文件和测试文件。双击这些文件可在编辑器视图中打开它们进行检查和编辑。

(7) 双击源文件“nco.cpp”。

“nco.cpp”源文件第一行的包含语句包含了头文件“ap_fixed.h”，这是任意精度定点库，它增加了对 C++中定点数据类型使用的支持。

接下来是一个全局常量声明，它给出了 1 个包含 2^{12}=4096(个)元素的数组：

```
const ap_fixed<16,2> sine_lut[4096] = { … }
```

这构成 1 个正弦波(sin)查找表，它是一个 ap_fixed<16,2>类型的数组，每 1 个值均为带符号的 16 位定点数，其中整数位 2 位，小数位 14 位。

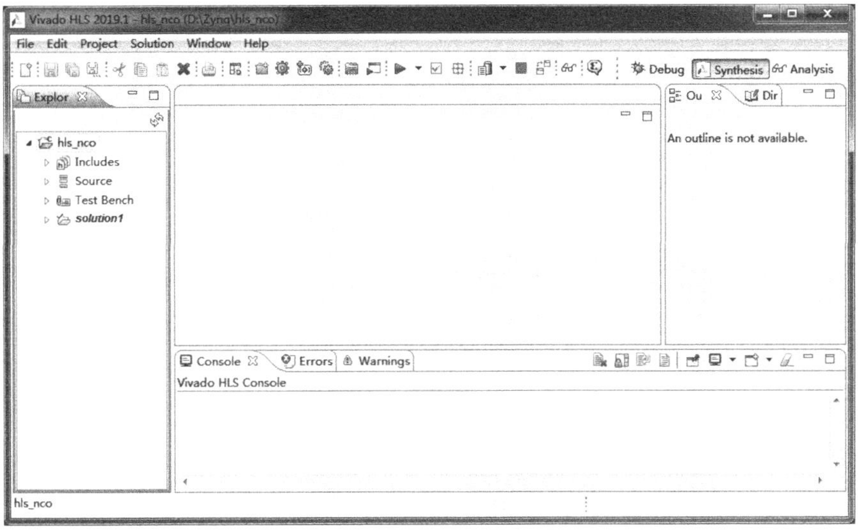

图 2-353　工作空间的综合模式视图

有关 Vivado HLS 中的定点数类型的更多信息可在“Zynq Book”中的“Chapter15 -Vivado HLS: A Closer Look”找到。

数控振荡器(NCO)的功能包含在函数 nco( )中：

```
void nco (ap_fixed<16,2> *sine_sample, ap_ufixed<16,12> step_size)
```

它有 2 个参数：

①*sine_sample——指向 1 个 16 位带符号定点变量的指针，形成 NCO 的输出样本；

②step_size——16 位无符号定点值，它给出了 NCO 的步长输入。

(8) 双击测试台文件“nco_tb.cpp”，它的目的是确保基于 C 的源代码“nco.cpp”功能正确。

这是 1 个很简单的文件，它先以“写”模式打开文件，以便允许输出正弦样本。然后，它在 1 个 for 循环中调用 nco( ) 函数产生有限数量的正弦样本，并将其输出到文本文件。

该文本文件被指定为一种特别的格式，它使得特别容易将样本导入到 MATLAB 进行模拟。

注意：输出文件位置由下列语句给出：

```
char *outfile = "D:\\Zynq\\nco_sine.m";
```

根据需要可以将其更改为所需的其他位置。

下面将运行 C 模拟。

(9) 从工具栏单击“Run C Simulation”按钮运行 C 模拟过程，在弹出的“C Simulation Dialog”对话框中保持默认选项(没有复选框被选中，没有输入参数)，单击“OK”按钮，开始进行 C 模拟。

在模拟过程中，屏幕底端的控制台陆续出现各种消息(图 2-354)。

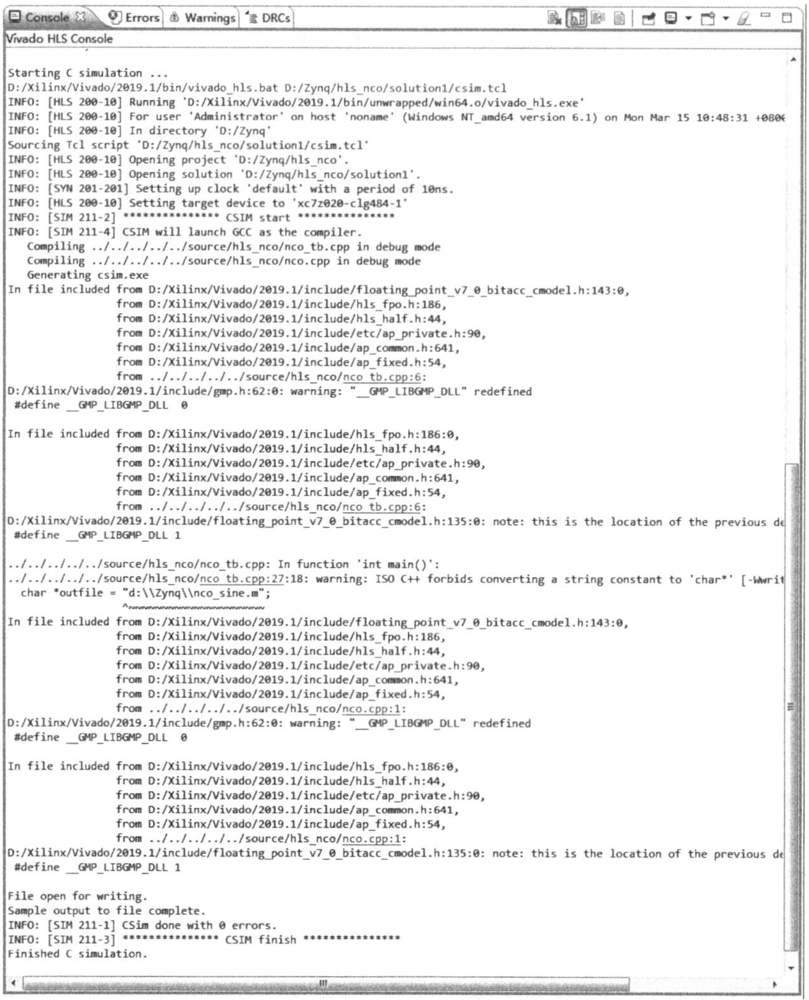

图 2-354　模拟中的控制台消息

模拟结束时工作区会打开 1 个新标签页“nco_csim.log”给出模拟日志消息(图 2-355)。

由 NCO 产生的正弦波样本此时已经输出到此前指定的目录位置。

如果愿意，可使用输出文件将正弦波样本导入 MATLAB，以验证 NCO 已正确生成正弦波。

在 2.3 节已经介绍了 Vivado HLS 的工作过程，具体步骤可参考前面的内容。本节默认已经对 Vivado HLS 有一定的了解。

由于需要允许 NCO 外设由 Zynq PS 控制，所以必须给它一个接口。这可以使用用于简单数据传输的如 AXI 或 GPIO 等各种接口来实现，这里使用 AXI，并通过使用指令在 Vivado HLS 中完成。

(10) 确保“nco.cpp”是当前的活跃源文件，打开工作区右侧的“Directive”标签页(图 2-356)。

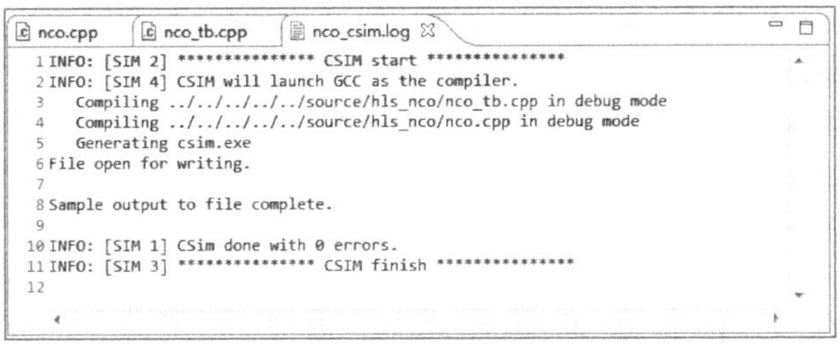

图 2-355　模拟日志消息

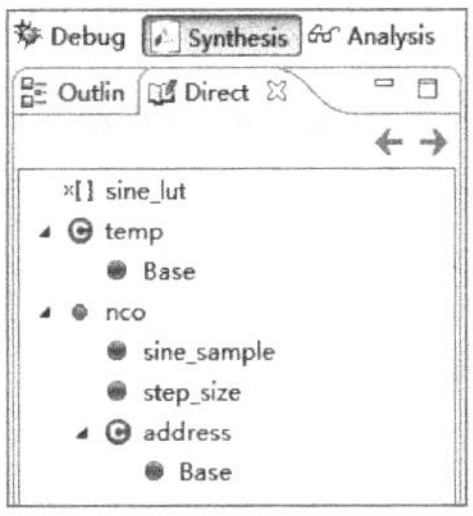

图 2-356　“Directive”标签页

首先定义 NCO 接口为 1 个 AXI-Lite 从接口。

(11) 在“Directive”标签页中右击“nco”文件夹并选择“Insert Directive”选项(图 2-357)，打开“Vivado HLS Directive Editor”对话框。

(12) 在“Vivado HLS Directive Editor”对话框中，从“Directive”区域中的下拉列表选择“INTERFACE”选项，在“Destination”区域选择“Directive File”单选按钮，从“Options”区域的“mode (optional)”下拉列表选择“s_axilite”选项(图 2-358)，单击“OK”按钮。

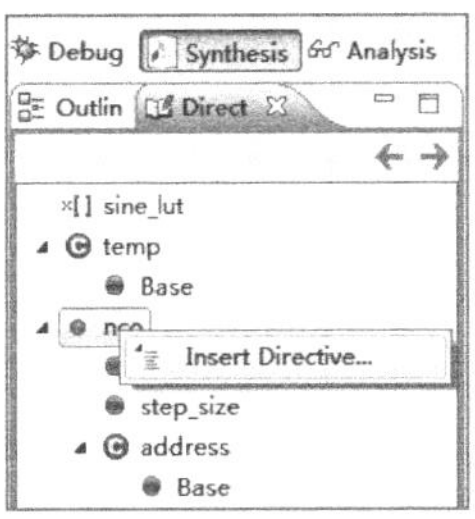

图 2-357　插入指令

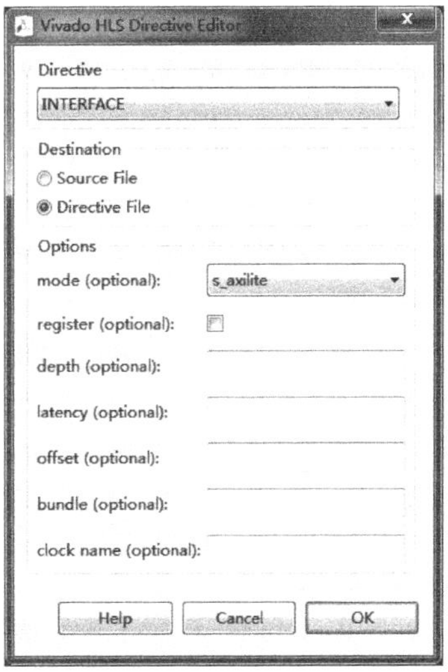

图 2-358　定义 AXI-Lite 从接口

下面要定义 NCO 有 1 个 ap_ctrl_none 接口，以删除不需要的控制信号。

(13) 在“Directive”标签页中右击“nco”文件夹并选择“Insert Directive”选项，打开“Vivado HLS Directive Editor”对话框，从“Directive”区域中的下拉列表选择“INTERFACE”选项，在“Destination”区域选择“Directive File”单选按钮，从“Options”区域中的“mode (optional)”下拉列表选择“ap_ctrl_none”选项，单击“OK”按钮。

最后要定义 2 个变量 sine_sample 和 step_size 作为 AXI-Lite 从接口的端口。

(14) 在“Directive”标签页中右击“sine_sample”文件夹并选择“Insert Directive”选项，打开“Vivado HLS Directive Editor”对话框，从“Directive”区域中的下拉列表选择“INTERFACE”选项，在“Destination”区域选择“Directive File”单选按钮，从“Options”区域中的“mode (optional)”下拉列表选择“s_axilite”选项，单击“OK”按钮。

(15) 为变量 step_size 重复上述操作。

上述操作完成后“Directive”标签页如图 2-359 所示，现在可以运行 HLS 了。

(16) 单击工具栏的“Run C Synthesis”按钮 ▶ 运行 C 综合。

若弹出对话框询问是否保存文件并继续综合 (图 2-360)，单击“Yes”按钮。

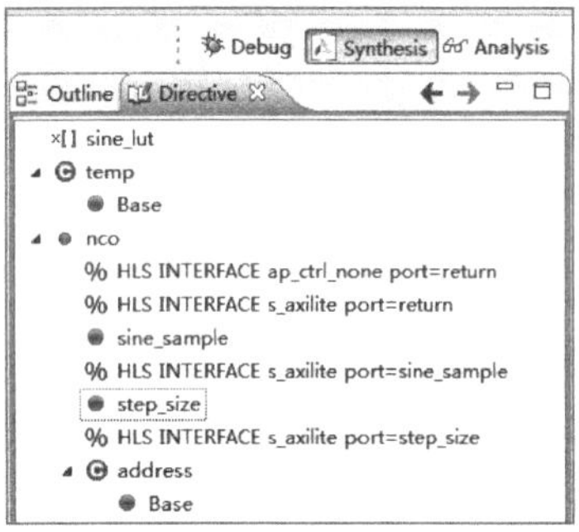

图 2-359　插入指令完成后的“Directive”标签页

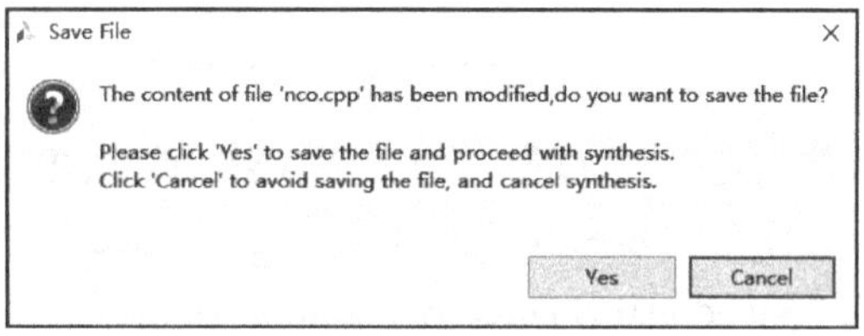

图 2-360　“Save File”对话框

C 综合结束后会新建并打开 1 个“Synthesis (solution1)”标签页，可以在这里查看综合结果。

(17) 单击工具栏的“Export RTL”(导出 RTL) 按钮，打开“Export RTL”对话框 (图 2-361)。

在“Export RTL”对话框中“Format Selection”区域的下拉列表中选择“IP Catalog”选项。

此时，单击该下拉列表右侧的“Configuration”按钮将打开“IP Identification Dialog”对话框 (图 2-362)，在此可编辑 IP 标识数据。这里暂不编辑，单击“OK”按钮关闭“IP Identification Dialog”对话框。

另外，IP 核可以使用 VHDL 或者 Verilog 创建，Vivado 能够综合混合硬件语言。这里保持默认选项使用 Verilog。

(18) 单击“OK”按钮生成 IP 核。

RTL 生成后，在“Explorer”标签页中“solution1”文件夹下将出现 1 个名为“impl”的文件夹 (图 2-363)。

这个文件夹下包含了含有所生成的 IP 封装信息的“ip”子文件夹。浏览“ip”文件夹的内容。

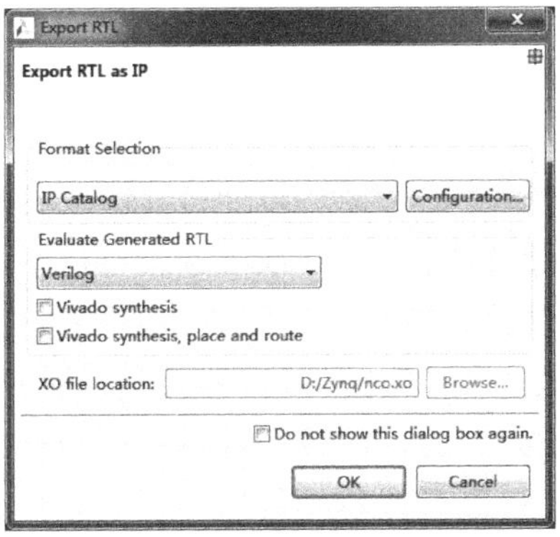

图 2-361 “Export RTL”对话框

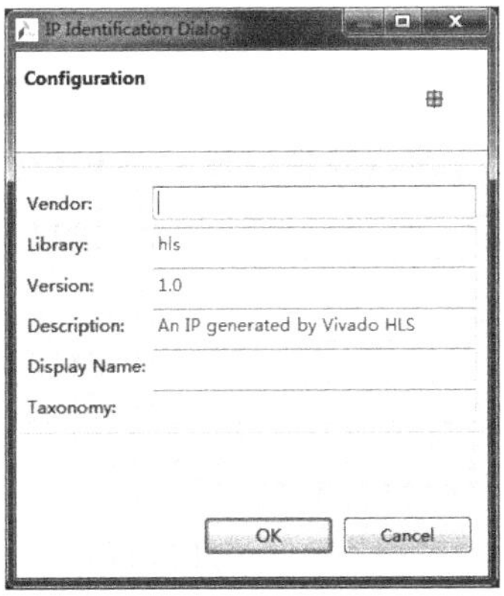

图 2-362 “IP Identification Dialog”对话框

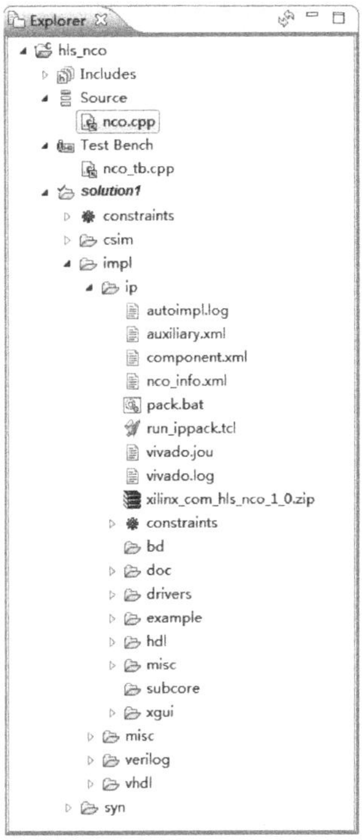

图 2-363 “impl”文件夹

(19) 关闭 Vivado HLS。

IP 生成以后，下一步是使 1 个 IP 集成器设计包含它，这些将在 2.5 节中完成，但是为便于以后参考，值得在此简要介绍它是如何实现的。

为了在 IP 集成器中包含 HLS 生成的 IP，首先必须将其添加到 Vivado IP 目录中。为此，需将 HLS 的输出添加到 IP 库，这可通过将 HLS 生成的输出目录添加到现有的 IUP 库目录中，或者通过创建新的库来实现。这两种情况下，目录都是一样的。本例中，这个目录是“D:\Zynq\hls_nco\solution1\impl\ip”。

至此，以 IP 集成器兼容的 AXI-Lite 块形式生成 NCO 元件全部结束。通过本节应该学会：

(1) 在 Vivado HLS 设计中指定导出 RTL 控制接口的指令；

(1) 为设计指定 AXI4 接口，以便 Vivado HLS 系统能轻易连接到 Zynq PS；

(3) 以与 Vivado IP 目录和 IP 集成器兼容的 IP 核方式输出 Vivado HLS 设计。

2.5　软硬件协同设计综合实验

在本节实验中，将把前面实践中创建的所有自定义 IP 模块以及 Vivado IP 目录中的其他 IP 放到一起，创建一个 Zynq 开发板上实现的 DSP 系统(请注意，所有此设计所需的 IP 也另外提供)。为了保持连续性，本实验仍然基于 Vivado 2019.1 进行，实验中将介绍用于控制 Zynq 开发板上音频编解码器的 IP 以及对 IP 集成器设计进行的所有修改，还将在 SDK 中开发一个配置所有 IP 模块并控制它们与 PS 之间的交互的软件应用程序。

实验被分成 3 个练习，其组织如下。

2.5.1 节的重点是将所有定制 IP 模块导入到 Vivado IP 目录中以便将其包含在 IP 集成器 DSP 设计中，在此过程中将浏览各 IP 块及其可定制的参数。

2.5.2 节将介绍 Zynq 开发板上的音频编解码器以及一些预封装的 IP，这些 IP 实现了发送 1 个音频样本到音频编解码器或从音频编解码器接收音频样本的 I^2C 串行通信，而音频样本则通过将 1 个标准 AXI-Lite 连接在 PL 和 PS 之间进行传递。为了使用音频编解码器，必须对 Zynq PS 做一系列修改，如包含第 2PL 结构时钟(Fabric Clock)驱动编解码器、启用用于 PS 和编解码器之间控制信号通信的 I^2C 接口。

为了将设计中的外部接口映射到 Zynq 器件的物理引脚上，必须新建 1 个 Xilinx 设计约束(Xilinx Design Constraints，XDC)文件并将其包含进设计中，这就告诉了 Vivado 中的综合与实现过程到哪里去寻找外部接口信号。在生成最终设计的硬件之前将介绍 XDC 文件的格式。

2.5.3 节将把 2.5.2 节生成的最终设计导出到 SDK 中进行软件开发。这里将创建控制各种定制 IP 模块、PS 以及音频编解码器间交互的应用程序，还将在创建并在 Zynq 开发板上运行应用程序进行测试之前介绍各种软件驱动文件。

注意：2.5.3 节需要能够通过 UART 终端发送键盘命令到 Zynq PS，为此必须使用第三方终端程序。本书使用 PuTTY，可以通过下列链接免费下载它：

http://www.chiark.greenend.org.uk/~sgtatham/putty/download.html

要下载独立可执行文件，从“Binaries”部分选择“putty.exe”文件进行下载。

另外，完成最终实验还需要 1 根音频连接线，它能够将计算机的音频输出与 Zynq 开发板的音频输入连接起来。

2.5.1 导入自定义 IP 到 Vivado IP 目录

本节专注于导入现有定制 IP 到 Vivado IP 目录中，下面将导入前面创建的各 IP 块。

下面从创建 1 个新的 Vivado 工程开始。

(1) 启动 Vivado，在“D:\Zynq”目录创建 1 个名为“adventures_with_ip”的新 RTL 工程，确认“Create project subdirectory”选项被选中，选择“Verilog”作为目标语言，并选择相应的 Zynq 开发板。

(2) 从“Flow Navigator”面板的“PROJECT MANAGER”部分选择“IP Catalog”命令。

此时工作区中打开“IP Catalog”标签页(图 2-364)。

为了将前面的定制 IP 导入到 IP 目录，需要增加 1 个新的软件库到 IP 目录中。

在 2.4.1 节中已经添加了 IP 库路径“D:\Zynq\ip_repo”，而且 2.4.1 节创建的 LED 控制器 IP 核“led_controller_v1.0”已经在这个库中了。下面要把 2.4.3 节、2.4.4 节创建的 IP 核也添加进去。

(3) 将“D:\Zynq\hdl_coder_lms\hdl_prj\ipcore\lms_pcore_v1_00_a”中的压缩文件“****_user_lms_ pcore_1.0.zip”复制到“D:\Zynq\ip_repo”中。

注意：这里的压缩文件名字中的“****”部分是创建这个 IP 核所使用的计算机的网络域名(本书中这部分内容是“xilinx.com”，相关信息参见图 2-249)。

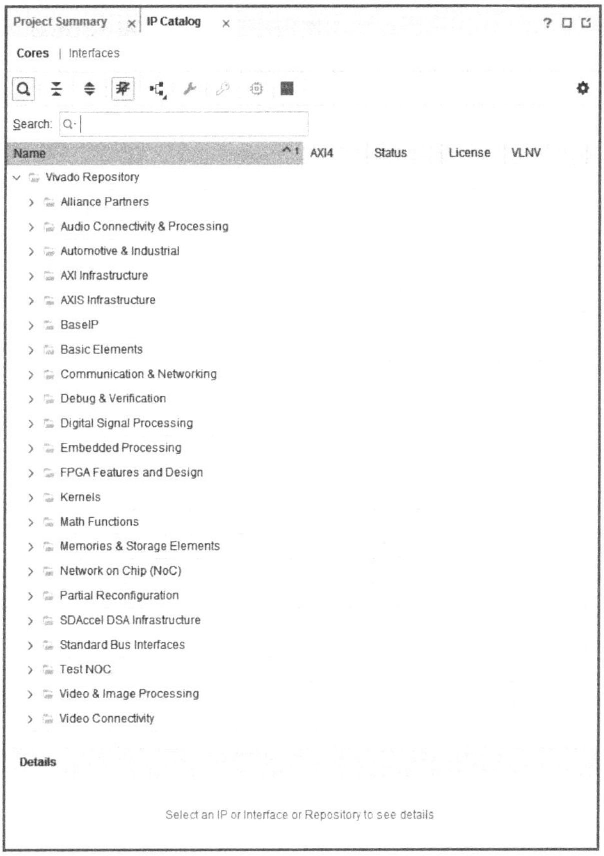

图 2-364 Vivado IP 目录

(4)将“D:\Zynq\hls_nco\solution1\impl\ip”中的压缩文件“xilinx_com_hls_nco_1_0.zip”复制到“D:\Zynq\ip_repo”中。

(5)完成复制自定义的 IP 核源文件到库目录后，下面需要将另一个 IP 核源文件添加到库中，这是 1 个已有的 IP 核，它控制 Zynq 开发板上的音频编解码器。

①如果使用的是 ZedBoard 开发板，将“\source\zedboard\adventures_with_ip_integrator\ip”中的压缩文件“zed_audio_ctrl.zip”复制到“D:\Zynq\ip_repo”中。

②如果使用的是 Zybo 开发板，将“\source\zybo\adventures_with_ip_integrator\ip”中的压缩文件“xilinx_com_zybo_audio_ctrl_1.0.zip”复制到“D:\Zynq\ip_repo”中。

事实上，在“\source\zedboard\adventures_with_ip_integrator\ip”(使用 ZedBoard 开发板时)或者“\source\ zybo\adventures_with_ip_integrator\ip”(使用 Zybo 开发板时)中可以找到本实验所需的所有 IP 核源文件，即使没有完成 2.4 节中的实验，只需要将它们复制到指定的库目录也可以完成本实验。

现在，已经创建了 IP 库目录，并且已经添加了所有所需 IP 核的源文件。下面可以将库添加到 IP 目录中。

(6)在工作区“IP Catalog”标签页中“Vivado Repository”文件夹上右击，在弹出的菜单中选择“IP Settings”(IP 设置)选项(图 2-365)，打开“Settings”对话框，从左侧面板的“Project Settings”部分展开“IP”子文件夹，选择“Repository”选项(图 2-366)。

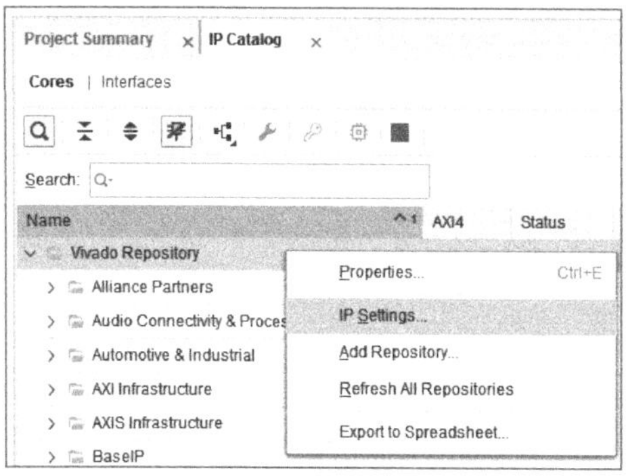

图 2-365　选择“IP Settings”选项

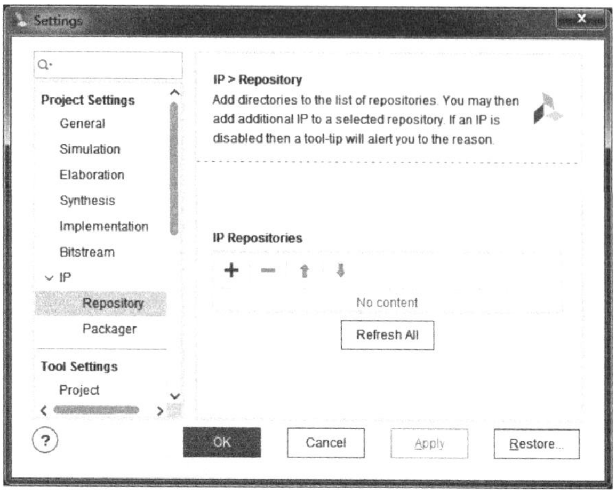

图 2-366　“Settings”对话框

(7) 单击“IP Repositories”面板的添加按钮✚，在打开的“IP Repositories”对话框中的“Directory”文本框中输入“D:\Zynq\ip_repo”(图 2-367)，单击“Select”按钮，将库加入到IP 目录中。此时弹出“Add Repository”(添加库) 对话框，提示已经将 1 个库添加到工程中。展开“IPs”子文件夹，可以看到已经添加进来的是“led_controller_v1.0”和“led_controller_try_v1.0”库(图 2-368)，这就是在 2.4.1 节和 2.4.2 节中创建的 IP。注意：本实验仅使用“led_controller_v1.0”，因此后面不再讨论“led_controller_try_v1.0”。

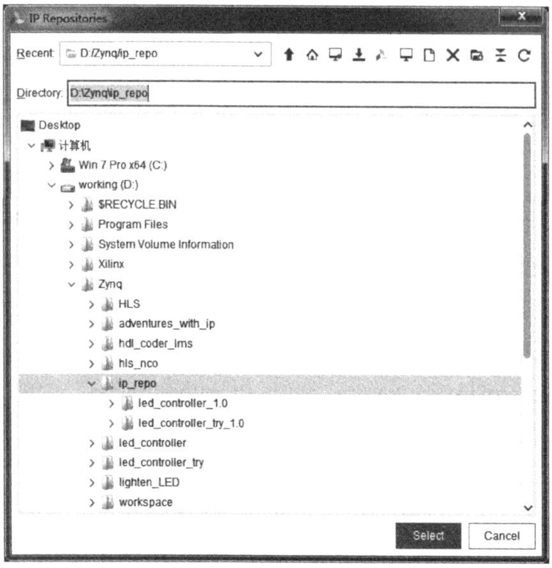

图 2-367　选择 IP 库路径

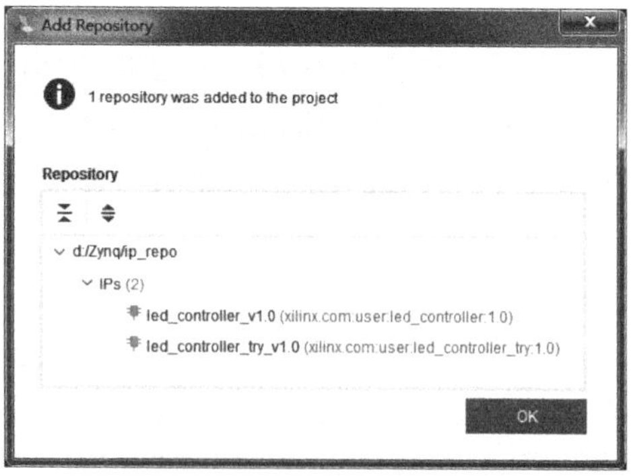

图 2-368　“Add Repository”对话框

“led_controller_v1.0”已经被添加进来了，但是其他的库并没有自动添加进来，是因为只有“led_controller_v1.0”的源文件不是压缩包格式。

单击“OK”按钮关闭“Add Repository”对话框.

单击“OK”按钮关闭“Settings”对话框。

下面需要通过解压缩方式将其他 IP 核的源文件添加进来。

(8) 在工作区“IP Catalog”标签页中“User Repository (d:/Zynq/ip_repo)”文件夹上右击，在弹出菜单中选择“Add IP to Repository”选项(图 2-369)，打开“Select IP To Add To Repository”对话框(图 2-370)。

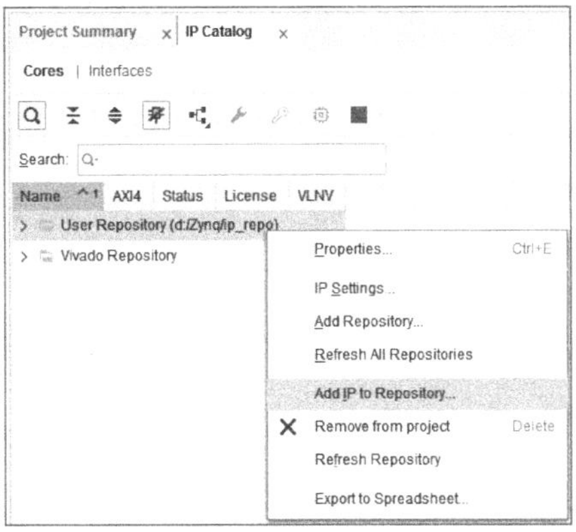

图 2-369　选择“Add IP to Repository”选项

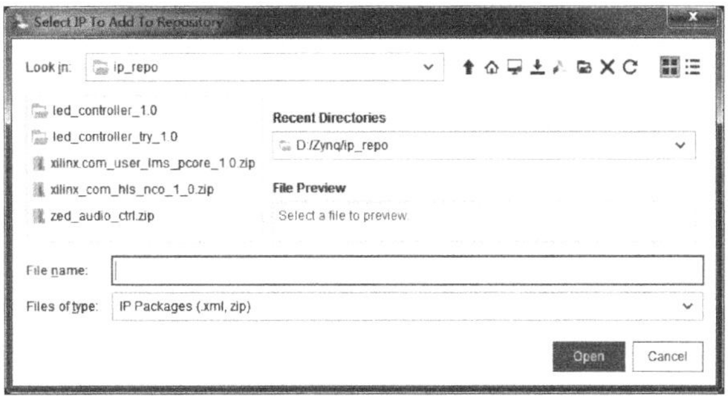

图 2-370　“Select IP To Add To Repository”对话框(以使用 ZedBoard 开发板为例)

(9) 选择“xilinx.com_user_lms_pcore_1.0.zip”文件(图 2-371)，单击“OK”按钮，这将把压缩的 IP 源文件展开成库中可以使用的格式。

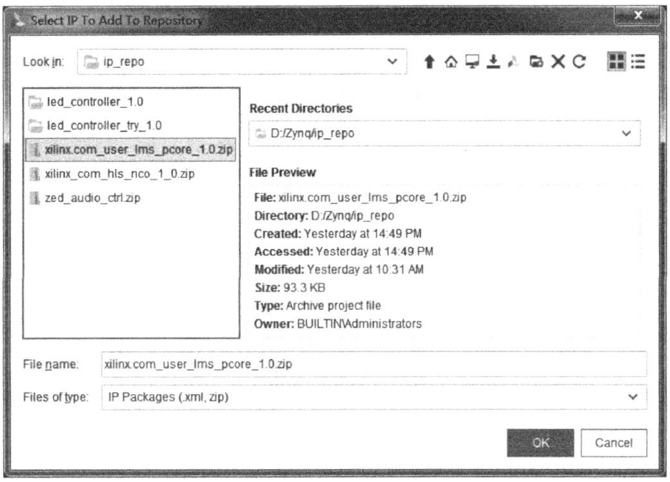

图 2-371　添加压缩的 IP 源文件

重复上述操作，依次将“xilinx_com_hls_nco_1_0.zip”、“zed_audio_ctrl.zip”(使用 ZedBoard 开发板时)或“xilinx_com_zybo_audio_ctrl_1.0.zip”(使用 Zybo 开发板时)展开。

经过上述操作以后，“User Repository”目录将显示 4 种来自不同方式创建的 IP 核，展开文件夹可以看到它们其实就是前面所添加的 IP 核(图 2-372)。

所有 IP 核添加到 IP 目录后，下面将创建 1 个使用前面所有 IP 核的 IP 集成器块。

(10) 在“Flow Navigator”面板的“IP INTEGRATOR”部分选择“Create Block Design”命令，在“Create Block Design”对话框中的“Design name”文本框输入设计名字“ip_design”，单击“OK”按钮。

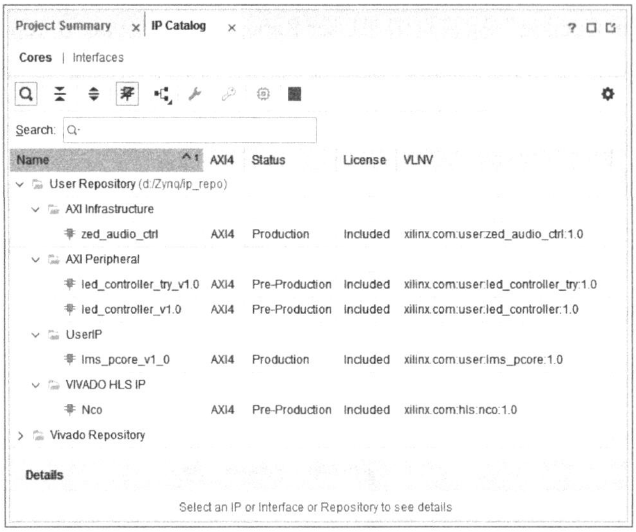

图 2-372　用户库中的 IP 核(以使用 ZedBoard 开发板为例)

(11) 依次在画布上添加“led_controller_v1.0”、“Nco”和“lms_pcore_v1_0”的 1 个实例。

这里分别添加了 2.4 节创建的 3 个定制 IP 块，但是没有添加音频控制器 IP 块，这个将是 2.5.2 节讨论的重点之一。

为了连接并控制所有的 IP 块，需要添加 1 个 Zynq 处理器。

(12) 在画布上添加“ZYNQ7 Processing System”的 1 个实例。

(13) 在框图窗口上端的“Designer Assistance”消息中选择“Run Block Automation”信息提示条，确保选中“Apply Board Preset”复选框，单击“OK”按钮，生成用于 DDR 和 FIXED_IO 接口的外部接口，并应用相关的板上复位。

由于此前在新建工程时已经指定目标开发板，Vivado 将相应地配置 Zynq 处理器块。

下面需要为 3 个 IP 块分别运行连接自动化，将它们通过 AXI 连接块分别与 Zynq7 处理器块相连。

(14) 在框图窗口上端的“Designer Assistance”消息中单击“Run Connection Automation”信息提示条，在“Run Connection Automation”对话框中选中“All Automation (4 out of 4 selected)”复选框(图 2-373)，单击“OK”按钮。

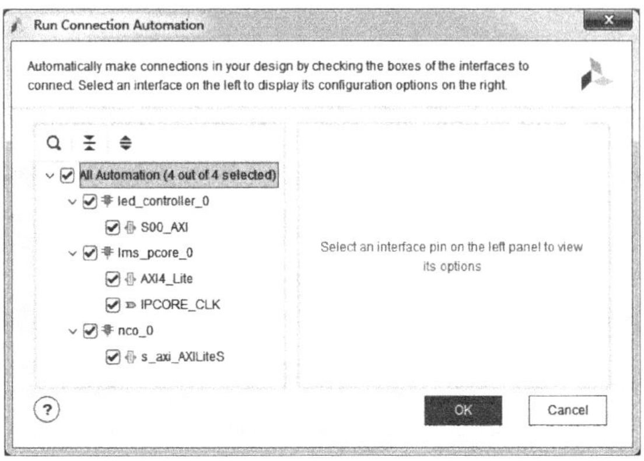

图 2-373　对所有块运行连接自动化

跟前面的实验一样，为了让 LED 控制器块控制板上的 LED 灯，需要将 LEDs_out 端口引出来。

(15)将鼠标指针悬停在 led_controller 块的 LEDs_out 接口上，直到鼠标指针变成铅笔形状，右击并从弹出的菜单选择“Make External”选项，或者单击 led_controller 块的 LEDs_out 接口，然后使用快捷键 Ctrl+T。

①如果使用 ZedBoard 开发板，此时当前的块设计框图类似图 2-374 所示(布局可能不同，但是块以及块间连接应该一样)。

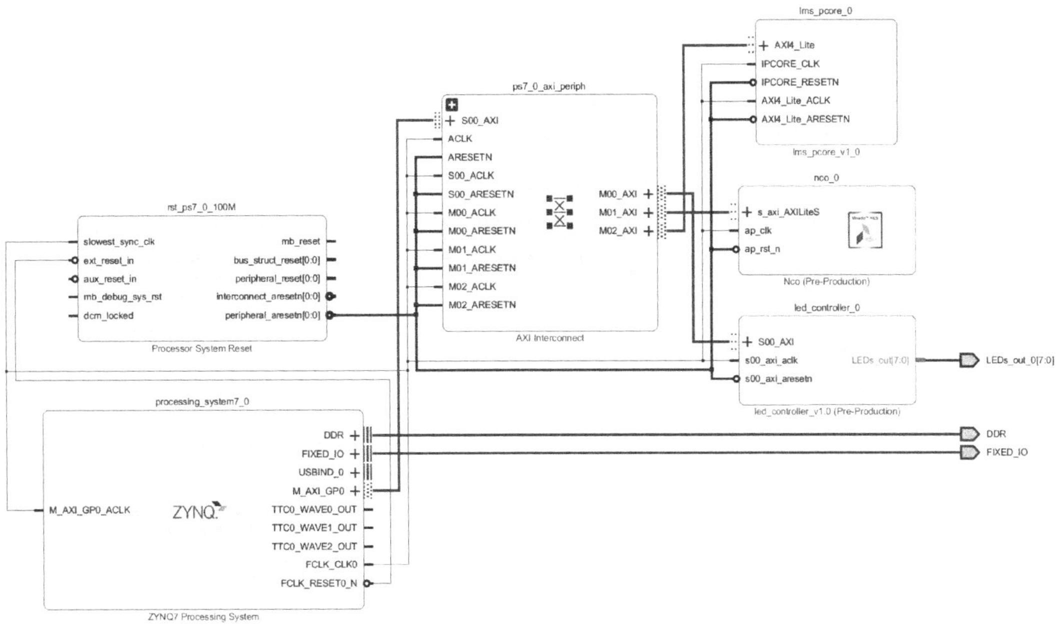

图 2-374　添加音频编解码器之前的块设计——使用 ZedBoard 开发板时

②如果使用 Zybo 开发板，此时当前的块设计框图类似图 2-375 所示(布局可能不同，但是块以及块间连接应该一样)。

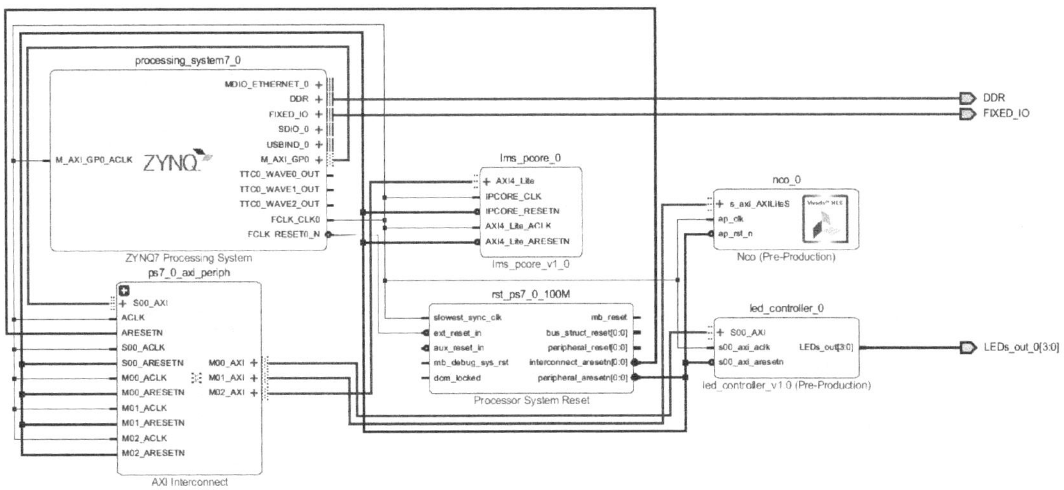

图 2-375　添加音频编解码器之前的块设计——使用 Zybo 开发板时

后面的操作是添加和配置音频控制器 IP 块，这将在 2.5.2 节中讨论，导入自定义 IP 到 Vivado IP 目录到此结束。通过本节应该学会：

(1) 添加 IP 库到 Vivado IP 目录；

(2) 导入并添加压缩的 IP 文件到自定义 IP 库；

(3) 向 Vivado IP 集成器块设计添加自定义 IP。

注意：不要关闭当前的 Vivado 工程，下一个练习将继续使用它。

2.5.2　向 Vivado IP 集成器设计中添加音频编解码器

本节将聚焦于向已有 Vivado IP 集成器设计中添加 1 个音频控制器 IP 核实例，以及为了在开发板上使用音频编解码器对 Zynq 处理器块所做的修改，这些修改包括添加 1 个第 2 PL 结构时钟和启动用于 Zynq PS 与编解码器之间控制信号通信的 I^2C 接口。

下面从向块设计添加 1 个音频控制器 IP 核实例开始。

(1) 在 Vivado IP 集成器框图画布空白处任意位置右击，在弹出的菜单中选择“Add IP”选项，或者在画布上方工具栏中选择“Add IP”按钮，在弹出的 IP 目录界面的“Search”文本框输入“audio”。

①如果使用的是 ZedBoard 开发板：

选择“zed_audio_ctrl”并双击，向设计中添加 1 个“zed_audio_ctrl”实例。

在框图窗口上端的“Designer Assistance”消息中单击“Run Connection Automation”信息提示条，建立 Zynq PS 块和 zed_audio_ctrl_0 块之间的初始连接。

运行连接自动化之后，会发现 zed_audio_ctrl_0 块还有 4 个未连接的端口，它们是需要引出来以便连接到 ZedBoard 音频编解码器物理引脚的。

将鼠标指针悬停在 zed_audio_ctrl_0 块的未连接的端口上，直到鼠标指针变成铅笔形状，右击并从弹出的菜单选择“Make External”选项，或者单击这些端口，然后使用快捷键 Ctrl+T。

②如果使用的是 Zybo 开发板：

选择“zybo_audio_ctrl”并双击，向设计中添加 1 个“zybo_audio_ctrl”实例。

在框图窗口上端的“Designer Assistance”消息中单击“Run Connection Automation”信息提示条，建立 Zynq PS 块和 zybo_audio_ctrl_0 块之间的初始连接。

运行连接自动化之后，会发现 zybo_audio_ctrl_0 块还有 5 个未连接的端口，它们是需要引出来以便连接到 Zybo 音频编解码器物理引脚的。

将鼠标指针悬停在 zybo_audio_ctrl_0 块的未连接的端口上，直到鼠标指针变成铅笔形状，右击并从弹出的菜单选择“Make External”选项，或者单击这些端口，然后使用快捷键 Ctrl+T。

下面对 Zynq7 PS 块做必要的修改。

(2) 双击 ZYNQ7 Processing System 块，打开“Re-customized IP”对话框(图 2-376)。

这个视图允许对 Zynq PS 的配置做出修改。由于 IP 集成器是开发板敏感的，设定开发板以后，许多基本配置已经自动设置好了，但是当使用音频编解码器的时候还有一些配置必须做出修改。

因为在音频编解码器上的 MCLK 引脚需要 1 个单独的时钟，首先添加 1 个第 2 PL 结构时钟。

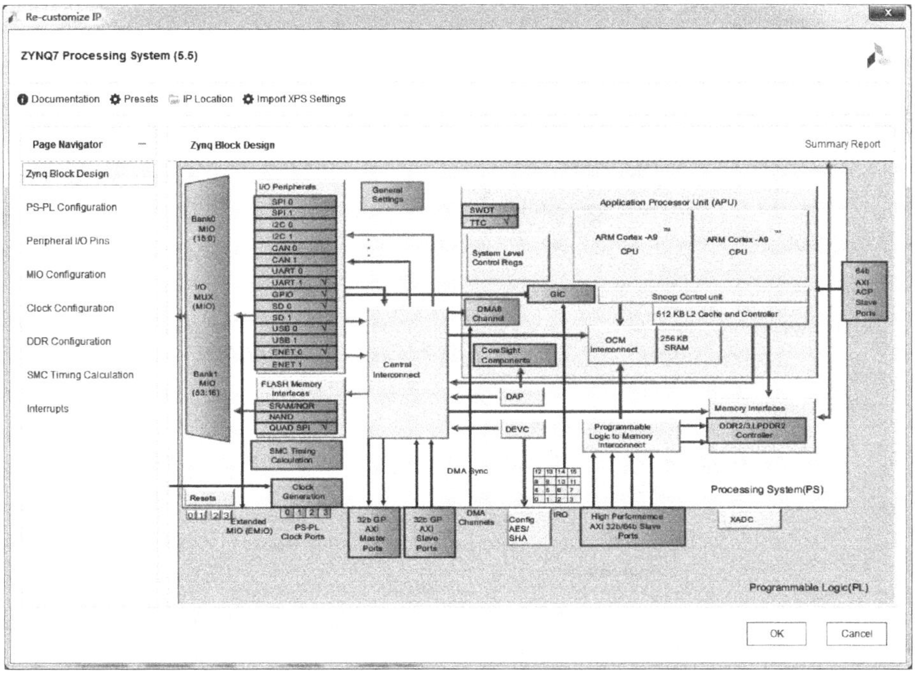

图 2-376　Zynq PS 的“Re-customized IP”对话框

(3) 在“Page Navigator”面板单击“Clock Configuration”标签，在“Clock Configuration”面板展开“PL Fabric Clocks”文件夹，选中“FCLK_CLK1”复选框允许这一时钟。

如果使用的是 ZedBoard 开发板，将“FCLK_CLK1”的“Requested Frequency”改为“10.000000”(图 2-377(a))；如果使用的是 Zybo 开发板，将“FCLK_CLK1”的“Requested Frequency”改为“12.288”(图 2-377(b))。

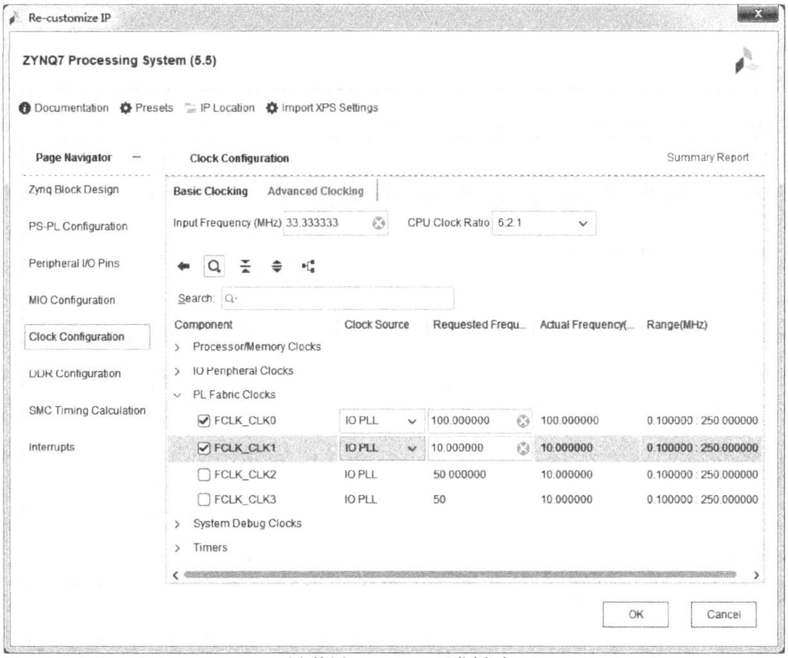

(a) 使用 ZedBoard 开发板时

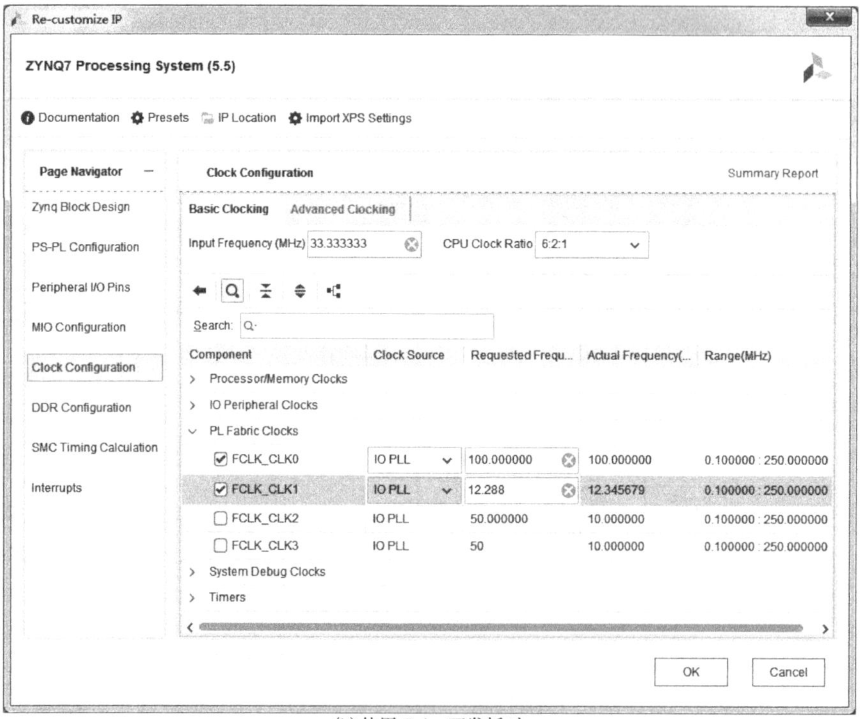

(b) 使用 Zybo 开发板时

图 2-377 添加 PL 结构时钟

下面需要配置 Zynq PS 的 1 个 I^2C 通信接口以允许 PS 与音频编解码器通信。

(4) 在“Page Navigator”面板选择“MIO Configuration”标签。

这个配置视图可以允许或禁止 PS 外设。PS 外设可通过设备上的专用多路复用 I/O (Multiplexed I/Os，MIO) 或指向 PL 结构的扩展多路复用 I/O (Extended Multiplexed I/Os，EMIO) 寻址。

由于需要与音频编解码器进行通信 (音频编解码器连接到 Zynq 设备的结构引脚上)，因此下面将通过 EMIO 对 I^2C 信号进行寻址。

(5) 在“MIO Configuration”面板展开“I/O Peripherals”文件夹，选择“I2C 0”复选框。此时，将为输入/输出自动选择“EMIO”选项 (图 2-378)。

至此，不需要再对 Zynq PS 做其他修改了。

(6) 单击“OK”按钮关闭“Re-customize IP”对话框。

此时，画布信息将自动更新，ZYNQ7 处理系统块多了 2 个新的接口 IIC_0 和 FCLK_ CLK1。由于这些接口是用于驱动位于开发板上 (即在 Zynq 器件外部) 的音频编解码器信号的，必须将它们引出来。

(7) 将鼠标指针分别悬停在 processing_system7_0 块的接口 IIC_0 和 FCLK_CLK1 上，直到鼠标指针变成铅笔形状，右击并从弹出的菜单选择“Make External”选项，或者单击这些接口，然后使用快捷键 Ctrl+T。

最后需要添加到块设计的是 1 个单通道 GPIO 实例和 1 个双通道 GPIO 实例。

①2 位宽度的单通道 GPIO 用于连接 ZedBoard 或 Zybo 音频编解码器的 I^2C 地址引脚；

②32 位宽度的双通道用于连接用于输入的按钮和互动开关。

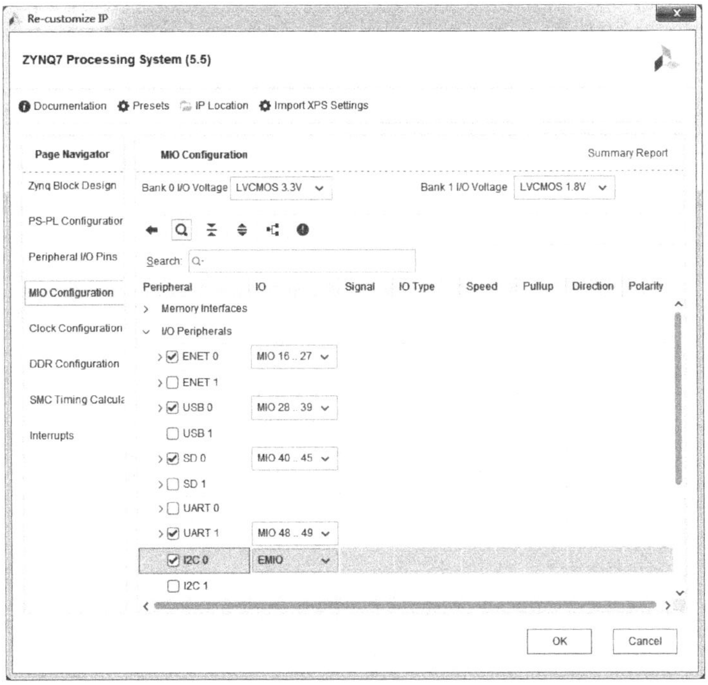

图 2-378　配置 I^2C 接口

首先添加单通道 GPIO 来控制 Zynq 开发板音频编解码器。

(8) 在 Vivado IP 集成器框图画布空白处任意位置右击，选择“Add IP”选项，在弹出的 IP 目录界面“Search”文本框输入“GPIO”并选择“AXI_GPIO”选项，然后双击向设计中添加 1 个“AXI_GPIO”实例。

(9) 为 axi_gpio_0/S_AXI 接口运行“Run Connection Automation”，通过 AXI 连接将 GPIO 控制器连接到 Zynq PS(不要为 GPIO 输出接口运行“Run Connection Automation”)。

(10) 双击 axi_gpio_0 块打开“Re-customize IP”对话框(图 2-379)。

图 2-379　“Re-customize IP”对话框——GPIO

选择“IP Configuration”标签页，如果使用的是ZedBoard开发板，将“GPIO”面板“GPIO Width”文本框中的“32”(图2-380)改为“2”；如果使用的是Zybo开发板，将“GPIO”面板“GPIO Width”文本框中的“2”(图2-381)改为“1”。

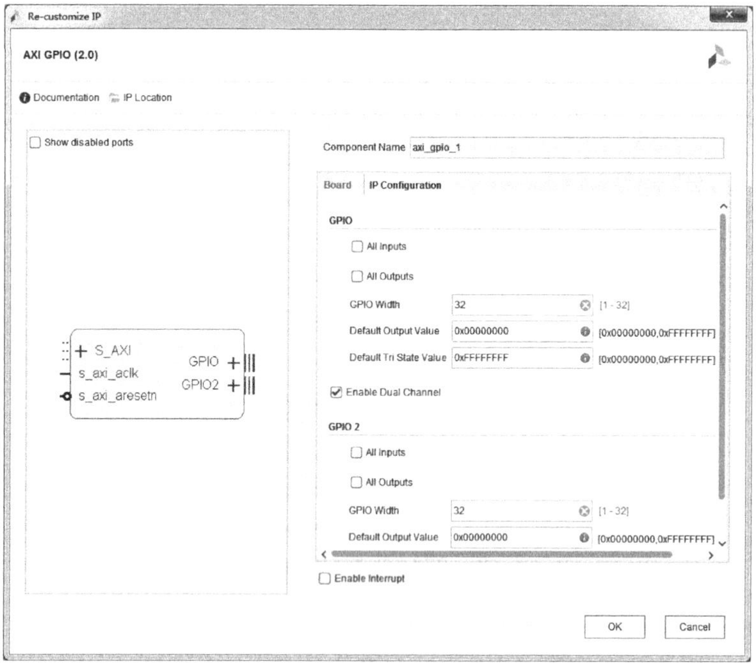

图2-380　设置GPIO宽度(使用ZedBoard开发板时)

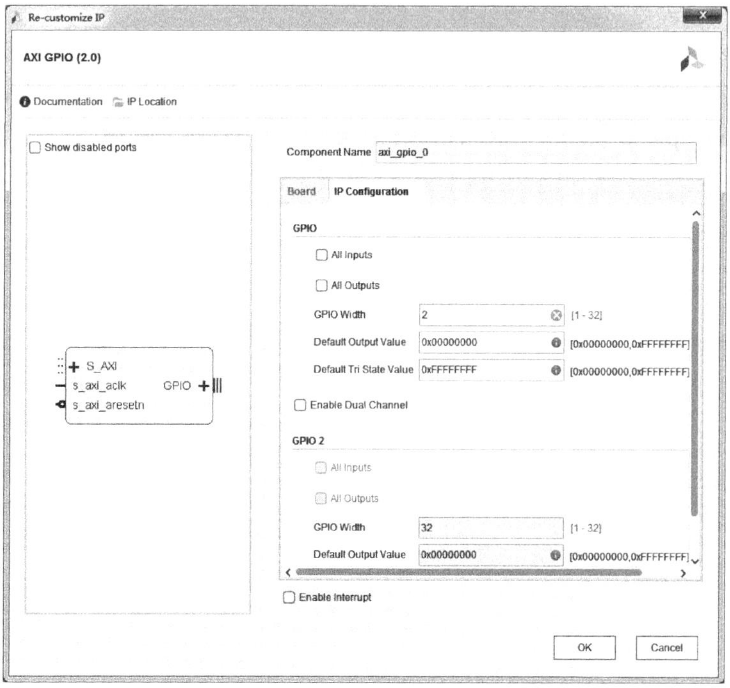

图2-381　设置GPIO宽度(使用Zybo开发板时)

单击“OK”按钮关闭“Re-customize IP”对话框。

(11) 将 axi_gpio_0 块的 GPIO 端口引出来。

下面添加 AXI GPIO 控制器的第 2 个实例。

(12) 在 Vivado IP 集成器框图画布空白处任意位置右击，选择“Add IP”选项，在弹出的 IP 目录界面的“Search”文本框输入“gpio”并选择“AXI_GPIO”选项，然后双击向设计中添加 1 个“AXI_GPIO”实例。为 axi_gpio_1/S_AXI 接口运行“Run Connection Automation”，通过 AXI 连接将这个新的 GPIO 控制器连接到 Zynq PS(不要为 GPIO 输出接口运行“Run Connection Automation”)。

下面需要将新添加的 AXI GPIO 控制器配置成允许双通道操作。

(13) 双击 axi_gpio_1 块打开“Re-customize IP”对话框，在“IP Configuration”标签页选中“Enable Dual Channel”复选框，单击“OK”按钮关闭“Re-customize IP”对话框。

可以看到，axi_gpio_1 块有 2 个输出端口(图 2-382)，一个将连接到开发板上的按钮，另一个将连接到开发板上的滑动开关。

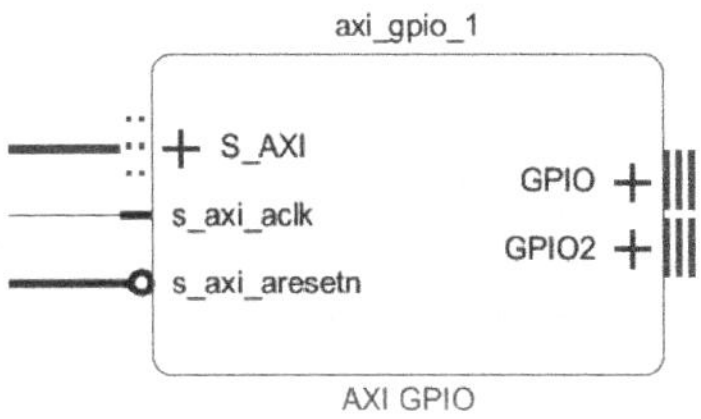

图 2-382　具有双端口的 GPIO

(14) 在框图窗口上端的“Designer Assistance”消息中单击“Run Connection Automation”信息提示条。

①如果使用的是 ZedBoard 开发板：

在弹出的“Run Connection Automation”对话框中选中“/axi_gpio_1/GPIO”复选框，并从右侧的“Options”部分的下拉列表选择“btns_5bits”作为“Select Board Interface”；选中“/axi_gpio_1/GPIO2”复选框，并从右侧的“Options”部分的下拉列表选择“sws_8bits”作为“Select Board Interface”。

②如果使用的是 Zybo 开发板：

在弹出的“Run Connection Automation”对话框中选中“/axi_gpio_1/GPIO”复选框，并从右侧的“Options”部分的下拉列表选择“btns_4bits”作为“Select Board Interface”；选中“/axi_gpio_1/GPIO2”复选框，并从右侧的“Options”部分的下拉列表选择“sws_4bits”作为“Select Board Interface”。

单击“OK”按钮运行连接自动化。

下面需要重新配置每一个 IP 核的 Zynq 处理系统地址，以提高效率，减少不用的地址空间。

(15) 从“Block Design”窗口中选择“Address Editor”标签页，单击“Expand All”按钮⇕。

①如果使用的是 ZedBoard 开发板，对照检查为每一个外设单元分配的地址空间范围是不是跟图 2-383(a)一致，如果不一致，手动修改它。

②如果使用的是 Zybo 开发板，对照检查为每一个外设单元分配的地址空间范围是不是跟图 2-383(b)一致，如果不一致，手动修改它。

(16) 在“IP Integrator”窗口中单击“Diagram”标签页回到块设计，单击“Regenerate Layout”按钮C将当前的块设计重新布局以更易于查看。

①如果使用的是 ZedBoard 开发板，此时最终的块设计应该如图 2-384 所示。

②如果使用的是 Zybo 开发板，此时最终的块设计应该如图 2-385 所示。

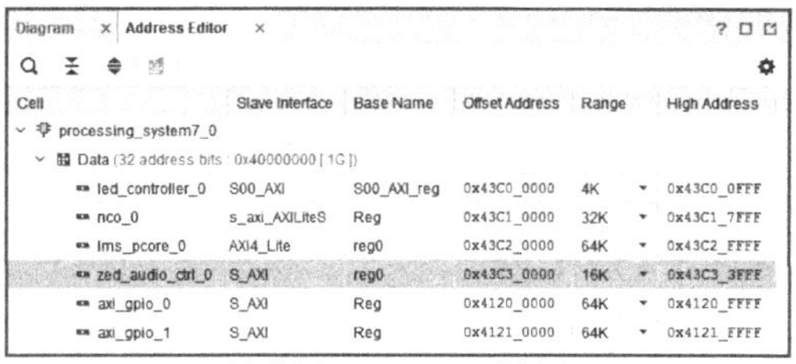

(a) 使用 ZedBoard 开发板时

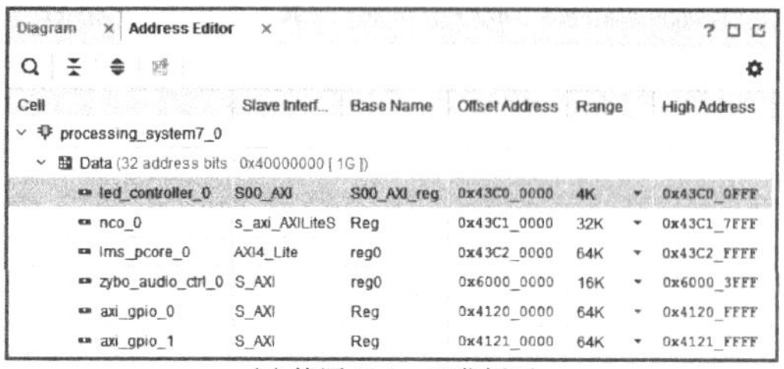

(b) 使用 Zybo 开发板时

图 2-383　设置地址空间范围

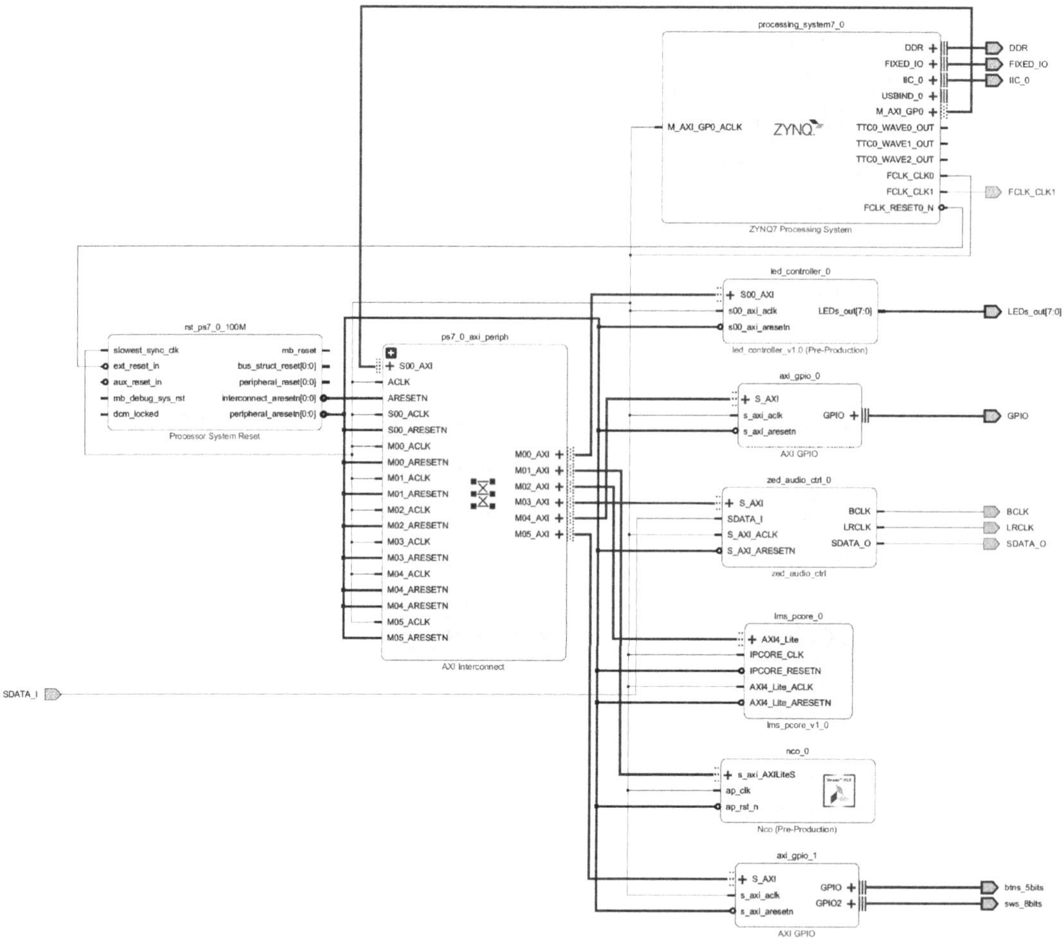

图 2-384　使用 ZedBoard 开发板时完整的块设计框图

(17) 从菜单栏选择“File”→“Save Block Design”选项保存块设计。

(18) 从菜单栏中选择“Tools”→“Validate Design”选项对设计进行检查。

在综合并硬件实现块设计之前，需要生成块设计的 RTL 文件。

(19) 在“Sources”窗口中的顶层系统设计“ip_design”上右击，在弹出的菜单中选择“Create HDL Wrapper”选项，在“Create HDL Wrapper”对话框中选择“Let Vivado manage wrapper and auto-update”单选按钮，单击“OK”按钮，生成系统的顶层 HDL 包装器。

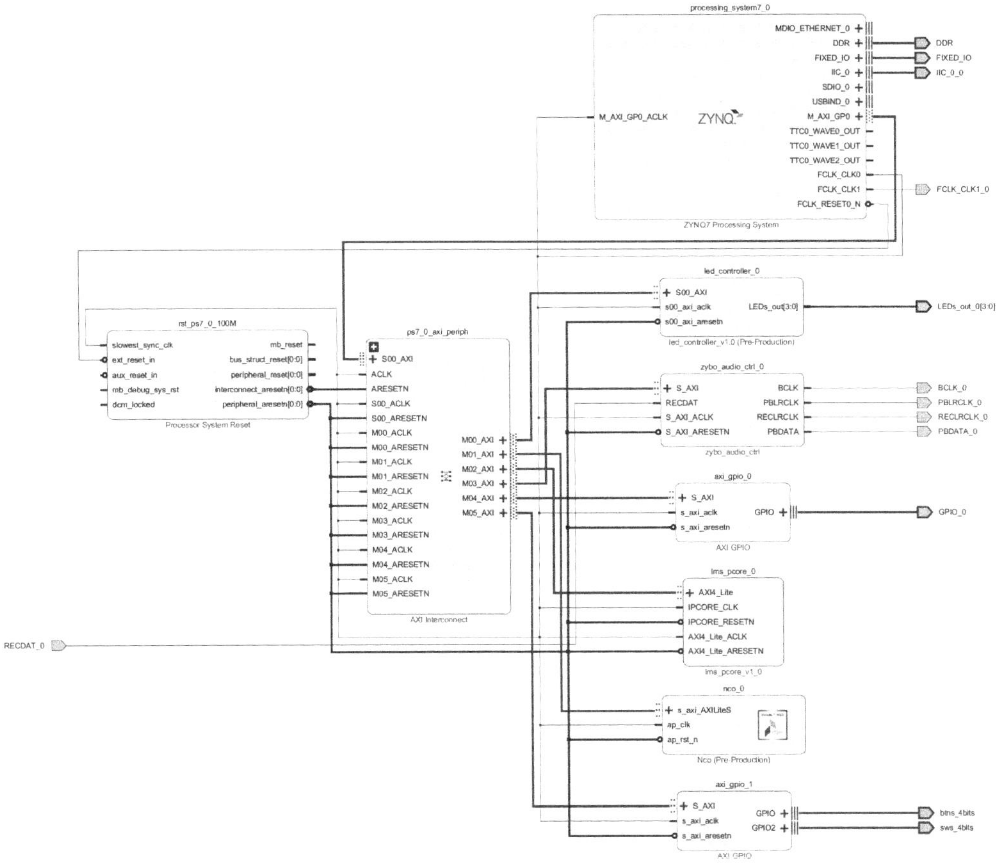

图 2-385　使用 Zybo 开发板时完整的块设计框图

综合并实现块设计之前要做的另一件事是添加映射设计中的外部接口到 Zynq 器件特定引脚的约束文件。

(20) 在“Flow Navigator”面板的“PROJECT MANAGER”部分选择“Add Sources”命令，打开“Add Sources”对话框，选择“Add or create constraints”单选按钮，单击“Next”按钮。在“Add or Create Constraints”界面中单击 + 按钮并选择“Add Files”命令，

①如果使用的是 ZedBoard 开发板，通过弹出的“Add Constraint Files”对话框中的“Look in”下拉列表定位到“\source\zedboard\adventures_with_ip_integrator\constraints”文件夹，选择“adventures_with_ip.xdc”文件(图 2-386(a))，单击“OK”按钮。

②如果使用的是 Zybo 开发板，通过弹出的“Add Constraint Files”对话框中的“Look in”下拉列表定位到“\sourcc\zybo\adventures_with_ip_integrator\constraints”文件夹，选择“adventures_with_ip.xdc”文件(图 2-386(b))，单击“OK”按钮。

单击“Finish”按钮关闭“Add Sources”对话框并导入约束文件。

(21) 在“Sources”窗口展开“Constraints”文件夹，打开新添加的约束文件“adventures_with_ip.xdc”。

下面简单查看这个约束文件。

这个约束文件的前半部分是将 LEDs_out 的每一位与 Zynq 器件的相应引脚进行映射，在 2.4.1 节中已经见过这部分约束代码。

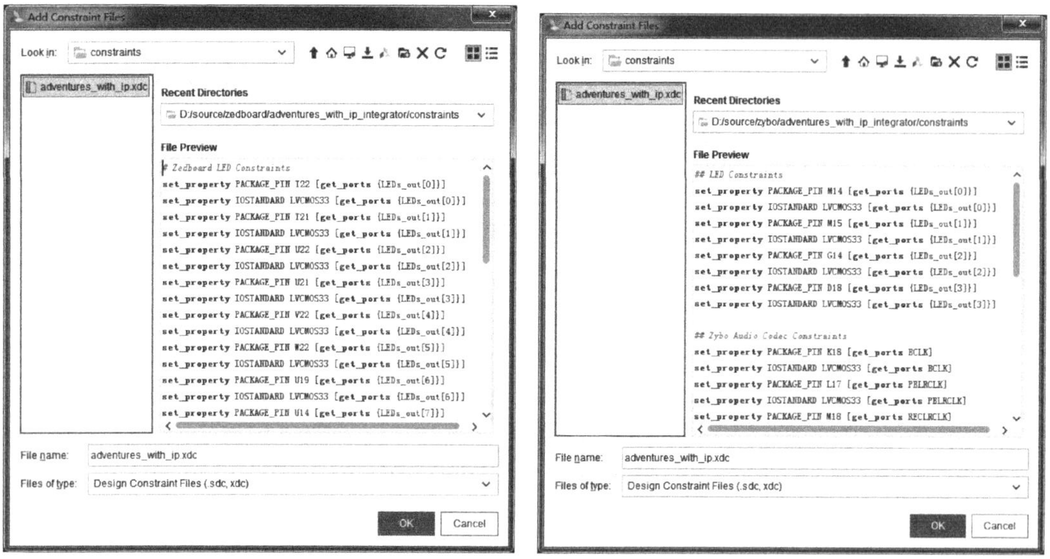

(a) 使用 ZedBoard 开发板时　　　　(b) 使用 Zybo 开发板时

图 2-386　添加约束文件

①如果使用的是 ZedBoard 开发板，这部分的代码如下：

```
# Zedboard LED Constraints
set_property PACKAGE_PIN T22 [get_ports {LEDs_out[0]}]
set_property IOSTANDARD LVCMOS33 [get_ports {LEDs_out[0]}]
set_property PACKAGE_PIN T21 [get_ports {LEDs_out[1]}]
set_property IOSTANDARD LVCMOS33 [get_ports {LEDs_out[1]}]
set_property PACKAGE_PIN U22 [get_ports {LEDs_out[2]}]
set_property IOSTANDARD LVCMOS33 [get_ports {LEDs_out[2]}]
set_property PACKAGE_PIN U21 [get_ports {LEDs_out[3]}]
set_property IOSTANDARD LVCMOS33 [get_ports {LEDs_out[3]}]
set_property PACKAGE_PIN V22 [get_ports {LEDs_out[4]}]
set_property IOSTANDARD LVCMOS33 [get_ports {LEDs_out[4]}]
set_property PACKAGE_PIN W22 [get_ports {LEDs_out[5]}]
set_property IOSTANDARD LVCMOS33 [get_ports {LEDs_out[5]}]
set_property PACKAGE_PIN U19 [get_ports {LEDs_out[6]}]
set_property IOSTANDARD LVCMOS33 [get_ports {LEDs_out[6]}]
set_property PACKAGE_PIN U14 [get_ports {LEDs_out[7]}]
set_property IOSTANDARD LVCMOS33 [get_ports {LEDs_out[7]}]
```

②如果使用的是 Zybo 开发板，这部分的代码如下：

```
## LED Constraints
set_property PACKAGE_PIN M14 [get_ports {LEDs_out[0]}]
set_property IOSTANDARD LVCMOS33 [get_ports {LEDs_out[0]}]
set_property PACKAGE_PIN M15 [get_ports {LEDs_out[1]}]
set_property IOSTANDARD LVCMOS33 [get_ports {LEDs_out[1]}]
set_property PACKAGE_PIN G14 [get_ports {LEDs_out[2]}]
set_property IOSTANDARD LVCMOS33 [get_ports {LEDs_out[2]}]
```

```
set_property PACKAGE_PIN D18 [get_ports {LEDs_out[3]}]
set_property IOSTANDARD LVCMOS33 [get_ports {LEDs_out[3]}]
```

约束文件后半部分是将设计中与音频编解码器相关的各外部接口与Zynq器件对应引脚进行映射。

①如果使用的是ZedBoard开发板，这部分的代码如下：

```
# Zedboard Audio Codec Constraints
set_property PACKAGE_PIN AA6 [get_ports BCLK]
set_property IOSTANDARD LVCMOS33 [get_ports BCLK]
set_property PACKAGE_PIN Y6 [get_ports LRCLK]
set_property IOSTANDARD LVCMOS33 [get_ports LRCLK]
set_property PACKAGE_PIN AA7 [get_ports SDATA_I]
set_property IOSTANDARD LVCMOS33 [get_ports SDATA_I]
set_property PACKAGE_PIN Y8 [get_ports SDATA_O]
set_property IOSTANDARD LVCMOS33 [get_ports SDATA_O]

#MCLK
set_property PACKAGE_PIN AB2 [get_ports FCLK_CLK1]
set_property IOSTANDARD LVCMOS33 [get_ports FCLK_CLK1]
set_property PACKAGE_PIN AB4 [get_ports iic_0_scl_io]
set_property IOSTANDARD LVCMOS33 [get_ports iic_0_scl_io]
set_property PACKAGE_PIN AB5 [get_ports iic_0_sda_io]
set_property IOSTANDARD LVCMOS33 [get_ports iic_0_sda_io]
set_property PACKAGE_PIN AB1 [get_ports {gpio_tri_io[0]}]
set_property IOSTANDARD LVCMOS33 [get_ports {gpio_tri_io[0]}]
set_property PACKAGE_PIN Y5 [get_ports {gpio_tri_io[1]}]
set_property IOSTANDARD LVCMOS33 [get_ports {gpio_tri_io[1]}]
```

②如果使用的是Zybo开发板，这部分的代码如下：

```
## Zybo Audio Codec Constraints
set_property PACKAGE_PIN K18 [get_ports BCLK]
set_property IOSTANDARD LVCMOS33 [get_ports BCLK]
set_property PACKAGE_PIN L17 [get_ports PBLRCLK]
set_property IOSTANDARD LVCMOS33 [get_ports PBLRCLK]
set_property PACKAGE_PIN M18 [get_ports RECLRCLK]
set_property IOSTANDARD LVCMOS33 [get_ports RECLRCLK]
set_property PACKAGE_PIN K17 [get_ports RECDAT]
set_property IOSTANDARD LVCMOS33 [get_ports RECDAT]
set_property PACKAGE_PIN M17 [get_ports PBDATA]
set_property IOSTANDARD LVCMOS33 [get_ports PBDATA]

# MCLK
set_property PACKAGE_PIN T19 [get_ports FCLK_CLK1]
set_property IOSTANDARD LVCMOS33 [get_ports FCLK_CLK1]

#I2C 0 Interface
```

```
set_property PACKAGE_PIN N18 [get_ports iic_0_scl_io]
set_property IOSTANDARD LVCMOS33 [get_ports iic_0_scl_io]
set_property PACKAGE_PIN N17 [get_ports iic_0_sda_io]
set_property IOSTANDARD LVCMOS33 [get_ports iic_0_sda_io]

#GPIO_0[0] Digital Mute
set_property PACKAGE_PIN P18 [get_ports {gpio_tri_io[0]}]
set_property IOSTANDARD LVCMOS33 [get_ports {gpio_tri_io[0]}]
```

下面将生成比特流文件，这样后面就可以按照前面的设计对 Zynq 器件的 PL 进行编程。

(22) 从“Flow Navigator”面板中的“PROGRAM AND DEBUG”部分选择“Generate Bitstream”命令。

在“No Implementation Results Available”对话框中单击“Yes”按钮，启动器件综合与硬件实现。比特流文件生成后，在“Bitstream Generation Completed”弹出对话框，选择“Open Implemented Design”选项，单击“OK”按钮。

此时若有警告信息提示时序要求得不到满足(图 2-387)，单击“OK”按钮跳过，暂时不用管它。

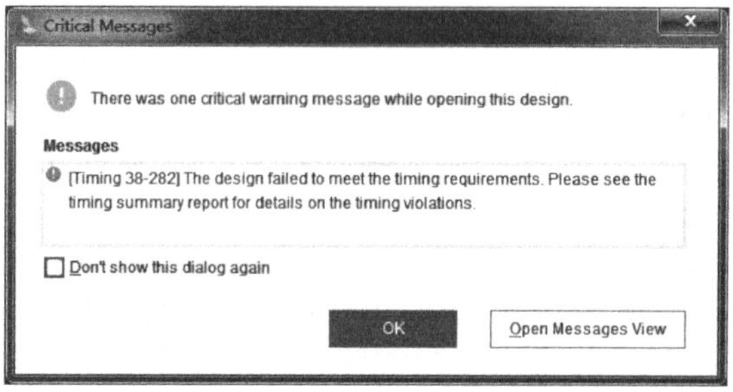

图 2-387　系统严重警告信息

打开所实现的设计以后仔细检查引脚分配情况，确保引脚分配情况与约束文件的规定一致(包括引脚号和电平)。例如，如果使用的是 ZedBoard 开发板，此时的引脚分配情况应如图 2-388 所示。

如果有不一致的地方，请手动更改，重新生成比特流文件，并在此检查确认，直至完全一致。

最后，可将硬件导出到 SDK，下一个练习将在 SDK 中创建一个软件应用程序控制整个系统。

(23) 从菜单栏中选择“File”→“Export”→“Export Hardware”选项，打开“Export　Hardware”对话框，选中“Include bitstream”单选按钮，单击“OK”按钮。

(24) 从 Vivado 菜单栏选择“File”→“Launch SDK”选项，在弹出的“Launch SDK”对话框中单击“OK”按钮确认启动 SDK。

至此，向 Vivado IP 集成器设计中添加音频编解码器就全部结束了，通过本节应该学会：

(1) 对 Zynq PS 做出必要的修改以便使用 ZedBoard 开发板或 Zybo 开发板上的音频编解码器；

(2) 创建外部连接以允许 Zynq PL 通过 Zynq 器件的引脚连接到音频编解码器；

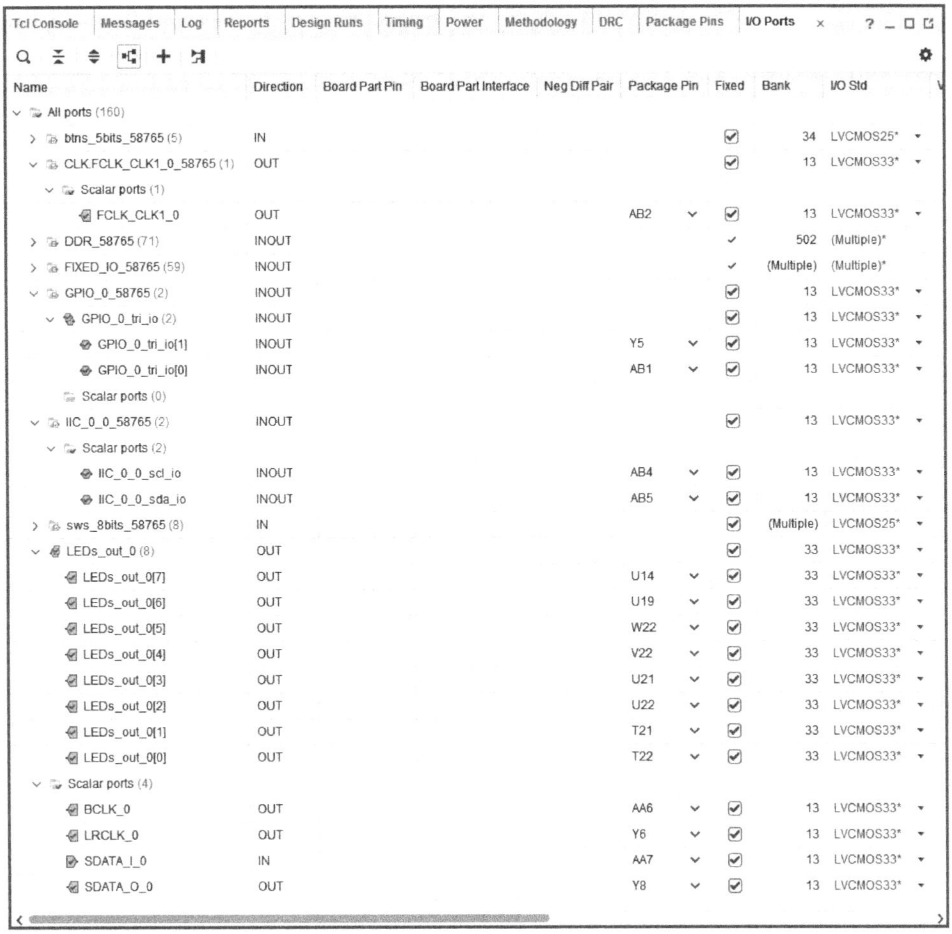

图 2-388 ZedBoard 引脚分配结果

(3) 使用约束文件将块设计与音频编解码器相关的外部接口映射到 Zynq 器件对应引脚。

2.5.3 在 SDK 中创建 1 个音频软件应用程序并测试

本节中将创建一个软件应用程序，它把前面创建的 IP 模块联系起来构建一个以 DSP 为中心的系统。这里还将介绍通过硬件寄存器设置 ZedBoard 或 Zybo 音频编解码器的过程。

前面的练习中已经启动了 SDK，下面从创建 1 个新的软件应用程序开始。

(1) 从菜单栏选择“File”→“New”→“Application Project”选项，在打开的“New Project”对话框中的“Project name”文本框输入“adventures_with_ip”，默认情况下“create a new board support package”选项是被选中的，单击“Next”按钮，从模板对话框中选择“Empty Application”选项，单击“Finish”按钮。

在前面创建定制 IP 的外围设备步骤中创建了 1 组软件驱动文件，现在要向 SDK 工程添加 1 个新的库将 SDK 指向这些驱动文件。

(2) 从菜单“Xilinx”中选择“Repositories”选项，在打开的“Preferences”对话框中单击“New”按钮，在弹出的“Browser For Folder”对话框中打开文件夹“D:\Zynq\ip_repo\led_controller_1.0”(图 2-389)，单击“确定”按钮，添加 LED 控制器驱动。

单击“New”按钮，在弹出的“Browser For Folder”对话框中打开文件夹“D:\Zynq\ip_repo\xilinx_com_hls_nco _1_0”，单击“OK”按钮，添加 NCO 驱动。

单击“OK”按钮关闭“Preferences”对话框，SDK 将自动扫描库并对工程进行重新编译以便将驱动文件包含进来。

重编译结束后，下面需要检查新加入进来的驱动是否已经分配给了相应的外设。

(3) 此时“system.mss”标签页应该已经在工作区打开，如果没有，在“Project Explorer”标签页中展开“adventures_with_ip_bsp”文件夹并双击“system.mss”子文件夹。在“system.mss”标签页单击“Modify this BSP's Settings”按钮，打开“Board Support Package Settings”对话框。

(4) 在“Board Support Package Settings”对话框左侧选择“drivers”选项，在“Drivers”面板中检查“led_controller”驱动是否被指定给了“led_controller_0”，以及“nco”驱动是否被指定给了“nco_0”(图 2-390)。确认无误后单击“OK”按钮。

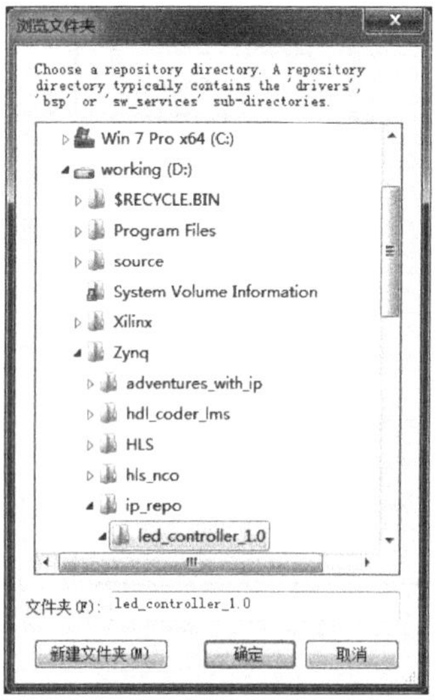

图 2-389　指定库所在路径

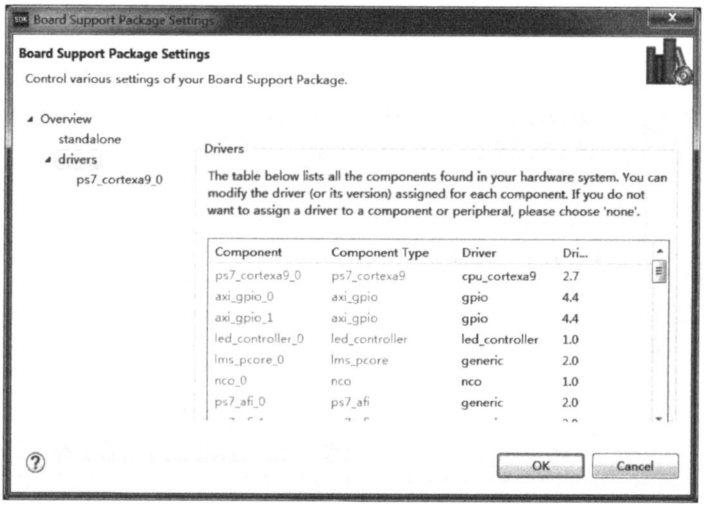

图 2-390　驱动指定

(5) 从菜单“Project”中选择“Build All”选项，或使用快捷键 Ctrl+B 重新编译。

前面使用 Mathworks HDL 创建的 LMS IP 核以及音频编解码器 IP 同样由软件驱动，但是由于其目录结构的原因，需要将其驱动导入到工作区而不是使用库。

(6) 在“Project Explorer”标签页展开“adventures_with_ip”文件夹，右击“src”子文件夹并在弹出的菜单中选择“Import”选项打开“Import”窗口，展开“General”选项，单击“File System”文件夹，单击“Next”按钮。

(7) 在“File System”界面单击“From directory”下拉列表框右侧的“Browse”按钮，打开“D:\Zynq\hdl_coder_lms\hdl_prj\ipcore\lms_pcore_v1_0\include”目录(图 2-391)，单击“确认”按钮。

(8) 在“File System”界面选中“lms_pcore_addr.h”复选框(图 2-392)，单击“Finish”按钮，导入 LMS IP 核的驱动。

注意：只有前面完成了 2.4.3 节的练习以后上述目录才存在。若前面的相关练习没有完成，可在例程源文件目录“\source\zedboard\adventures_with_ip_integrator\drivers”(使用 ZedBoard

开发板时)或“\source\zybo\adventures_with_ip_integrator\drivers”(使用 Zybo 开发板时)下找到“lms_pcore_addr.h”文件。

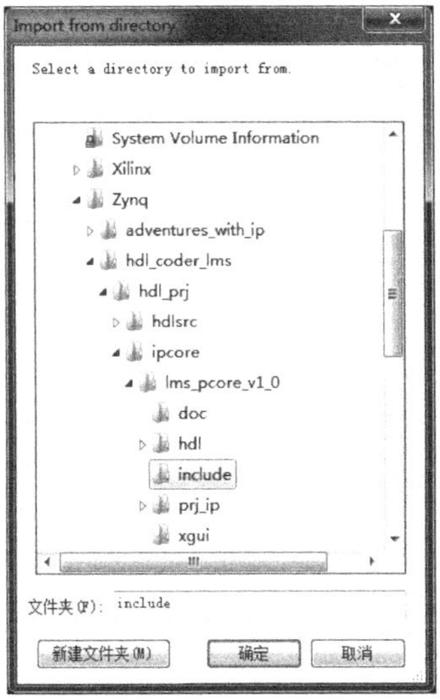

图 2-391　指定文件路径

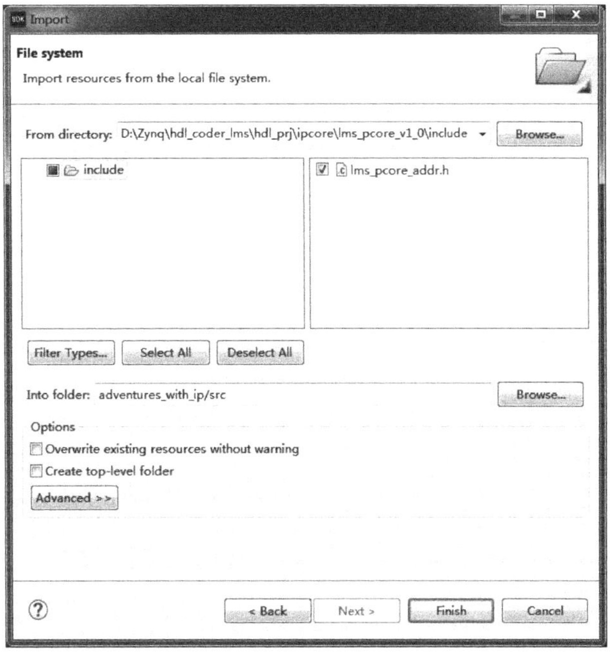

图 2-392　导入指定文件系统

(9) 从例程源文件目录“\source\zedboard\adventures_with_ip_integrator\drivers”(使用 ZedBoard 开发板时)或“\source\zybo\adventures_with_ip_integrator\drivers”(使用 Zybo 开发板时)导入音频编解码器的驱动“audio.h”。

完成 IP 驱动文件导入后，下面可以导入应用程序源文件。

(10) 使用同步骤(6)相同的方法，从例程源文件目录“\source\zedboard\adventures_with_ip_integrator\software”(使用 ZedBoard 开发板时)或“\source\zybo\adventures_with_ip_integrator\software”(使用 Zybo 开发板时)导入下列文件:“adventures_with_ip.c”、“adventures_with_ip.h”、“audio.c”和“ip_functions.c”

源文件导入后系统将自动编译(如果没有，请手动编译)。

下面分别简单查看这些源文件和头文件的内容与功能。

(11) 在“Project Explorer”标签页中双击头文件“adventures_with_ip.h”。

这是软件应用程序的主头文件，它首先给出了 1 个头文件列表，在这些头文件中定义了软件应用程序中用到的一系列函数。接着，它给出了前面导入的定制 IP 的头文件:

```
/* ---------------------------------------------------------------- *
 *                   Custom IP Header Files                         *
 * ---------------------------------------------------------------- */
#include "audio.h"
#include "lms_pcore_addr.h"
#include "xnco.h"
```

作为在 IP 创建过程中生成的头文件的 1 个例子，下面打开 LMS IP 核的头文件。

(12) 双击 SDK 窗口右侧的“Outline”(概略) 标签页中的“lms_pcore_addr.h”文件(图 2-393)。

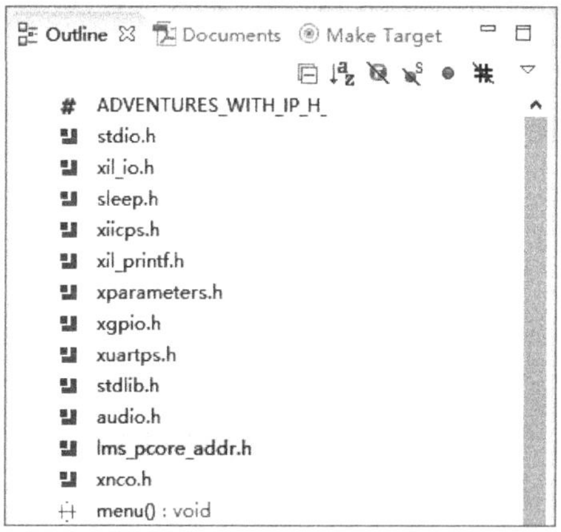

图 2-393　从“Outline”标签页中打开文件

这是 LMS 的头文件，在这里给出了下列定义：

```
    #define IPCore_Reset_lms_pcore  0x0     //write 0x1 to bit 0 to reset IP core
    #define IPCore_Enable_lms_pcore 0x4     //enabled (by default) when bit 0 is 0x1
    #define IPCore_Strobe_lms_pcore 0x8     //write 1 to bit 0 after write all input
data
    #define IPCore_Ready_lms_pcore  0xC     //wait until bit 0 is 1 before read
output data
    #define x_k__Data_lms_pcore     0x100   //data register for port x(k)
    #define d_k__Data_lms_pcore     0x104   //data register for port d(k)
    #define e_k__Data_lms_pcore     0x108   //data register for port e(k)
```

它们定义了 LMS 外设中各信号在映射内存中的地址偏移，通过写入到该地址或者从该地址读出，数据可以在 PL 中的外设与 PS 中的软件中传递。用来访问这些信号的实际地址应该是“基地址+偏移地址”。

每一个在 IP 集成器中加入到块设计的 IP 外设被自动分配了 1 个内存基地址，这些地址可以从“Xilinx parameters”C 头文件中确定，该头文件是在导入包含 Zynq 处理系统的 IP 集成器设计时自动创建的，其名字为“xparameters.h”。下面查看这个“Xilinx parameters”头文件。

(13) 在 SDK 的“Editor”窗口中切换到“adventures_with_ip.h”标签页。

“xparameters.h”文件被包含在这个主头文件中，所以也可以从“Outline”标签页中访问。

(14) 双击“Outline”标签页中的“xparameters.h”文件。

这里可以看到 1 个基地址定义列表，还有其他一些参数。由于前面看过 LMS 头文件，下面查看 LMS 外设的基地址定义。

(15) 向下翻页，直到看到下列语句：

```
    /* Definitions for peripheral LMS_PCORE_0 */
    #define XPAR_LMS_PCORE_0_BASEADDR 0x43C20000
    #define XPAR_LMS_PCORE_0_HIGHADDR 0x43C2FFFF
```

这里可以看到 LMS 外设的基地址与高端地址的定义，其具体的值与 2.5.2 节中步骤(16)的设置有关，在该步骤中，设置的地址范围是 64KB。这里基地址与高端地址之间的差是“0xFFFF”，即 LMS 的地址范围是 65536B 或者 64KB，与前面的设置是一致的。

回忆前面的步骤(12)中提到的“lms_pcore_addr.h”文件中定义了映射内存地址偏移，假设需要写数据到输入端口 x(k)，在“lms_pcore_addr.h”文件中定义 x(k)的偏移地址是“0x100”，那么应该将数据写到“基地址+偏移地址”指向的位置，根据这里的定义，这个位置应该是：

```
XPAR_LMS_PCORE_0_BASEADDR + x_k__Data_lms_pcore
= 0x43C20000 + 0x100
= 0x43C20100
```

即写到“0x43C20100”位置。

下面查看主源程序。

(16)在“Project Explorer”标签页中双击头文件“adventures_with_ip.c”。

这个文件包含主函数以及另一个函数 menu()。

menu()函数实现 1 个交互菜单，它允许用户通过终端使用键盘命令控制系统。

主函数调用其他函数来设置与配置音频编解码器，这些函数在“audio.c”文件中定义。

(17)打开“audio.c”文件。

这里给出了用来初始化音频编解码器和在 Zynq PS 中所需 I^2C 接口的函数。此处不深入讨论其中函数功能的细节，基本上这些函数的目的都是通过写编解码器寄存器的方式配置音频编解码器。

每一个控制寄存器都有独一无二的地址，该地址可通过 I^2C 接口访问，这些控制寄存器的地址在头文件“audio.h”中定义。

(18)打开“audio.h”文件。

这个文件里面包含与音频编解码器和 I^2C 接口相关的一些定义，以及一些函数原型的定义，另外还有一个枚举类型，它给出了前面提到的那些音频编解码器的控制寄存器的地址。

有关 ZedBoard 或 Zybo 音频编解码器的更多信息请参见下列数据手册(Data Sheet)：

http://www.analog.com/static/imported-files/data_sheets/ADAU1761.pdf

http://www.analog.com/media/en/technical-documentation/data-sheets/SSM2603.pdf

下面将查看在 Zynq PL 中控制定制 IP 外设的函数。

(19)打开“ip_functions.c”文件。

这个文件包含了控制 IP 外设的函数，以及初始化 GPIO 和 NCO 驱动的函数，下面主要讨论 3 个函数。

①audio_stream()。

该函数实现在音频编解码器输入端和输出端之间的环回。左右声道音频样本从音频控制器外设的 I^2S 接收寄存器读出，然后又被写回到控制器的 I^2S 传输寄存器。

②tonal_noise()。

这个函数基于 audio_stream()中的音频环回。利用开发板上的滑动拨位开关输入 1 个步长值，并将它写进 LED 控制器外设的存储器映射寄存器，从而控制开发板上的 LED 灯。该步长值同时被输出到 NCO 外设，该外设使用由 NCO 驱动文件定义的函数 XNco_Set_step_size_V()。由 NCO 外设创建的正弦样本是 NCO 驱动函数 XNco_Get_sine_sample_V()的输入，并且与前面的音频流函数一样，从音频编解码器接收左右声道音频样本，这样正弦噪声分量就在写入音频控制器以输出到编解码器之前被加入到左右声道音频样本。

③lms_filter()。

该函数结合了 NCO 和 LMS 外设的功能以创建一个系统，该系统先将音调噪声添加到音频信号，然后使用 LMS 自适应滤波器进行噪声消除来消除附加噪声。同函数 tonal_noise()中一样，正弦样本从 NCO 外设产生，并且从音频控制器添加到左右音频样本中。这样，正弦样本作为输入样本 x(k)输入到 LMS，而具有附加音调噪声的样本则作为期望信号 d(k)输入到 LMS。LMS 的结果输出只有在用户按下开发板上任意按钮时才被读取，否则损坏的音频样本被保留，这就让用户可以确认 LMS 自适应滤波器外设在滤除噪声。

前面已经简单浏览了源文件和头文件中功能与定义，下面可以在 Zynq 开发板上实际实现这个系统。

首先需要使用在 2.5.2 节中生成的比特流文件对 Zynq PL 进行编程。

注意：这一阶段需要确保 Zynq 开发板电源是打开的，开发板上的跳线设置正确以允许从 JTAG 启动，而且板上的 PROG 端口和 UART 端口均已通过 USB 线连接到计算机主机，计算机的音频输出以及耳机(或音箱设备)等也已经正确连接。

①如果使用的是 ZedBoard 开发板，需要使用音频电缆将计算机的音频输出端与 ZedBoard 的蓝色音频输入端 LINE IN 连接起来，并将耳机(或音箱设备)连接到 ZedBoard 的绿色音频输出端 LINE OUT(图 2-394(a))。

②如果使用的是 Zybo 开发板，需要使用音频电缆将计算机的音频输出端与 Zybo 的蓝色音频输入端 LINE IN 连接起来，并将耳机(或音箱设备)连接到 Zybo 的黑色音频输出端 HPH OUT(图 2-394(b))。

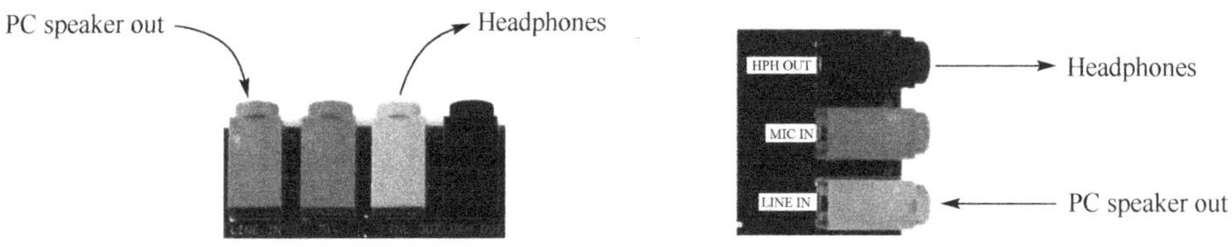

(a) ZedBoard开发板连接方式　　(b) Zybo开发板连接方式

图 2-394　Zynq 开发板音频插孔与音频线缆连接方式

(20)从菜单栏选择“Xilinx”→“Program FPGA”选项，将比特流文件下载到 Zynq PL 中，此时“Program FPGA”对话框将打开，其中“Bitstream”文本框也应该已经自动填入了正确的比特流文件。单击“Program”按钮开始 FPGA 编程。

当编程结束时，开发板上的“DONE”指示灯(ZedBoard 是蓝色 LED 灯，而 Zybo 则是绿色 LED 灯)将点亮。

本阶段需要调用“PuTTY.exe”，这个终端程序应该在开始本实验之前就已经下载了。

(21)打开“PuTTY.exe”文件，将弹出“PuTTY Configuration”对话框，单击对话框左侧“Connection”目录下面的类型“Serial”，在右侧按照如图 2-395 所示配置串口信息。

注意：这里“Serial line to connect to”指的是连接到 UART 端口的串口号，它根据不同机器可能不同，在 Windows 系统中机器具体信息可通过打开“设备管理器”窗口查看其中的“端口(COM 和 LPT)”信息获得，它很可能被命名为“USB Serial Port”，或者当通过“Cypress Serial”安装 UART 驱动时，它将被命名为“Cypress Serial”(如图 2-396 所示，这里显示的 UART 端口的串口号是“COM3”)。

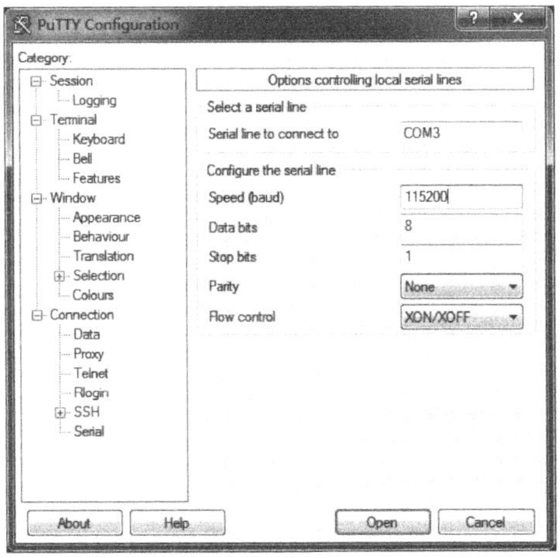

图 2-395　配置串口

图 2-396　查找串口信息

(22) 在“PuTTY Configuration”对话框，单击左侧“Session”目录，在右侧选择“Serial”单选按钮(图 2-397)，单击“Open”按钮，打开终端连接(图 2-398)。

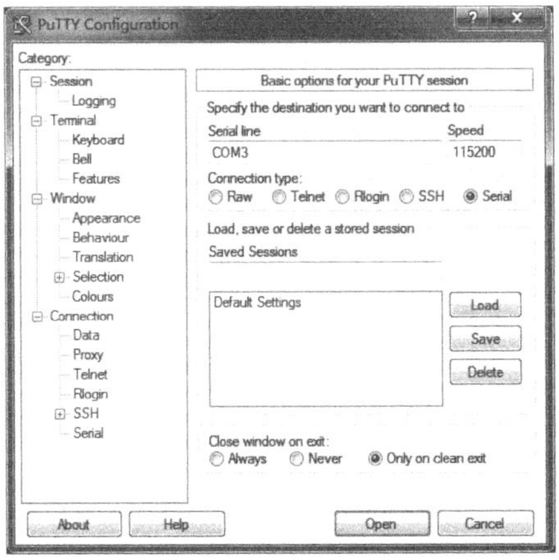

图 2-397　选择会话

图 2-398　打开 PuTTY 终端连接

终端连接打开后，下面可以在 Zynq PS 上运行软件。

(23) 在“Project Explorer”标签页中选择“adventures_with_ip”文件夹，右击，在弹出的

菜单中选择“Run As”→“4 Launch on Hardware (GDB)”选项(图 2-399)或者通过依次单击菜单栏命令“Run”→“Run As”→“4 Launch on Hardware (GDB)”来完成上述功能(图 2-400)。

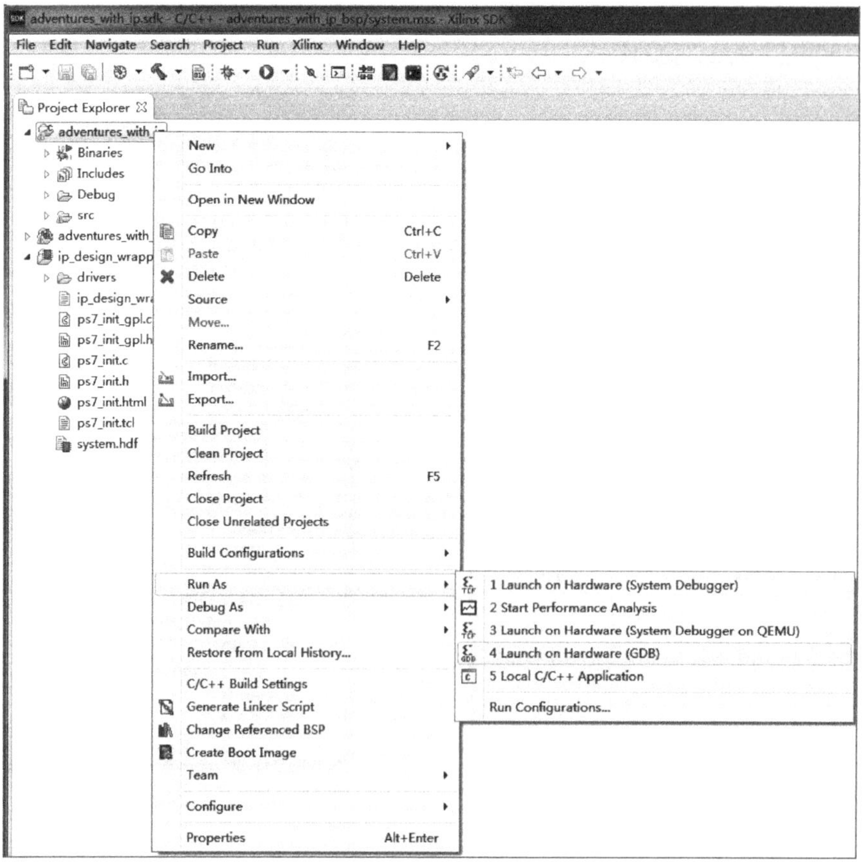

图 2-399　从工程管理器加载运行

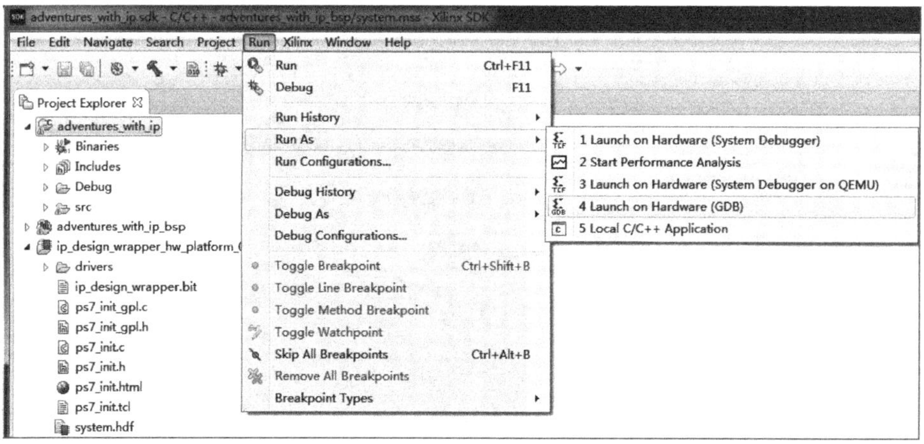

图 2-400　通过菜单栏命令加载运行

程序加载完成后，PuTTY 终端连接显示如图 2-401 所示信息，这是软件应用程序的菜单项。

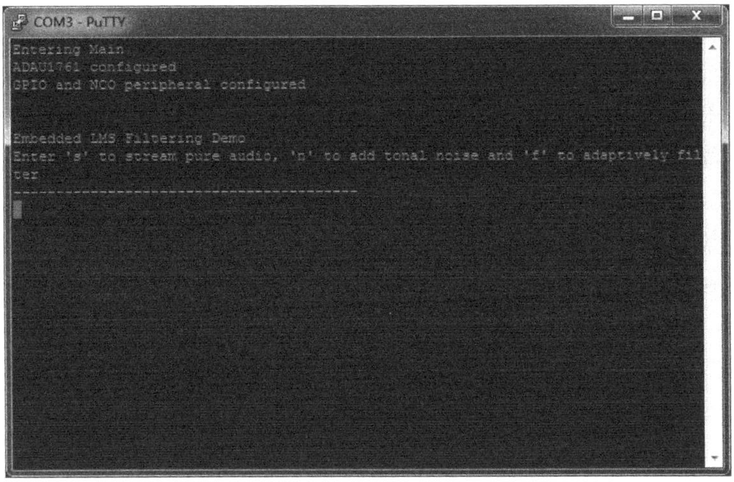

图 2-401　PuTTY 终端连接输出信息

(24) 使用音频播放器打开音频文件“\source\input\original_speech.wav”并开始播放。

提示：该音频文件时长较短，如果打开音频播放器的“循环播放”设置，则能够让音频文件连续播放。

(25) 将 Zynq 开发板上的滑动拨位开关都拨到“关”的位置(即向下拨)。

(26) 回到 PuTTY 终端连接窗口，从计算机键盘输入“s”。

PuTTY 终端连接窗口显示信息“STREAMING AUDIO”，它提示软件应用程序进入到了执行前面讨论过的 audio_stream() 函数。此时，可通过耳机(或音箱)听到播放的声音。

(27) 从计算机键盘输入“q”。

播放停止，回到软件应用程序菜单项。

(28) 从计算机键盘输入“n”。

此时 PuTTY 终端连接窗口显示信息“ENTERING NOISE GENERATION OPERATION”，它提示软件应用程序进入到了执行 tonal_noise() 函数，此时播放又开始了，这时候听到的声音应该跟前面的一样。

同时，PuTTY 终端连接窗口显示另一条信息“Select step size via the DIP switches”，它表示可以从滑动拨位开关设置步长。由于此前已经将滑动拨位开关都拨到“关”的位置，因此此时提示当前的步长信息为：

```
Step = 0, nco = 0
```

向上拨动滑动拨位开关 SW0 将它打开，此时 LED0 灯点亮，而且可以听到 1 个加到音频信号上的正弦音。

尝试依次打开滑动拨位开关 SW1 和 SW2 来改变步长，它将改变音频噪声的频率。听所播放声音的差别，并观察 PuTTY 终端窗口显示的信息变化。

(29) 从计算机键盘输入“q”停止播放并回到软件应用程序菜单项。

将 Zynq 开发板上的滑动拨位开关都拨到“关”的位置。

(30) 从计算机键盘输入“f”。

此时 PuTTY 终端窗口显示信息“ENTERING LMS FILTERING OPERATION”，它提示软

件应用程序进入到了执行 lms_filter()函数。lms_filter()函数的基本功能跟前面的 NCO 函数一样，同样可以通过滑动拨位开关添加音频噪声。

尝试依次打开滑动拨位开关 SW1 和 SW3 来改变步长，听所播放声音的差别。

当音频噪声添加进来以后，按住开发板上任意按钮，正弦音将被 LMS 自适应滤波，噪声将被剔除。

(31) 从计算机键盘输入“q”停止播放并回到软件应用程序菜单项。

上述音频测试操作过程中 PuTTY 终端连接窗口的显示信息如图 2-402 所示。

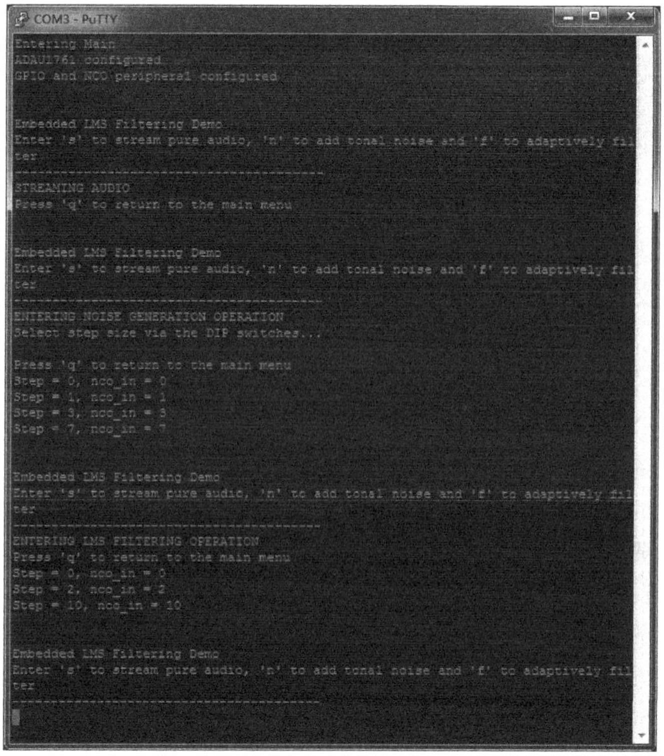

图 2-402　音频测试操作过程及 PuTTY 终端连接输出信息

至此，在 SDK 中创建音频软件应用程序的练习就结束了。通过本节应该可以：

(1) 了解生成的头文件“xparameters.h”及其内容；

(2) 确认用于运行在 Zynq PS 上的软件与 Zynq PL 中的外设通信的内存映射及地址和偏移；

(3) 通过寄存器地址配置 ZedBoard 板上音频编解码器 ADAU1761(使用 ZedBoard 开发板时)或 Zybo 板上音频编解码器 SSM2603(使用 Zybo 开发板时)的步骤；

(4) 通过 Zynq PL 中的音频控制器块从音频编解码器收/发音频样本；

(5) 通过生成的软件驱动与 Zynq PL 中定制外设通信的过程。

第 3 章　软硬件分离设计实验

软硬件协同设计意味着可以根据需要，选择系统中的某些部分使用软件实现，而其他部分则通过硬件完成，但是实际上 Zynq 可以只使用软件或硬件实现某些功能。作为对照，本章引导完成只使用 Zynq 开发板上的 Zynq PS 部分或者 Zynq PL 部分，即仅仅使用软件或者硬件实现某种功能的过程。

本章设计了 6 个实验，其中前 2 个实验仅使用 Zynq 芯片的 ARM 处理系统部分，后 4 个实验仅使用 Zynq 芯片的可编程逻辑，其具体组织如下。

3.1 节先建立仅包含 1 个 Zynq PS 的块设计，通过配置将它设置成不使用 Zynq PL 中的任何模块；然后建立 1 个“Hello World”软件应用程序，并通过 Zynq PS 在终端程序上显示出打印信息。

3.2 节在 3.1 节的基础上扩展算术逻辑运算功能，实现 1 个简单的计算器。

3.3 节使用 ZedBoard 开发板实现流水灯。首先使用 Verilog 设计 1 个流水灯程序，通过仿真确认其功能正确；然后通过引脚约束方式将输出结果送到 ZedBoard 开发板上的 LED 灯；最后利用 Vivado 的硬件编程功能实现器件编程，并完成流水灯显示。

3.4 节使用 ZedBoard 开发板实现纯硬件简易计算器。在 3.3 节实现 LED 显示输出功能的基础上扩展算术逻辑运算功能，利用拨位开关实现数据输入，通过 LED 灯依次显示几种简单算术逻辑运算的结果，从而实现 1 个简单的计算器。

3.5 节使用 Zybo 开发板实现流水灯。实验内容与实验步骤和 3.3 节相同，只是将 ZedBoard 开发板换成了 Zybo 开发板，不仅 LED 灯的位数发生了变化，按钮信息也发生了变化。

3.6 节使用 Zybo 开发板实现纯硬件简易计算器。实验内容与实验步骤和 3.4 节大致相同，它在 3.5 节的基础上扩展算术逻辑运算功能，利用拨位开关实现数据输入，通过 LED 灯依次显示几种简单算术逻辑运算的结果，从而实现 1 个简单的计算器。由于 Zybo 开发板上的拨位开关和 LED 位数较少，因此这个简易计算器的功能稍有变化。

考虑到部分读者可能只使用 ZedBoard 开发板或者 Zybo 开发板，因此 3.5 节、3.6 节与 3.3 节、3.4 节均独立呈现，故内容上会有较多重复，特此说明。

本章实验基于 Vivado/Vitis 2020.1 进行。

注意：本章的前 2 个实验同样需要能够通过 UART 终端发送键盘命令到 Zynq PS，为此必须使用第三方终端程序。本书使用 PuTTY。

3.1　显示输出“Hello world”

本实验引导仅使用 Zynq PS 实现显示输出“Hello World”，它需要首先建立一个只包含“Zynq Processing System”的块设计，并对这个“Zynq Processing System”进行配置，然后通过 SDK 创建一个显示输出“Hello World”的软件应用程序，测试验证它并通过 PuTTY 终端实现用户交互。

下面从建立一个 Vivado 工程开始。

(1)双击桌面图标启动 Vivado。

(2)选择“Create Project”选项，打开“New Project”对话框，单击“Next”按钮。

(3)在弹出的对话框中的“Project name”文本框输入工程的名字“hello”，设定工程的目录为“D:\Zynq”，并选中“Create project subdirectory”选项。

(4)此时出现“Project Type”界面，选择“RTL Project”单选按钮，并确保“Do not specify sources at this time”复选框没有被选中。单击“Next”按钮。

(5)在“Add Sources”界面中选择“Verilog”作为目标语言，并将模拟语言设置为“Mixed”。如果有需要添加到工程中的 HDL 或网表形式的源文件，可在此阶段进行添加。由于到目前为止没有需要添加到工程的源文件，所以直接单击“Next”按钮。

(6)此时出现“Add Constraints (optional)”界面。这一阶段可以将任何物理或者时序约束文件添加到工程中。由于暂时不需要添加任何约束文件，所以直接单击“Next”按钮。

(7)在弹出的“Default Part”界面选择对应的开发板。

(8)在弹出的“New Project Summary”界面中查看各个选项设置是否正确，最后单击“Finish”按钮以建立该工程。

(9)在“Flow Navigator”面板“IP INTEGRATOR”部分选择“Create Block Design”命令，在“Create Block Design”对话框中的“Design name”文本框输入名字“hello_test”，单击“OK”按钮，Vivado IP 集成器框图画布将出现在工作区。

(10)在 Vivado IP 集成器框图画布上添加 1 个 Zynq 处理系统。。

(11)单击框图窗口上端的“Designer Assistance”消息的“Run Block Automation”信息提示条，在对话框中选中“Apply Board Preset”复选框，单击“OK”按钮运行块自动化。

此时的块框图外部接口将如图 3-1 所示。

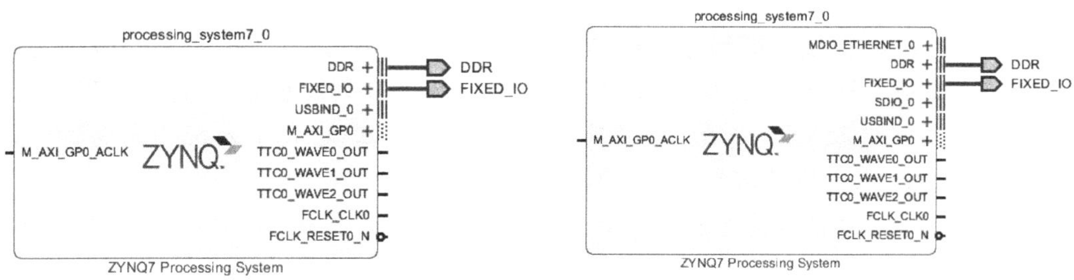

(a)使用 ZedBoard 开发板时　　(b)使用 Zybo 开发板时

图 3-1　ZYNQ7 处理系统外部接口

本节用 Zynq PS 作为 CPU，不需要与其他部分相连，下面对它做相应配置，去掉不必要的接口与时钟等。

(12)双击 ZYNQ7 Processing System 块打开“Re-customized IP”对话框，在左边“Page Navigator”面板单击“PS-PL Configuration”文件夹，在“PS-PL Configuration”面板展开“General”目录，从“UART1 Baud Rate”下拉列表选择“115200”选项(图 3-2)。

(13)展开“General”下的“Enable Clock Resets”子目录，取消“FCLK_RESET0_N”的选择(图 3-3)。

(14)展开“General”下的“AXI Non Secure Enablement”→“GP Master AXI Interface”

子目录，取消“M AXI GP0 Interface”的选择(图 3-4)。

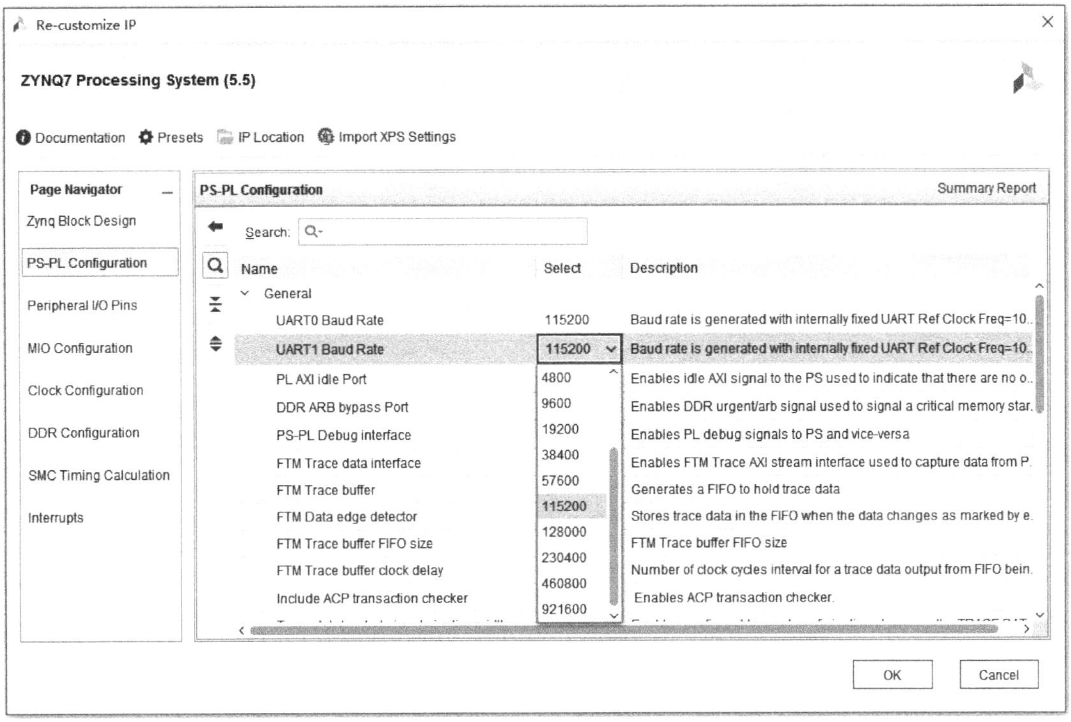

图 3-2　配置 UART

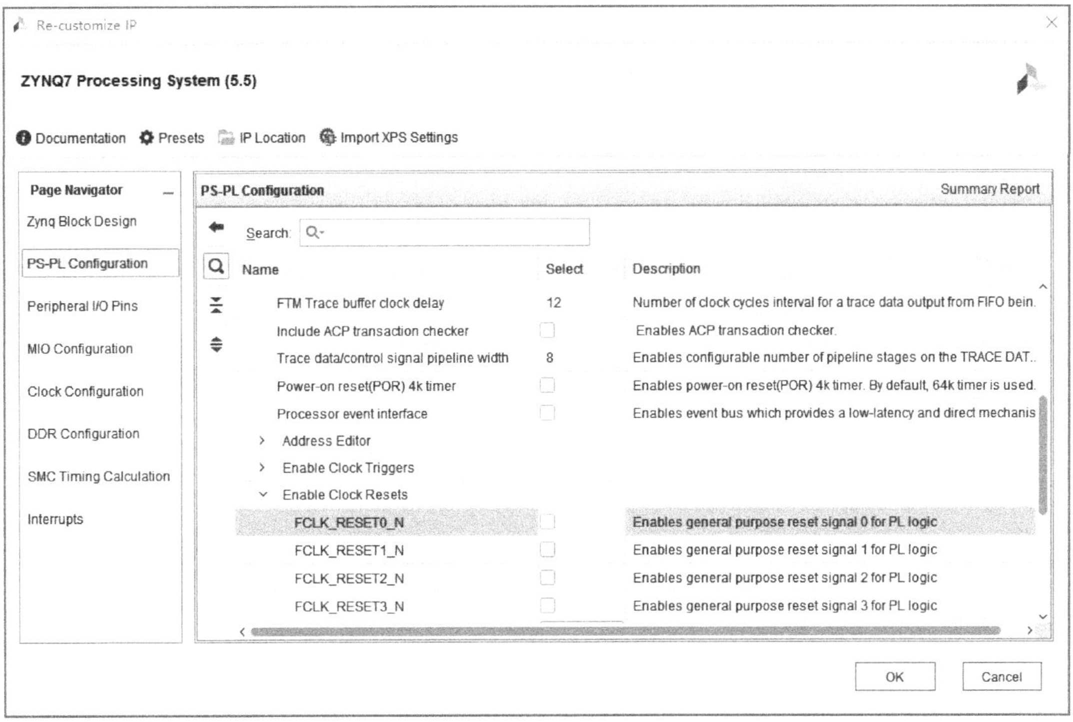

图 3-3　配置复位信号

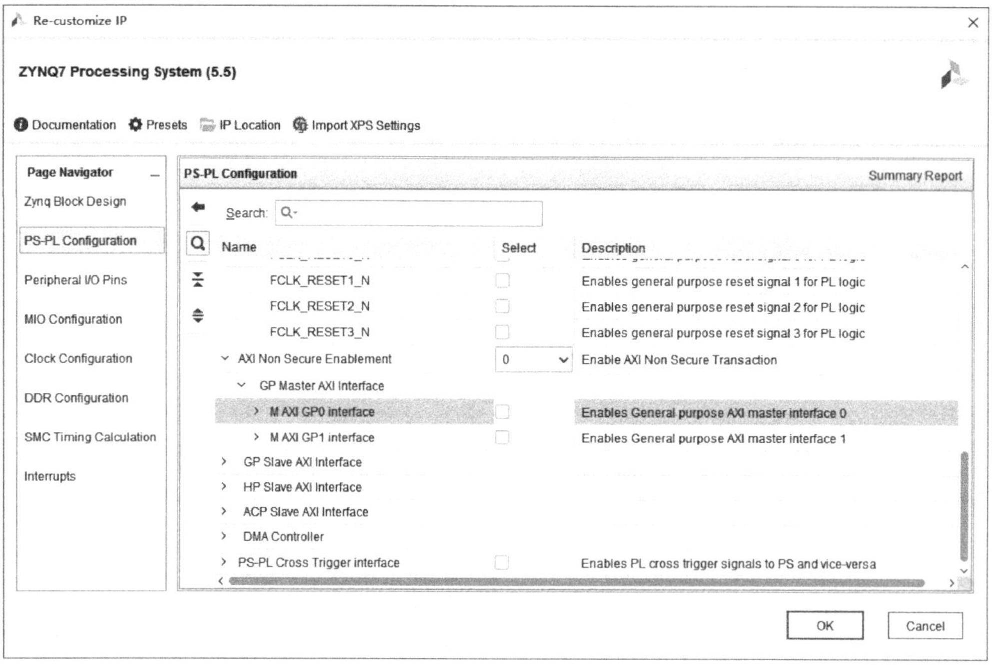

图 3-4　配置接口

(15)在“Page Navigator”面板单击“Clock Configuration”文件夹，在“Clock Configuration”面板展开“PL Fabric Clocks”目录，取消“FCLK_CLK0”复选框的选择(图 3-5)。

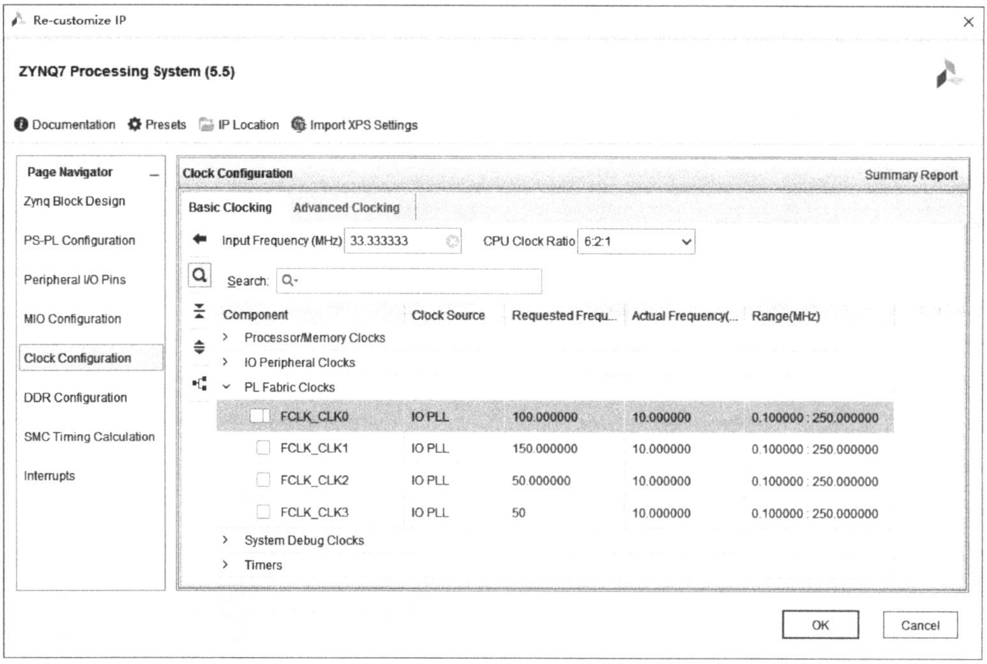

图 3-5　配置结构时钟

(16)在“Page Navigator”面板单击“DDR Configuration”文件夹，在“DDR Configuration”面板取消“Enable DDR”的选择(图 3-6)。

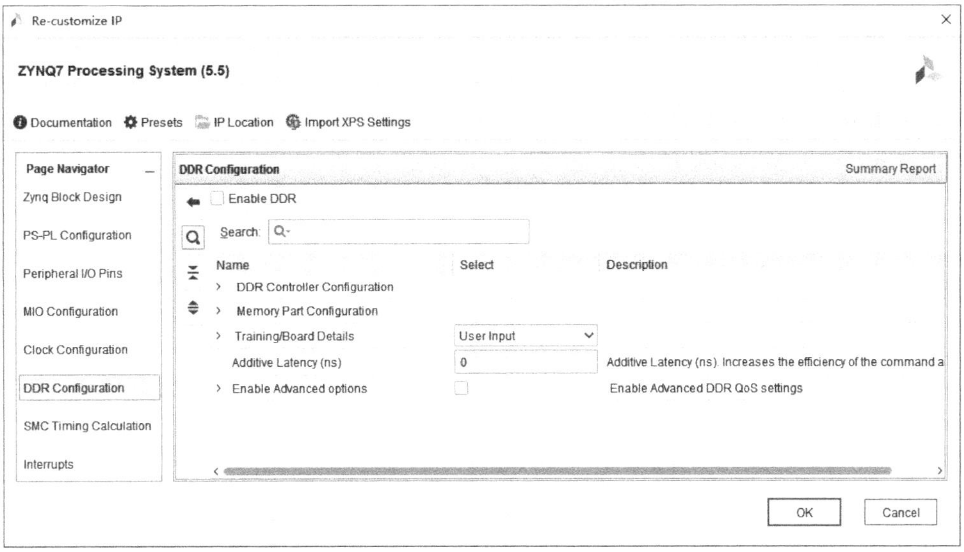

图 3-6　配置 DDR

(17) 在“Page Navigator”面板单击“MIO Configuration”文件夹，在“MIO Configuration”面板确认“Bank 1 I/O Voltage”选择为“LVCMOS 1.8V”；展开“I/O Peripherals”→“SD 0”文件夹，配置引脚“CD”为“MIO 47”，引脚“WP”为“MIO 46”；配置引脚“UART1”为“MIO 48 .. 49”（图 3-7）。

图 3-7　配置引脚

注意：如果引脚分配存在冲突，务必根据提示信息重新分配，直至冲突解决。

(18) 单击“OK”按钮，返回“Diagram”，此时可见引脚 DDR 并未与 Zynq 处理系统连接。在画布上单击 DDR 引脚，删除之。

此时完整的设计如图 3-8 所示。

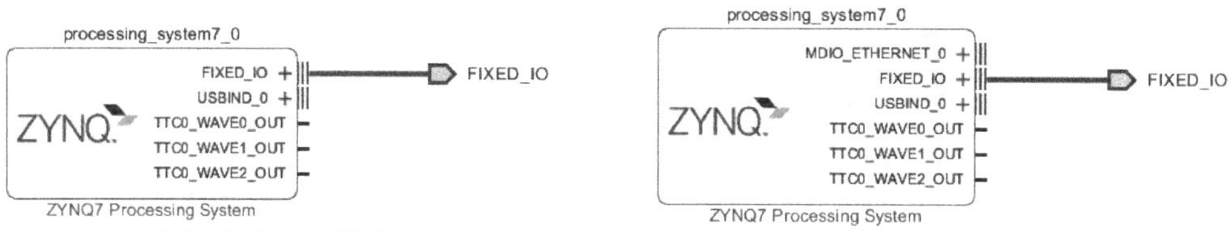

(a) 使用 ZedBoard 开发板时　　(b) 使用 Zybo 开发板时

图 3-8　3.1 节最终的块设计结果

(19) 从菜单栏中选择“File”→“Save Block Design”选项保存块设计。

(20) 从菜单栏中选择“Tools”→“Validate Design”选项检查设计。

随着设计检查通过，下面可以开始生成系统的 HDL 设计文件。

(21) 直接单击“Sources”选项卡或者从菜单栏选择“Window”→“Sources”选项以转到“Sources”选项卡。

(22) 在“Sources”窗口中的顶层系统设计(本例中为“hello_test”)上右击，在弹出的菜单中选择“Create HDL Wrapper”选项，将弹出“Create HDL Wrapper”对话框，选择“Let Vivado manage wrapper and auto-update”单选按钮，单击“OK”按钮，生成系统的顶层 HDL 包装器。

(23) 在“Flow Navigator”面板中的“PROGRAM AND DEBUG”部分选择“Generate Bitstream”命令，或者单击工具栏中的“Generate Bitstream”按钮生成比特流文件，此时若有对话框弹出提示保存文件，单击“Save”按钮。

比特流文件生成后，选择“Open Implemented Design”选项打开所实现的设计。

(24) 从菜单栏中选择“File”→“Export”→“Export Hardware”选项，打开“Export Hardware Platform”对话框，并确认选中“Fixed”单选按钮，单击“Next”按钮。

(25) 在“Output”界面选择“Include bitstream”单选按钮，单击“Next”按钮，在接下来的“File”界面单击“Next”按钮接受默认设置。

(26) 浏览弹出的硬件平台导出的相关信息，确认无误后单击“Finish”按钮完成硬件平台导出。

(27) 从 Vivado 菜单栏选择“Tools”→“Launch Vitis IDE”，在弹出的“Eclipse Launcher”对话框中指定 Vitis IDE 工作区路径“D:\Zynq\workspace\hello”(其实就是默认的路径)，单击“Launch”按钮启动 Vitis。

(28) 在 Vitis IDE 中，从菜单栏选择“File”→“New”→“Application Project”选项，启动创建新应用程序工程向导，单击“Next”按钮。

(29) 在打开的平台选择对话框中单击“Create a new platform from hardware (XSA)”标签页，单击“Browse”按钮，在弹出的对话框中找到前面用于存储硬件平台信息的文件“D:\Zynq\hello\hello_test_ wrapper.xsa”(图 3-9)，单击“打开”按钮。

此时，步骤(26)所导出的硬件平台信息已经被添加到平台列表了(图 3-10)，选中它，并单击“Next”按钮。

图 3-9　“Create Platform from XSA”对话框

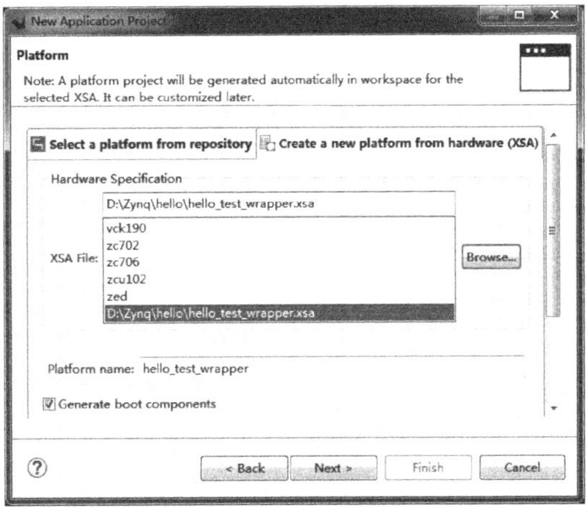

图 3-10　硬件平台信息被添加到列表

(30) 在“Application Project Details”界面的“Application project name”文本框输入工程名“Hello_World”(图 3-11)，单击“Next”按钮。

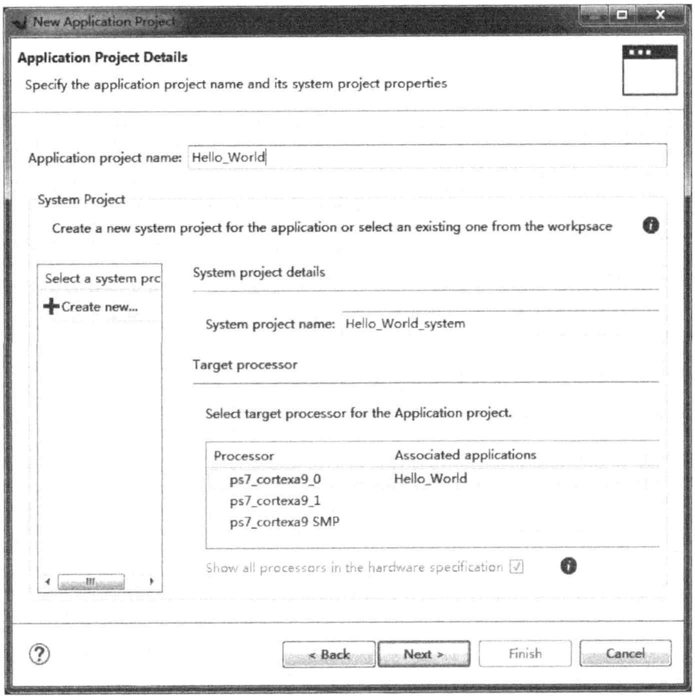

图 3-11　“Application Project Details”界面

(31) 在弹出的“Domain”界面中接受默认设置，单击“Next”按钮。

(32) 在弹出的“Templates”界面中选择“Hello World”选项(图 3-12)，并单击“Finish”按钮创建工程。

(33) 在“Project Explorer”标签页展开“Hello_World”→“src”文件夹，双击“helloworld.c”文件，检查其中的代码。

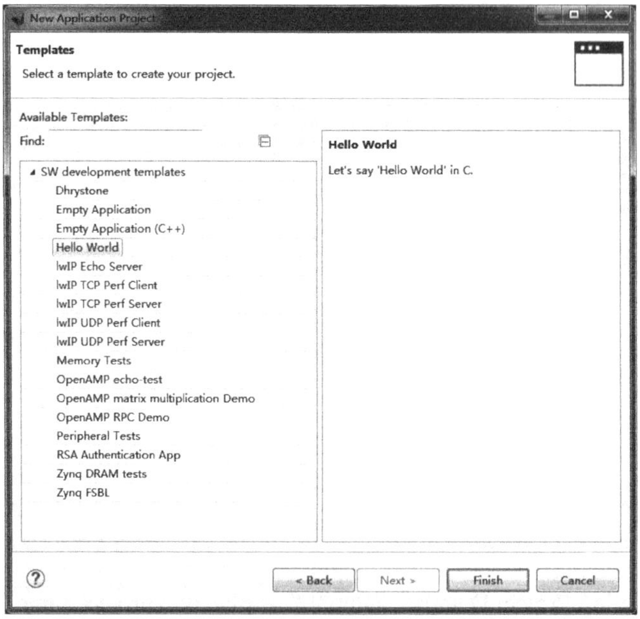

图 3-12　“Templates”界面

这个 C 程序非常简单，除了头文件之外只有 1 个主函数，而主函数里面除了 return 语句外只有 4 条语句：

```
init_platform();
print("Hello World\n\r");
print("Successfully ran Hello World application\n\r");
cleanup_platform();
```

这里的 print( ) 函数用来输出(注意，它不是标准 C 里面的 printf( ) 函数)，而函数 init_platform( ) 和 cleanup_platform( ) 分别用来打开系统 Cache 和关闭系统 Cache。本实验需要从串口输出打印信息，主函数的第 1、第 4 这 2 条语句跟串口输出并无关系，因此可以注释掉。

另外，可以尝试在这里让 ARM 系统输出任意字符串，例如：

```
print("The Zynq is used now.\n\r");
```

(34) 检查(修改)完“helloworld.c”文件后从菜单栏选择“File”→“Save File”选项保存文件。

(35) 通过“Project”→“Build Project”选项进行手动编译。

(36) 参考图 2-77 或图 2-78，确保开发板上的跳线设置正确以允许从 JTAG 启动；使用 mini USB 将 Zynq 开发板上的 PROG 端口连接到计算机主机，如果使用的是 ZedBoard 开发板，还要使用 mini USB 将 Zynq 开发板上的 UART 端口连接到计算机主机；打开开发板电源。

(37) 从菜单栏选择“Xilinx”→“Program FPGA”选项，将比特流文件下载到 Zynq PL 中，此时“Program FPGA”对话框将打开，其中“Bitstream”文本框应该已经自动填入了正确的比特流文件。单击“Program”按钮开始 FPGA 编程。

提示：当编程结束时，开发板上的“DONE”指示灯(ZedBoard 是蓝色 LED 灯，而 Zybo 则是绿色 LED 灯)将点亮。

(38) 打开“PuTTY.exe”文件，按照 2.5.3 节步骤(21)和步骤(22)的方法配置串口，并实现终端连接。

(39) 在“Explorer”标签页中选择“Hello_World_system”文件夹，右击，在弹出的菜单中选择“Run As”→“Run Configurations”选项(图 3-13)。

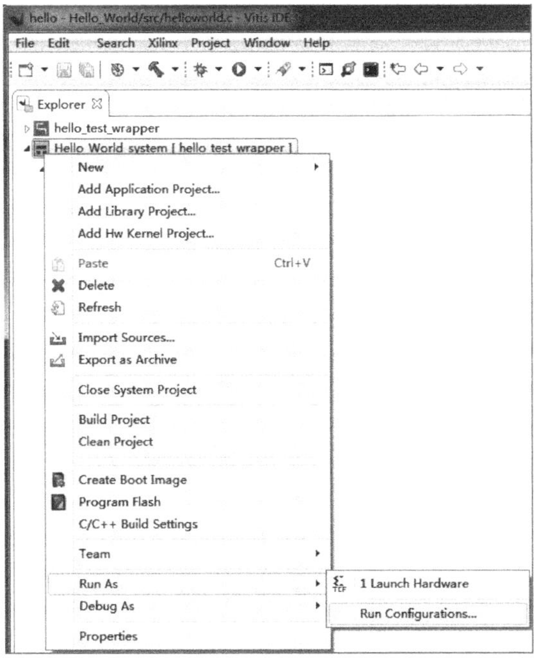

图 3-13　运行配置

此时弹出“Run Configurations”(运行配置)窗口(图 3-14)，在这里可以新建 1 个配置、管理或运行已有配置。

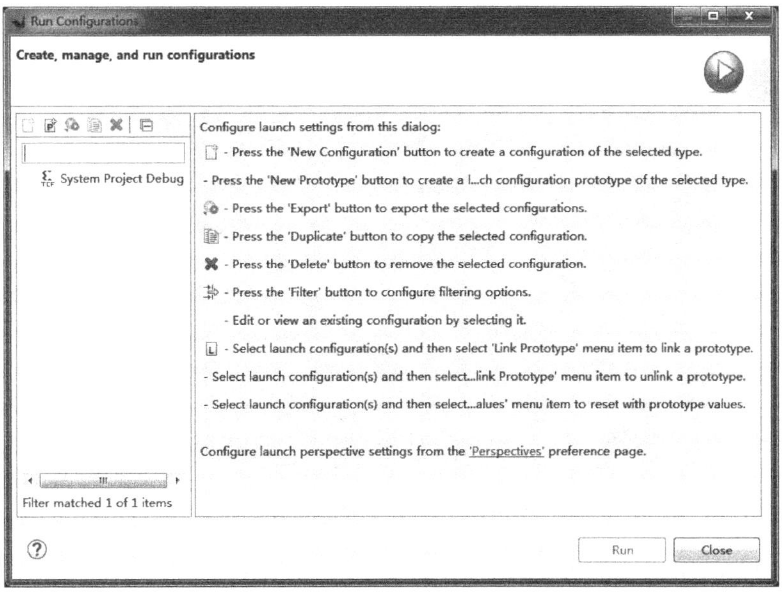

图 3-14　“Run Configurations”窗口

(40) 在左侧面板双击展开“System Project Debug”文件夹，系统将自动生成 1 个配置“System Debugger_Hello_World_system”（图 3-15）。

每 1 个配置都包含“Main”、“Target Setup”、“Environment”和“Common”共 4 个方面的参数设置，其中“Target Setup”参数的含义是：如果使用 Debug 下的 Terminal 进行观察，则需要选中并进行配置，否则如果使用电路板上串口输出、通过串口助手进行接收查看，则不需要配置。

这里不改变自动生成配置的各种设置。

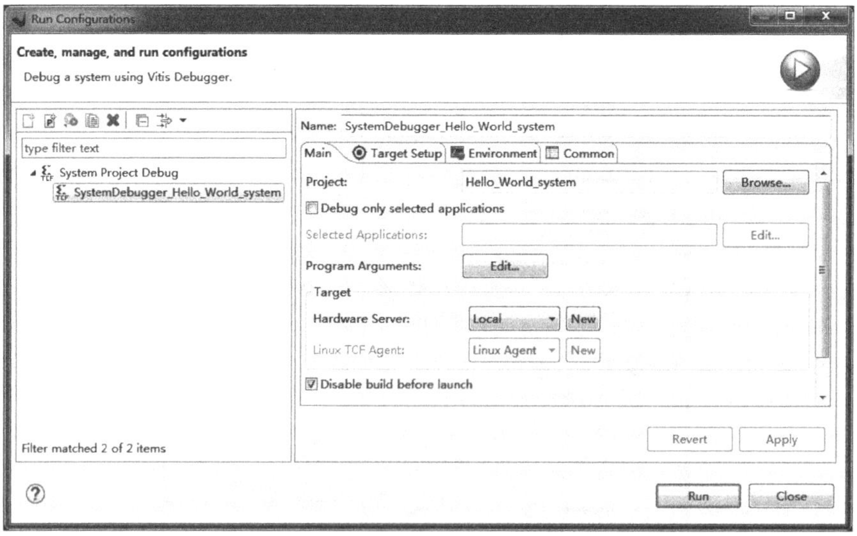

图 3-15　自动生成的配置

(41) 单击“Finish”按钮，加载程序并运行。

此时系统将先自动编程，然后加载程序运行。

程序加载并运行完成后，PuTTY 终端连接显示信息如图 3-16 所示。

图 3-16　3.1 节实验运行结果

(42) 关闭 Vitis IDE，关闭 Vivado。

本实验到此结束，下一步要在此基础上扩展软件应用程序的功能，实现 1 个简单计算器。

3.2　纯软件简易计算器

本节实验在 3.1 节的基础上设计实现一个简单的纯软件计算器，它同样只使用 Zynq PS 而不使用 PL。

(1) 启动 Vivado，双击初始启动界面窗口右侧“Recent Projects”列表显示的最近的工程“hello.xpr”，或者选择“Open Project”选项，在“Open Project”对话框中，打开目录“D:\Zynq\hello”，选择里面的工程“hello.xpr”（图 3-17），单击“OK”按钮，打开 3.1 节创建的工程“hello.xpr”。

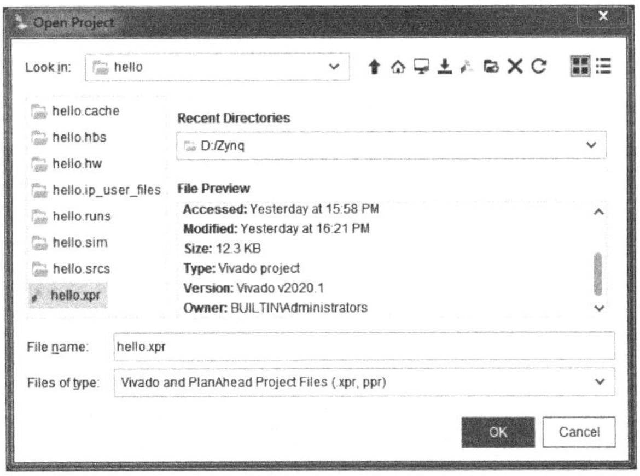

图 3-17　打开工程

本节也只使用 Zynq PS 作为 CPU 运行自己编写的软件应用程序，因此这个块设计可以跟 3.1 节中一模一样，不需要改变。下面要做的是根据需要在 SDK 中相应更改软件应用程序。

(2) 从 Vivado 菜单栏选择“Tools”→“Launch Vitis IDE”选项，因为只是在 3.1 节的基础上修改软件应用程序，因此需要在弹出的“Eclipse Launcher”对话框中检查 Vitis IDE 工作路径是否是上一个实验中指定的“D:\Zynq\workspace\hello”，确认无误后单击“Launch”按钮，启动 3.1 节中创建的软件应用程序。

注意： 由于本实验只是在 3.1 节的基础上修改软件应用程序，块设计完全一样，这里也可以通过桌面快捷方式或者从开始“程序”菜单直接启动 Vitis IDE，并确保 Vitis IDE 工作区路径是上一个实验中指定的“D:\Zynq\workspace\hello”，即可直接启动 3.1 节中创建的软件应用程序。

下面需要修改源代码。这里想要实现的是 1 个简单的计算器，计算用户给出 2 个十进制数的加、减、乘 3 种算术运算和按位与、按位或、按位异或 3 种逻辑运算的结果。

(3) 在“Project Explorer”标签页展开“Hello_World”→“src”，双击“helloworld.c”文件。在 main( ) 函数中添加变量定义语句：

```
int a,b,sum,dif,prod,a_or_b,a_and_b,a_xor_b;
```

将语句：

```
print("Successfully ran Hello World application\n\r");
```

改成

```
print("This is a simple calculator.\n\r");
```

在语句“print("The Zynq is used now.\n\n");”和“//cleanup_platform();”之间添加以下代码：

```
print("Please input a from keyboard.\n\r");
print("a = ");
scanf("%d",&a);

print("Please input b from keyboard.\n\r");
print("b = ");
scanf("%d",&b);
printf("\n------The results are:--------------\n");

sum=a+b;
dif=a-b;
prod=a*b;
a_and_b=a&b;
a_or_b=a|b;
a_xor_b=a^b;

printf("sum  = a + b = %d\n",sum);
printf("dif  = a - b = %d\n",dif);
printf("prod = a * b = %d\n",prod);
printf("a_and_b = 0x%04x & 0x%04x = 0x%04x = %d\n",a,b,a_and_b,a_and_b);
printf("a_or_b  = 0x%04x | 0x%04x = 0x%04x = %d\n",a,b,a_or_b,a_or_b);
printf("a_xor_b = 0x%04x ^ 0x%04x = 0x%04x = %d\n",a,b,a_xor_b,a_xor_b);
```

(4) 从菜单栏选择“File”→“Save”选项保存文件，通过“Project”→“Build Project”选项进行手动编译。

这里同样使用 PuTTy 作为人机交互的终端。由于需要通过键盘输入，这里的 PuTTy 设置与前面稍有不同。

(5) 打开“PuTTY.exe”文件，将弹出“PuTTY Configuration”对话框，单击对话框左侧“Terminal”文件夹，在右侧选中“Auto wrap mode initially on”、“Implicit CR in every LF”、“Implicit LF in every CR”和“Use backgroud colour to erase screen”复选框，并将“Line discipline options”选项卡里面的“Local echo”改成“Force on”(图 3-18)。

(6) 单击对话框左侧“Connection”文件夹下面的类型“Serial”，在右侧按照如图 3-19 所示配置串口。

注意：这里“Serial line to connect to”指的是连接到 UART 端口的串口号，它根据不同机器可能不同。

(7) 在“PuTTY Configuration”对话框，单击对话框左侧“Session”文件夹，在右侧选择“Serial”单选按钮(图 3-20)，单击“Open”按钮，打开终端连接。

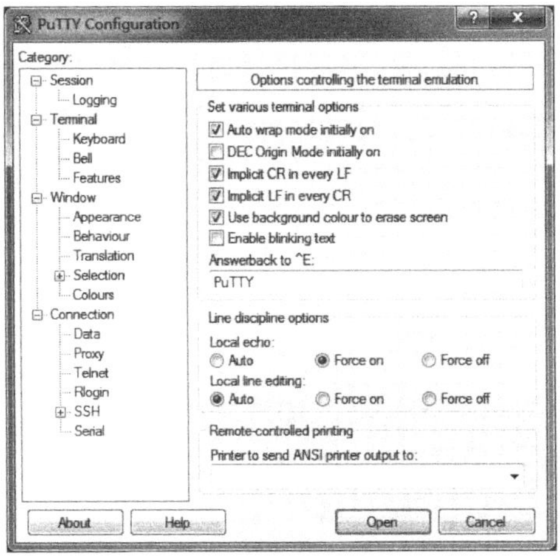

图 3-18　配置终端

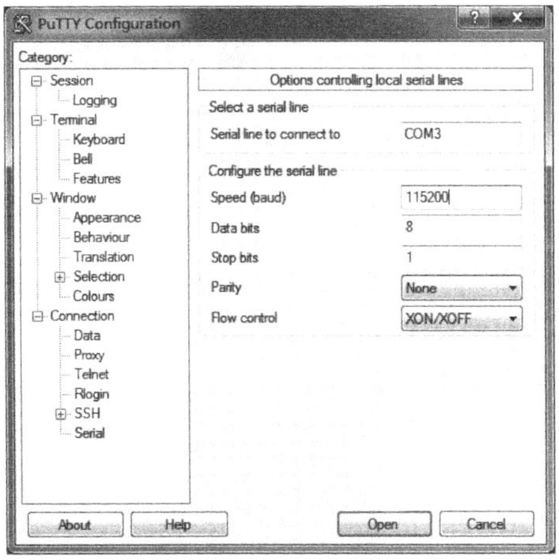

图 3-19　配置串口

(8) 在“Project Explorer”标签页中选择“Hello_World_system”文件夹，右击，在弹出的菜单中选择“Run As”→“Run Configurations”选项。

由于在 3.1 节中已经创建了 1 个配置(图 3-21)，这里可以直接开始运行。

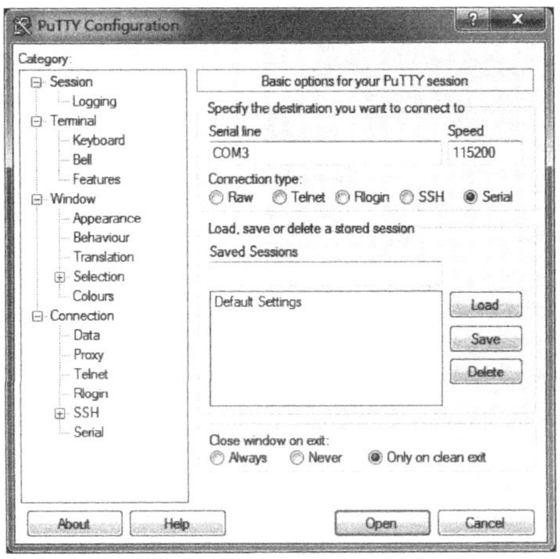

图 3-20　选择会话连接

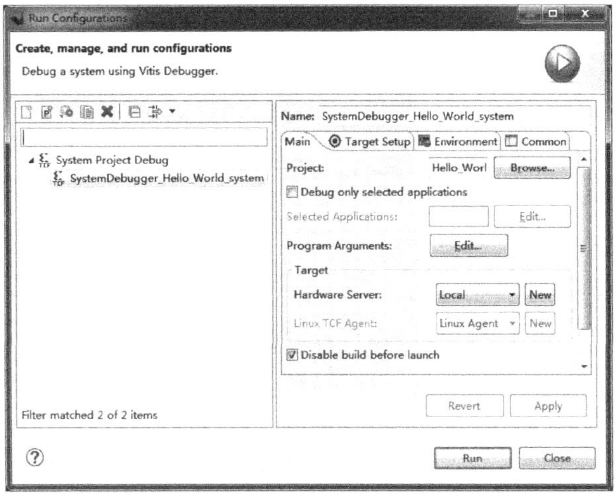

图 3-21　“Run Configurations”窗口

(9) 确保开发板的电源打开，单击“Finish”按钮，加载程序并运行。

注意：

①只有在完成 3.1 节中的实验后未对开发板进行过编程操作，才可直接运行。若在进行完 3.1 节中的实验之后有过对开发板的编程操作，需重新编程。具体步骤请参照 3.1 节。

②3.1 节中对开发板编程完毕后，“Done”指示灯会亮。在 Vitis 2020.1 版本中，程序加载运行前会自动进行硬件编程操作，但是 Vivado 2019.1 及之前的版本不会，若进行完 3.1 节中的实验后关闭开发板的电源，则重新打开电源后“Done”指示灯不会亮，系统在加载软件应用程序时会显示如图 3-22 所示的提示，它提示目标板当前配置未完成(其实就是“Done”状态位不为“1”)，询问是否继续加载应用程序。如果进行完 3.1 节中的实验后没有更改过硬件配置，直接单击“OK”按钮就可以了。

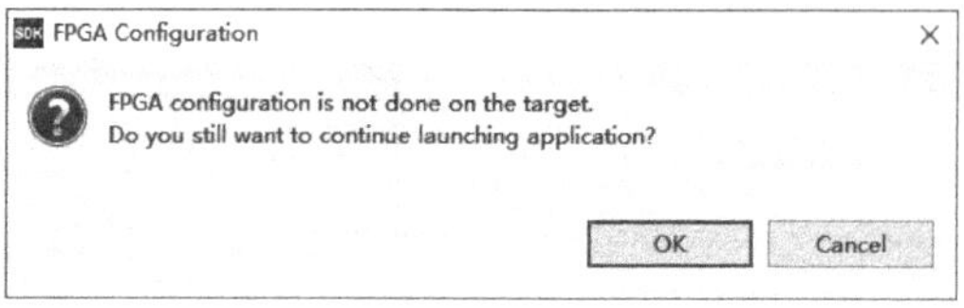

图 3-22　FPGA 配置未完成提示

(10) 回到 PuTTY 终端，按照终端提示分别输入“a”和“b”，系统会计算并显示相关结果。例如，分别输入“26”和“17”，系统的显示结果如图 3-23 所示。

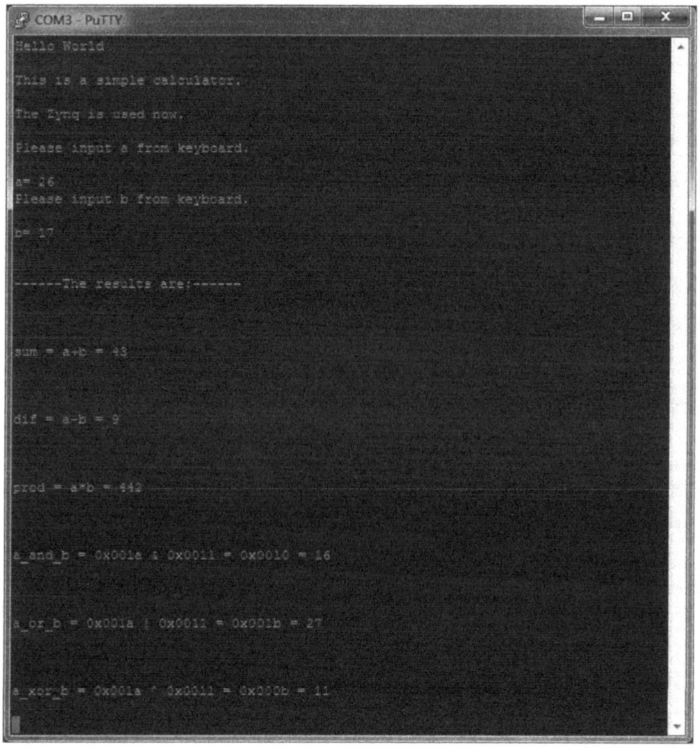

图 3-23　3.2 节结果显示示例

可以发现，Zynq PS 充当了 1 个 CPU，能独立运行 Vitis 编译通过的软件应用程序，无需 Zynq PL 参与。

本节实验到此结束。

3.3　在 ZedBoard 开发板上实现流水灯

本节实验引导使用 HDL 编程实现 1 个 LED 流水灯，它让 ZedBoard 开发板上的 LED 灯从最左边 1 个开始，依次向右轮流点亮，依次往复。这里只使用 Zynq PL 中的相关资源，并使用 Vivado 对 HDL 设计结果进行仿真模拟，最后直接进行硬件编程并实现它。下面从创建 1 个 Vivado 工程开始。

(1) 打开 Vivado，在“D:\Zynq”文件夹新建一个 Vivado 工程，名字为“led_blink”；工程类型选择“RTL”，并且选中“Do not specify sources at this time”复选框；选择开发板，并选

择与开发板相对应的版本号；浏览“New Project Summary”界面，查看各个选项设置是否正确，最后单击“Finish”按钮建立工程。

工程建立以后可以进行设计，这里使用 Verilog HDL 进行设计。Verilog HDL 的一个方便之处在于其测试台文件与设计文件格式相同，在测试台文件中可以通过元件例化方式调用设计文件，并可以把测试台文件和设计文件的内容写到 1 个文件中，但是这样当进行器件编程时，会把测试代码部分对应的逻辑也下载到可编程逻辑中，这并不是我们想要的结果。

事实上 Vivado 将源文件分成了 3 类：设计源文件(一般简称为源文件，本书中若无特殊说明，提到的源文件都指的是设计源文件)、测试台文件、约束文件。分别将相应内容写入这 3 类文件，系统在进行模拟的时候会自动从测试台文件开始；而在进行逻辑综合、物理实现以及器件编程时会自动选择设计源文件。

下面分别建立流水灯设计的 3 种源文件。

(2) 在“Flow Navigator”面板的“PROJECT MANAGER”部分选择“Add Sources”命令，在弹出的“Add Sources”对话框选择“Add or create design sources”单选按钮(图 3-24)，单击“Next”按钮，在“Add or Create Design Sources”界面单击 +, 按钮并选择“Create File”选项(图 3-25)，在弹出的“Greate Source File”对话框中选择“File type”(文件类型)为“Verilog”，在“File name”文本框输入文件名“led_blink”(图 3-26)，单击“OK”按钮。

图 3-24　“Add Sources”对话框

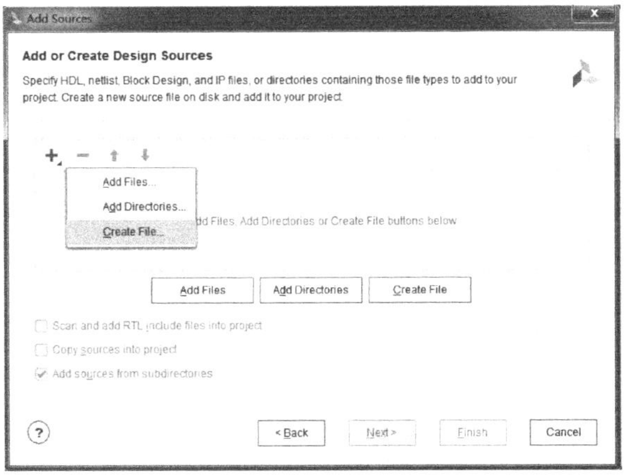

图 3-25　创建源文件

图 3-26　“Create Source File”对话框

(3) 单击“Finish”按钮关闭“Add Sources”对话框(图 3-27)。

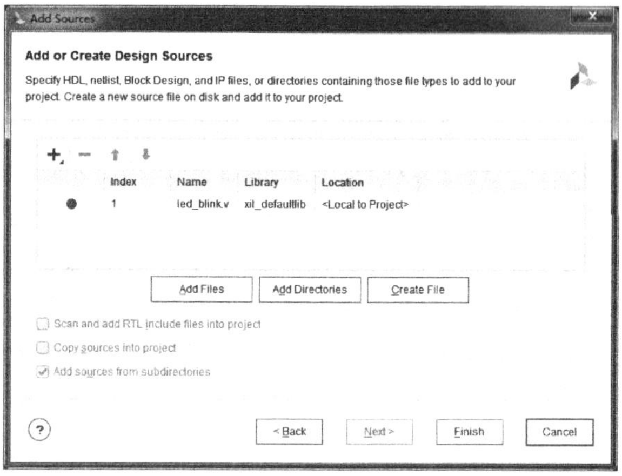

图 3-27　已添加为文件信息的“Add Sources”对话框

(4)在“Define Module”(定义模块)对话框中单击“OK”按钮(图 3-28)，若有对话框询问是否确认使用未修改的值(图 3-29)，单击“Yes”按钮确认，完成源文件创建。

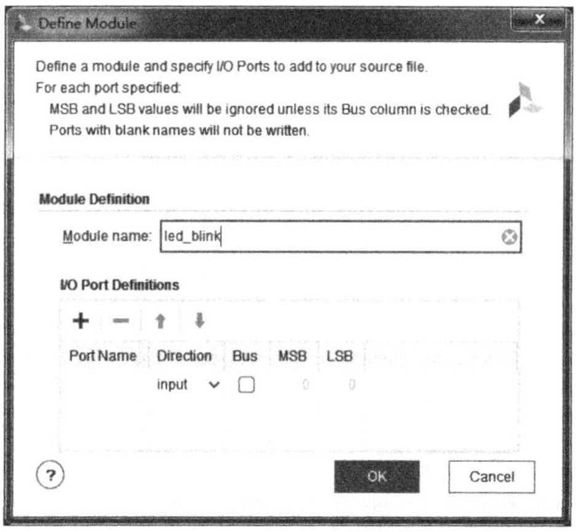

图 3-28　“Define Module”对话框

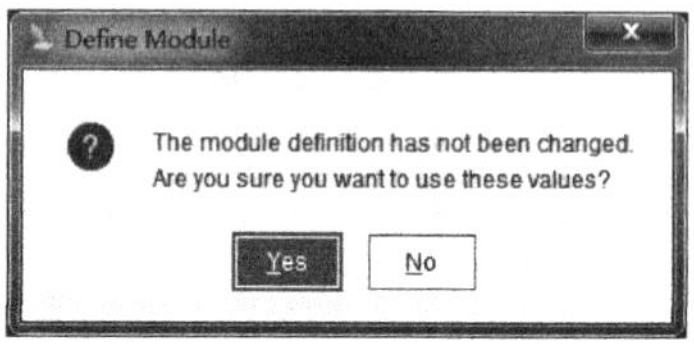

图 3-29　“Define Module”对话框

(5)双击“Sources”窗口中“Design Sources”文件夹下面的文件“led_blink”，打开所创建的源文件。

发现这个文件只是 1 个空壳：

```
module led_blink(

  );
endmodule
```

(6)使用下列代码替换上述源文件中的空壳部分：

```
module led_blink(
  input BTNU,
  input GCLK,
  output [7:0] LED
  );
```

```
  wire clk,rst;
  reg [7:0] LED_reg;
  parameter[31:0] delay=32'd100000000;       //delay 1 sec
  reg [31:0] cnt;

  assign clk = GCLK;                         //100MHz, period = 10ns
  assign rst = ~BTNU;
  assign LED = LED_reg;

  always@(posedge clk or negedge rst)
    begin
      if(rst==1'b0)
        begin
          LED_reg <= 8'b10000000;
          cnt <= 32'b0;
        end
      else
        begin
          if (cnt == delay)
            begin
              cnt <= 32'b0;
              LED_reg <=(LED_reg>>1)|(LED_reg<<7);
            end
              else
                begin
                  cnt <= cnt + 32'b1;
                end
          end
    end
endmodule
```

下面简单查看这个源文件。

这里使用 ZedBoard 开发板上的时钟 GCLK 作为系统时钟，这是 1 个 100MHz 的时钟，为了实现 LED 灯流水显示，需要设置每一种状态(每一个灯)持续的时间，这里设定为 1s。由于系统时钟的周期为 10ns，因此每一个灯需要持续 100000000 个时钟周期。

源文件使用时钟上升沿或者复位信号下降沿作为敏感信号，但是 ZedBoard 开发板在默认情况下(即按钮不被按下时)BTNU 是低电平，只有在按钮被按下时，BTNU 才输出高电平，为了实现下降沿复位，这里将它取反作为复位信号：

```
assign rst = ~BTNU;
```

正常工作期间，每 1 个时钟周期计数值增 1，若计数到达规定值，计数器清零，LED 灯向右流水 1 位。

(7) 保存文件“led_blink.v”。

系统将自动进行编译并更新相关文件信息，若发现错误，请自行纠正。

(8) 按照相同的步骤添加文件，在相应的对话框中依次选择“Add or create simulation sources”单选按钮(图 3-30)、“创建模拟文件”(图 3-31)，仍然选择文件类型为“Verilog”，在“File name”文本框输入文件名“simu”(图 3-32)。

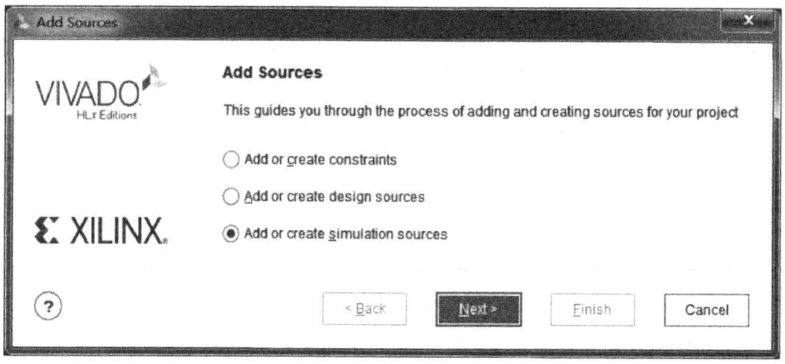

图 3-30 “Add Sources”对话框

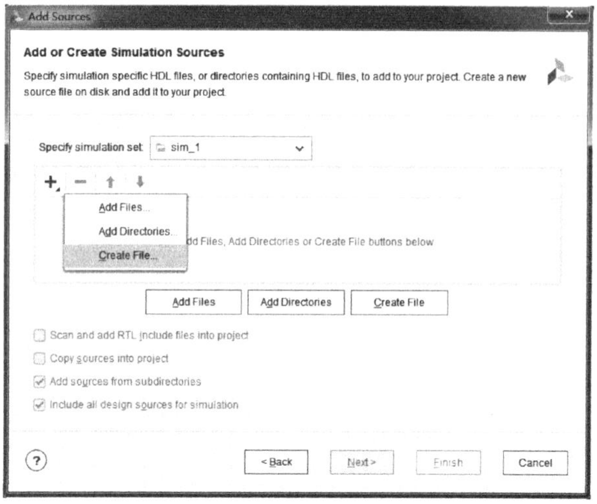

图 3-31　创建模拟文件

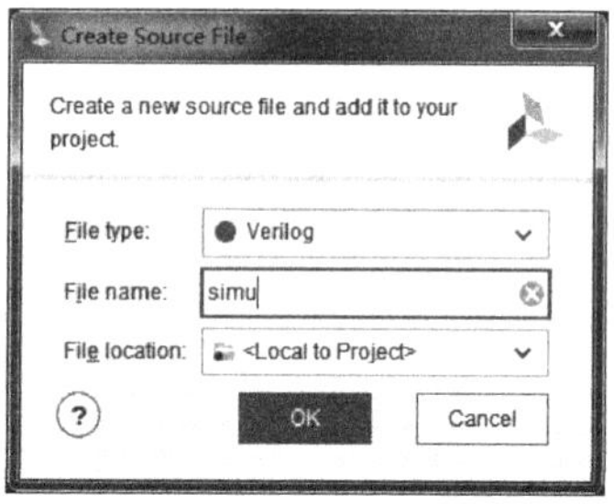

图 3-32 “Create Source File”对话框

(9) 双击“Sources”窗口中“Simulation Sources”→“sim_1”文件夹下面的文件“simu”，打开所创建的测试台文件，使用下列代码替换其中的空壳部分：

```
module simu();

  reg clk;
  reg rst;
  wire [7:0] led;
  parameter period = 10;         //  for simulation, period = 10ns

  always #(period/2) clk = ~clk;
  initial
    begin
      clk = 0;
      rst = 0;
      #13 rst = 1;                //  the first reset
```

```
        #108 rst = 0;
        #2000000000 rst = 1;          // the second reset
        #108 rst = 0;
      end
  led_blink led_blink_0(.GCLK(clk),.BTNU(rst),.LED(led));
  endmodule
```

为了与实际系统一致，这里将模拟时钟的周期设置成 10ns；由于按钮 BTNU 默认输出为低电平，这里先将复位信号设置为低电平，然后模拟按钮按下再松开的过程(即先使它为“1”，过一段时间再将它恢复成“0”)；这里相当于给了 2 次复位信号，其复位功能，1 处用于初始阶段，1 处用于中间阶段。

(10) 保存文件“simu.v”。

系统将自动进行编译并更新相关文件信息，若发现错误，请自行纠正。

(11) 按照相同的步骤添加文件，在对应的对话框中依次选择“Add or create constraints”单选按钮(图 3-33)、“创建约束文件”(图 3-34)，在“File name”文本框输入文件名“led”(图 3-35)。

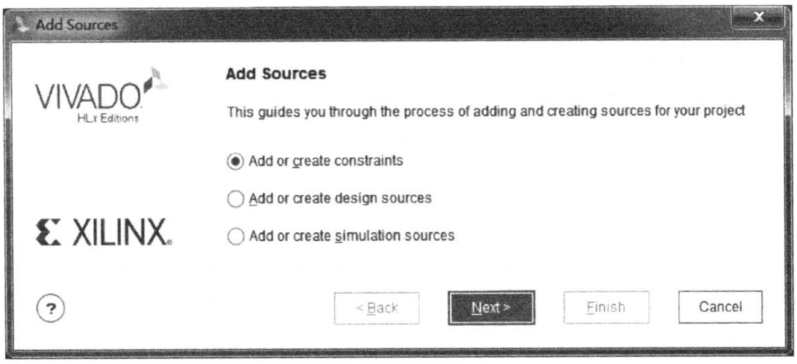

图 3-33　“Add Sources”对话框

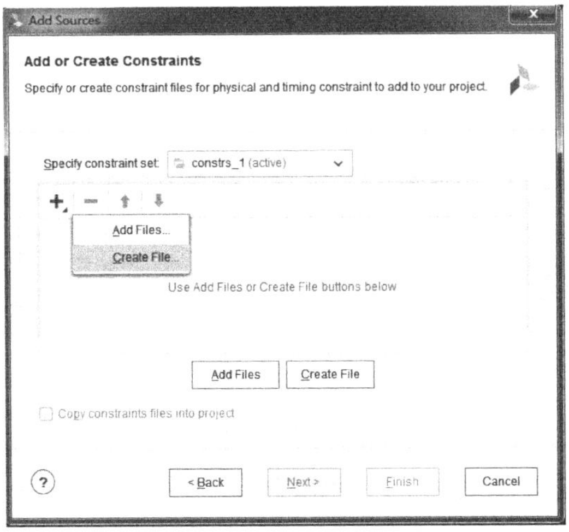

图 3-34　创建约束文件

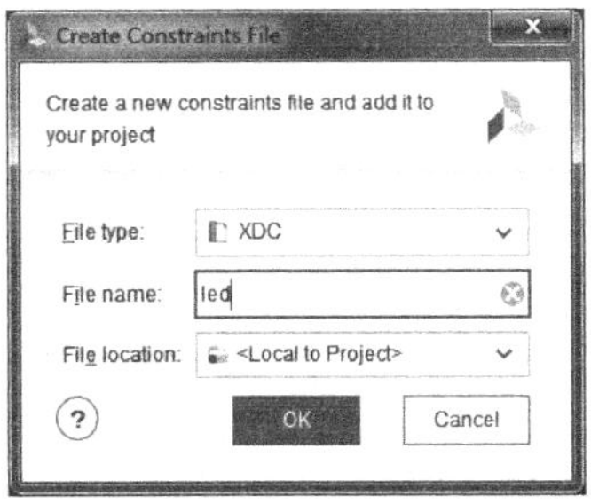

图 3-35　“Create Constraints File”对话框

(12) 双击“Sources”窗口中“Constraints”→“constrs_1”文件夹下面的文件“led.xdc”，打开所创建的约束文件，输入下列代码：

```
set_property PACKAGE_PIN T22 [get_ports {LED[0]}]
set_property IOSTANDARD LVCMOS33 [get_ports {LED[0]}]
set_property PACKAGE_PIN T21 [get_ports {LED[1]}]
set_property IOSTANDARD LVCMOS33 [get_ports {LED[1]}]
set_property PACKAGE_PIN U22 [get_ports {LED[2]}]
set_property IOSTANDARD LVCMOS33 [get_ports {LED[2]}]
set_property PACKAGE_PIN U21 [get_ports {LED[3]}]
set_property IOSTANDARD LVCMOS33 [get_ports {LED[3]}]
set_property PACKAGE_PIN V22 [get_ports {LED[4]}]
set_property IOSTANDARD LVCMOS33 [get_ports {LED[4]}]
set_property PACKAGE_PIN W22 [get_ports {LED[5]}]
set_property IOSTANDARD LVCMOS33 [get_ports {LED[5]}]
set_property PACKAGE_PIN U19 [get_ports {LED[6]}]
set_property IOSTANDARD LVCMOS33 [get_ports {LED[6]}]
set_property PACKAGE_PIN U14 [get_ports {LED[7]}]
set_property IOSTANDARD LVCMOS33 [get_ports {LED[7]}]

set_property PACKAGE_PIN Y9 [get_ports {GCLK}]
set_property IOSTANDARD LVCMOS33 [get_ports {GCLK}]
set_property PACKAGE_PIN T18 [get_ports {BTNU}]
set_property IOSTANDARD LVCMOS33  [get_ports {BTNU}]
```

(13) 保存文件“led.xdc”。

(14) 在“Flow Navigator”面板的“SIMULATION”部分单击“Run Simulation”→“Run Behavioral Simulation”(图 3-36)运行行为仿真，测试系统功能。

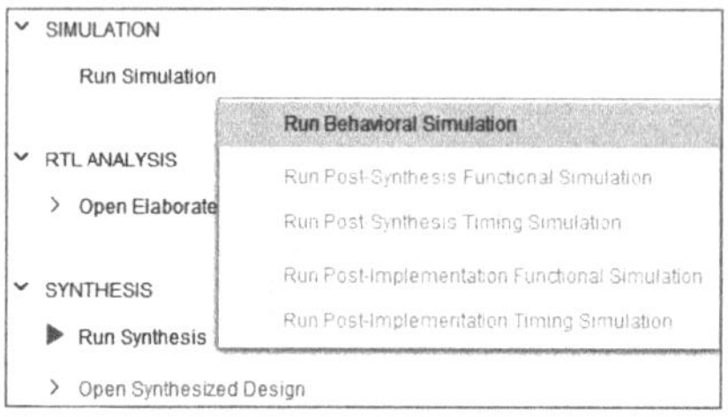

图 3-36　运行行为仿真

系统将自动打开“SIMULATION”界面(图 3-37)。可能需要缩放或拖动滚动条以显示某些信息。

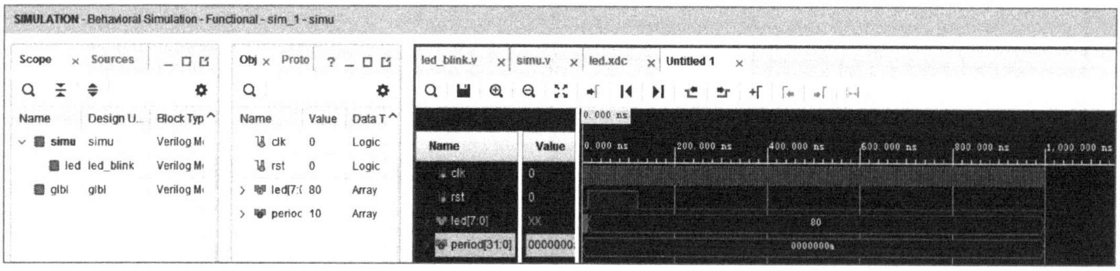

图 3-37　“SIMULATION”界面——行为仿真

“SIMULATION”界面左边“Scope”标签页显示了被模拟的对象。选中“Scope”标签页中的某一目标，则中间的“Objects”标签页中将显示该目标中可用来观察的对象(接口、变量、参数、信号等)。

“SIMULATION”界面右侧波形图显示所有被加入到波形图中对象的名称(Name)、当前光标位置各对象的值以及一段时间内各对象的波形。为观察方便，在波形图界面上方的选项卡空白处双击，可以将波形图最大化；再次双击，波形图将恢复原样大小。

仿真启动后会自动添加测试台文件中的信号并运行一段时间(默认先运行 1000ns)。

“Run”菜单(图 3-38)提供了更多运行方式,具体如下。

① “Restart”:从头开始重新进行仿真。

② “Run All”:运行全部仿真(若测试台文件未设置测试结束时间,仿真将一直进行下去)。

③ “Run For”:运行指定时间长度(图 3-39)。

④ “Step”:单步仿真。

⑤ “Break”:停止仿真。

⑥ “Relaunch Simulation”:重新启动仿真。

在默认启动的仿真波形图中,已经自动加入了测试台文件“simu.v”中定义的输入/输出端口 clk、rst、led,它们分别对应系统的时钟、复位信号以及输出结果。

同时这里还自动添加了参数 period,其实这个参数 period 只是作为时钟周期的长度,在测试中不必观察它,可以把它去掉。

图 3-38 “Run”菜单

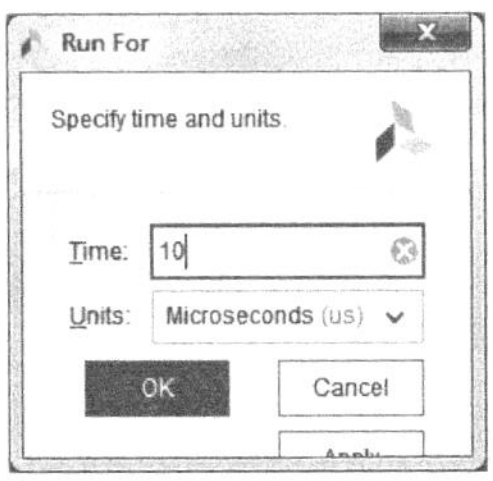

图 3-39 指定运行时间间隔

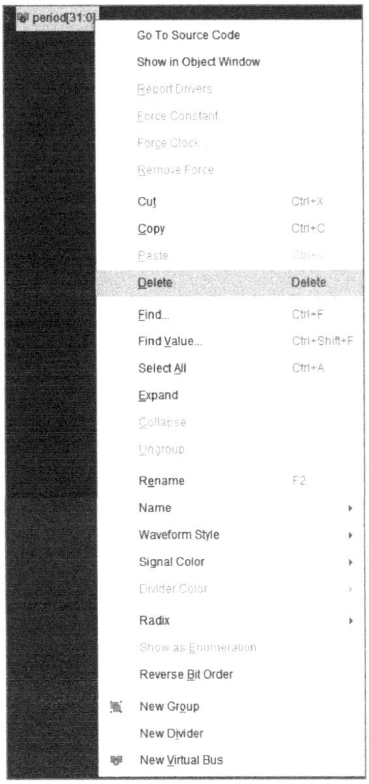

图 3-40 删除波形

另外,在 LED 灯流水过程中,有 1 个变量 cnt,当它达到一定数值时,LED 灯才会变换状态,因此需要添加观察变量 cnt 的波形以便观察它的值。

(15) 右击波形图中的信号名“period[31:0]”并在弹出的菜单中选择“Delete”选项,删除参数 period 的波形(图 3-40)。

(16) 单击“Scope”标签页中“simu”文件夹下面的文件“led_blink_0”,在“Scope”标签页右侧的“Objects”标签页中显示出源程序“led_blink”定义的端口、参数与变量列表(图 3-41)。

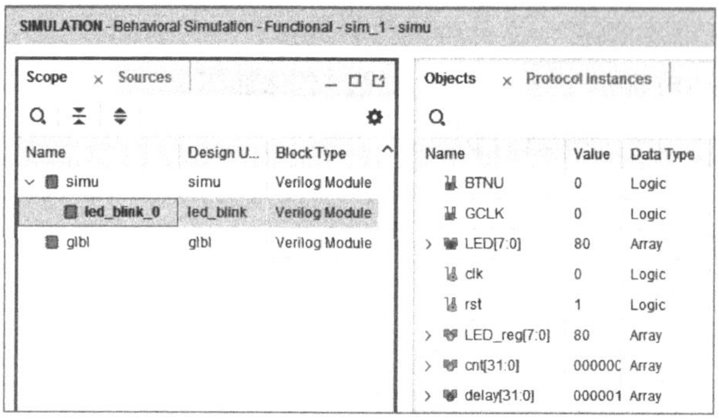

图 3-41　显示端口、参数与变量列表

(17) 右击信号名“cnt[31:0]”并在弹出的菜单中选择“Add to Wave Window”选项(图 3-42)，将信号“cnt[31:0]”添加到波形图中。为了观察方便，在波形图中右击“cnt[31:0]”并在弹出的菜单中选择“Radix”→“Unsigned Decimal”选项(图 3-43)，以无符号十进制数的方式显示变量 cnt 的值；用十六进制显示“LED[7:0]”的值。

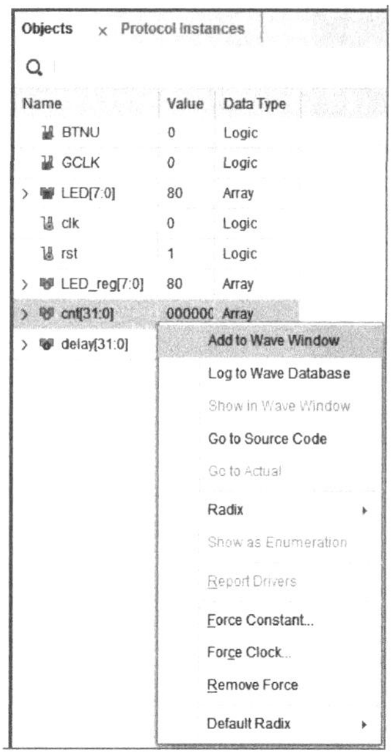

图 3-42　添加波形

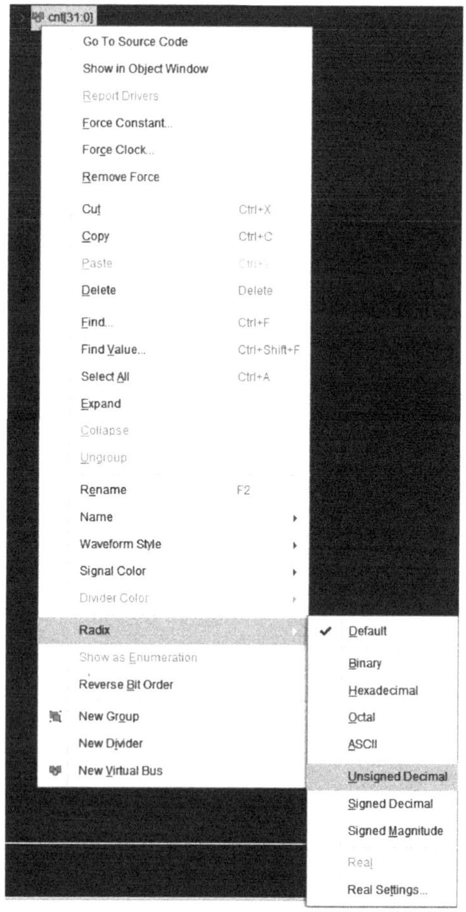

图 3-43　设置值的显示方式

(18) 通过命令“Run”→“Restart”重新启动仿真(图 3-44)，并通过命令“Run”→“Run For”使它运行 12s(图 3-45)。

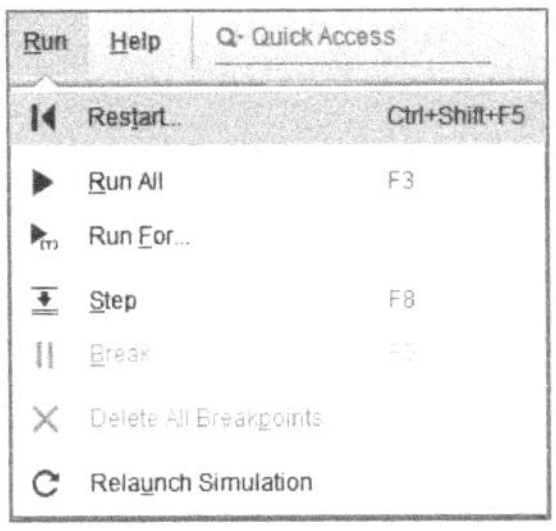

图 3-44　重新启动仿真

图 3-45　指定仿真时长

仿真开始，随着时间推移，仿真结果逐渐显示(该过程根据机器性能不同，需要的时间也不同)。为了查看波形，可能需要放大(缩小)波形图。

如图 3-46 所示，系统启动后 LED 灯和变量 cnt 的值是不确定的。第 13ns 复位信号来到后，系统被复位，LED 灯的输出为“10000000”，变量 cnt 的值为“0”；再过 108ns(即 121ns 处)复位信号撤销，此后，系统在每个时钟上升沿开始计数，通过变量 cnt 可以看到计数值。本例中复位信号取消后的第 1 个时钟上升沿发生在 125ns 处。

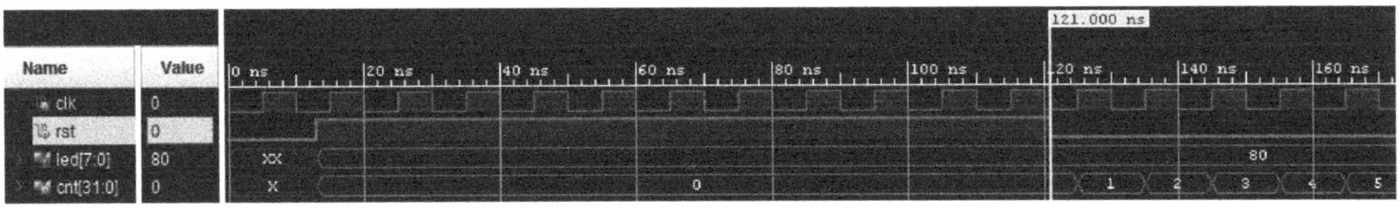

图 3-46　行为仿真波形——初始阶段

此后每当变量 cnt 达到“100000000”后，LED 灯向右移动一位，其具体位置应该在 1000000125ns(图 3-47)、2000000135ns、3000000145ns、…处(请思考每一次会有 10ns 的延迟的原因)。

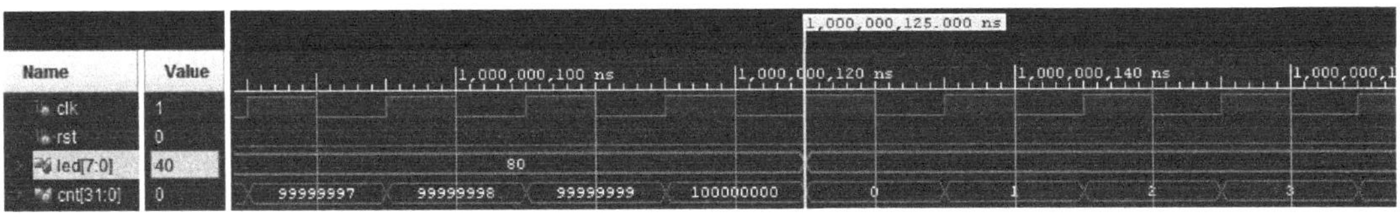

图 3-47　行为仿真波形——LED 灯第一次变换

单击波形图上工具栏中的按钮⛶，可以显示当前的全部波形(图 3-48)。

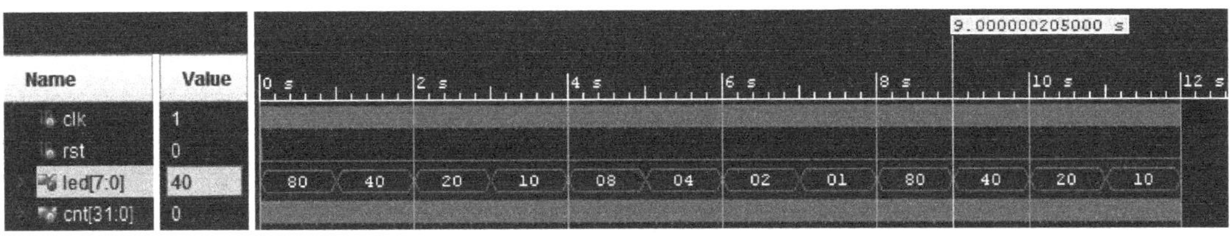

图 3-48　行为仿真波形——12s 内 LED 变换情况

结果显示，LED 灯流水正常。至此，行为仿真结束，下面要进行逻辑综合。

(19) 单击“led_blink.v”标签页将设计源文件设置为当前活跃页。

(20) 在“Flow Navigator”面板的“SYNTHESIS”部分选择“Run Synthesis”命令进行逻

辑综合。逻辑综合完成后选择“Open Synthesized Design”复选框，单击“OK”按钮忽略弹出的提示消息。

Vivado 将使用“I/O Planning”布局显示综合后的设计，它显示了器件约束与资源分配等相关信息。

下面首先查看逻辑综合的引脚分配情况与约束文件中的规定是否一致。

(21) 在“I/O Planning”布局中选择屏幕下方控制台部分里的“I/O Ports”标签页，展开引脚，可以看到这里的引脚分配情况与约束文件的规定是一致的(图 3-49)。如果发现有不一致的地方，请手动修改，并重新进行综合，直至完全一致。

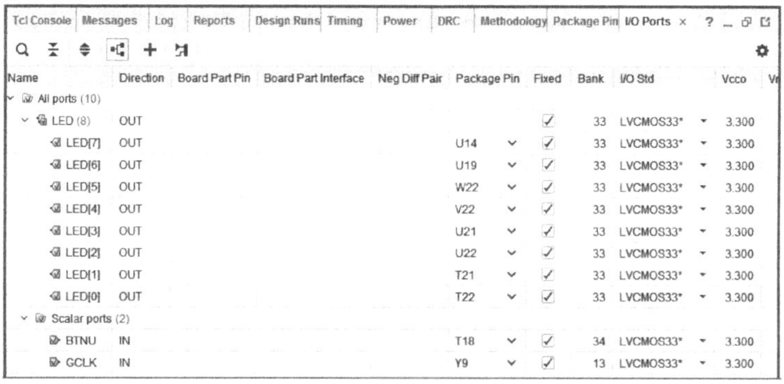

图 3-49　引脚分配情况

注意：查看引脚分配情况需要首先使用“I/O Planning”布局，如果不是，从屏幕右上角的“视图”下拉列表选择“I/O Planning”布局。

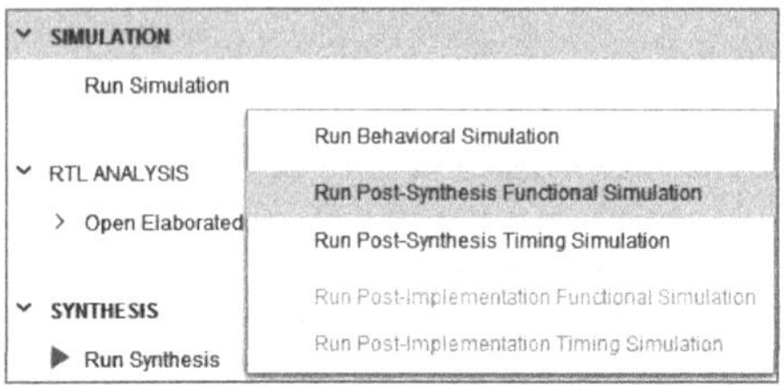

图 3-50　运行综合后的功能仿真

(22) 在“Flow Navigator”面板的“SIMULATION”部分单击“Run Simulation”→“Run Post-Synthesis Functional Simulation”(图 3-50) 运行综合后的功能仿真。

图 3-51 所示是综合后仿真初始阶段的波形，与行为仿真结果不同，系统上电后 100ps (图 3-52)，LED 已经有明确的输出结果“10000000”，同时计数器 cnt 也有明确的值“1”，它们都不是在复位信号到来后才被设置的；复位信号到来后，计数器保持原来的值“1”；当复位信号撤销后，在每一个时钟上升沿，计数器开始增 1 (图 3-51)，每当计数器计满指定值(这里是“1000000000”)时，计数器清零，同时在下一个时钟上升沿 LED 灯输出下一状态的值(图 3-53)。

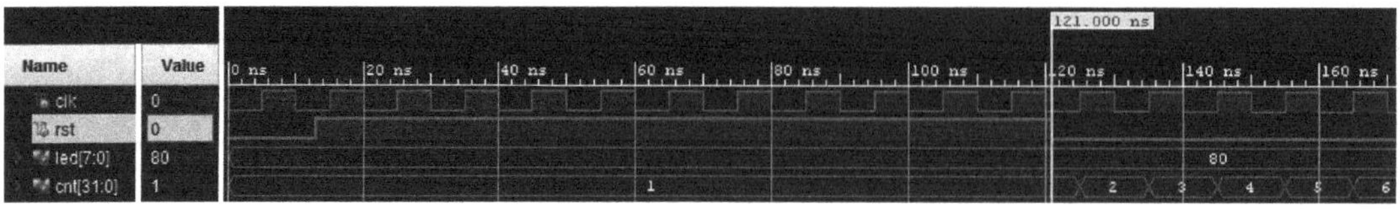

图 3-51　综合后功能仿真波形——初始阶段

功能仿真完成后，还需要进行时序仿真，以确保系统能正常工作，并满足系统的时钟频率等性能要求。时序仿真的相关操作与分析过程与功能仿真相似。

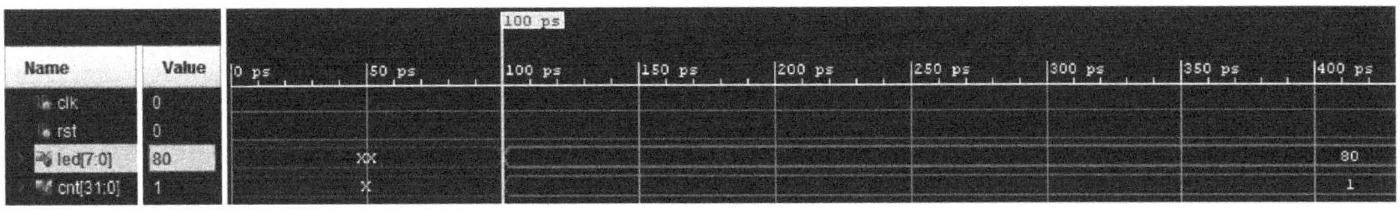

图 3-52　综合后功能仿真波形——上电阶段

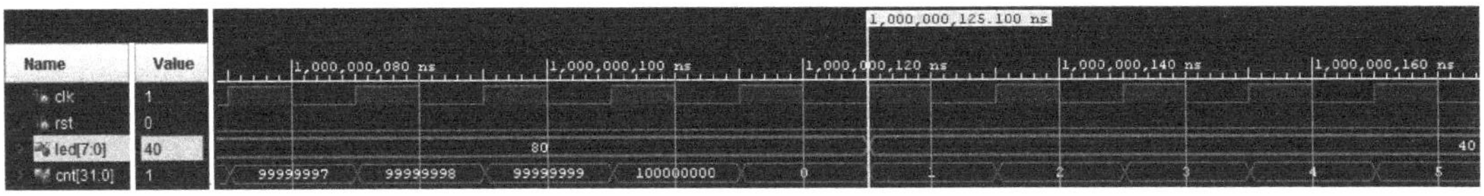

图 3-53　综合后功能仿真波形——LED 灯流水

除了模拟仿真，逻辑综合后，还可以查看各种报告以及综合后的电路原理图等。从这些报告中不仅可以获得有关性能、功耗、面积等的参数，还有助于寻找系统优化的突破口以及分析系统脆弱性等。

(23) 在“Flow Navigator”面板的“IMPLEMENTATION”部分选择“Run Implementation”命令，在弹出的“Launch Runs”对话框中单击“OK”按钮启动物理实现。这个过程中若有对话框询问是否保存工程，单击“Save”按钮。

(24) 物理实现完成后，在弹出的“Implementation Completed”对话框中选择“Open Implemented Design”选项打开实现后的设计。

同逻辑综合一样，完成物理实现也可进行功能或时序仿真、查看各种报告等操作。一般来说，物理实现后，仿真结果与实际编程以后的运行结果应该是一致的。

物理实现完成并检查各项功能及参数正确后，可以生成比特流文件，并且对器件进行编程。

(25) 在“Flow Navigator”面板的“PROGRAM AND DEBUG”部分选择“Generate Bitstream”命令，在弹出的“Launch Runs”对话框中单击“OK”按钮启动生成比特流文件。

比特流文件生成以后，就可以连接硬件设备进行调试了。此时，若选择“Flow Navigator”面板的“PROGRAM AND DEBUG”部分的“Open Hardware Manager”命令，工作区将出现提示信息(图 3-54)，表示目前还没有完成硬件设备连接。

(26) 打开 ZedBoard 开发板电源，按照图 2-77 所示设置跳线。在“Flow Navigator”面板的“PROGRAM AND DEBUG”部分单击“Open Hardware Manager”→“Auto Connect”命令(图 3-55)，或者单击“HARDWARE MANAGER”提示条上的“Open target”→“Auto Connect”命令(图 3-56)。

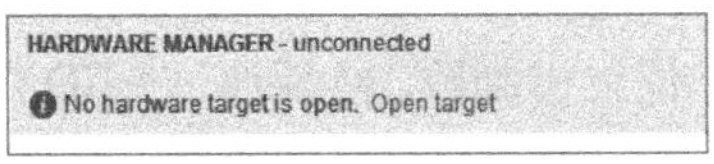

图 3-54　目标硬件未连接提示信息

图 3-55　从流管理器自动连接目标设备

Vivado 将自动查找所连接的设备信息，并建立连接。本例中，设备连接完成后“HARDWARE MANAGER”面板显示如图 3-57 所示信息。

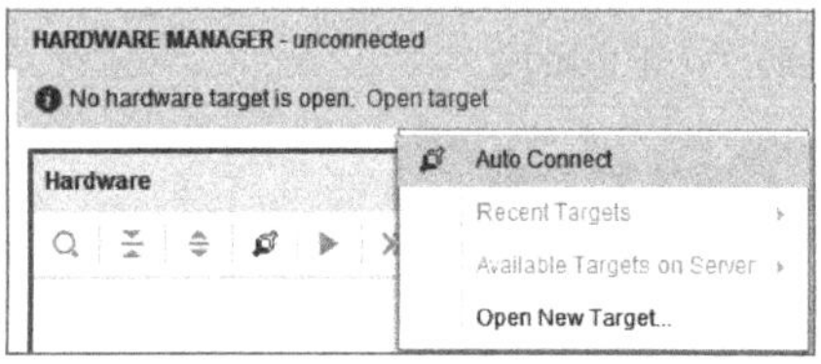

图 3-56　通过提示条信息打开自动连接目标设备

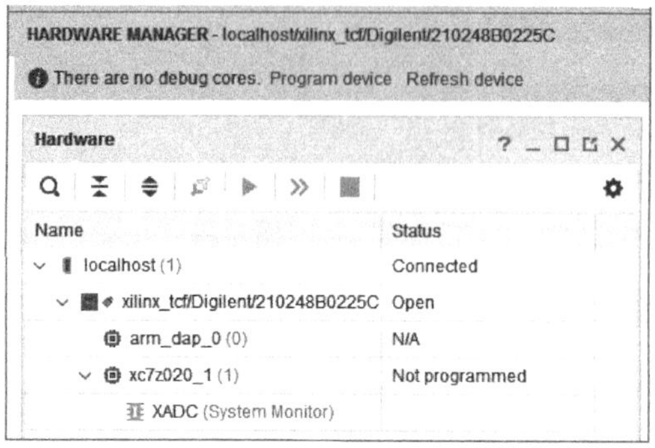

图 3-57　连接的硬件信息

设备连接成功后，就可以对器件进行编程，并观察实验结果。

(27) 在 “Flow Navigator” 面板的 “PROGRAM AND DEBUG” 部分单击 “Open Hardware Manager” → “Program Device” → “xc7z020_1” 命令(图 3-58)，或者单击 “Hardware Manager” 提示条上的 “Program Device” 命令，打开 “Program Device” 对话框，此时 “Program Device” 对话框应该已经自动填入了前面生成的比特流文件的信息(图 3-59)。

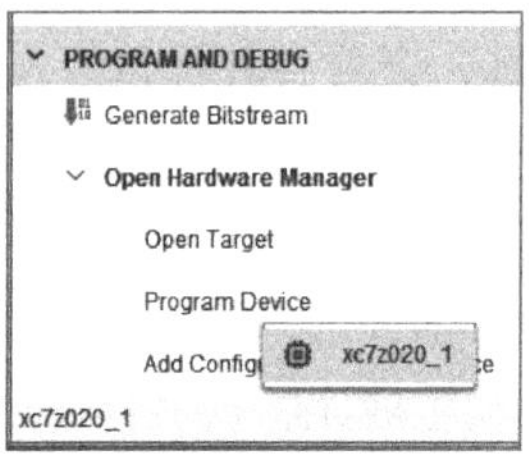

图 3-58　从流管理器启动器件编程

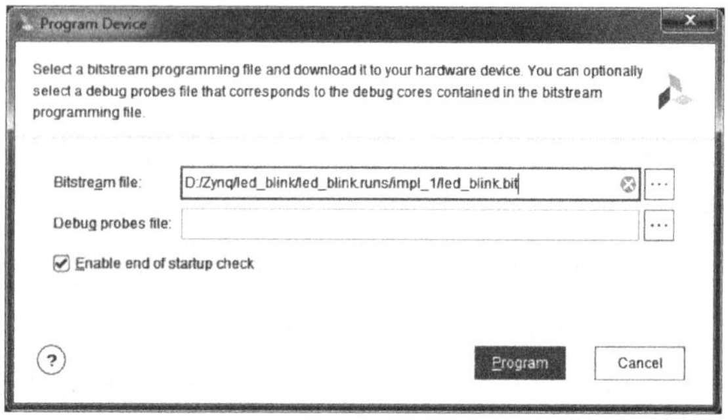

图 3-59　“Program Device” 对话框

(28) 在 “Program Device” 对话框中单击 “Program” 按钮，开始对器件进行编程。

当编程结束时，开发板上的 “DONE” 蓝色 LED 指示灯将点亮，同时 LED 灯将自左至右依次点亮。在此过程中，如果按下 ZedBoard 开发板上的按钮 BTNU，不论此时 LED 灯是第几个被点亮，都会从最左边开始重新流水。

至此，本节实验全部结束。

3.4　在 ZedBoard 开发板上实现纯硬件简单计算器

本节实验在 3.3 节的基础上，继续仅使用 Zynq PL 而不使用 Zynq PS 部分实现 1 个简单的计算器，它使用 ZedBoard 开发板的拨动开关输入 2 个 4 位二进制数，然后通过 LED 灯依次循环显示这 2 个二进制数的加、减、乘 3 种算术运算以及与、或、异或 3 种逻辑运算的结果。

下面还是从创建 1 个 Vivado 工程开始。

(1) 打开 Vivado，在 “D:\Zynq” 文件夹新建一个 Vivado 工程，名字为 “calculator”；工程类型选择 “RTL”，并且选中 “Do not specify sources at this time” 复选框；选择开发板，并选

择与开发板相对应的版本号；浏览“New Project Summary”界面，查看各个选项设置是否正确，最后单击“Finish”按钮建立工程。

(2) 在“Flow Navigator”面板的“PROJECT MANAGER”部分选择“Add Sources”命令，在弹出的“Add Sources”对话框选择“Add or create design sources”单选按钮，在“Add or Create Design Sources”对话框单击 + 按钮并选择“Create File”选项，选择文件类型为“Verilog”，在“File name”文本框输入文件名“calculator”，单击“OK”按钮；单击“Finish”按钮关闭“Add Sources”对话框。

(3) 在“Define Module”对话框中单击“OK”按钮，若有对话框询问是否确认使用未修改的值，单击“Yes”按钮确认，完成源文件创建。

(4) 双击“Sources”窗口中“Design Sources”文件夹下面的文件“calculator”，打开所创建的源文件，使用下列代码替换上述源文件中的空壳部分并保存文件：

```
module calculator(
  input BTNU,
  input GCLK,
  input [3:0] a,
  input [3:0] b,
  output [7:0] c
  );

wire clk,rst;
reg [2:0] state = 3'b000;
reg [7:0] c;
reg [4:0] a_add_b;
reg [4:0] a_sub_b;

parameter[31:0] delay=32'd200000000;          //delay 2 sec
//parameter[31:0] delay=32'd200;              //for test only

reg [31:0] cnt;

assign clk = GCLK;                            //100MHz, period = 10ns
assign rst = ~BTNU;

always@(posedge clk or negedge rst)
  begin
    if(rst==1'b0)                         // show from the result of "add"
      begin
        state <= 3'b000;                  // sum -> diff -> prod -> and ->
                                          // or -> xor
        cnt <= 32'd0;
        c[7:0] <= 8'b00000000;
      end
    else
```

```
begin
  if (cnt == delay)
    begin
      case(state)
        3'b000:                                    // sum = a+b
          begin
            c[7:0] = 8'b00000000;
            a_add_b[4:0]= {1'b0,a[3:0]}+{1'b0,b[3:0]};
            c[3:0] = a_add_b[3:0];
            c[7] = a_add_b[4];                     // Carry
            if(c[3:0] == 4'b0000) c[6] = 1'b1;   // Zero
          end
        3'b001:                                    // diff = a-b
          begin
            c[7:0] = 8'b00000000;
            a_sub_b[4:0] = {1'b0,a[3:0]}-{1'b0,b[3:0]};
            c[3:0] = a_sub_b[3:0];
            c[7] = a_sub_b[4];                     // Carry
            if(c[3:0] == 4'b0000) c[6] = 1'b1;   // Zero
          end
        3'b010:                                    // prod = a*b
          begin
            c[7:0] = a*b;
          end
        3'b011:                                    // a_and_b
          begin
            c[7:0] = 8'b00000000;
            c[3:0] = a&b;
            if(c[3:0] == 4'b0000) c[6] = 1'b1;   // Zero
          end
        3'b100:                                    // a_or_b
          begin
            c[7:0] = 8'b00000000;
            c[3:0] = a|b;
            if(c[3:0] == 4'b0000) c[6] = 1'b1;   // Zero
          end
        3'b101:                                    // a_xor_b
          begin
            c[7:0] = 8'b00000000;
            c[3:0] = a^b;
            if(c[3:0] == 4'b0000) c[6] = 1'b1;   // Zero
          end
      endcase
    cnt <= 32'b0;
    if(state == 3'b101)
```

```
          state <= 3'b000;              // show from the result of "add"
        else
          state <= state +3'b001;
      end
    else
      begin
        cnt <= cnt + 32'd1;
      end
    end                                  //end of if-else
  end                                    //end of always
endmodule
```

上述源文件中实现的是 1 个非常简单的计算器，给定 2 个 4 位的二进制数，计算其加(减)、乘以及与、或、异或的结果，使用 8 位的 LED 灯显示计算结果，其中乘积恰好是 8 位，而其他运算的结果只有 4 位，分别用 LED 灯的低 4 位显示，其中，如果加(减)运算中产生了进位(借位)，则通过 LED 灯的最高位表示，如果加、减、与、或、异或运算的结果(注意：这里的结果指的是低 4 位)为“0”，则通过 LED 灯的次高位表示。

一旦输入确定以后，加、减、乘以及与、或、异或的结果(包括可能的状态标志位)依次通过 LED 灯输出，每一种运算结果显示 2s，同时，为了观察方便，使用按钮 BTNU 作为复位信号，一旦复位信号到来，将从头开始(即从加运算的结果开始)依次显示运算结果。

需要特别强调的是，这里只是为了说明仅仅使用 Zynq PL 部分实现某种功能的工作流程而设计的简单计算器，暂时不考虑性能等各种因素。实际的计算器可能需要根据用户指定的操作类型输出特定的结果，而不是像本例中这样依次输出各种运算结果。作为拓展，可以尝试编写其他代码实现具有不一样功能的计算器。

(5)创建测试台文件“simu.v”，输入下列测试文件代码并保存文件：

```
module simu(

  );
  reg clk;
  reg rst;
  reg [3:0] a;
  reg [3:0] b;
  wire [7:0] led;

  parameter period = 10;                // for simulation, period = 10ns

  always #(period/2) clk = ~clk;
  initial
    begin
      clk = 0;
      rst = 0;
      a = 4'b1011;
      b = 4'b0101;
```

```
      #13 rst = 1;
      #108 rst = 0;
      #20000 a = 4'b0101;
      #108 b=4'b1010;
      #200 rst = 1;
      #108 rst = 0;
      #20000 a = 4'b0101;
      #108 b=4'b0101;
      #200 rst = 1;
      #108 rst = 0;
    end
   calculator calculator_0(.GCLK(clk),.BTNU(rst),.a(a),.b(b),.c(led));
endmodule
```

这里使用 3 组数据来测试系统的功能，其测试结果应该与表 3-1 一致。

表 3-1　ZedBoard 简易计算器测试代码与预期测试结果

a	b	Result					
		ADD	SUB	MUL	AND	OR	XOR
1011	0101	1100 0000	0000 0110	0011 0111	0000 0001	0000 1111	0000 1110
0101	1010	0000 1111	1000 1011	0011 0010	0100 0000	0000 1111	0000 1111
0101	0101	0000 1010	0100 0000	0001 1001	0000 0101	0000 0101	0100 0000

注意：上述测试台文件代码中，在上一组数据复位信号撤销后经过 20000ns 即输入下一组数据，这显然与源程序中每一种运算结果显示 2s 是相违背的，这里实际上是为了加快模拟仿真进度而采取的“偷懒”办法，在使用上述测试台文件进行仿真时，需要将设计源文件中的参数定义语句：

```
parameter[31:0] delay=32'd200000000;              //delay 2 sec
```

改为：

```
parameter[31:0] delay=32'd200;                    //for test only
```

在完成仿真后特别是在生成比特流文件之前，需要将它再改回去。

(6)创建约束文件“calculator.xdc”，输入下列约束代码并保存文件：

```
set_property PACKAGE_PIN T22 [get_ports {c[0]}]
set_property IOSTANDARD LVCMOS33 [get_ports {c[0]}]
set_property PACKAGE_PIN T21 [get_ports {c[1]}]
set_property IOSTANDARD LVCMOS33 [get_ports {c[1]}]
set_property PACKAGE_PIN U22 [get_ports {c[2]}]
set_property IOSTANDARD LVCMOS33 [get_ports {c[2]}]
set_property PACKAGE_PIN U21 [get_ports {c[3]}]
set_property IOSTANDARD LVCMOS33 [get_ports {c[3]}]
set_property PACKAGE_PIN V22 [get_ports {c[4]}]
```

```
set_property IOSTANDARD LVCMOS33 [get_ports {c[4]}]
set_property PACKAGE_PIN W22 [get_ports {c[5]}]
set_property IOSTANDARD LVCMOS33 [get_ports {c[5]}]
set_property PACKAGE_PIN U19 [get_ports {c[6]}]
set_property IOSTANDARD LVCMOS33 [get_ports {c[6]}]
set_property PACKAGE_PIN U14 [get_ports {c[7]}]
set_property IOSTANDARD LVCMOS33 [get_ports {c[7]}]

set_property PACKAGE_PIN F22 [get_ports {b[0]}]
set_property IOSTANDARD LVCMOS33 [get_ports {b[0]}]
set_property PACKAGE_PIN G22 [get_ports {b[1]}]
set_property IOSTANDARD LVCMOS33 [get_ports {b[1]}]
set_property PACKAGE_PIN H22 [get_ports {b[2]}]
set_property IOSTANDARD LVCMOS33 [get_ports {b[2]}]
set_property PACKAGE_PIN F21 [get_ports {b[3]}]
set_property IOSTANDARD LVCMOS33 [get_ports {b[3]}]
set_property PACKAGE_PIN H19 [get_ports {a[0]}]
set_property IOSTANDARD LVCMOS33 [get_ports {a[0]}]
set_property PACKAGE_PIN H18 [get_ports {a[1]}]
set_property IOSTANDARD LVCMOS33 [get_ports {a[1]}]
set_property PACKAGE_PIN H17 [get_ports {a[2]}]
set_property IOSTANDARD LVCMOS33 [get_ports {a[2]}]
set_property PACKAGE_PIN M15 [get_ports {a[3]}]
set_property IOSTANDARD LVCMOS33 [get_ports {a[3]}]

set_property PACKAGE_PIN Y9 [get_ports {GCLK}]
set_property IOSTANDARD LVCMOS33 [get_ports {GCLK}]
set_property PACKAGE_PIN T18 [get_ports {BTNU}]
set_property IOSTANDARD LVCMOS33  [get_ports {BTNU}]
```

与 3.3 节相比，这里只是增加了对拨位开关引脚的约束信息。为了观察方便，这里使用拨位开关左边 4 位表示数据“a”，用右边 4 位表示数据“b”。

(7) 在“Flow Navigator”面板的“SIMULATION”部分单击“Run Simulation”→“Run Behavioral Simulation”进行行为仿真，测试系统功能。

图 3-60 所示是行为仿真的波形，可以看出行为仿真的结果与预期是一致的。

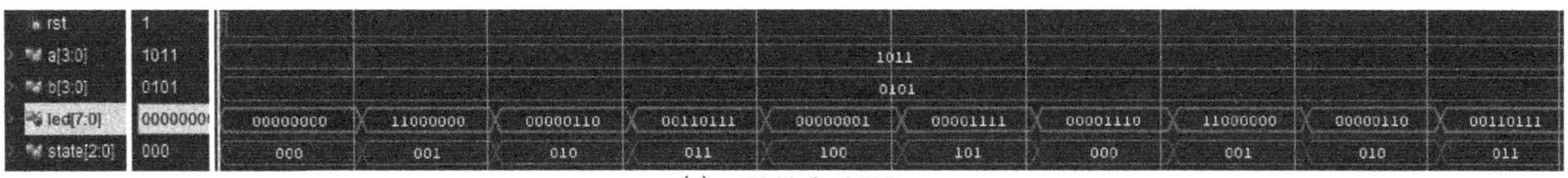

(a) a=1011, b=0101

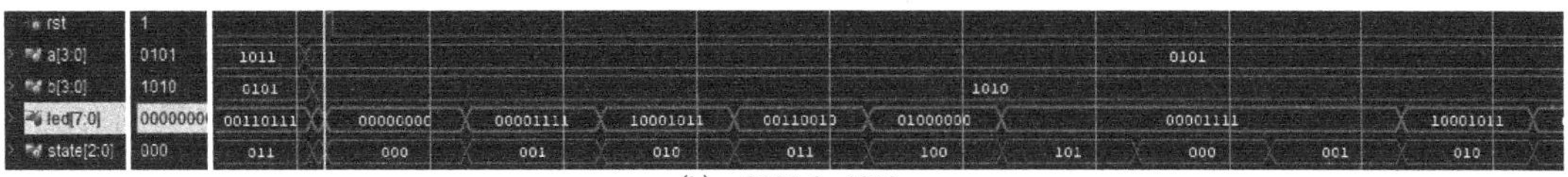

(b) a=0101, b=1010

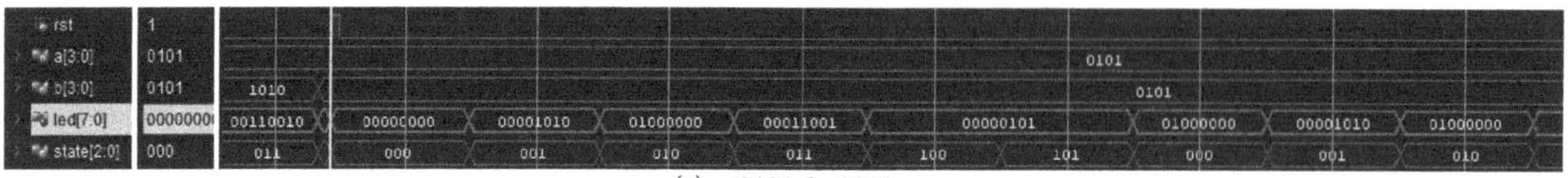

(c) a=0101, b=0101

图 3-60　行为仿真波形——LED 灯依次显示输出结果

可以发现，复位信号到来后，首先将所有 LED 灯熄灭(对应复位后第 1 个状态“000”)，然后从“ADD”开始，依次显示各种运算的结果(从状态“001”到下一个状态“000”)。

如图 3-61 所示，每一种状态持续时间由时钟计数器决定，每当计数器计满系统规定值(本例中，设计源文件为“200000000”，为了测试方便这里改为“200”)时，开始显示下一结果。

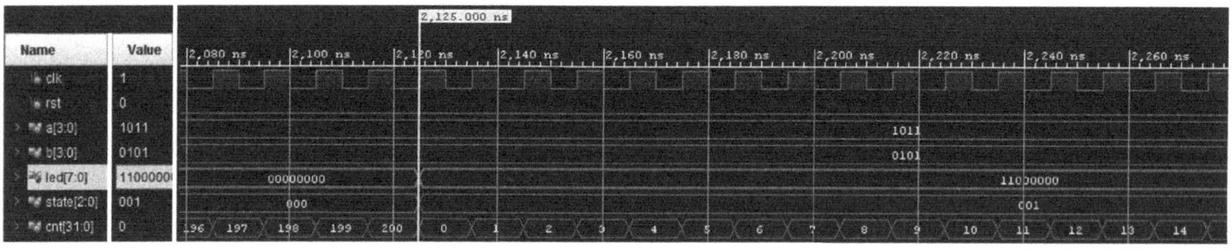

图 3-61　行为仿真波形——正常显示持续时间

如图 3-62 所示，当复位信号到来时，无论当前计数值为何值，系统立即执行复位操作(将所有 LED 灯熄灭)。显然这里执行的是异步复位功能。

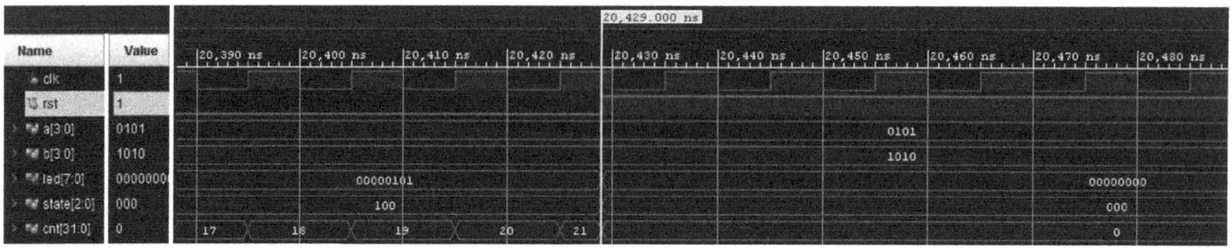

图 3-62　行为仿真波形——系统复位

如果输入数据发生改变，LED 灯并不会马上更新输出结果，而是先维持当前输出结果不变，在显示状态“state”改变后，根据当前显示状态“state”，显示相应的结果，但是此时已经是新的输入数据之间运算的结果。如图 3-63 所示，在“011”状态期间输入“a”的值发生改变，则在“100”状态显示的是 a=0101 且 b=0101 时“AND”操作的结果“00000101”。

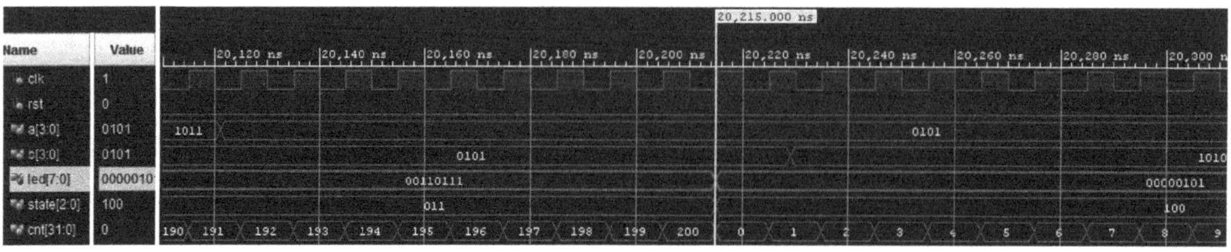

图 3-63　行为仿真波形——输入数据改变立即更新输出结果

(8)在“Flow Navigator”面板的“SYNTHESIS”部分选择“Run Synthesis”命令进行逻辑综合，根据需要阅读相关报告，或者进行综合后仿真，进一步确认系统功能。

(9) 在 “Flow Navigator” 面板的 “IMPLEMENTATION” 部分选择 “Run Implementation” 命令进行物理实现，根据需要阅读相关报告，或者进行实现后仿真，进一步确认系统功能。

(10) 在“Flow Navigator”面板的“PROGRAM AND DEBUG”部分选择“Generate Bitstream”命令生成比特流文件。

(11) 比特流生成完毕后，在“Bitstream Generation Completed”对话框选择“Open Hardware Manager” 选项，打开硬件管理器，自动检测并连接硬件设备，对器件编程。

当编程结束时，开发板上的蓝色 “DONE” 指示灯将点亮。分别从拨位开关输入 “a” 和 “b” 的值，输入完毕后按下 BTNU 按钮复位，依次观察 LED 的显示结果，并与预期实验结果比较。

至此，本节实验全部结束。

3.5　在 Zybo 开发板上实现流水灯

本节引导使用 HDL 编程实现 1 个 LED 流水灯，它让 Zybo 开发板上的 LED 灯从最左边 1 个开始，依次向右轮流点亮，依次往复。这里只使用 Zynq PL 中的相关资源，并使用 Vivado 对 HDL 设计结果进行仿真模拟，最后直接进行硬件编程并实现它。下面从创建 1 个 Vivado 工程开始。

(1) 打开 Vivado，在 “D:\Zynq” 文件夹新建一个 Vivado 工程，名字为 “led_blink_zybo”；工程类型选择 “RTL”，并且选中 “Do not specify sources at this time” 复选框；选择开发板，并选择与开发板相对应的版本号；浏览 “New Project Summary” 界面，查看各个选项设置是否正确，最后单击 “Finish” 按钮建立工程。

工程建立以后可以进行设计，这里使用 Verilog HDL 进行设计。

Verilog HDL 的一个方便之处在于其测试台文件与设计文件格式相同，在测试台文件中可以通过元件例化方式调用设计文件，并可以把测试台文件和设计文件的内容写到 1 个文件中，但是这样当进行器件编程时，会把测试代码部分对应的逻辑也下载到可编程逻辑中去，这并不是我们想要的结果。

事实上 Vivado 将源文件分成了 3 类：设计源文件(一般简称为源文件，本书中若无特殊说明，提到的源文件都指的是设计源文件)、测试台文件、约束文件。分别将相应内容写入这 3 类文件，系统在进行模拟的时候会自动从测试台文件开始；而在进行逻辑综合、物理实现以及器件编程时会自动选择设计源文件。

下面分别建立流水灯设计的 3 种源文件。

(2) 在 “Flow Navigator” 面板的 “PROJECT MANAGER” 部分选择 “Add Sources” 命令，在弹出的“Add Sources”对话框选择“Add or create design sources”单选按钮(图 3-64)，在“Add or Create Design Sources” 界面单击 + 按钮并选择 “Create File” 选项(图 3-65)，选择文件类型为 “Verilog”，在 “File name” 文本框输入文件名 “led_blink_zybo” (图 3-66)，单击 “OK” 按钮。

(3) 单击 “Finish” 按钮关闭 “Add Sources” 对话框(图 3-67)。

(4) 在 “Define Module” 对话框中单击 “OK” 按钮(图 3-68)，若有对话框询问是否确认使用未修改的值(图 3-69)，单击 “Yes” 按钮确认，完成源文件创建。

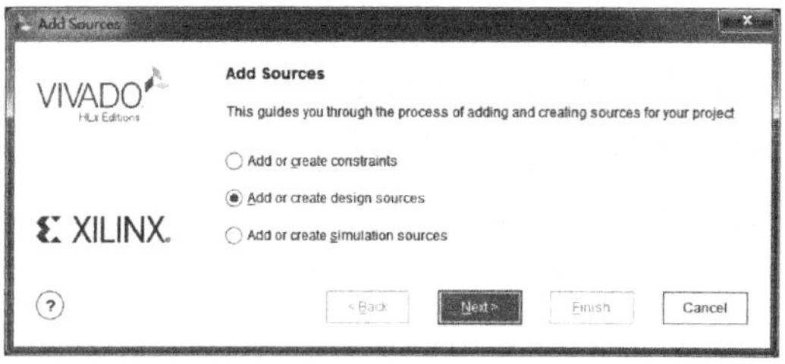

图 3-64 “Add Sources”对话框

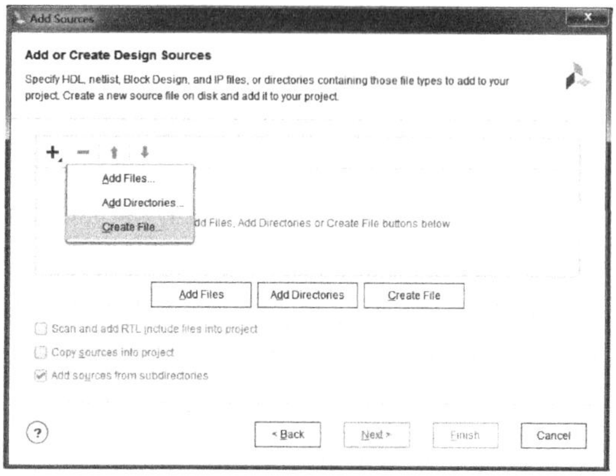

图 3-65 创建源文件

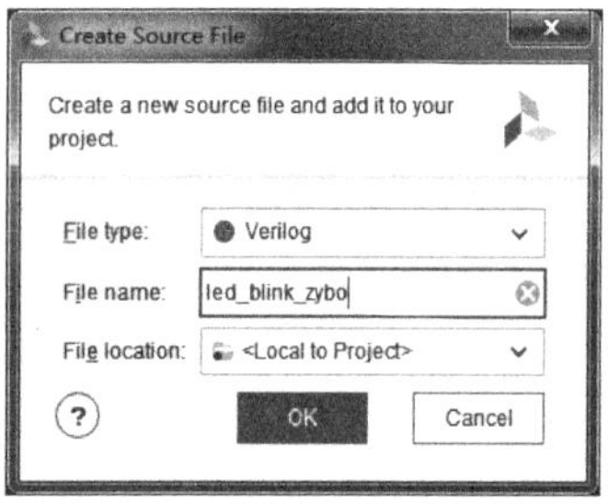

图 3-66 “Create Source File”对话框

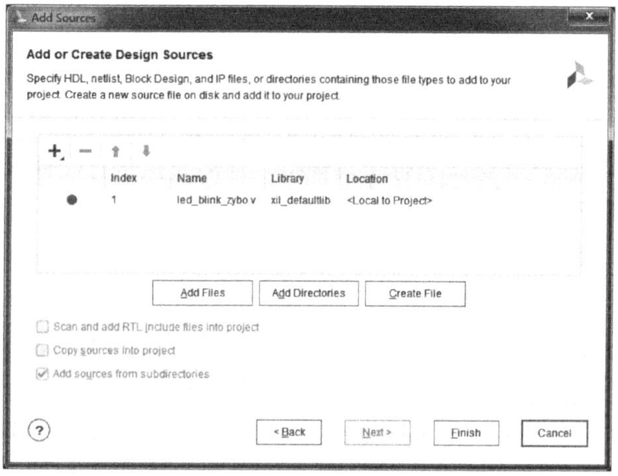

图 3-67 已添加为文件信息的“Add Sources”对话框

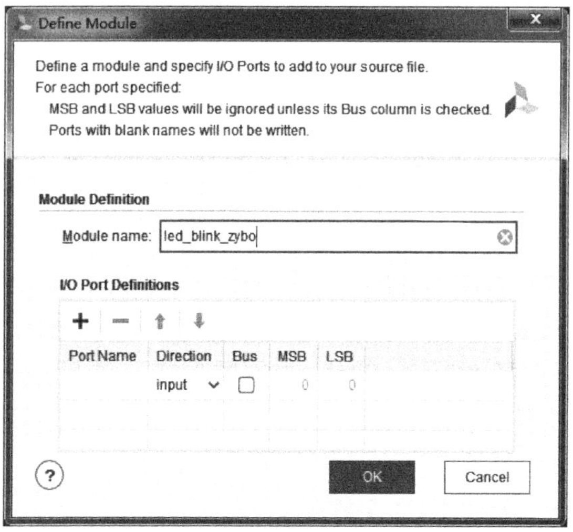

图 3-68 “Define Module”对话框

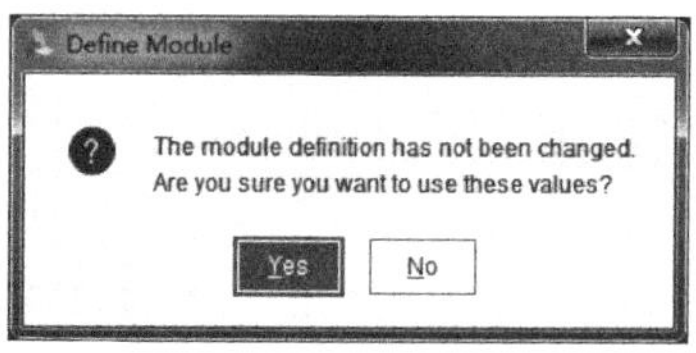

图 3-69 “Define Module”对话框

(5) 双击“Sources”窗口中“Design Sources”文件夹下面的文件“led_blink”，打开所创建的源文件。

发现这个文件只是 1 个空壳：

```
module led_blink(

  );
endmodule
```

(6) 使用下列代码替换上述源文件中的空壳部分：

```
module led_blink(
  input BTN0,
  input CLK125,
  output [3:0] LED
  );

  wire clk,rst;
  reg [3:0] LED_reg;
  parameter[31:0] delay=32'd125000000;      //delay 1 sec
  reg [31:0] cnt;

  assign clk = CLK125;                      //125MHz, period = 8ns
  assign rst = ~BTN0;
  assign LED = LED_reg;

  always@(posedge clk or negedge rst)
   begin
     if(rst==1'b0)
       begin
         LED_reg <= 4'b1000;
         cnt <= 32'b0;
       end
     else
       begin
         if (cnt == delay)
           begin
             cnt <= 32'b0;
             LED_reg <=(LED_reg>>1)|(LED_reg<<3);
           end
         else
           begin
             cnt <= cnt + 32'b1;
           end
       end
   end
endmodule
```

下面简单查看这个源文件。

这里使用 Zybo 开发板上的时钟 CLK 作为系统时钟，这是 1 个 125MHz 的时钟，为了实现 LED 灯流水显示，需要设置每一种状态(每一个灯)持续的时间，这里设定为 1s。由于系统时钟的周期为 8ns，因此每一个灯需要持续 125000000 个时钟周期。

源文件使用时钟上升沿或者复位信号下降沿作为敏感信号，但是 Zybo 开发板默认情况下(即不被按下时)BTN0 是低电平，只有在按钮被按下时，BTN0 才输出高电平，为了实现下降沿复位，这里将它取反作为复位信号：

```
assign rst = ~BTN0;
```

正常工作期间，每 1 个时钟周期计数值增 1，若计数到达规定值，计数器清零，LED 灯向右流水 1 位。

(7) 保存文件“led_blink.v”。

系统将自动进行编译并更新相关文件信息，若发现错误，请自行纠正。

(8) 按照相同的步骤添加文件，在相应的对话框中依次选择“Add or create simulation sources”单选按钮(图 3-70)、“创建模拟文件”，仍然选择文件类型为“Verilog”，在“File name”文本框输入文件名“simu”(图 3-71)。

图 3-70 “Add Sources”对话框

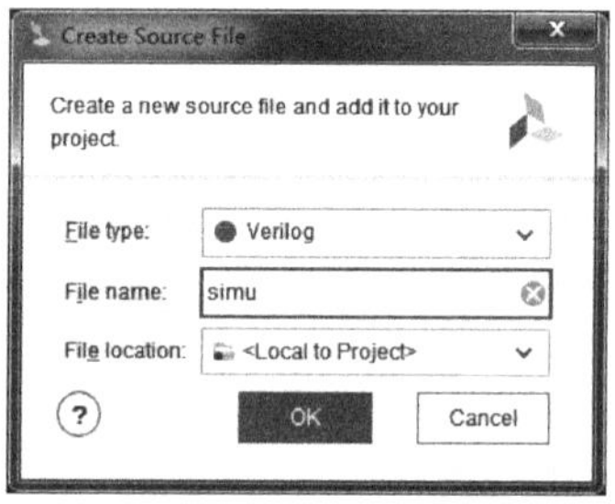

图 3-71 “Create Source File”对话框

(9) 双击“Sources”窗口中“Simulation Sources”→“sim_1”文件夹下面的文件“simu”，打开所创建的测试台文件，使用下列代码替换其中的空壳部分：

```
module simu();

  reg clk;
  reg rst;
  wire [3:0] led;
  parameter period = 8;          // for simulation, period = 8ns
  always #(period/2) clk = ~clk;
  initial
    begin
      clk = 0;
      rst = 0;
      #13 rst = 1;               // the first reset
      #108 rst = 0;
      #2000000000 rst = 1;       // the second reset
      #108 rst = 0;
```

```
        end
    led_blink_zybo led_blink_zybo_0(.CLK125(clk),.BTN0(rst),.LED(led));
  endmodule
```

为了与实际系统一致，这里将模拟时钟的周期设置成 8ns；由于按钮 BTN0 默认输出为低电平，这里先将复位信号设置为低电平，然后模拟按钮按下再松开的过程(即先使它为“1”，过一段时间再将它恢复成“0”)；这里相当于给了 2 次复位信号，其复位功能，1 处用于初始阶段，1 处用于中间阶段。

(10) 保存文件“simu.v”。

系统将自动进行编译并更新相关文件信息，若发现错误，请自行纠正。

(11) 按照相同的步骤添加文件，在相应的对话框中依次选择“Add or create constraints”单选按钮(图 3-72)、“创建约束文件”(图 3-73)，在“File name”文本框输入文件名“led”(图 3-74)。

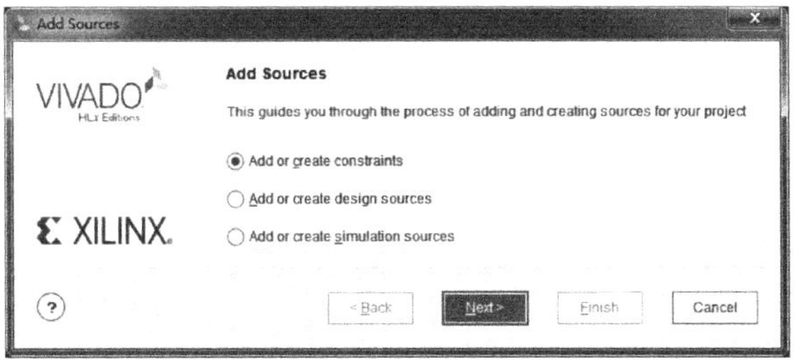

图 3-72　“Add Sources”对话框

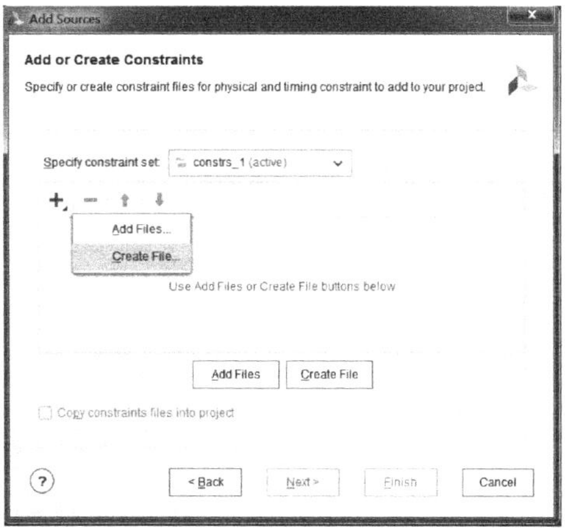

图 3-73　创建约束文件

(12) 双击“Sources”窗口中“Constraints”→“constrs_1”文件夹下面的文件“led.xdc”，打开所创建的约束文件，输入下列代码：

```
set_property PACKAGE_PIN M14 [get_ports {LED[0]}]
set_property IOSTANDARD LVCMOS33 [get_ports {LED[0]}]
set_property PACKAGE_PIN M15 [get_ports {LED[1]}]
set_property IOSTANDARD LVCMOS33 [get_ports {LED[1]}]
set_property PACKAGE_PIN G14 [get_ports {LED[2]}]
set_property IOSTANDARD LVCMOS33 [get_ports {LED[2]}]
set_property PACKAGE_PIN D18 [get_ports {LED[3]}]
set_property IOSTANDARD LVCMOS33 [get_ports {LED[3]}]
set_property PACKAGE_PIN L16 [get_ports {CLK125}]
set_property IOSTANDARD LVCMOS33 [get_ports {CLK125}]
set_property PACKAGE_PIN R18 [get_ports {BTN0}]
set_property IOSTANDARD LVCMOS33  [get_ports {BTN0}]
```

(13) 保存文件“led.xdc”。

(14) 在“Flow Navigator”面板的“SIMULATION”部分单击“Run Simulation”→“Run Behavioral Simulation”(图 3-75) 运行行为仿真，测试系统功能。

系统将自动打开“SIMULATION”界面(图 3-76)。

“SIMULATION”界面左边“Scope”标签页显示了被模拟的对象。选中“Scope”标签页中的某一目标，则中间的“Objects”标签页中将显示该目标中可用来观察的对象(接口、变量、参数、信号等)。

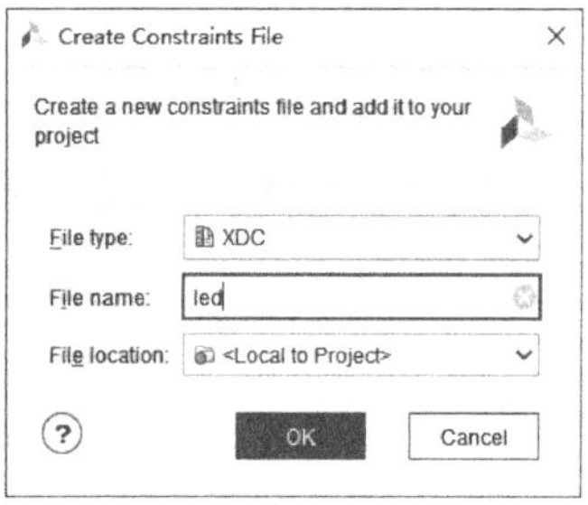

图 3-74 “Create Constraints File”对话框

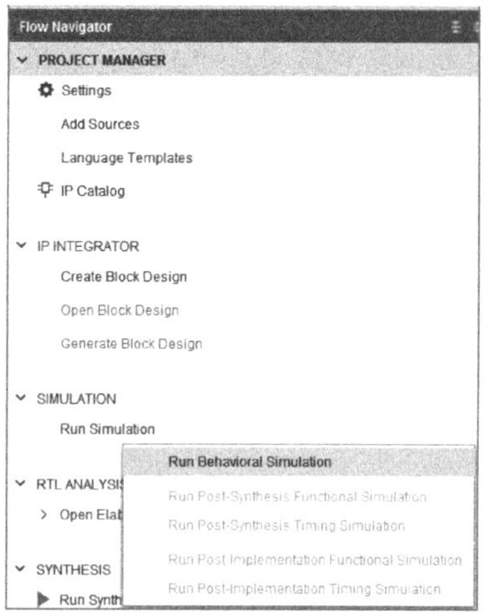

图 3-75 运行行为仿真

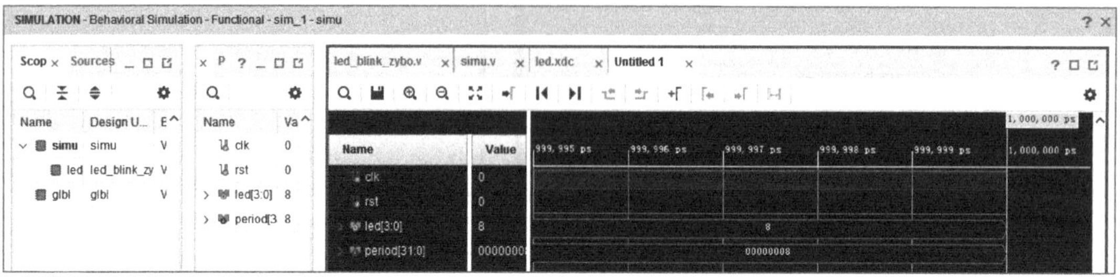

图 3-76 “SIMULATION”界面——行为仿真

“SIMULATION”界面右侧波形图显示所有被加入到波形图中对象的名称(Name)、当前光标位置各对象的值以及一段时间内各对象的波形。为观察方便，在波形图界面上方的选项卡空白处双击，可以将波形图最大化；再次双击，波形图将恢复原样大小。

仿真启动后会自动添加测试台文件中的信号并运行一段时间(默认先运行 1000ns)。

“Run”菜单(图 3-77)提供了更多运行方式，具体如下。

① “Restart”：从头开始重新进行仿真。

② “Run All”：运行全部仿真(若测试台文件未设置测试结束时间，仿真可以一直进行下去)。

③ “Run For”：运行指定时间长度(图 3-78)。

④ “Step”：单步仿真。

⑤ “Break”：停止仿真。

⑥ “Relaunch Simulation”：重新启动仿真。

在默认启动的仿真波形图中，已经自动加入了测试台文件“simu.v”中定义的输入/输出端口 clk、rst、led，它们分别对应系统的时钟、复位信号以及输出结果。

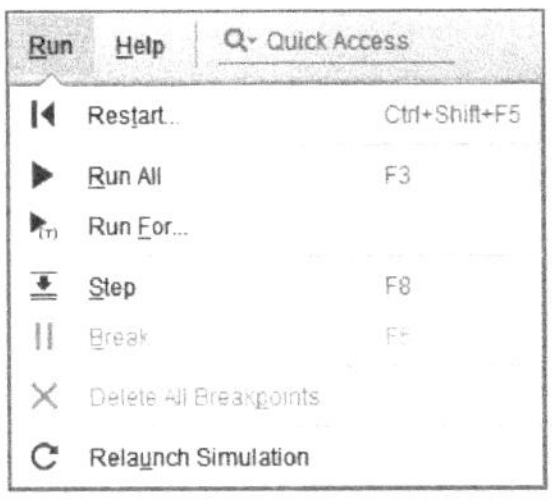

图 3-77　“Run”菜单

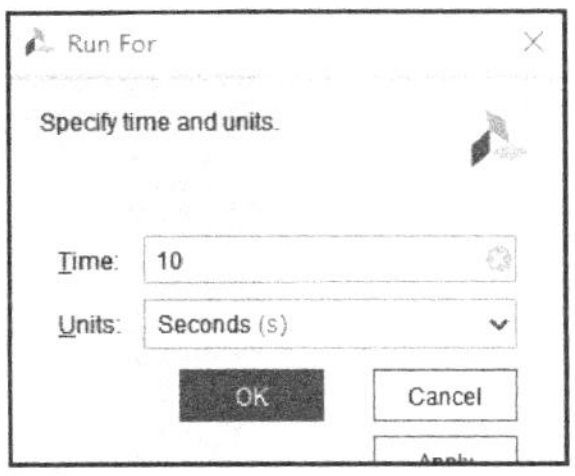

图 3-78　指定运行时间间隔

同时这里还自动添加了参数 period，其实这个参数 period 只是作为时钟周期的长度，在测试中不必观察它，可以把它去掉。

另外，在 LED 灯流水过程中，有 1 个变量 cnt，当它达到一定数值时，LED 灯才会变换状态，因此需要添加观察变量 cnt 的波形以便观察它的值。

(15) 右击波形图中的信号名“period[31:0]”并在弹出的菜单中选择“Delete”选项，删除参数 period 的波形(图 3-79)。

(16) 单击“Scope”标签页中“simu”文件夹下面的文件“led_blink_zybo_0”。

“Scope”标签页右侧“Objects”标签页中显示出源程序“led_blink_zybo”定义的端口、参数与变量列表。

(17) 右击信号名“cnt[31:0]”并在弹出的菜单中选择“Add to Wave Window”选项(图 3-80)，将信号“cnt[31:0]”添加到波形图中。为了观察方便，在波形图中右击“cnt[31:0]”并在弹出的菜单中选择“Radix”→“Unsigned Decimal”选项(图 3-81)，以无符号十进制数的方式显示变量 cnt 的值；用二进制显示“led[3:0]”的值。

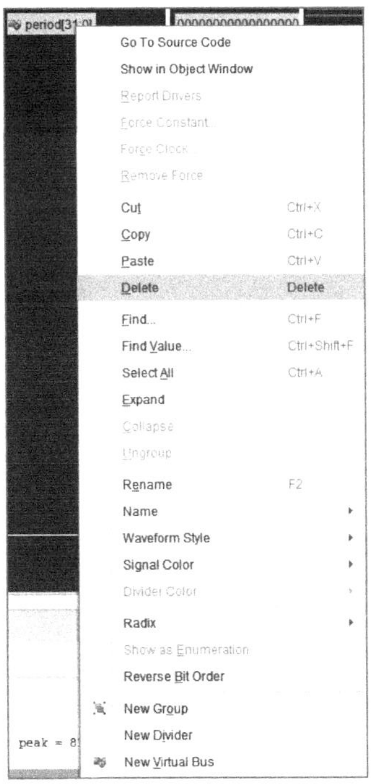

图 3-79　删除波形

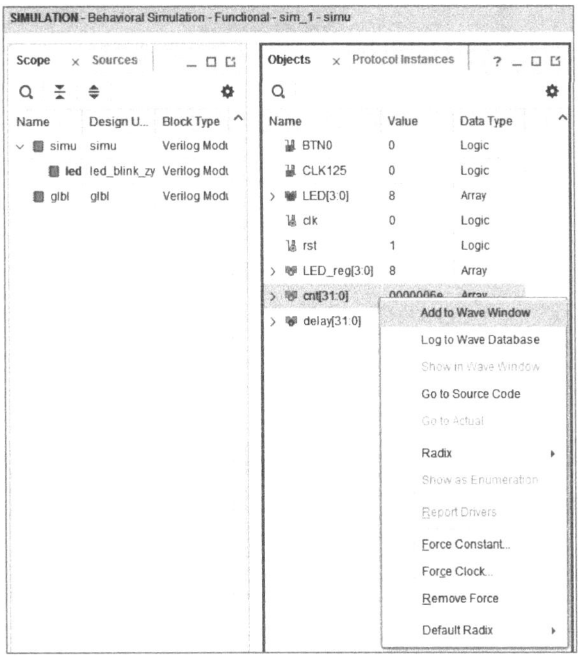

图 3-80　添加波形

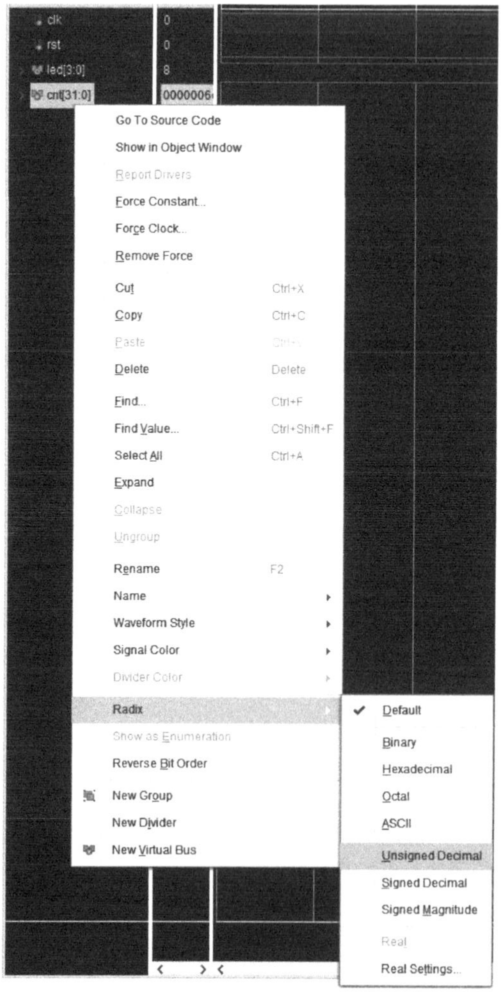

图 3-81　设置值的显示方式

(18)重新启动仿真，并使它运行 12s。

仿真开始，随着时间推移，仿真结果逐渐显示(该过程根据机器性能不同，需要的时间也不同)。为了查看波形，可能需要放大(缩小)波形图。

如图 3-82 所示，系统启动后 LED 灯和变量 cnt 的值是不确定的。第 13ns 复位信号到来后，系统被复位，LED 灯的输出为“1000”，变量 cnt 的值为“0”；再过 108ns(即 121ns 处)复位信号撤销，此后，系统在每个时钟上升沿开始计数，通过变量 cnt 可以看到计数值。本例中复位信号撤销后的第 1 个时钟上升沿发生在 124ns 处(时钟周期为 8ns)。

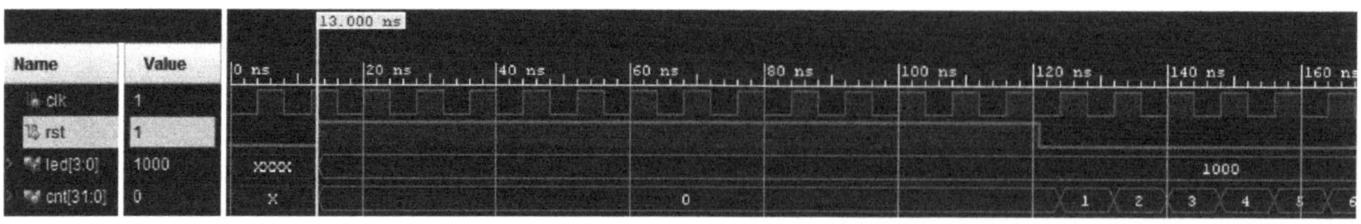

图 3-82　行为仿真波形——初始阶段

此后当变量 cnt 达到“125 000 000”时，LED 灯向右移动一位(图 3-83)。

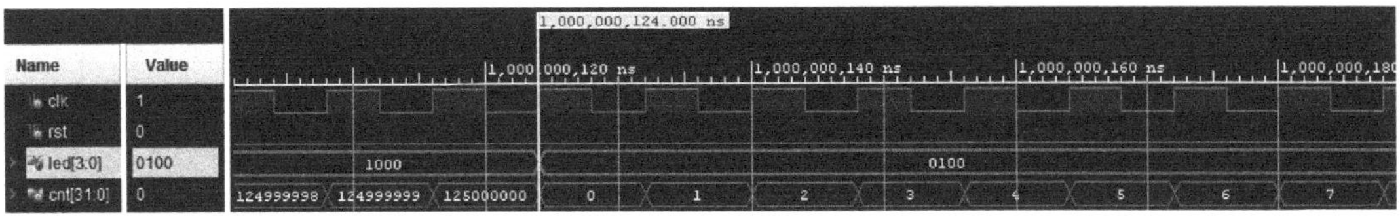

图 3-83　行为仿真波形——LED 灯第一次变换

在第一次复位信号撤销后 2s 来了新的复位信号，此时计数器的值被立即置为“0”，并且 LED 的输出也被置为初始值“1000”(图 3-84)。

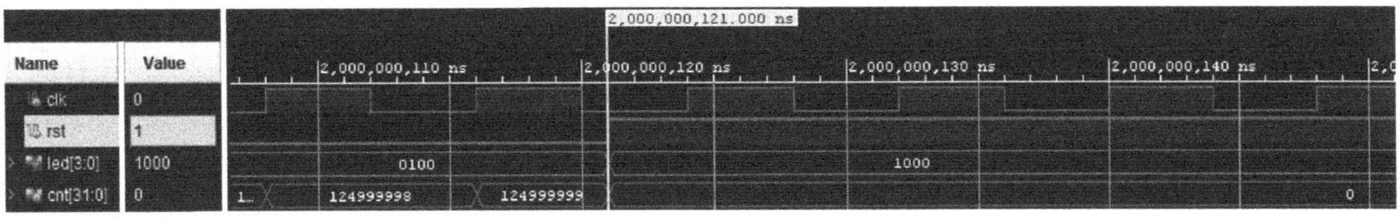

图 3-84　行为仿真波形——异步复位

这表明异步复位信号工作正常。

单击波形图上工具栏中的按钮，可以显示当前的全部波形(图 3-85)，由图可见，第 2 次复位信号撤销后，LED 灯输出按照“1000 – 0100 – 0010 – 0001”循环变化，直至仿真结束。

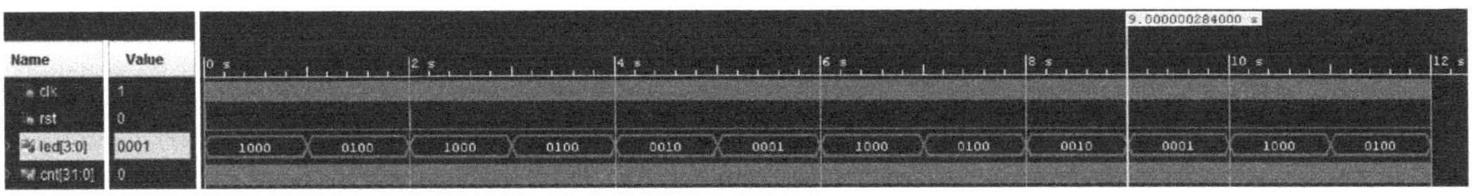

图 3-85　行为仿真波形——12s 内 LED 变换情况

至此，仿真结果显示 LED 灯流水正常，行为仿真结束，下面要进行逻辑综合。

(19) 单击“led_blink_zybo.v”标签页将设计源文件设置为当前活跃页。

(20) 在“Flow Navigator”面板的“SYNTHESIS”部分选择“Run Synthesis”命令进行逻辑综合，在弹出的“Launch Runs”对话框单击“OK”按钮。

逻辑综合完成后选择“Open Synthesized Design”，单击“OK”按钮忽略弹出的提示消息。

Vivado 将使用“I/O Planning”布局显示综合后的设计，它显示了器件约束与资源分配等相关信息。

下面首先查看逻辑综合的引脚分配情况与约束文件的规定是否一致。

(21) 在“I/O Planning”布局中选择屏幕下方控制台部分里的“I/O Ports”标签页，展开引脚，可以看到这里的引脚分配情况与约束文件的规定是一致的(图 3-86)。

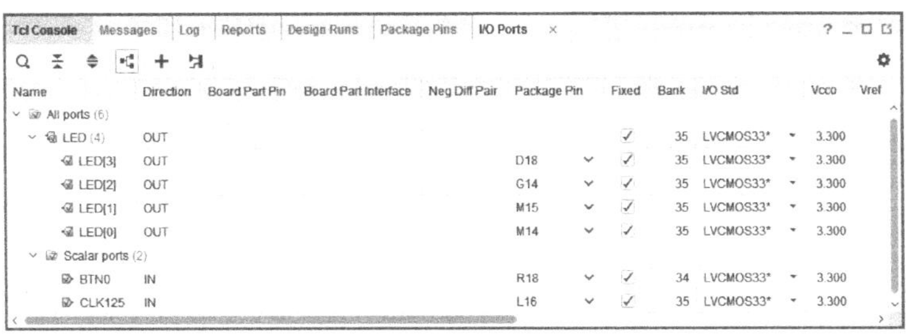

图 3-86　引脚分配情况

如果引脚分配情况有与约束文件的规定不一致的地方，手动改正，并重新综合。

注意：查看引脚分配情况需要首先使用“I/O Planning”布局，如果不是，从屏幕右上角的下拉列表选择“I/O Planning”布局。

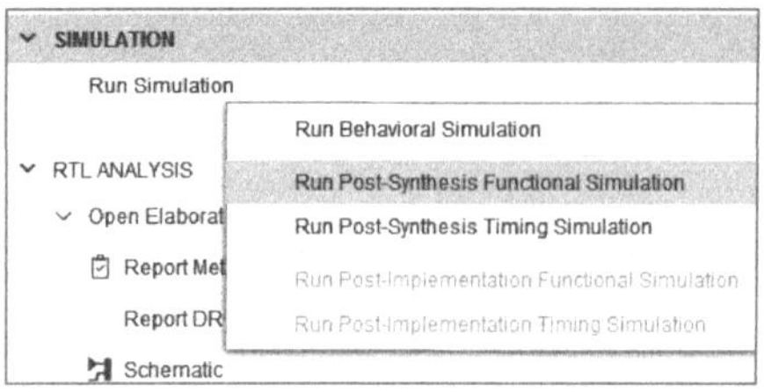

图 3-87　运行综合后的功能仿真

(22) 在“Flow Navigator”面板的“SIMULATION”部分单击“Run Simulation”→“Run Post-Synthesis Functional Simulation”(图 3-87) 运行综合后的功能仿真。

图 3-88 所示是综合后仿真初始阶段的波形，与行为仿真结果不同，系统上电后 LED 已经有明确的输出结果“1000”，同时计数器 cnt 也有明确的值“1”，它们都不是在复位信号到来后才被设置的；而且复位信号到来后，计数器并没有清零，而是维持“1”不变；当复位信号撤销后，在每一个时钟上升沿，计数器开始增 1。

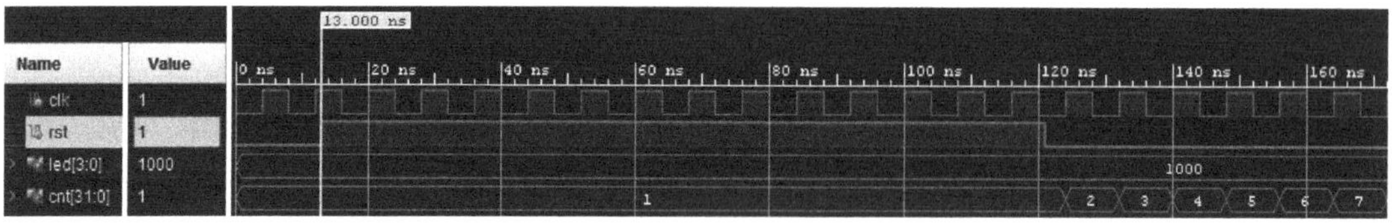

图 3-88　综合后功能仿真波形——初始阶段

当计数器计满指定数值(125000000)时，计数器清零，同时在下一个时钟上升沿 LED 灯输出下一状态的值(图 3-89)。

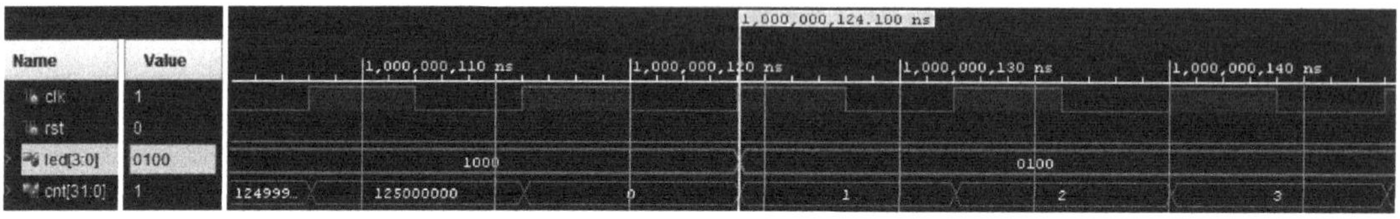

图 3-89　综合后功能仿真波形——LED 灯流水

当第 2 次复位信号到来后，LED 的输出立即被置成“1000”，计数器 cnt 也被置成“1”，直到复位信号撤销后，在每一个时钟上升沿，计数器开始增 1(图 3-90)。

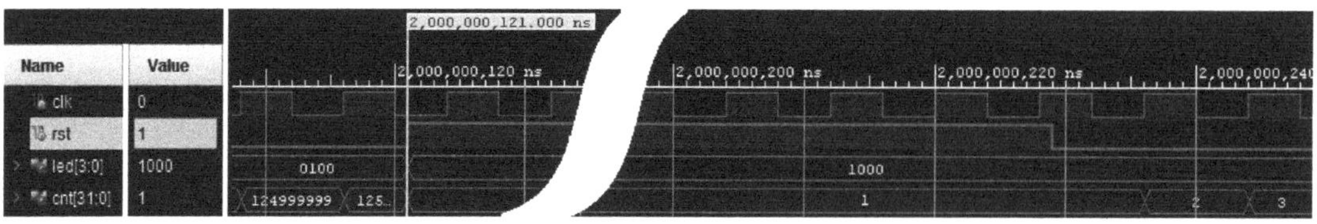

图 3-90　综合后功能仿真波形——异步复位

功能仿真完成后，还需要进行时序仿真，以确保系统能正常工作，并满足系统的时钟频率等性能要求。时序仿真的相关操作与分析过程与功能仿真相似。

除了模拟仿真，逻辑综合后，还可以查看各种报告以及综合后的电路原理图等。从这些报告中不仅可以获得有关性能、功耗、面积等的参数，还有助于寻找系统优化的突破口以及分析系统脆弱性等。

(23) 在“Flow Navigator”面板的“IMPLEMENTATION”部分选择“Run Implementation”命令，在弹出的“Launch Runs”对话框中单击“OK”按钮启动物理实现。这个过程中若有对话框询问是否保存工程，单击“Save”按钮。

(24) 物理实现完成后，在弹出的“Implementation Completed”对话框中选择“Open Implemented Design”选项，若有对话框询问打开所实现的设计前是否关闭所综合的设计，选择“Yes”按钮，打开所实现的设计。

同逻辑综合一样，完成物理实现也可进行功能或时序仿真、查看各种报告等操作。一般来说，物理实现后，仿真结果与实际编程以后的运行结果应该是一致的。

物理实现完成并检查各项功能及参数正确后，可以生成比特流文件，并且对器件进行编程。

(25) 在“Flow Navigator”面板的“PROGRAM AND DEBUG”部分选择“Generate Bitstream”命令，在弹出的“Launch Runs”对话框中单击“OK”按钮启动生成比特流文件。

比特流文件生成完毕后，就可以连接硬件设备进行调试了。此时，若选择“Flow Navigator”面板的“PROGRAM AND DEBUG”部分的“Open Hardware Manager”命令打开硬件管理器，工作区将出现如下提示信(图 3-91)：

```
No hardware target is open.
```

表示并没有任何硬件设备被连接。

(26) 打开 Zybo 开发板电源，按照图 2-78 所示设置跳线。在“Flow Navigator”面板的“PROGRAM AND DEBUG”部分单击“Open Hardware Manager”→“Auto Connect”命令(图 3-92)，或者单击“Hardware Manager”提示条上的“Open target→Auto Connect”命令(图 3-93)。

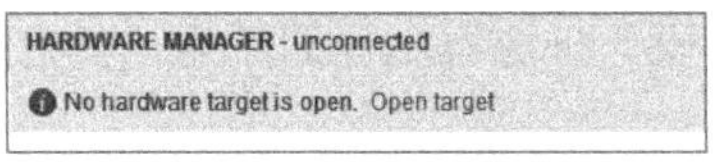

图 3-91　目标硬件未连接提示信息

图 3-92　从流管理器自动连接目标设备

Vivado 将自动查找所连接的设备信息，并建立连接。本例中，设备连接完成后“Hardware Manager”面板显示如图 3-94 所示信息。

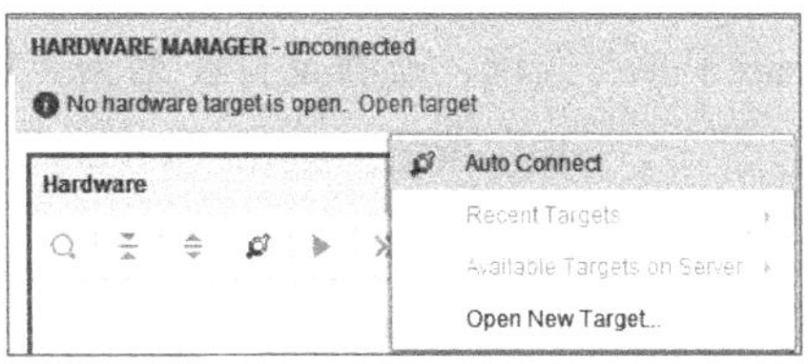

图 3-93　通过提示条命令打开自动连接目标设备

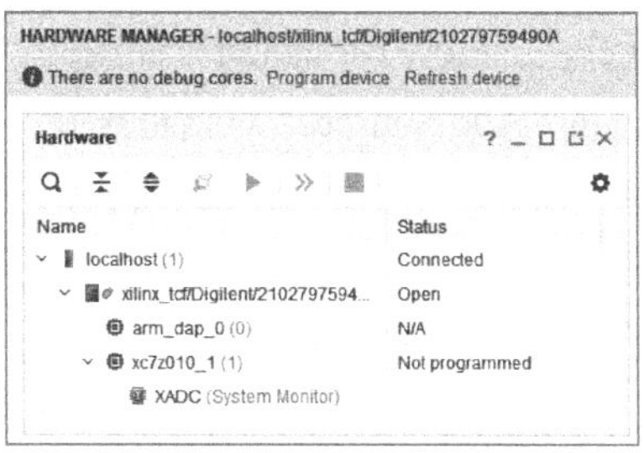

图 3-94　连接的硬件信息

设备连接成功后，就可以对器件进行编程，并观察实验结果。

(27) 在“Flow Navigator”面板的“PROGRAM AND DEBUG”部分单击“Open Hardware Manager”→“Program Device”→“xc7z010_1”命令(图 3-95)，或者单击“Hardware Manager”提示条上的“Program Device”命令，打开“Program Device”对话框，此时“Program Device”对话框应该已经自动填入了前面生成的比特流文件的信息(图 3-96)。

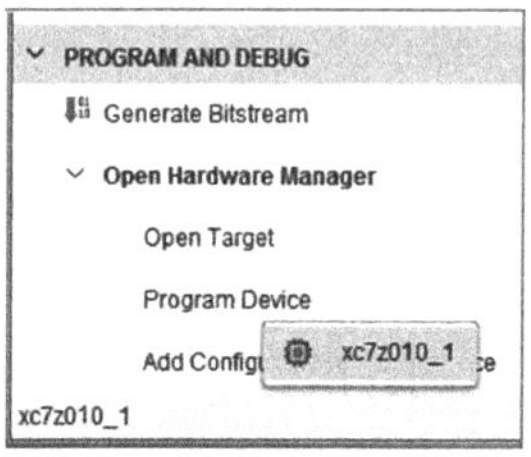

图 3-95　从流管理器启动器件编程

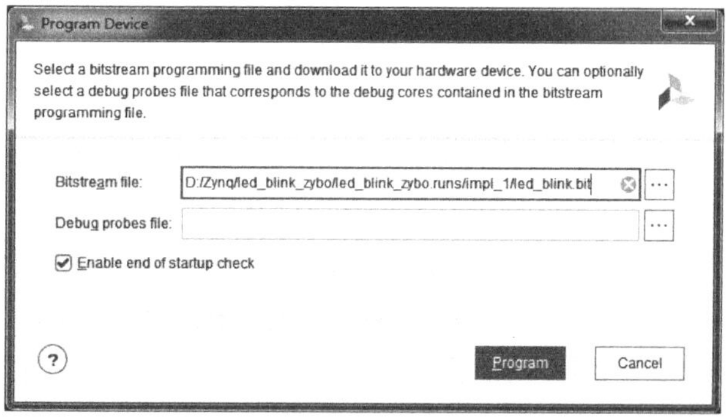

图 3-96　“Program Device”对话框

(28) 在“Program Device”对话框中单击“Program”按钮，开始对器件进行编程。

当编程结束时，开发板上的“DONE”绿色 LED 指示灯将点亮，同时 LED 灯将自左至右依次点亮。在此过程中，如果按下 Zybo 开发板上的按钮 BTN0，不论此时 LED 灯是第几个被点亮，都会从最左边开始重新流水。

至此，本节全部结束。

3.6　在 Zybo 开发板上实现纯硬件简单计算器

本节在 3.5 节的基础上，继续仅使用 Zynq PL 而不使用 Zynq PS 部分实现 1 个简单的计算器，它使用 Zybo 开发板的拨动开关输入 2 个 4 位二进制数，然后通过 LED 灯依次循环显示这 2 个二进制数的加、减 2 种算术运算以及与、或、异或 3 种逻辑运算的结果。

下面还是从创建 1 个 Vivado 工程开始。

(1) 打开 Vivado，在“D:\Zynq”文件夹新建一个 Vivado 工程，名字为“calculator_zybo”；工程类型选择“RTL”，并且选中“Do not specify sources at this time”复选框；选择开发板，并选择与开发板相对应的版本号；浏览“New Project Summary”界面，查看各个选项设置是否正确，最后单击“Finish”按钮建立工程。

(2) 在“Flow Navigator”面板的“PROJECT MANAGER”部分选择“Add Sources”命令，在弹出的“Add Sources”对话框选择“Add or create design sources”单选按钮，在“Add or Create Design Sources”对话框单击 + 按钮并选择“Create File”选项，选择文件类型为“Verilog”，在“File name”文本框输入文件名“calculator”，单击“OK”按钮；单击“Finish”按钮关闭“Add Sources”对话框。

(3) 在“Define Module”对话框中单击“OK”按钮，若有对话框询问是否确认使用未修改的值，单击“Yes”按钮确认，完成源文件创建。

(4) 双击“Sources”窗口中“Design Sources”文件夹下面的文件“calculator_zybo”，打开所创建的源文件，使用下列代码替换上述源文件中的空壳部分并保存文件：

```
module calculator_zybo(
input BTN0,
input CLK125,
input [1:0] a,
input [1:0] b,
output [3:0] c
);

wire clk,rst;
reg [2:0] state = 3'b000;
reg [3:0] c;
reg [2:0] a_add_b;
reg [2:0] a_sub_b;
parameter[31:0] delay=32'd250000000;                //delay 2 sec
//parameter[31:0] delay=32'd250;                    //for test only
reg [31:0] cnt;
assign clk = CLK125;                                //125MHz, period = 8ns
assign rst = ~BTN0;

always@(posedge clk or negedge rst)
  begin
    if(rst==1'b0)              // show from the result of “add”
      begin
        state <= 3'b000;       // sum -> diff -> prod -> and -> or -> xor
        cnt <= 32'd0;
        c[3:0] <= 4'b0000;
      end
    else
      begin
        if (cnt == delay)
          begin
            case(state)
              3'b000:                          // sum = a+b
                begin
                  c[3:0] = 4'b0000;
                  a_add_b[2:0]= {1'b0,a[1:0]}+{1'b0,b[1:0]};
                  c[1:0] = a_add_b[1:0];
                  c[3] = a_add_b[2];                  // Carry
                  if(c[1:0] == 2'b00) c[2] = 1'b1;    // Zero
                end
```

```
          3'b001:                                   // diff = a-b
           begin
             c[3:0] = 4'b0000;
             a_sub_b[2:0] = {1'b0,a[1:0]}-{1'b0,b[1:0]};
             c[1:0] = a_sub_b[1:0];
             c[3] = a_sub_b[2];                     // Carry
             if(c[1:0] == 2'b00) c[2] = 1'b1;       // Zero
           end
          3'b010:                                   // a_and_b
           begin
             c[3:0] = 4'b0000;
             c[1:0] = a&b;
             if(c[1:0] == 2'b00) c[2] = 1'b1;       // Zero
           end
          3'b011:                                   // a_or_b
           begin
             c[3:0] = 4'b0000;
             c[1:0] = a|b;
             if(c[1:0] == 2'b00) c[2] = 1'b1;       // Zero
           end
          3'b100:                                   // a_xor_b
           begin
             c[3:0] = 4'b0000;
             c[1:0] = a^b;
             if(c[1:0] == 2'b00) c[2] = 1'b1;       // Zero
           end
         endcase
        cnt <= 32'b0;
        if(state == 3'b100)
         state <= 3'b000;              // show from the result of "add"
        else
         state <= state +3'b001;
        end
      else
        begin
         cnt <= cnt + 32'd1;
        end
    end                                        //end of if-else
  end                                          //end of always
endmodule
```

上述源文件中实现的是 1 个非常简单的计算器，给定 2 个 2 位的二进制数，计算其加、减以及与、或、异或的结果，使用 4 位的 LED 灯显示计算结果，其中实际运算的结果只有 2

位，用 LED 灯的低 2 位显示，如果加(减)运算中产生了进位(借位)，则通过 LED 灯的最高位表示，如果加、减、与、或、异或运算的结果(注意：这里的结果指的是低 2 位)为“0”，则通过 LED 灯的次高位表示。

一旦输入确定以后，加、减以及与、或、异或的结果(包括可能的状态标志位)依次通过 LED 灯输出，每一种运算结果显示 2s，同时，为了观察方便，使用按钮 BTN0 作为复位信号，一旦复位信号到来，将从头开始(即从加运算的结果开始)依次显示运算结果。

需要特别强调的是，这里只是为了说明仅仅使用 Zynq PL 部分实现某种功能的工作流程而设计的简单计算器，暂时不考虑性能等各种因素。实际的计算器可能需要根据用户指定的操作类型输出特定的结果，而不是像本例中这样依次输出各种运算结果。作为拓展，可以尝试编写其他代码实现具有不一样功能的计算器。

(5)创建测试台文件“simu.v”，输入下列测试文件代码并保存文件：

```
module simu(
  );
  reg clk;
  reg rst;
  reg [1:0] a;
  reg [1:0] b;
  wire [3:0] led;

  parameter period = 8;             // for simulation, period = 8ns

  always #(period/2) clk = ~clk;
  initial
    begin
      clk = 0;
      rst = 0;
      a = 2'b11;
      b = 2'b01;
      #13 rst = 1;
      #108 rst = 0;
      #20000 a = 2'b01;
      #108 b=2'b10;
      #200 rst = 1;
      #108 rst = 0;
      #20000 a = 2'b01;
      #108 b=2'b01;
      #200 rst = 1;
      #108 rst = 0;
    end
   calculator_zybo calculator_zybo_0(.CLK125(clk),.BTN0(rst),.a(a),.b(b),
.c(led));
  endmodule
```

这里使用 3 组数据来测试系统的功能，其测试结果应该与表 3-2 一致。

表 3-2　Zybo 简易计算器测试代码与预期测试结果

a	b	RESULT				
		ADD	SUB	AND	OR	XOR
11	01	1100	0010	0001	0011	0010
01	10	0011	1011	0100	0011	0011
01	01	0010	0100	0001	0001	0100

注意：上述测试台文件代码中，在上一组数据复位信号撤销后经过 20000ns 即输入下一组数据，这显然与源程序中每一种运算结果显示 2s 是相违背的，这里实际上是为了加快模拟仿真进度而采取的“偷懒”办法，在使用上述测试台文件进行仿真时，需要将设计源文件中的参数定义语句：

```
parameter[31:0] delay=32'd250000000;          //delay 2 sec
```

改为：

```
parameter[31:0] delay=32'd250;                //for test only
```

在完成仿真后特别是在生成比特流文件之前，需要将它再改回去。

(6)创建约束文件“calculator.xdc”，输入下列约束代码并保存文件：

```
set_property PACKAGE_PIN M14 [get_ports {c[0]}]
set_property IOSTANDARD LVCMOS33 [get_ports {c[0]}]
set_property PACKAGE_PIN M15 [get_ports {c[1]}]
set_property IOSTANDARD LVCMOS33 [get_ports {c[1]}]
set_property PACKAGE_PIN G14 [get_ports {c[2]}]
set_property IOSTANDARD LVCMOS33 [get_ports {c[2]}]
set_property PACKAGE_PIN D18 [get_ports {c[3]}]
set_property IOSTANDARD LVCMOS33 [get_ports {c[3]}]

set_property PACKAGE_PIN G15 [get_ports {b[0]}]
set_property IOSTANDARD LVCMOS33 [get_ports {b[0]}]
set_property PACKAGE_PIN P15 [get_ports {b[1]}]
set_property IOSTANDARD LVCMOS33 [get_ports {b[1]}]
set_property PACKAGE_PIN W13 [get_ports {a[0]}]
set_property IOSTANDARD LVCMOS33 [get_ports {a[0]}]
set_property PACKAGE_PIN T16 [get_ports {a[1]}]
set_property IOSTANDARD LVCMOS33 [get_ports {a[1]}]

set_property PACKAGE_PIN L16 [get_ports {CLK125}]
set_property IOSTANDARD LVCMOS33 [get_ports {CLK125}]
set_property PACKAGE_PIN R18 [get_ports {BTN0}]
set_property IOSTANDARD LVCMOS33  [get_ports {BTN0}]
```

与 3.5 节相比，这里只是增加了对拨位开关引脚的约束信息。为了观察方便，这里使用拨位开关左边 2 位表示数据“a”，用右边 2 位表示数据“b”。

(7) 在“Flow Navigator”面板的“SIMULATION”部分单击“Run Simulation”→“Run Behavioral Simulation”进行行为仿真，测试系统功能。

图 3-97 所示是行为仿真的波形，可以看出行为仿真的结果与预期是一致的。

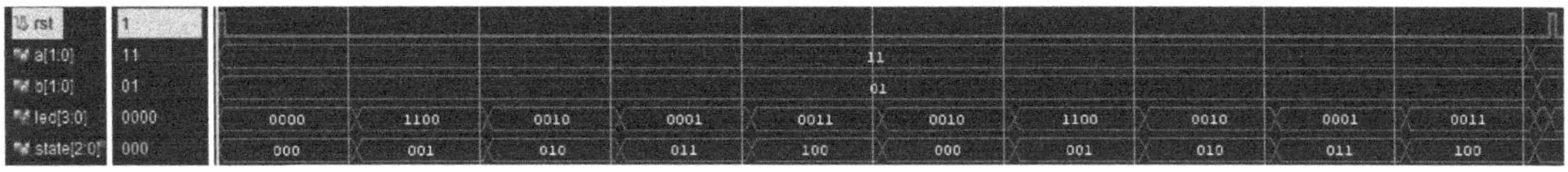

(a) a=11, b=01

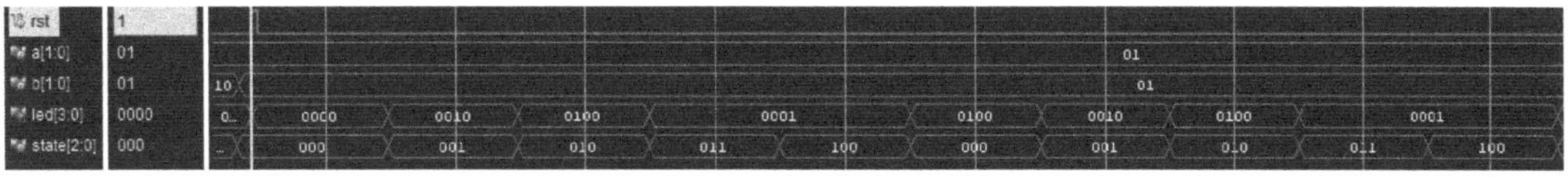

(b) a=01, b=10

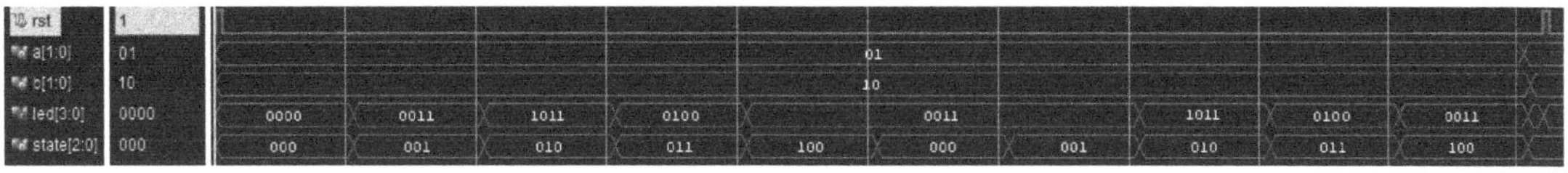

(c) a=01, b=01

图 3-97　行为仿真波形——LED 灯依次显示输出结果

可以发现，复位信号到来后，首先将所有 LED 灯熄灭(对应复位后第 1 个状态“000”)，然后从“ADD”开始，依次显示各种运算的结果(从状态“001”到下一个状态“000”)。

如图 3-98 所示，每一种状态持续时间由时钟计数器决定，每当计数器计满系统规定值(本例中，设计源文件为“250000000”，为了测试方便这里改为“250”)时，开始显示下一结果。

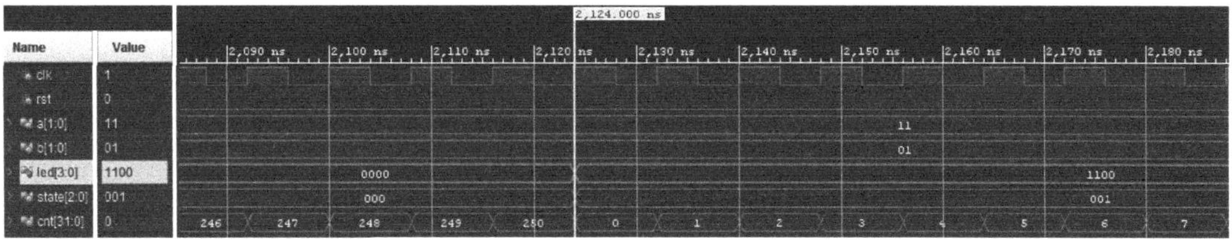

图 3-98　行为仿真波形——正常显示持续时间

如图 3-99 所示，当复位信号到来时，无论当前计数值为何值，系统立即执行复位操作(将所有 LED 灯熄灭)。显然这里执行的是异步复位功能。

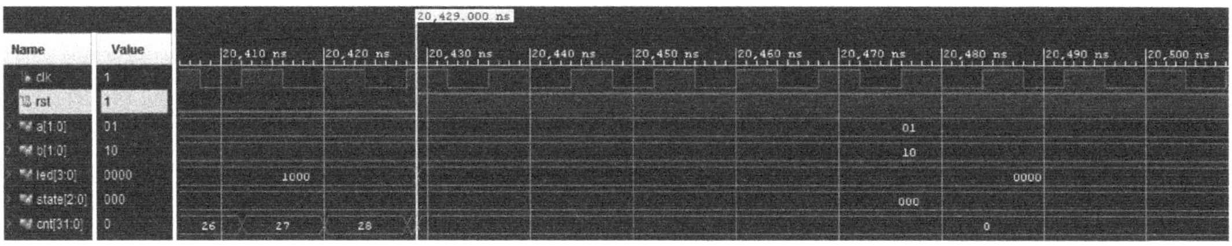

图 3-99　行为仿真波形——系统复位

如果输入数据发生改变，LED 灯并不会马上更新输出结果，而是先维持当前输出结果不变，在显示状态“state”改变后，根据当前显示状态“state”，显示相应的结果，但是此时已经是新的输入数据之间运算的结果。如图 3-100 所示，在“100”状态期间输入“a”的值发生改变，则在“000”状态显示的是 a=01 且 b=01 时“XOR”操作的结果“1000”。

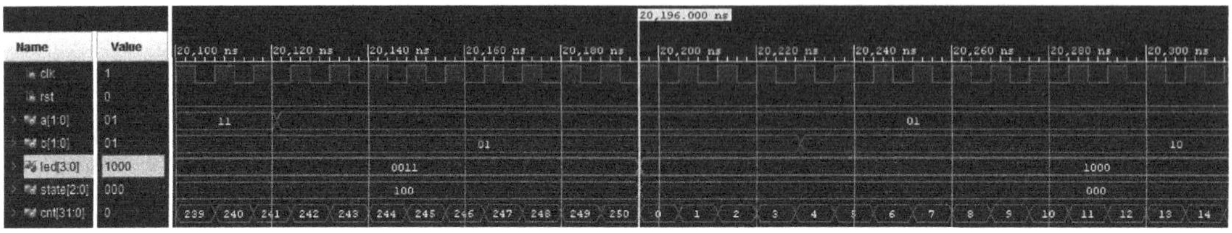

图 3-100　行为仿真波形——输入数据改变立即更新输出结果

(8) 在“Flow Navigator”面板的“SYNTHESIS”部分选择“Run Synthesis”命令进行逻辑综合，根据需要阅读相关报告，或者进行综合后仿真，进一步确认系统功能。

(9) 在“Flow Navigator”面板的“IMPLEMENTATION”部分选择“Run Implementation”命令进行物理实现，根据需要阅读相关报告，或者进行实现后仿真，进一步确认系统功能。

(10) 在“Flow Navigator”面板的“PROGRAM AND DEBUG”部分选择“Generate Bitstream”命令生成比特流文件。

(11) 比特流生成完毕后，在“Bitstream Generation Completed”对话框选择“Open Hardware Manager”选项，打开硬件管理器，自动检测并连接硬件设备，对器件编程。

当编程结束时，开发板上的“DONE”绿色 LED 指示灯将点亮。分别从拨位开关输入“a”和“b”的值，输入完毕后按下 BTN0 按钮复位，依次观察 LED 的显示结果，并与预期实验结果比较。

至此，本节实验全部结束。

第 4 章　基于 ZedBoard 的扩展功能实验

ZedBoard 开发板提供了丰富的接口，并且支持从 SD 卡或 QSPI 启动。本章引导实现从 SD 卡或 QSPI 启动 ZedBoard 开发板，以及在 ZedBoard 开发板实现 OLED 显示、以太网通信等功能。

本章分成 3 个实验，其组织如下。

4.1 节首先介绍利用官方镜像制作 SD 卡并启动 ZedBoard 开发板的方法，然后以利用 GPIO 按钮控制 MIO 端口 LED 灯亮/灭为例介绍实现程序固化的 2 种方法(即通过 SD 卡启动或者通过闪存启动 ZedBoard 开发板并实现特定功能)。

4.2 节引导实现在 ZedBoard 的 OLED 屏幕上显示字符和简单图形。

4.3 节引导实现基于 ZedBoard 双核的非对称多处理实验，它利用 1 个核实现自定义 IP 控制的呼吸灯实验，并利用另 1 个核接收用户指定的参数控制呼吸灯的频率。

事实上，Xilinx 公司为了方便大家基于 Vivado + Zynq 平台进行嵌入式系统的软硬件协同设计开发，通过网站主页、帮助文档等方式提供了大量的说明文档与设计例程，包括本章以及第 1～3 章在内的相关细节都可以在这些资源中获得。希望读者能够在完成本章实验项目之后，充分利用各种学习资源，在此基础上综合利用 ZedBoard 开发板提供的各种丰富的扩展功能，最后完成 1 个综合的嵌入式系统设计。

4.1　程序固化实验

程序固化是指完成软硬件设计以后，开发板可以脱离计算机单独运行。前面的实验操作在完成软硬件设计以后，都是通过 JTAG 方式启动开发板运行的，在这个过程中开发板与计算机是一直相连的。事实上，真正的嵌入式系统在完成设计以后往往是独立于计算机的，它们从系统加电开始完成启动、加载并正确运行一系列操作。ZedBoard 开发板也提供单独启动并运行的功能，本节实验分别介绍利用官方镜像 SD 启动、利用包含特定硬件信息的 SD 卡或 QSPI 启动并进行相关操作的方法。

本实验分成 3 个练习，其中：

4.1.1 节引导利用官方的镜像文件制作 1 张全新的 SD 卡，然后用它启动 ZedBoard 开发板，并实现 U 盘挂载等操作，4.1.1 节不涉及软硬件设计相关内容，无须在 Vivado/Vitis 平台操作；

4.1.2 节先基于 Vivado/Vitis 2020.1 设计实现 1 个利用 GPIO 按钮控制 MIO 端口 LED 灯亮/灭的系统，然后通过 Vitis 生成包含软硬件信息的 SD 镜像，并由该 SD 卡启动 ZedBoard 开发板，完成实验操作；

4.1.3 节在 4.1.2 节的基础上，改用 QSPI 引导完成实验演示。

4.1.1　利用官方镜像 SD 卡启动 ZedBoard

下面的操作首先引导利用官方的镜像文件制作 1 张全新的 SD 卡，然后用它启动 ZedBoard

开发板。事实上，Digilent 公司在出厂之时已经为 ZedBoard 开发板配备了用于启动的 SD 卡，可以用它直接从步骤(7)开始启动设备；如果该卡遗失，或者更改了 SD 卡的内容，则需要重新制作这个启动卡。

(1)从官方网站下载“zedboard_oob_design.zip”文件。

(2)对 SD 卡进行格式化操作，选择文件系统为 FAT32。

(3)进入 Ubuntu 系统，打开终端，输入“sudo apt-get install gparted”安装 gparted 软件。

(4)打开 gparted 软件，通过“GParted”→“Devices”菜单项选择 SD 卡，然后右击，在弹出的菜单中选择“删除”选项，删除现有分区(图 4-1)。

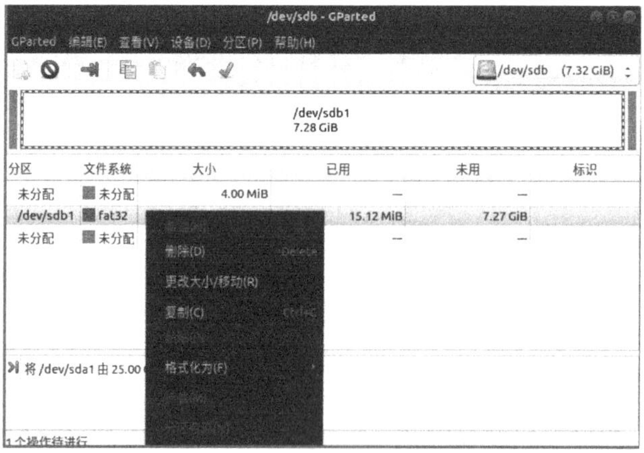

图 4-1　删除 SD 卡现有分区

(5)对 SD 卡进行分区。

第 1 个分区设置为主分区，采用 FAT32 文件系统，大小为 256MB，并在该分区前预留 4MB 空余空间，设置分区“卷标”为“BOOT”(图 4-2)。

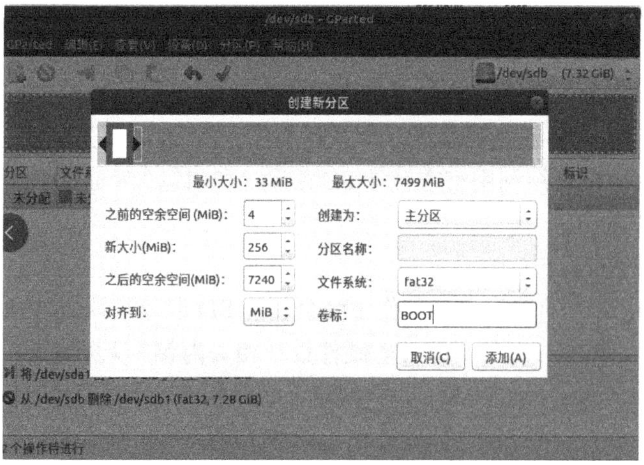

图 4-2　划分主分区

第二个分区为 EXT4 分区，使用剩余的空间(图 4-3)。

(6)解压下载好的“zedboard_oob_design.zip”文件，进入“sd_image”文件夹，将“sd_image”文件夹下的文件全部复制到 SD 卡根目录。

图 4-3　划分第 2 个分区

至此，可用于启动 ZedBoard 的 SD 卡制作完成，下面用它启动设备。

(7) 设置跳线子：将 MIO6、MIO3、MIO2 设置为 GND，MIO5、MIO4 设置为 3v3；确保 JP2 短接以允许“USB OTG”功能。

(8) 使用 UART-USB 端口与计算机进行连接。

(9) 打开“PuTTY.exe”文件，按照 2.5.3 节步骤(21)和步骤(22)的方法配置串口，并实现终端连接，终端窗口出现如图 4-4 所示的提示信息，表明 SD 卡镜像制作完成并实现了从 SD 卡启动 ZedBoard 开发板。

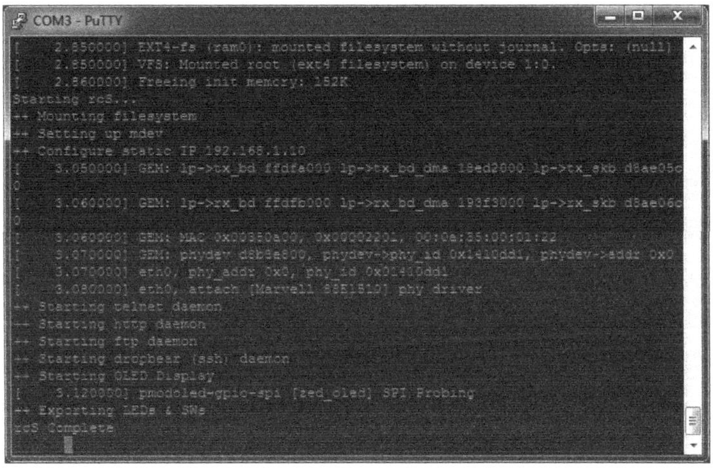

图 4-4　从 SD 卡启动 ZedBoard 成功

备注：只有开发板电源打开的情况下 PuTTY 才能成功连接终端，但是跳线子设置成功以后一旦加电，ZedBoard 开发板将开始启动过程，图 4-4 中的信息可能显示不全，可以在终端连接完成以后短暂关掉开发板电源，然后打开，以观察 SD 卡启动过程中的各种提示信息。

(10) 在命令行窗口中输入“read_sw”。

命令“read_sw”用于读取串口信息以获取拨位开关 SW0～SW7 当前的状态，该状态分别以十六进制和十进制数的形式输出，例如，当开关 SW0～SW7 均为“0”时，执行“read_sw”命令读出的信息为“0x00”；当 SW7、SW4、SW1 和 SW0 为“1”，其余均为“0”时，读出的信息为“0x93 147”（图 4-5）。

图 4-5　拨位开关状态读取

可以发现，SD 卡启动 ZedBoard 以后其实是进入了 1 个 Linux 环境，在这里已经基于 ZedBoard 完成了系统配置等诸多操作。

下面将 1 个 FAT32 文件系统的 U 盘挂载到 ZedBoard 上，并实现对 U 盘文件的读、写等操作。

(11) 将 U 盘插入 ZedBoard 的 USB OTG 端口。

U 盘插入后终端窗口将显示如图 4-6 所示的信息。

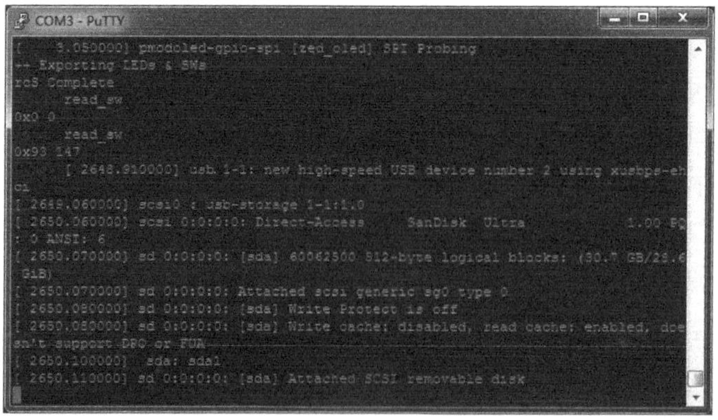

图 4-6　U 盘信息

信息显示，当前插入 1 个名为“SanDisk Ultra”的 U 盘，其每 1 个逻辑块为 512B，总容量为 30.7GB (或 28.6GiB)；该设备在系统中的文件名为“sda1”。

事实上，进入“../dev”目录后通过“ls”命令可以查看当前系统连接的所有设备，如图 4-7 所示，白框标识的就是当前的 U 盘 (可能需要上下拖动滚动条才能显示相应信息)。

图 4-7　当前设备信息

或者，可以通过命令“fdisk -l”查找当前 U 盘的位置(图 4-8)。

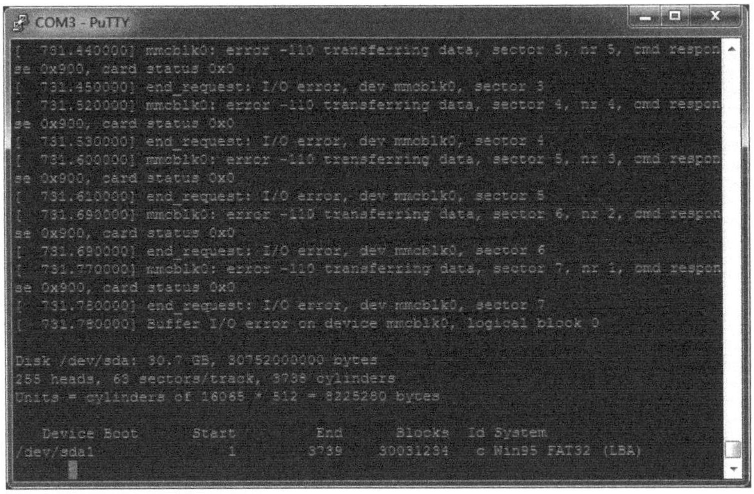

图 4-8　查找 U 盘位置

(12)输入命令“mkdir /mnt/usb”，在“mnt”文件夹下创建 1 个新的文件夹“usb”，输入命令“mount /dev/sda1/mnt/usb”，完成 U 盘挂载。

U 盘挂载完成后，可进入文件夹“/mnt/usb”，此时所有对文件夹下文件的操作其实就是对 U 盘中文件的操作，例如，可以通过命令“ls”查看 U 盘中的文件，如图 4-9 所示，当前 U 盘只有 2 个文件“hello.txt”和“oled.bin”，这是 U 盘挂载之前已经存在 U 盘中的文件。

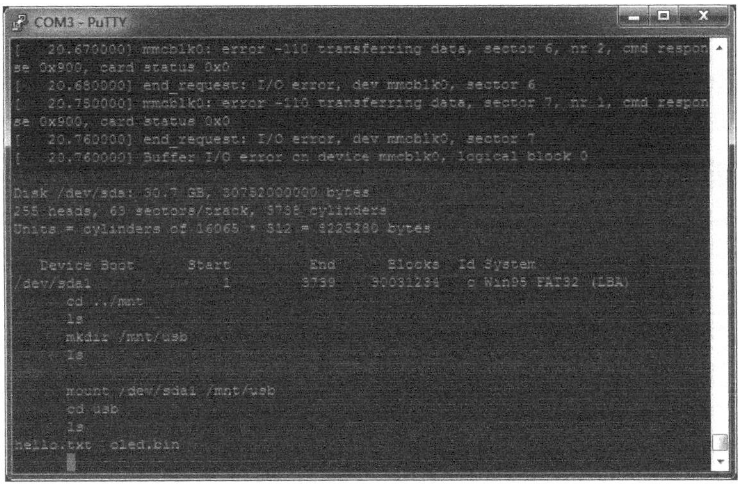

图 4-9　U 盘挂载与内容查看

注意：这个“usb”文件夹仅用于 U 盘文件镜像，本次有效，一旦系统重启后，该文件夹就不复存在了。

除了查看 U 盘中的文件，还可以使用 Linux 命令进行各种文件操作，例如，通过命令“touch test.txt”创建 1 个文本文件“test.txt”(图 4-10)，使用“vi”编辑器对文本件进行编辑等。

当然，如果有对应 Linux 环境的可执行文件，也可以直接运行。

本节练习到此结束。

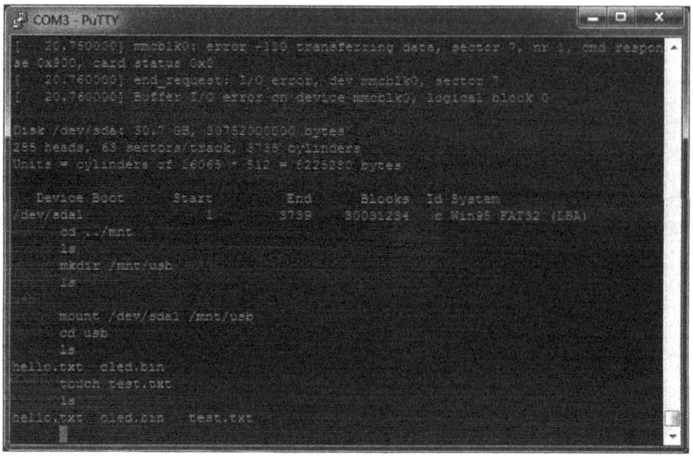

图 4-10　创建文件

4.1.2　利用包含特定硬件信息的 SD 卡启动 ZedBoard

下面先设计 1 个按钮控制 LED 灯亮/灭的简单系统，然后利用 Vitis 的“创建镜像”功能创建 1 个包含相关硬件信息且能够启动 ZedBoard 开发板并自动运行的 SD 卡。

在 2.2 节中其实也用到了利用中断按钮控制 LED 灯的功能，但是那里直接使用的是系统定义好的 GPIO 接口 led8 和 btn5，在这里改用自己指定的按钮和灯，其中按钮使用中央按钮 BTNC，它通过 GPIO AXI 连接，LED 灯使用 LD9，它是通过 MIO7 引脚连接的。

(1) 创建 1 个名为“btnc_led”的 Vivado 工程，正确选择开发板等。

(2) 创建 1 个名为“system”的块设计，添加 1 个 Zynq 处理系统，并运行块自动化。

(3) 打开“Re-customize IP”对话框，单击左边的“Interrupts”标签，依次选中“Fabric Interrupts”和“IRQ_F2P[15:0]”复选框(图 4-11)。

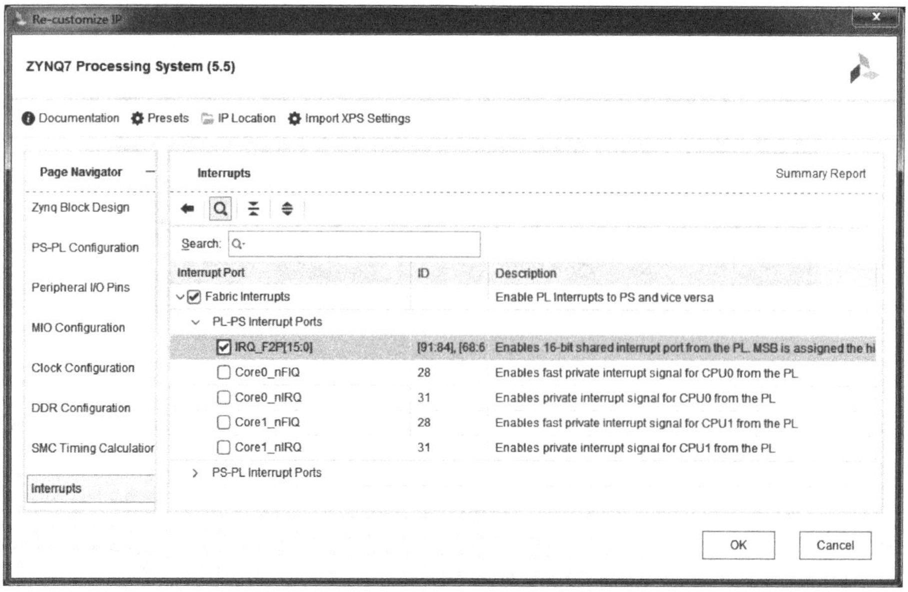

图 4-11　允许中断

(4) 单击左边的“Peripheral I/O Pins”标签，去掉复选框“Ethernet0”、“USB0”和“TTC0”的选择，确保“Quad SPI Flash”、“SD0”、“UART1”和“GPIO MIO”复选框被选中。

此时的块设计如图 4-12 所示。

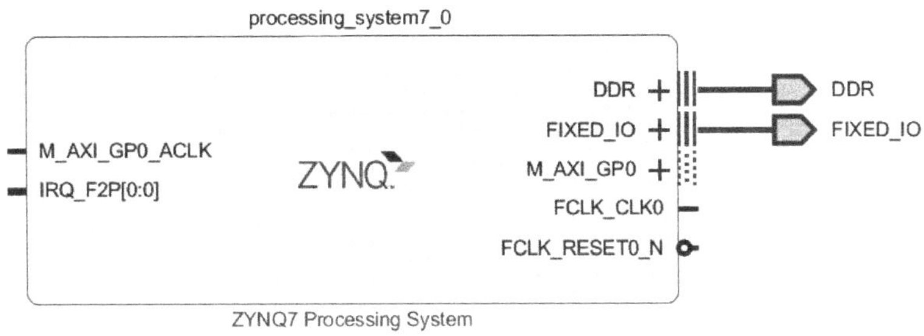

图 4-12　重配置后的 Zynq 处理系统

(5) 双击接口“axi_gpio_0”，打开“Re-customize IP”对话框，选中“Enable Interrupt”复选框；单击“IP Configuration”标签页，将“GPIO Width”设置为“1”(图 4-13)，单击“OK”按钮。

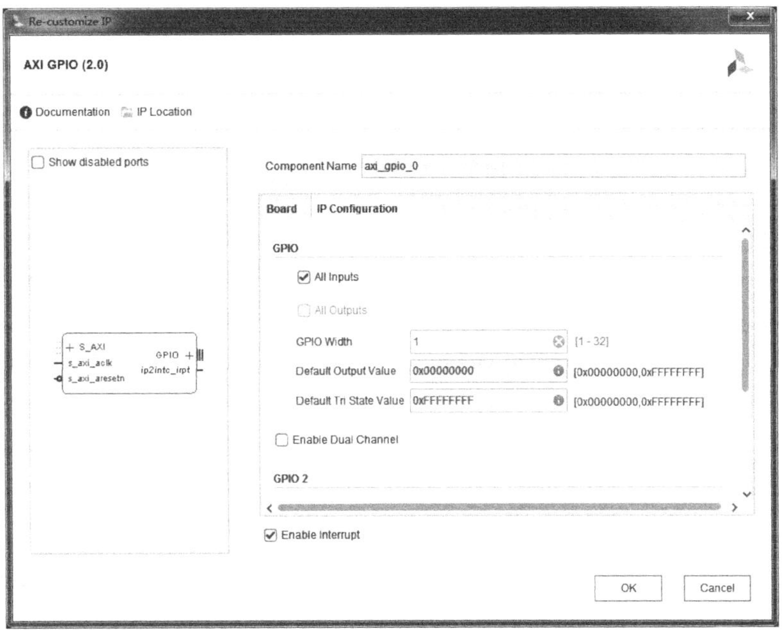

图 4-13　重配置 GPIO

(6) 单击画布上方的“Run Connection Automation”信息提示条，在弹出的对话框中选中“S_AXI”复选框，再选中“GPIO”复选框，并选择将它连接到“Custom”，单击“OK”按钮运行连接自动化。

(7) 将块 axi_gpio_0 的端口 ip2intc_irpt 与块 Zynq 处理系统的端口 IRQ_F2P[0:0]相连。

(8) 单击 axi_gpio_0 的端口 gpio_rtl，将左侧“External Interface Properties”(外部接口属性)窗口中“Name”的值改为“BTNC”(图 4-14)，按回车键。

此时的块设计如图 4-15 所示。

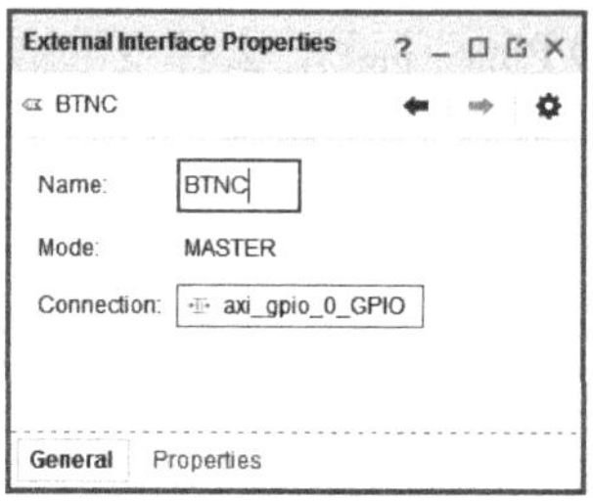

图 4-14　端口重命名

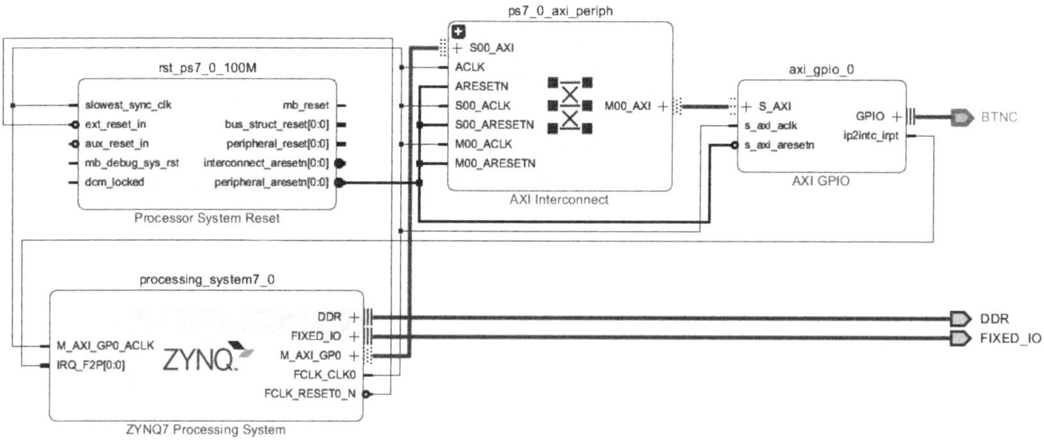

图 4-15　硬件设计结果

(9) 依次运行“Validate Design”、“Generate Output Products”和“Create HDL Wrapper”。

(10) 在“Flow Navigator”面板找到“RTL ANALYSIS”部分，然后选择该部分中的“Open Elaborated Design”命令；设计打开后选择“I/O Planning”布局并打开“I/O Ports”标签页，将 BTNC_tri_io 引脚电平设置为“LVCMOS33”，并指定“Package Pin”(引脚) 为“P16”(图 4-16)，然后保存当前引脚约束。

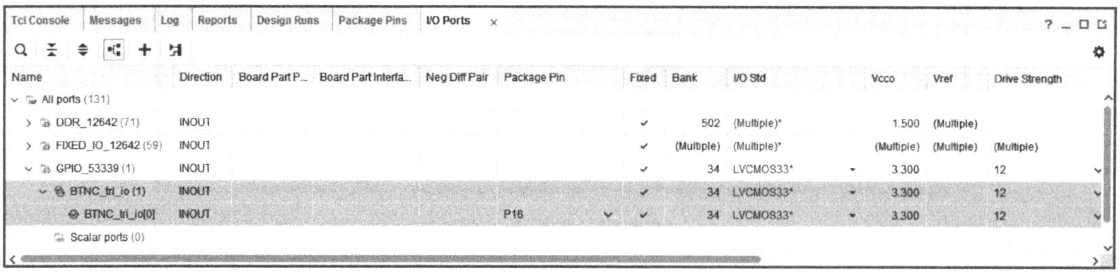

图 4-16　引脚约束

(11) 生成比特流文件，并导出包含比特流的硬件。

(12) 启动 Vitis，并基于前面导出的硬件平台创建 1 个名为“btnc_led_test”的空应用程序工程。

(13) 导入源文件“main.c”，并编译它。

打开这个源文件，简单分析它。它初始的时候点亮 MIO7 指向的 LED 灯 (即 LD9，位于

OLED 的右边)，然后一旦检测到中央按钮 BTNC 按下，即改变当前 LED 灯的状态。相关信息同时通过串口输出。

(14) 单击“Explorer”标签页中的“btnc_led_test.prj”文件夹调出相应的标签页(图 4-17)，单击“Navigate to BSP Settings”按钮打开“system_wrapper”标签页。

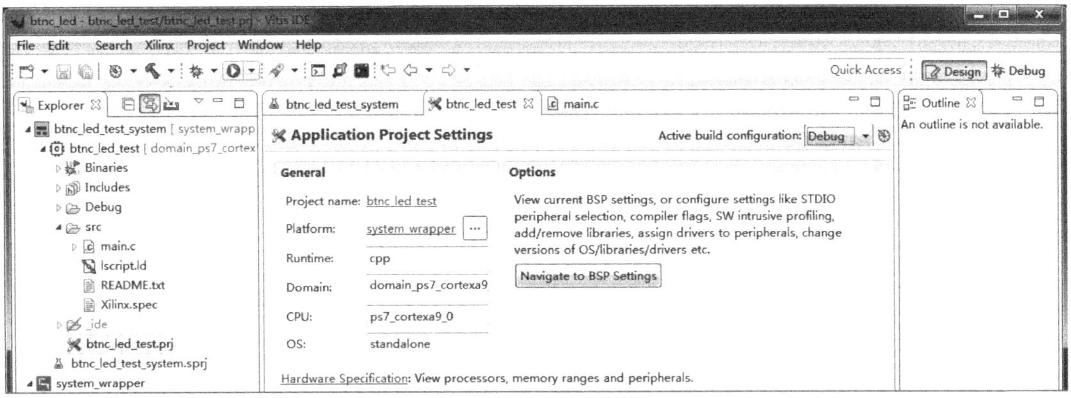

图 4-17　“应用程序设置”标签页

(15) 单击“Modify BSP Settings”按钮打开“Board Support Package Settings”对话框，选中“xliffs”复选框(图 4-18)，单击“OK”按钮。

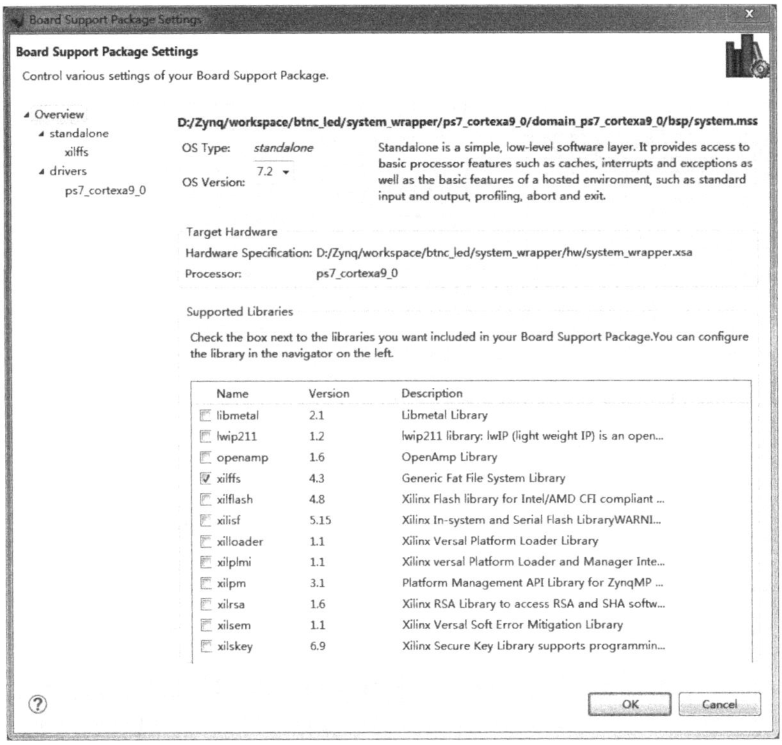

图 4-18　选择文件系统

(16) 基于当前硬件平台创建 1 个名为“FSBL”的新应用程序工程，其中模板选择“Zynq FSBL”(图 4-19)。

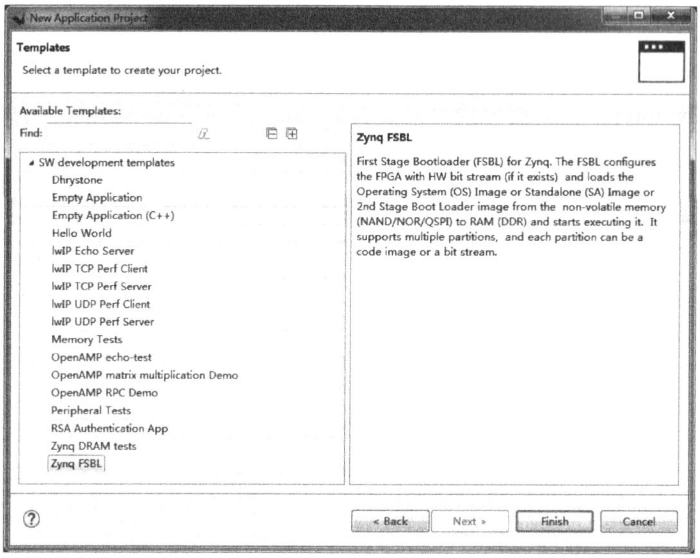

图 4-19　基于“Zynq FSBL”模板创建应用程序工程

(17)右击“Explorer”标签页中的“FSBL”文件夹，并在弹出的菜单中选择“Build Project”选项进行编译。

(18)从菜单“Xilinx”中选择“Create Boot Image”(创建启动镜像)选项(图 4-20)打开“Create Boot Image”对话框(图 4-21)。

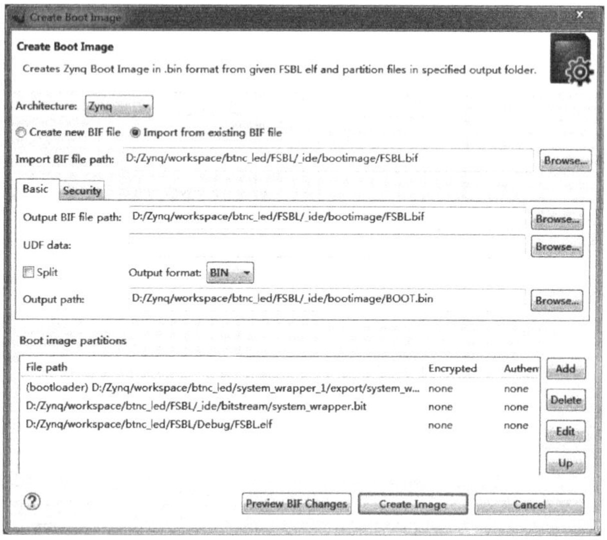

图 4-20　“Create Boot Image”选项　　　　图 4-21　“Create Boot Image”对话框

(19)在“Create Boot Image”对话框中选择“Create new BIF file”单选按钮，单击“Output BIF file path”文本框右边的“Browse”按钮，设置输出文件路径。当配置文件“.bif”的路径指定完成后，启动文件“.bin”自动指向同一路径(图 4-22)。

(20)单击“Add”按钮，打开“Add partition”(添加分区)对话框(图 4-23)。

(21)单击“Browse”按钮，找到“FSBL.elf”文件(图 4-24)，单击“打开”按钮回到“Add partition”对话框。此时“Partition type”为“bootloader”。单击“OK” 按钮将文件添加进来。

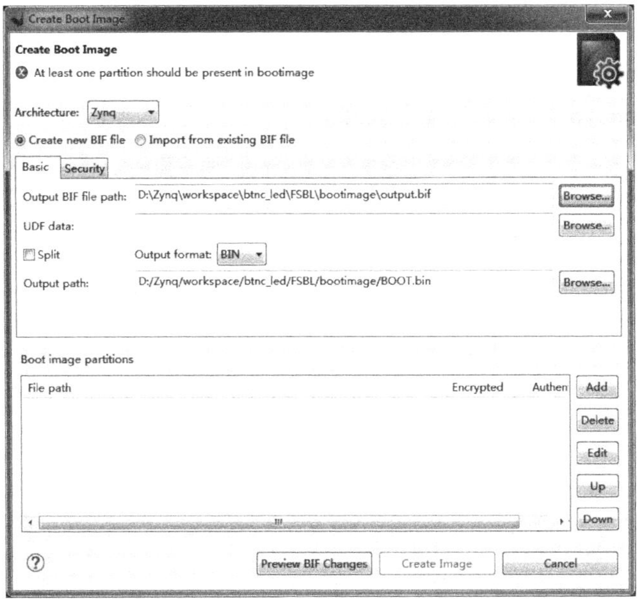

图 4-22　设置文件输出路径

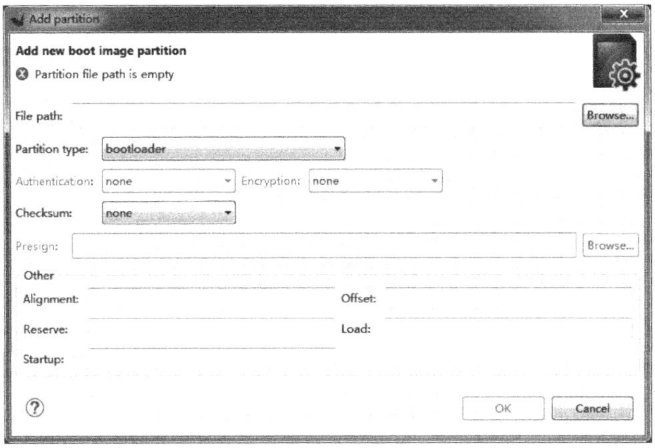

图 4-23　“Add partition”对话框

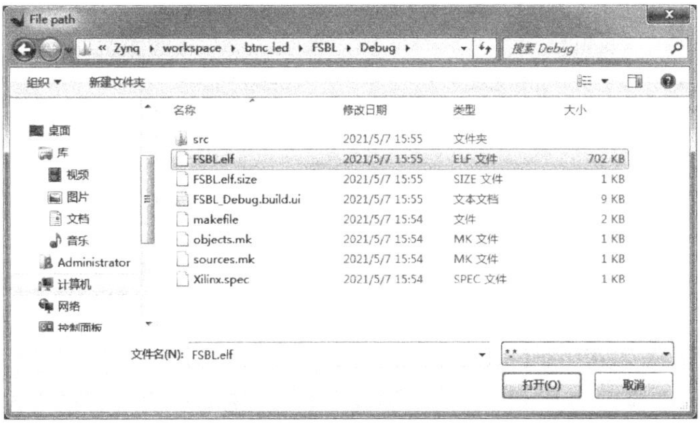

图 4-24　“FSBL.elf”文件所在位置

(22) 依次添加文件“D:\Zynq\workspace\btnc_led\system_ wrapper\bitstream\system_wrapper.bit”和“D:\Zynq\workspace\btnc_led\btnc_led_ test\Debug\btnc_led_test.elf”（图 4-25），这 2 个文件添加时“Partition type”自动变为“datafile”。

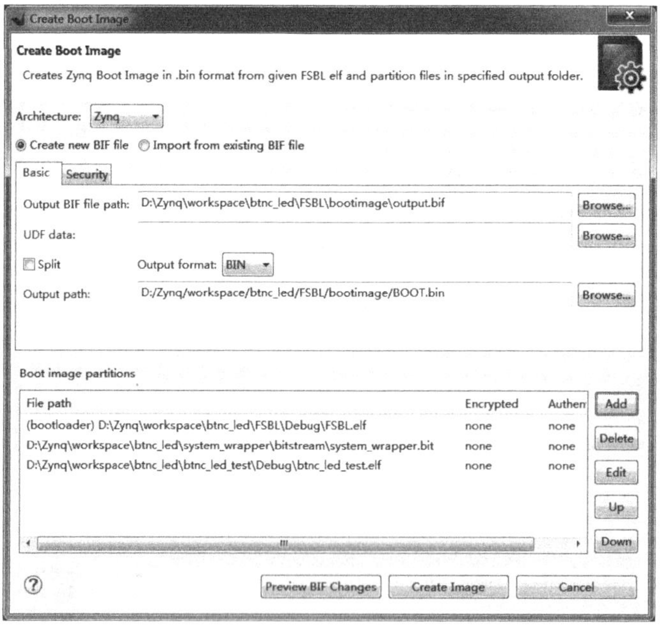

图 4-25　完成文件添加的“Create Boot Image”对话框

这里，文件“system_wrapper.bit”就是比特流文件，就是所设计系统的硬件信息，而文件“btnc_led_test.elf”则是所设计系统的软件信息。

需要特别提醒的是，上述 3 个文件的顺序不可颠倒，可以通过“Create Boot Image”对话框中的“Up”或“Down”按钮调整它们的顺序。

(23) 单击“Create Image”按钮完成 BIN 文件的创建。创建完成后，在指定文件夹下可看到生成的两个文件“BOOT.bin”和“output.bif”（图 4-26）。

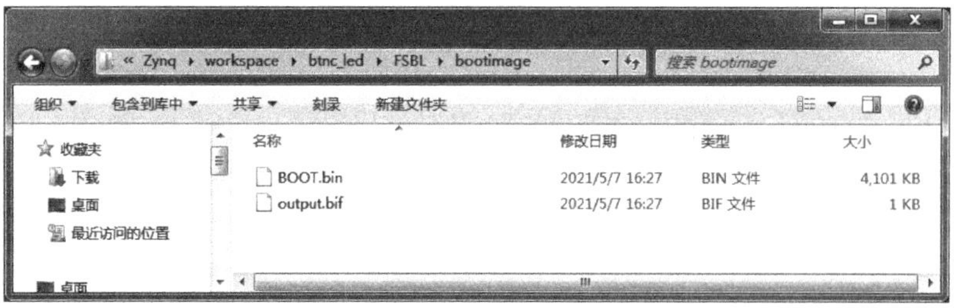

图 4-26　“Create Boot Image”操作所生成的文件

(24) 在计算机上格式化 SD 卡为 FAT32 格式，并将前面生成的文件“BOOT.bin”复制到 SD 卡根目录下。

(25) 将 SD 卡插入 ZedBoard 开发板，将跳线子 MIO6、MIO3、MIO2 设置为 GND，MIO5、MIO4 设置为 3v3，即设置为从 SD 卡启动模式。将 ZedBoard 开发板的 UART 端口通过 USB 线连接到计算机主机。打开开发板电源。

(26)打开“PuTTY.exe”文件，按照 2.5.3 节步骤(21)和步骤(22)的方法配置串口，并实现终端连接。

应该注意到一旦打开开发板的电源，完成系统启动以后，蓝色的“DONE”指示灯就亮了，但是这里并没有进行“编程”操作(其实连 PROG 端口都没有连接)，这是因为前面已经把包含硬件信息的内容制作成镜像并写入到 SD 卡了，当从 SD 卡启动设备时，自动导入了相关内容。

(27)按下中央按钮 BTNC，串口终端显示检测到了中断，并关闭 LED 灯 LD9；再次按下 BTNC 按钮，将重新点亮 LED 灯 LD9，如此往复。

注意：为了消除抖动，上述源程序在每次按钮中断后加入了 1s 的延时，因此实际操作按钮中断时不要过快，但是本程序实际是存在问题的，可能出现按下好几次 BTNC 按钮才会改变 LD9 显示状态的情况(图 4-27)，请自行分析其原因，并尝试优化它。

图 4-27　实际操作结果

另外，这里连接 UART 端口只是为了显示相关信息，如果仅仅是实现通过按钮控制 LED 灯亮/灭，可以不连接它，这样，一旦设计完成，ZedBoard 开发板就完全脱离于计算机独立运行了。

至此，本节结束，关闭开发板电源。

4.1.3　通过 QSPI 启动 ZedBoard

本节在 4.1.2 节的基础上进行，4.1.2 节是利用 Vitis 制作 1 个包含软硬件信息的 SD 卡，然后通过 SD 卡启动 ZedBoard，本节改用 ZedBoard 开发板上自带的 Flash 启动并实现按钮控制 LED 的功能。

(1)参考图 2-77 或图 2-78 将开发板设置成允许从 JTAG 启动；将开发板 PROG 端口与计算机相连；打开开发板电源。

(2)从菜单“Xilinx”中选择“Program Flash”选项(图 4-28)，打开“Program Flash Memory”对话框并分别添加前面生成的文件“BOOT.bin”和“FSBL.elf”(图 4-29)，单击“Program”按钮开始烧写 Flash。

此时弹出进度条指示烧写进度，同时在下方的控制台给出相应的信息。当显示“Flash Operation Successful”时(图 4-30)烧写 Flash 成功。

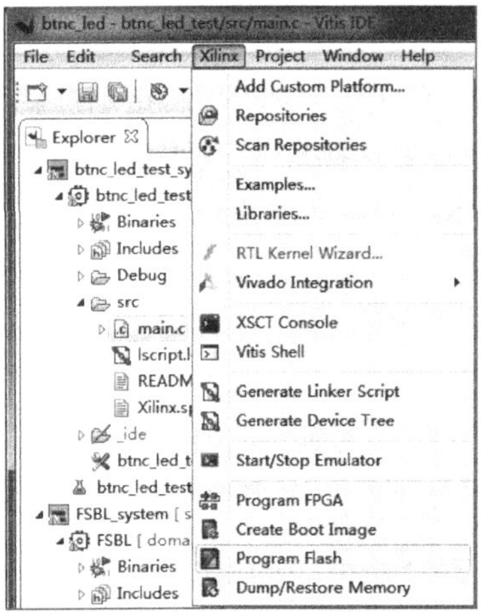

图 4-28 “Program Flash”选项

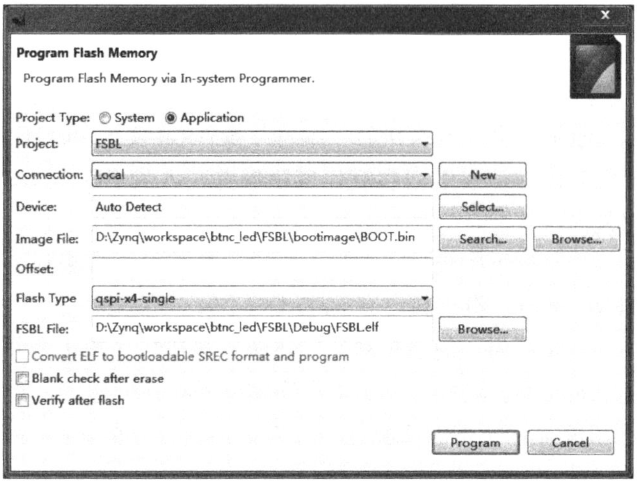

图 4-29 “Program Flash Memory”对话框

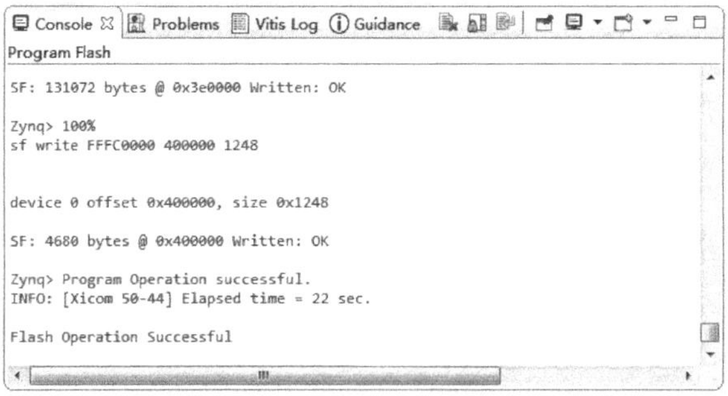

图 4-30 烧写 Flash 成功提示信息

(3) 关闭开发板电源，断开 PROG 端口连接；将跳线子设置成 QSPI 启动模式(即将 MIO5 置为 3v3，其余均设置为 GND)；打开开发板电源。

电源打开后，系统将自动启动，并开始运行，其运行结果与 4.1.2 节相同。

至此，本节实验全部结束，关闭开发板电源。

4.2 OLED 显示实验

ZedBoard 开发板提供了 1 块 OLED，本实验引导实现在 OLED 上显示特定信息。本实验分成 2 个练习，其中：

4.2.1 节引导创建 1 个自定义 IP 用于 OLED 显示，并基于该 IP 创建相应的软硬件系统，实现文本信息显示；

4.2.2 节则基于他人设计的 OLED IP 创建软硬件系统，并实现文本和图形信息的显示。

本实验基于 Vivado 2019.1 进行设计。

4.2.1 基于自定义 IP 实现文本显示

(1) 打开 Vivado 2019.1，创建 1 个名为“OLED”的新工程，正确选择开发板等。

(2)通过命令“Tools”→“Create and Package IP”打开“Create and Package New IP”对话框，选择“Create AXI4 Peripheral”选项，将新 IP 命名为“My_oled”，设置 IP 路径为“D:/Zynq/OLED/ip_repo”，然后全部选择接受默认设置，最后选择“Edit IP”选项新建 1 个临时工程。

(3)打开“My_oled_ip_v1_0.v”文件，并做相应修改。

首先添加以下端口(图 4-31)：

```
output wire OLED_DC,
output wire OLED_RES,
output wire OLED_SCLK,
output wire OLED_SDIN,
output wire OLED_VBAT,
output wire OLED_VDD,
```

然后添加端口映射(图 4-32)：

```
.OLED_DC(OLED_DC),
.OLED_RES(OLED_RES),
.OLED_SCLK(OLED_SCLK),
.OLED_SDIN(OLED_SDIN),
.OLED_VBAT(OLED_VBAT),
.OLED_VDD(OLED_VDD),
```

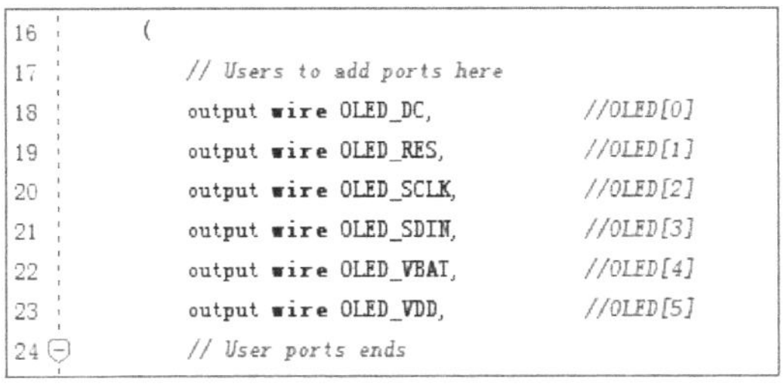

```
(
    // Users to add ports here
    output wire OLED_DC,        //OLED[0]
    output wire OLED_RES,       //OLED[1]
    output wire OLED_SCLK,      //OLED[2]
    output wire OLED_SDIN,      //OLED[3]
    output wire OLED_VBAT,      //OLED[4]
    output wire OLED_VDD,       //OLED[5]
    // User ports ends
```

图 4-31　为顶层设计添加端口

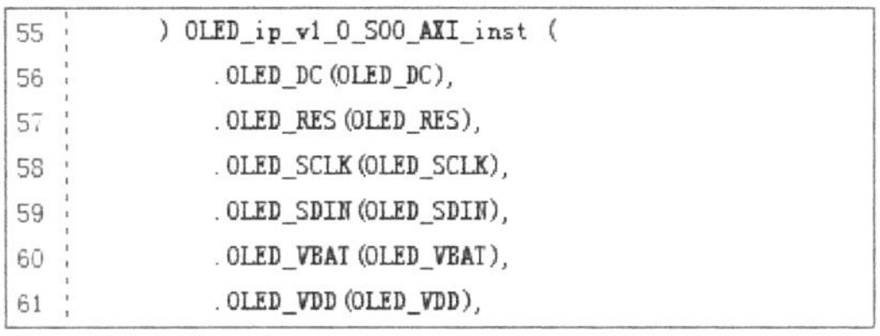

```
) OLED_ip_v1_0_S00_AXI_inst (
    .OLED_DC(OLED_DC),
    .OLED_RES(OLED_RES),
    .OLED_SCLK(OLED_SCLK),
    .OLED_SDIN(OLED_SDIN),
    .OLED_VBAT(OLED_VBAT),
    .OLED_VDD(OLED_VDD),
```

图 4-32　添加端口映射

(4)打开“My_oled_ip_v1_0_S00_AXI.v”文件，并做相应修改。

同样需要先添加端口(图 4-33)：

```
output reg OLED_DC,
output reg OLED_RES,
output reg OLED_SCLK,
output reg OLED_SDIN,
output reg OLED_VBAT,
output reg OLED_VDD,
```

然后添加自定义逻辑(图 4-34)：

```
always @(*)
begin
  OLED_DC <= slv_reg0[0];
  OLED_RES <= slv_reg0[1];
  OLED_SCLK <= slv_reg0[2];
```

```
    OLED_SDIN <= slv_reg0[3];
    OLED_VBAT <= slv_reg0[4];
    OLED_VDD <= slv_reg0[5];
end
```

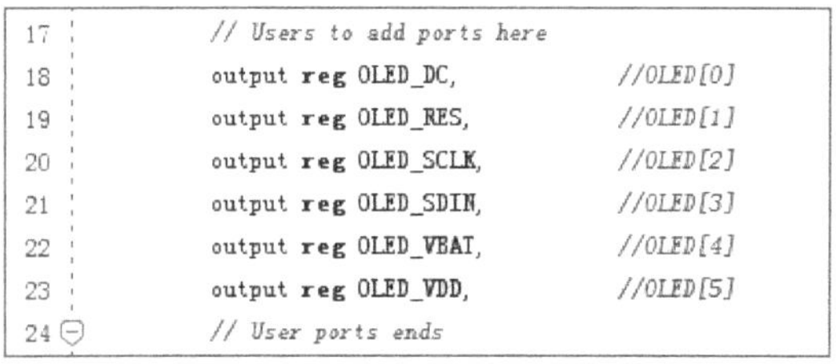

图 4-33　为 IP 模块添加端口

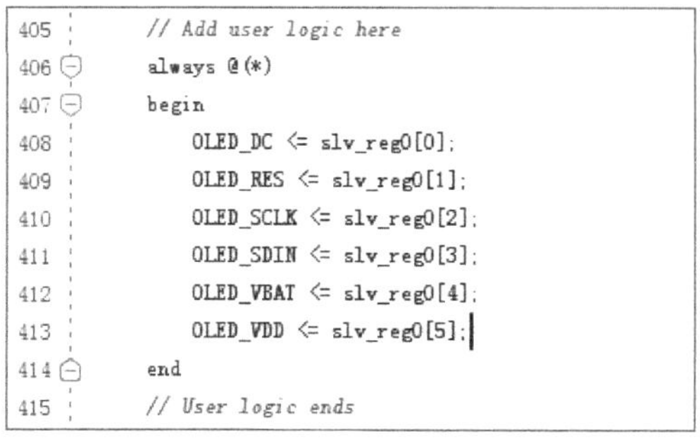

图 4-34　添加自定义逻辑

保存更改。

(5) 打开“Package IP - My_OLED”标签页，逐项依次执行“Merge changes from file Groups Wizard”操作，最后在“Customization GUI”面板中看到所设计的 IP 外特性，如图 4-35 所示。

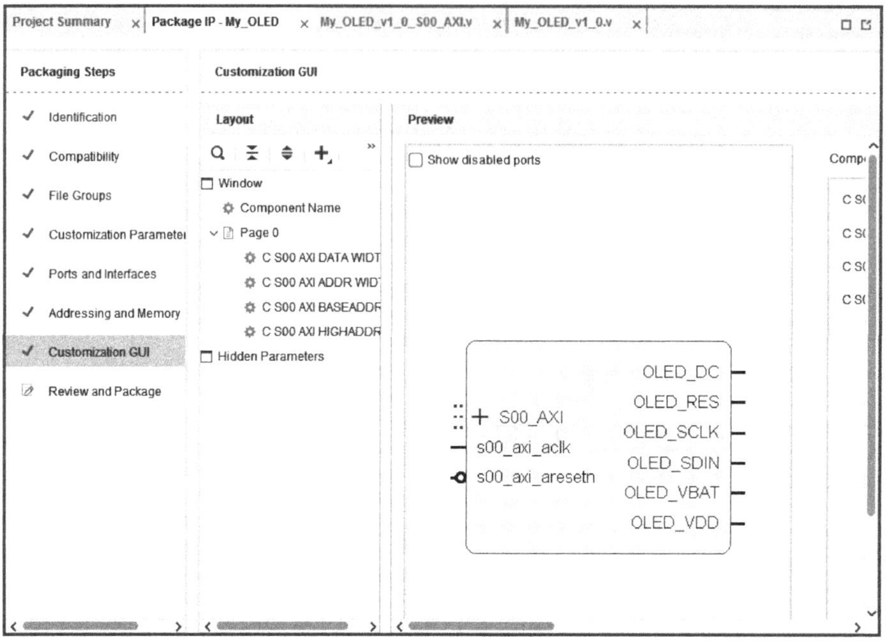

图 4-35　自定义 IP 外特性

(6) 单击“Re-Package IP”按钮完成 IP 封装，临时工程关闭。

(7) 创建 1 个名为“OLED_display”的块设计，添加 1 个 Zynq 处理系统，单击信息条提示“Run Block Automation”。

(8) 重配置 Zynq 处理系统，只保留 UART1 和 GPIO MIO。

(9) 添加自定义的“My_OLED”，单击信息条提示“Run Connection Automation”。

(10) 通过“Make external”命令将块 My_OLED 的引脚 OLED_DC、OLED_RES、

OLED_SCLK、OLED_SDIN、OLED_VBAT 和 OLED_VDD 引出来，并分别将引出来的引脚 OLED_DC_0、OLED_RES_0、OLED_SCLK_0、OLED_SDIN_0、OLED_VBAT_0 和 OLED_VDD_0 改名为 DC、RES、SCLK、SDIN、VBAT 和 VDD。

此时的块设计如图 4-36 所示。

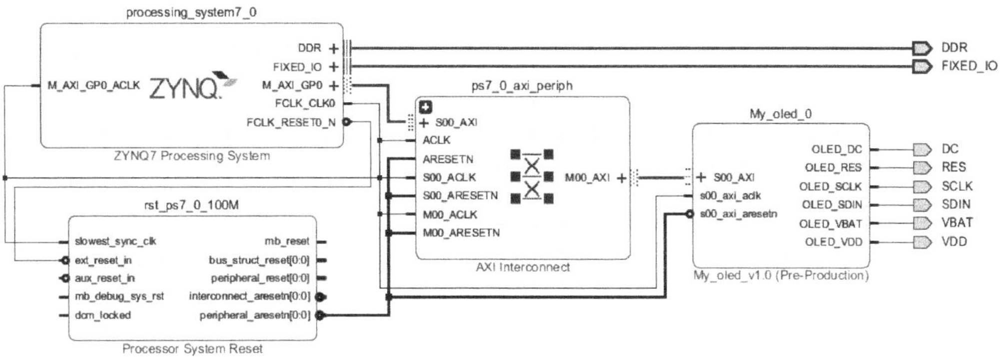

图 4-36　块设计结果

(11) 依次运行 “Validate Design”、“Generate Output Products” 和 “Create HDL Wrapper”。

(12) 在 “Flow Navigator” 面板找到 “RTL ANALYSIS” 部分，然后选择该部分中的 “Open Elaborated Design” 命令；设计打开后选择 “I/O Planning” 布局并打开 “I/O Ports” 标签页，如图 4-37 所示，指定引脚约束，然后保存当前引脚约束。

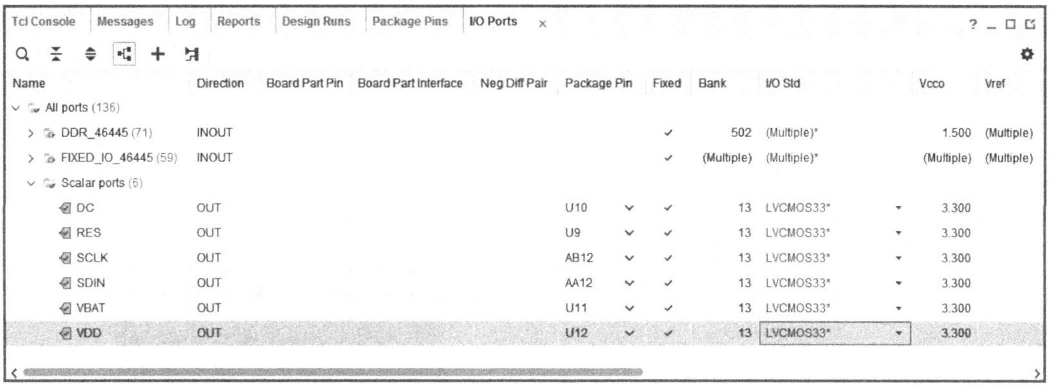

图 4-37　引脚约束

(13) 生成比特流文件，导出硬件。

(14) 启动 SDK，基于导出的硬件使用 “Hello World” 模板创建 1 个名为 “oled_test” 新的应用程序工程。

前面在创建自定义 IP 核 “My_oled” 时并没有刻画其功能，这里先利用软件的方式描述其具体功能。

(15) 从 “Project Explorer” 标签页中打开 “oled_text_bsp” → “ps7_cortexa9_0” → “libsrc” → “My_oled_v1_0” → “src” 文件夹 (图 4-38)。

(16) 在 “src” 文件夹上右击并选择 “新建头文件” 选项，新建 1 个名为 “font.h” 的头文件，并用本书提供的源程序中 “font.h” 文件的内容替换它的内容；打开 “My_oled.h” 文件，将其内容替换成源程序中“My_oled.h”文件的内容；打开“My_oled.c”文件，将其内容替换成源程序中“My_oled.c”文件的内容。

这里定义了所有 ASCII 字符的显示方式，并且描述了对 OLED 的各种操作。

(17)保存所有修改，并编译它。

注意：在某些系统里可能需要将“oled_test_bsp”→“ps7_cortexa9_0”→“libsrc”→“My_oled_v1_0”→“src”目录下“My_oled_selftest.c”文件中的数据类型“XStatus”改成“int”，将“XST_SUCCESS”改为“1”，将“XST_FAILURE”改为“0”，才能编译成功。

(18)从“Project Explorer”标签页中找到并打开“oled_test”→“src”→“helloworld.c”文件，将该文件的内容替换成源程序“helloworld.c”的内容，保存并编译。

在这里，在串口显示提示信息“##### OLED Display #####”的同时，OLED 屏上将每隔 1s 循环显示“##OLED Display##”、“Hello Zynq!”和“Pw：5201314”这些信息，其中前 2 条信息在上一行顶头显示，后 1 条信息在下一行空 1 个字符显示。

(19)将跳线子设置成 JTAG 启动方式，打开开发板电源，对 FPGA 进行编程。

(20)打开“PuTTY.exe”文件，按照 2.5.3 节步骤(21)和步骤(22)的方法配置串口，并实现终端连接。

(21)在“oled_test”上右击，在弹出的菜单中选择“Run As”→“Launch on Hardware (GDB)”选项，观察 OLED 显示状态。

应该依次看到如图 4-39 所示的显示内容。

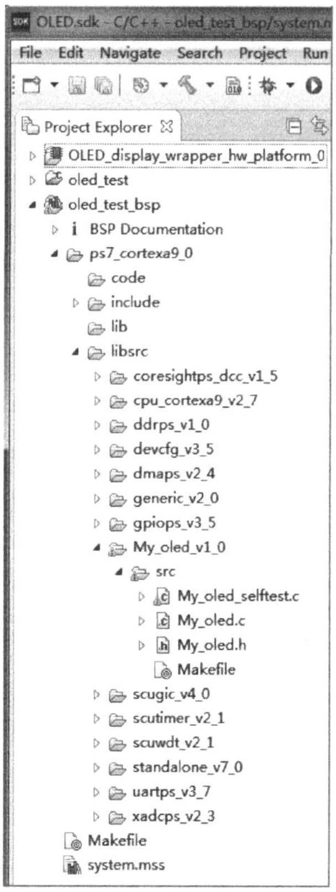

图 4-38　自定义 IP 源文件目录

(a)第 1 屏信息

(b)第 2 屏第 1 行信息

(c)第 2 屏全部信息

图 4-39　OLED 文本显示

可以尝试更改显示内容，查看显示效果，并结合观察到的现象仔细分析 OLED 的显示过程。

本节练习到此结束。

4.2.2　基于 OLED IP 核实现文本和图形显示

4.2.1 节中自定义了 IP 核实现 OLED 显示功能，当然也可以使用第三方 IP 核实现 OLED 显示。本节练习将基于别人的 IP 核创建软硬件系统实现 OLED 的显示。

ZedBoard 开发板提供的 OLED 是 128×32 像素的，如果在显示 ASCII 字符时为每 1 个字符分配 8×8 的空间，整块 OLED 可分成 1 个 16×4 的矩阵，它最多可以显示 4 行，每行最多显示 16 个字符(图 4-40)。

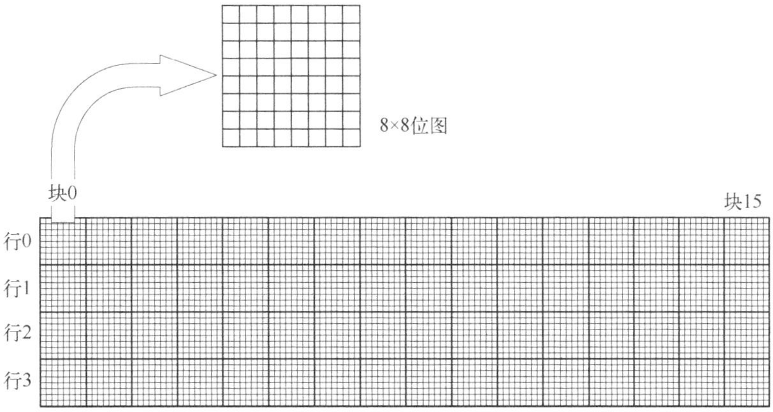

图 4-40　ZedBoard 开发板 OLED 显示矩阵

虽然为每 1 个字符分配的是 8×8 的空间，但是最右边 1 列和最下边 1 行是留作字符间距的，因此每 1 个 ASCII 字符实际是 1 个 7×7 的点阵(注意：不同字体的显示效果不同，对应的点阵信息可能不同)。在每一个点阵中，为“1”的像素点将被点亮，为“0”的像素点则不点亮，这样就可以将对应的字符显示出来(如图 4-41 所示，显示字符“B”)。

每 1 个可打印 ASCII 字符的点阵信息编辑好了后，可以按照行或者列的方式将这些点阵信息存在字符库中，例如，上述字符“B”的点阵信息如果按照列从左到右的顺序，可以记作十六进制的数字串“0x41 0x7F 0x49 0x49 0x49 0x49 0x36 0x00”(图 4-42)。

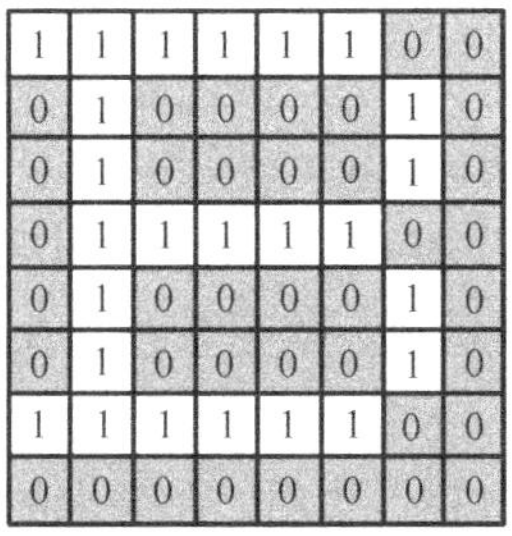

图 4-41　字符“B”点阵信息

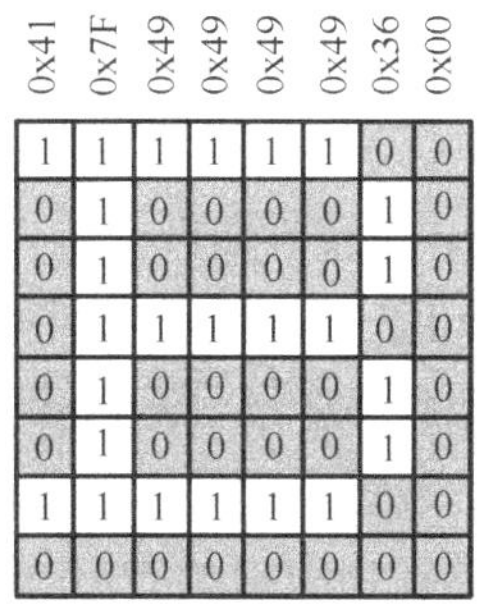

图 4-42　字符“B”点阵信息编码

当需要显示该字符的时候，只需要找到字符点阵信息的起始位置，然后将这些数字串信息转换成相应行或者列的像素点亮/灭信息并控制对应像素点即可。例如，假设上述按列从左到右存储的字符“B”在字符库中的起始位置为“0x66”，那么二进制数字串“0110 0110 000”就指向了该数字串点阵信息的第一个数字，即“0x41”，以此类推。下面要使用的 IP 就是按照上述方法设计实现的。

事实上，给出相应位置像素点的亮/灭信息并按照这些信息去控制相应的像素点，本质上显示的是图形信息。如果要显示的是图片，一个简单的做法是把图片转换成 128×32 像素大小，然后仍然按照 4 行 16 列的方式进行矩阵划分，依次记录每一个 8×8 像素的空间的点阵信息，然后按照上面可打印 ASCII 字符显示的方法显示出来即可。

基于第三方 IP 实现 OLED 显示操作仍然是从建立 Vivado 工程开始。

(1) 打开 Vivado 2019.1，创建 1 个名为“OLED_display”的新工程，正确选择开发板等。

(2) 创建 1 个名为“OLED_display_sys”的块设计，添加 1 个 Zynq 处理系统，单击信息条提示“Run Block Automation”。

(3) 重配置 Zynq 处理系统，确保 SD 和 USB 可用。

(4) 在“Flow Navigator”面板单击“PROJECT MANAGER”→“Settings”命令(图 4-43)，打开“Settings”对话框，并展开“IP”文件夹，单击“Repository”命令打开 IP 库设置面板(图 4-44)。

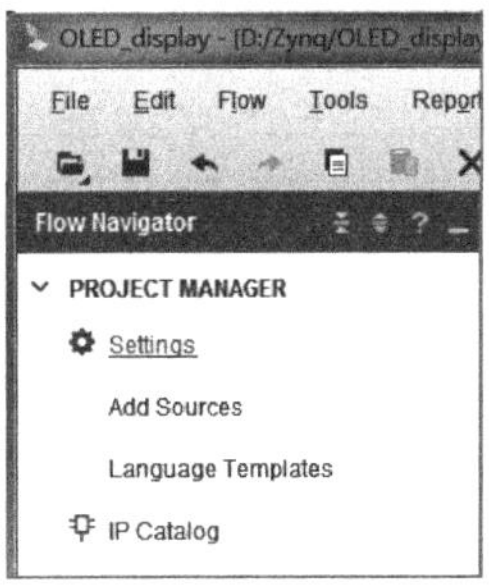

图 4-43　“Settings”命令

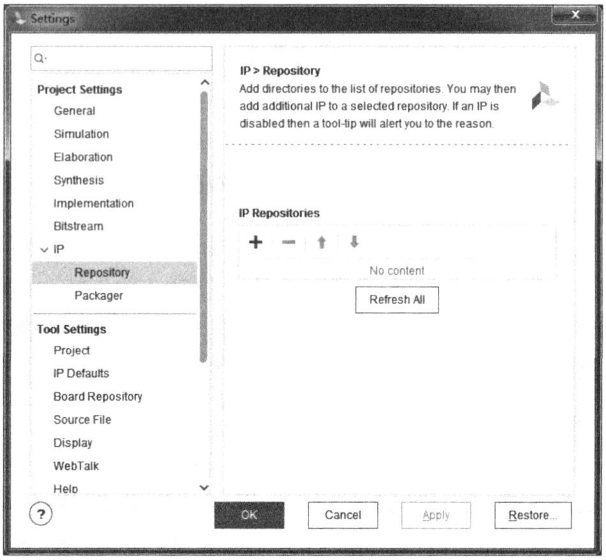

图 4-44　IP 库设置

(5) 单击 IP 库设置面板中的“+”按钮，在打开的“IP Repositories”对话框中找到源文件中的“ZedboardOLED_1.0”文件夹(图 4-45)，单击“Select”按钮，此时将弹出对话框提示已经将 IP 核添加到库中了(图 4-46)，单击“OK”按钮关闭对话框，然后单击“Apply”按钮，再单击“OK”按钮关闭“Settings”对话框。

(6) 在框图窗口空白处右击并在弹出的菜单中选择“Add IP”选项，在弹出的 IP 目标界面的“Search”文本框中输入“oled”，将现有 IP 设计“ZedboardOLED_V1.0”的 1 个实例添加到块设计中，单击“Run Connection Automation”。

(7) 将块 ZedboardOLED_V1.0 的引脚 SDIN、SCLK、DC、RES、VBAT 和 VDD 引出来。

此时的块设计如图 4-47 所示。

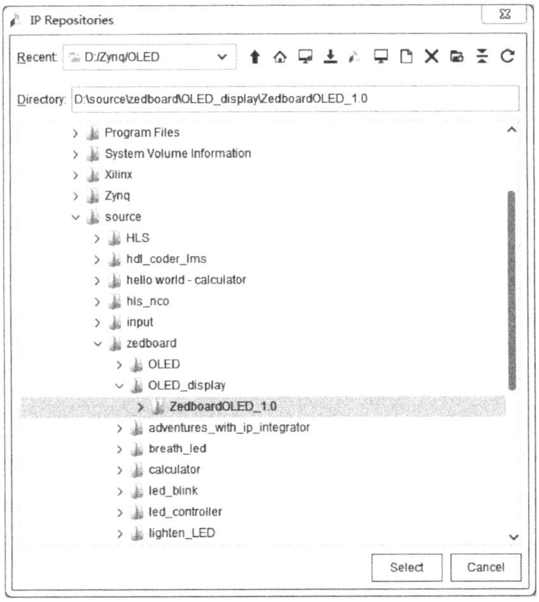

图 4-45　库文件路径

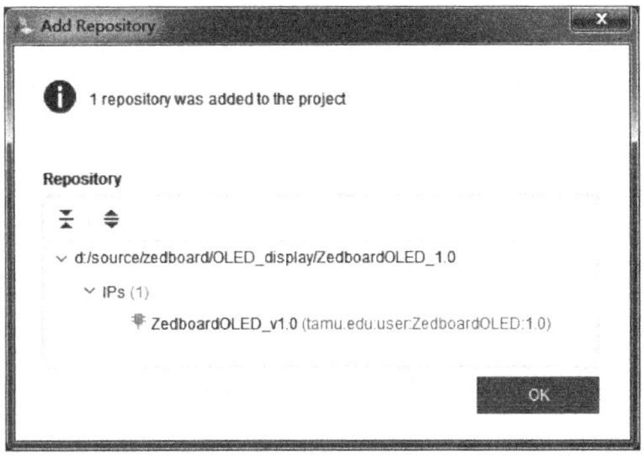

图 4-46　“Add Repository”对话框

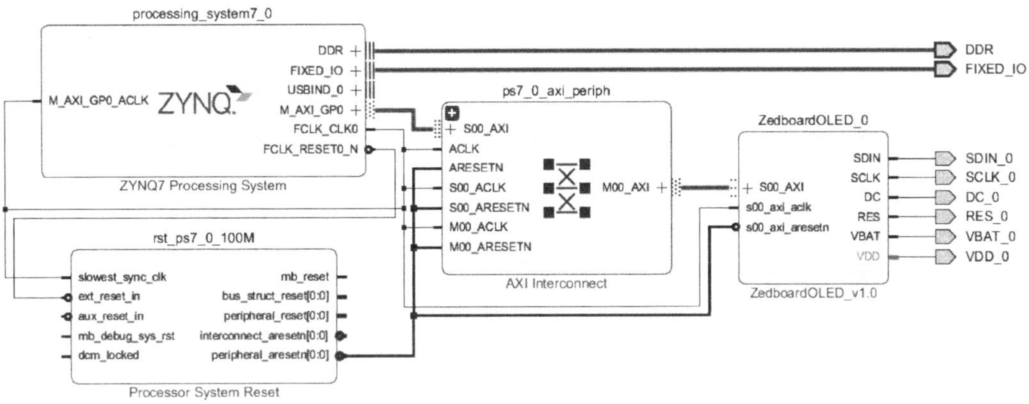

图 4-47　硬件设计结果

(8) 依次运行“Validate Design”、“Generate Output Products”和“Create HDL Wrapper”。

(9) 在“Flow Navigator”面板找到“PROJECT MANAGER”部分，然后选择该部分中的“Add Sources”命令，创建 1 个名为“oled_constraints”的引脚约束文件，并为文件输入下列代码，然后保存它：

```
set_property PACKAGE_PIN U10 [get_ports DC_0]
set_property PACKAGE_PIN U9 [get_ports RES_0]
set_property PACKAGE_PIN AB12 [get_ports SCLK_0]
set_property PACKAGE_PIN AA12 [get_ports SDIN_0]
set_property PACKAGE_PIN U11 [get_ports VBAT_0]
set_property PACKAGE_PIN U12 [get_ports VDD_0]
set_property IOSTANDARD LVCMOS33 [get_ports DC_0]
set_property IOSTANDARD LVCMOS33 [get_ports RES_0]
```

```
set_property IOSTANDARD LVCMOS33 [get_ports SCLK_0]
set_property IOSTANDARD LVCMOS33 [get_ports SDIN_0]
set_property IOSTANDARD LVCMOS33 [get_ports VBAT_0]
set_property IOSTANDARD LVCMOS33 [get_ports VDD_0]
```

(10) 生成比特流文件，导出硬件。

提示：如果遇到因为引脚约束不正确而导致综合错误的情况，可以通过“Open Elaborated Design”操作手动进行引脚指定，然后重新生成比特流文件。

(11) 启动 SDK，基于导出的硬件创建 1 个名为“oled_display_test”的空应用程序工程。

此时，可以展开“oled_test_bsp”→“ps7_cortexa9_v2_0”→“libsrc”→“zedboardoled_v1_0”→“src”文件夹并双击查看这里的源程序“ZedboardOLED.c”和“ZedboardOLED.h”。

在 4.2.1 节中自定义 IP 的硬件设计阶段并没有描述 IP 的具体功能，这个功能是在 SDK 中进行软件设计时加以描述和定义的，包括相应的字符库头文件等。但是对于在本节使用的这个 IP，在硬件设计阶段就详细描述了其具体功能，因此这里不需要再添加额外的设计或描述，只需要编写 1 个简单的测试文件即可。可以通过查阅相应的参考文献对比这 2 种设计方法的具体细节，从而进一步体会软硬件协同设计的精妙之处。

下面编写 1 个简单的测试文件测试 OLED 显示效果。

(12) 从左侧导航栏中找到并右击“oled_display_test”→“src”文件夹，在弹出的菜单中选择“New”→“Source File”选项新建 1 个名为“main.c”的文件，为打开的“main.c”输入以下代码：

```
int main(void){
  clear();
  print_message("Hello Zynq",0);
  print_message("OLED Test",1);
  print_message("Have a good day!",3);
  return (1);
  }
```

这段代码的功能是：分别在 OLED 的前 2 行显示字符串“Hello Zynq”和“OLED Test”，并在最后 1 行显示字符串“Have a good day!”。

保存所有修改，并编译它。

(13) 将跳线子设置成 JTAG 启动方式，打开开发板电源，对 FPGA 进行编程。

(14) 在“oled_display_test”文件夹上右击，在弹出的菜单中选择“Run As”→“Launch on Hardware (GDB)”选项，观察 OLED 显示状态。

图 4-48　字符串显示结果

应该看到如图 4-48 所示的显示内容。

如前所述，这里的文本显示其实是通过控制每 1 个像素点的亮/灭实现的，如果把 1 幅图像的每 1 个像素点信息记录下来并按照相同的方法依次控制显示，就能够实现图形显示了。

为了显示图形，首先要准备 1 幅图片。考虑到 OLED 的分辨率是 128×32 像素，为了不失真，利用绘图软件创作了 1 幅分辨率为 1280×320 像素的 JPG 图片(图 4-49)。

图 4-49　待显示图片

为了获得图片的点阵信息，借助工具软件“Image2Lcd”。

(15) 打开工具软件“Image2Lcd”，并用它打开创作的图片，然后在“输出数据类型”下拉列表选择“二进制(*.bin)”选项，在“扫描模式”下拉列表选择“数据水平，字节垂直”选项，在“输出灰度”下拉列表选择“单色”选项，在“最大宽度和高度”下拉列表选择“128”和“32”选项，选中“字节内像素数据反序”复选框，并利用下拉列表选择“左右颠倒”选项(图 4-50)。

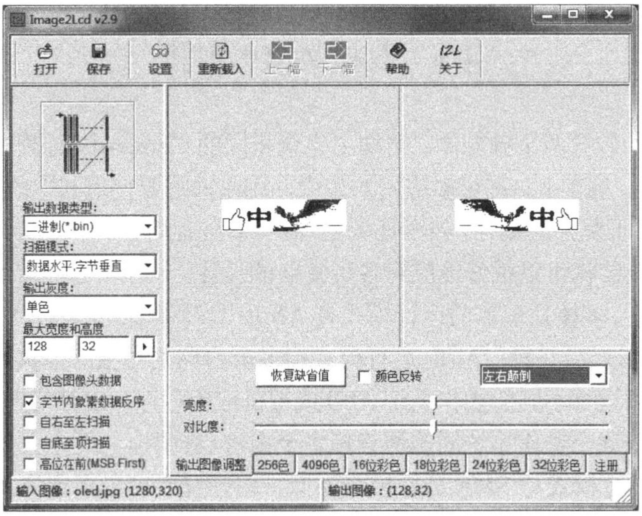

图 4-50　图片信息转换

单击“保存”按钮将输出文件保存为“oled.bin”文件，然后将文件“oled.bin”复制到 1 个 FAT32 格式的 U 盘根目录下。

(16) 将跳线子设置成 SD 卡启动方式：将 MIO6、MIO3、MIO2 设置为 GND，MIO5、MIO4 设置为 3v3；确保 JP2 短接以允许“USB OTG”功能；插入系统自带的 SD 卡；使用 UART-USB 端口将开发板与计算机进行连接；打开开发板电源。

(17) 打开“PuTTY.exe”文件，按照 2.5.3 节步骤(21)和步骤(22)的方法配置串口，并实现终端连接。

(18) 将 U 盘插入 ZedBoard 开发板，实现 U 盘挂载(图 4-51)。

(19) 查看 U 盘内容，确保文件“oled.bin”存在，然后通过命令“catoled.bin>zed_oled”输出到 zed_board 的 oled 驱动上(图 4-52)。

此时可以从 OLED 显示屏上看到所显示的图形(图 4-53)。

至此，本节练习全部结束。

图 4-51　U 盘挂载

图 4-52　图形输出

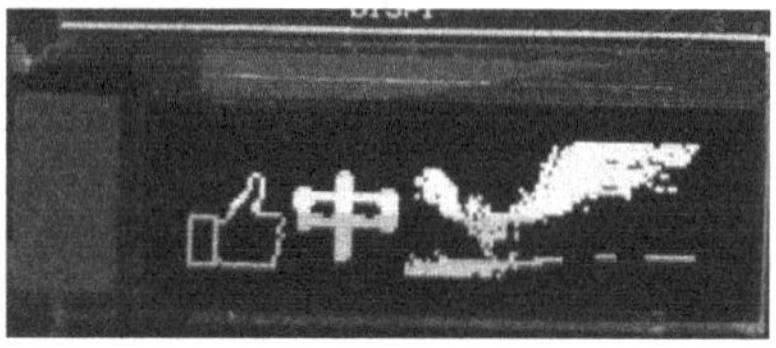

图 4-53　图形显示

4.3　双核 AMP 实验

ZYNQ SoC 芯片包含两个独立的、结构上完全相同的 Cortex-A9 处理器，但是前面都是基于单核 CPU 的实验。事实上，在很多应用场景中，往往只需要使用其中的一个 CPU 即可实现相应的功能。然而对于复杂的设计，如多任务处理、并行控制等，单个 CPU 将难以胜任。ZYNQ SoC 芯片内部的双核结构可以很好地应对各种复杂的设计。

从软件的角度看，多核处理器的运行模式有 AMP(非对称多处理器)、SMP(对称多处理器)和 BMP(受约束多处理器)三种。AMP 运行模式指多个内核相对独立地执行不同的任务，每个内核相互隔离，可以运行不同的操作系统(OS)或裸机应用程序。SMP 运行模式指多个处理器运行一个操作系统，这个操作系统同等地管理多个内核(典型地，现今大多数个人计算机均采用该模式)。BMP 运行模式与 SMP 运行模式类似，但开发者可以指定将某个任务仅在某个指定内核上执行。

一般来说，SMP 为应用提供统一的 OS 平台，开发者在 OS 之上构建应用时，无须考虑内核之间的资源共享和进程间通信，但是该模式一般实现的功能较复杂，而且因为需要处理核间通信等问题，存在性能开销，往往对实时性要求较高的应用造成较大影响。

AMP 的运行模式基本没有开销，在运行裸机应用程序时，甚至完全没有开销，比较适合实时性要求较高的应用，但需要精心定制的软件设计来实现处理器资源共享和处理器间通信。例如，电力控制保护设备通常需要与人机接口实现复杂的通信和高实时性的计算，一般采用 AMP 运行模式，一个处理器运行一个完整的操作系统(如 Linux)，另一个处理器则运行裸机应用程序，从而兼顾控制设备功能复杂性和交互实时性。

ZYNQ SoC 的两个 Cortex-A9 处理器均有各自的私有资源，也有一些共享资源。私有资源有指数分存的 L1 Cache、私有定时器等；共享的资源有指数混存的 L2 Cache、片上存储器 OCM、外置的 DDR3 存储器和其他共享外设等。在 AMP 运行模式下，这两个处理器彼此隔离、分别运行，但在访问共享资源或者外设时，要注意避免同时访问，否则会出现冲突，导致程序在运行时出现问题。

ZYNQ SoC 的双核在 AMP 运行模式下进行通信可以通过中断或共享数据的方式实现，其中共享数据可以通过片上存储器 OCM 或共享的外置 DDR3 存储器实现。ZYNQ 中 OCM 里可被两个 CPU 核进行改写从而实现数据共享的是一块 256KB 的 RAM，它被分为 4 个 64KB RAM，相比较外置的 DDR3 存储器而言，空间较小，当两个 CPU 核需要进行大量数据交互时，可使用 DDR3 存储器作为共享内存；而当交互数据较少时，既可使用 OCM 也可使用 DDR3 存储器作为共享内存。当然，与 DDR 内存相比，OCM 具备更高的性能和更低的访问延迟。值得一提的是，无论 OCM 还是 DDR3 存储器作为共享内存，在访问之前都需要禁止存储空间的 Cache 功能，以便 CPU 核能够及时获取该地址内存中的数据变化。

需要说明的是，双核 AMP 的实验在硬件环境搭建上和单核 CPU 的使用是一致的，仅在软件设计上存在差异。

下面的实验利用片上内存 OCM 来实现数据共享。它先设计一个呼吸灯自定义 IP 并搭建相应的硬件系统；在软件设计部分，使用 CPU0 接收来自串口的数据，并写入 OCM 中，然后利用软件产生中断触发 CPU1；CPU1 接收到中断后，根据从 OCM 中读出的数据控制呼吸灯的频率，并在控制结束后触发 CPU0 中断，实现双核 CPU 的通信功能。

(1) 打开 Vivado，在 Vivado 启动界面单击“Tasks”栏中的“Manage IP”命令，在弹出的列表中选择“New IP Location”(新 ID 位置) 选项(图 4-54)。

(2) 在弹出的对话框中单击“Next”按钮，打开“Manage IP Settings”(IP 设置管理) 界面(图 4-55)。

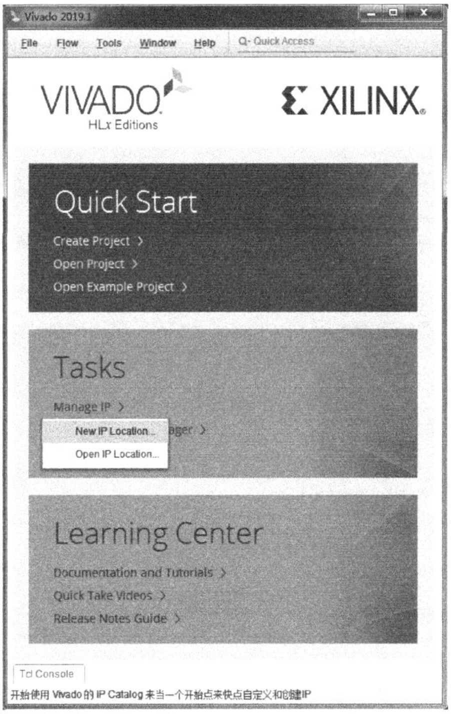

图 4-54　“New IP Location”命令

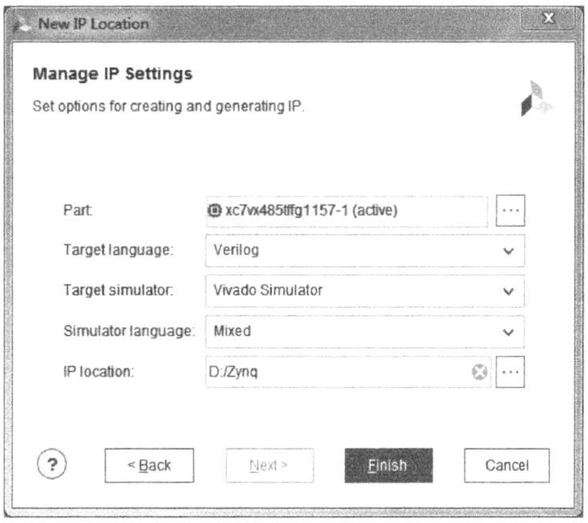

图 4-55　“Manage IP Settings”界面

(3) 单击“Manage IP Settings”界面中“IP location”文本框右侧的“...”按钮，在弹出的“IP Location”(IP 位置) 对话框选择“Directory”(工程路径) 为“D:/Zynq/ip_repo”(图 4-56)。

(4) 单击“Select”按钮返回“Manage IP Settings”界面(图 4-57)，检查此时显示的 IP 位置，单击“Finish”按钮完成 Manage IP 工程的创建。

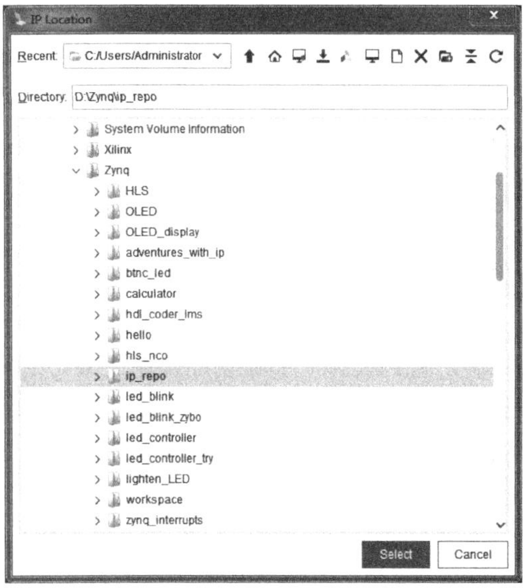

图 4-56　“IP Location”对话框

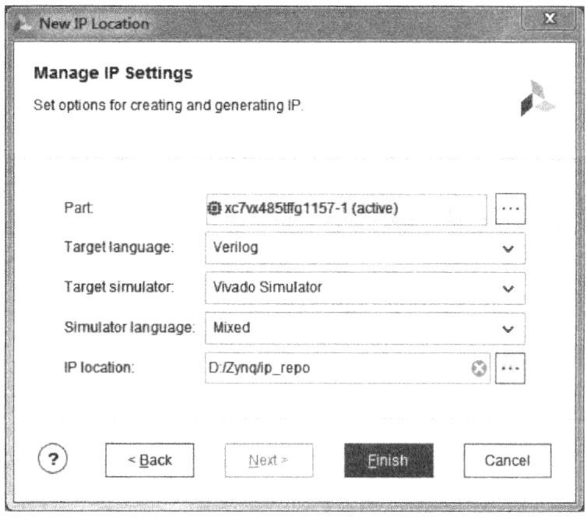

图 4-57　完成 IP 位置指定的“Manage IP Settings”界面

注意：这里在完成 IP 位置指定后保持其他内容默认即可，因为开发板信息将会在后面重新指定，这里先不用管。

(5) 从“Tools”菜单选择“Create and Package New IP”选项(图 4-58)，打开“Create and Package New IP”对话框，单击“Next”按钮，然后选择“Create AXI4 Peripheral”按钮(图 4-59)。

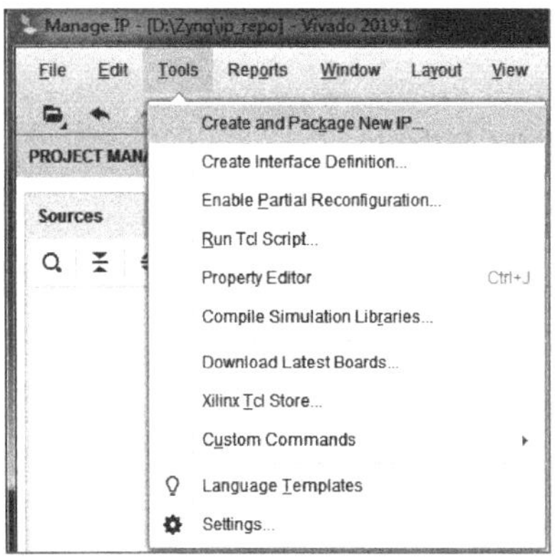

图 4-58　“Create and Package New IP”选项

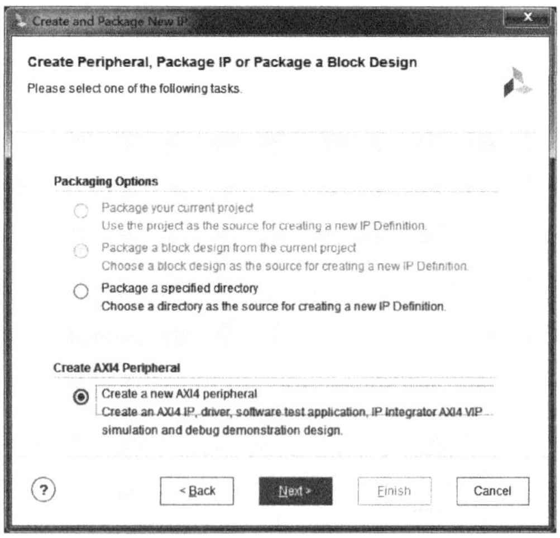

图 4-59　“Create and Package New IP”对话框

单击“Next”按钮。

(6) 在此时的对话框中的“Name”文本框输入 IP 的名称“breath_led_ip”，设定 IP 的位置为“D:/Zynq/ip_repo”(图 4-60)，然后单击“Next”按钮，打开“Add Interfaces”(增加接口)界面(图 4-61)。这里保持各项默认值不变，单击“Next”按钮。

图 4-60　设置 IP 核名称和位置

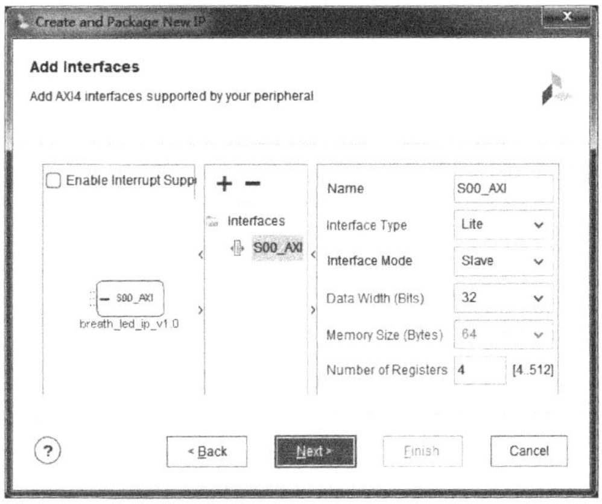

图 4-61　IP 核接口信息

(7) 检查此时对话框中给出的各项小结内容，确认无误后选择“Add IP to the repository”单选按钮(图 4-62)，然后单击“Finish”按钮完成 IP 的创建和封装。

此时，在“IP Catalog”标签页可看到刚刚添加的 IP，位于“User Repository”栏“AXI Peripheral”目录下，名为“breath_led_ip_v1.0”(图 4-63)。

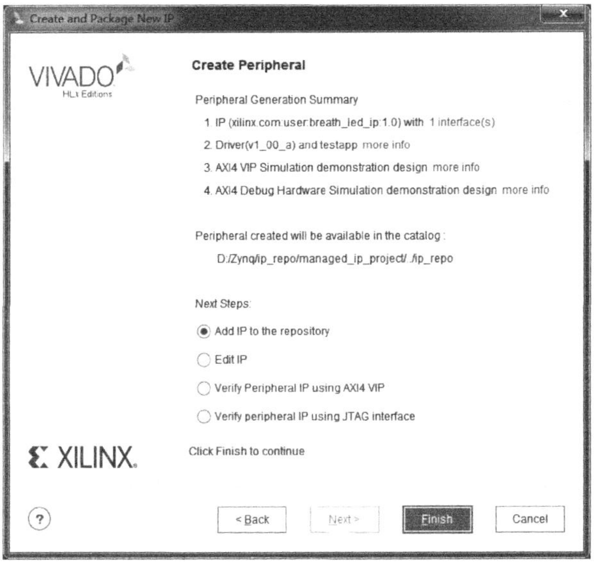

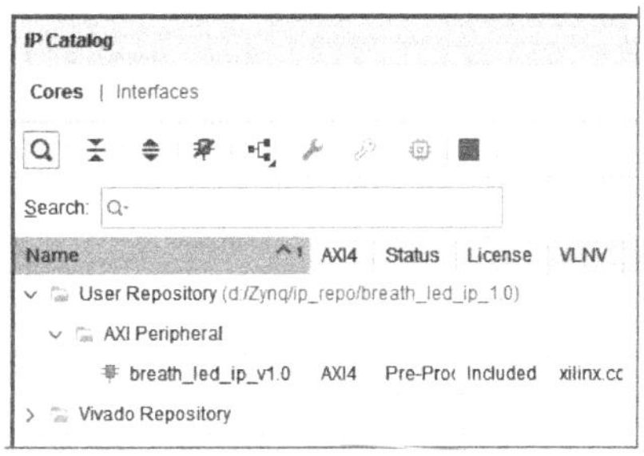

图 4-62　“Create and Package New IP”对话框——将新 IP 添加到库中

图 4-63　新 IP 核被添加到库中

(8) 在“breath_led_ip_v1.0”文件夹上右击(图 4-64)，在弹出的菜单选择“Edit in IP Packager”选项，打开“Edit in IP Packager”对话框(图 4-65)。

单击“OK”按钮，此时将打开 1 个新工程(图 4-66)。

(9) 在“Sources”窗口双击“Design Sources”文件夹下的文件“breath_led_ip_v1_0.v”文件，在打开的文件编辑器中编辑代码。

在代码的第 7 行添加如下代码：

```
parameter START_FREQ_STEP = 10'd100,
```

这行代码设置了一个参数，该参数用于设置呼吸灯默认的呼吸频率。

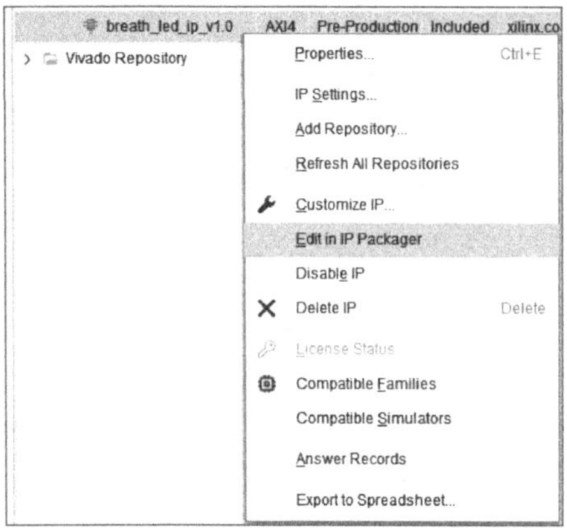

图 4-64 “Edit in IP Packager”弹出菜单命令

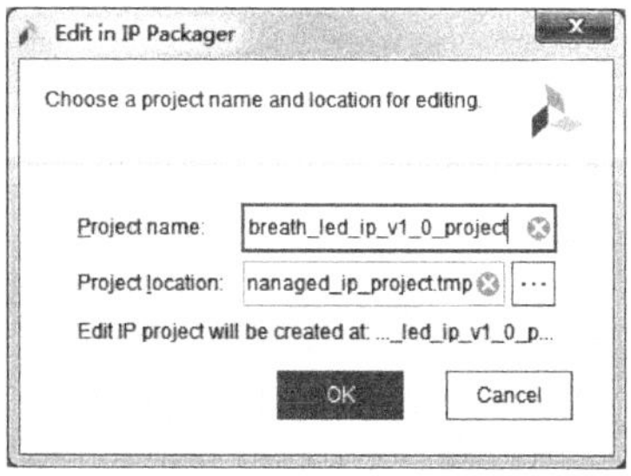

图 4-65 设置临时工程名称

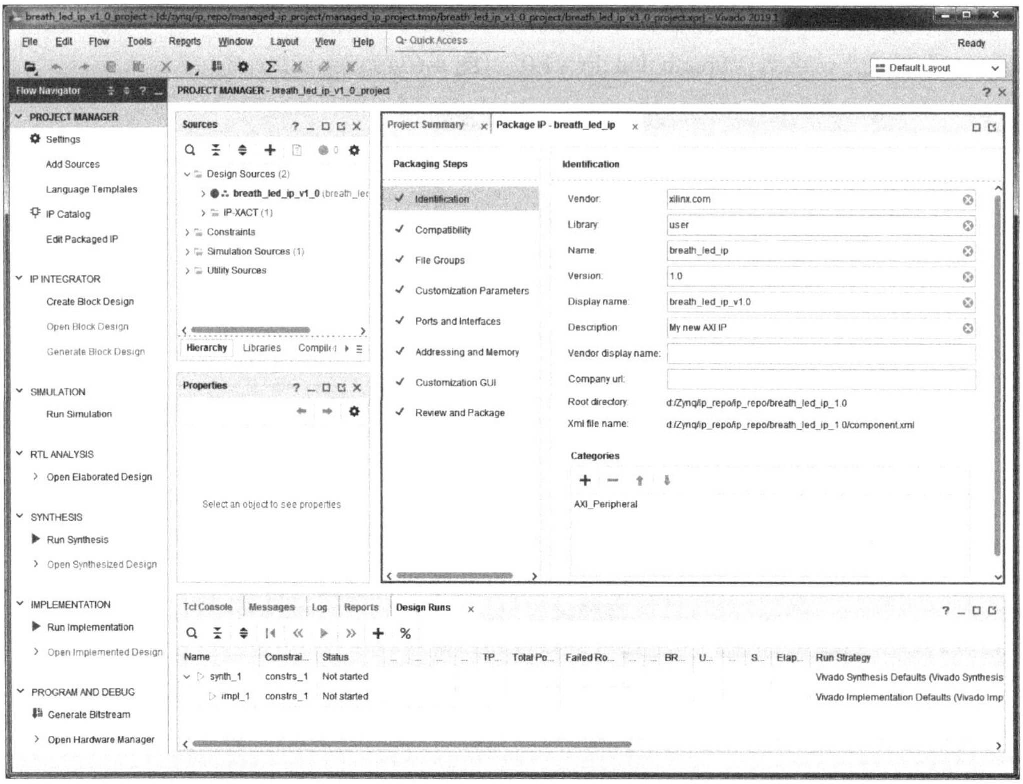

图 4-66 用于编辑 IP 功能的临时工程

在代码的第 18 行添加如下代码：

```
output led,
```

它为 IP 核添加 1 个输出端口(图 4-67)。

在“breath_led_ip_v1_0_S00_AXI”元件例化处增加语句

```
.START_FREQ_STEP(START_FREQ_STEP),
```

对参数 START_FREQ_STEP 进行例化。

增加语句：

```
.led(led),
```

对端口 led 进行例化(图 4-68)。

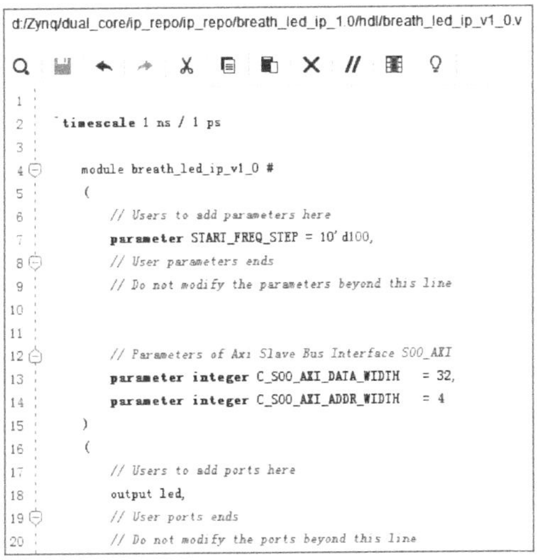

图 4-67　添加参数与端口

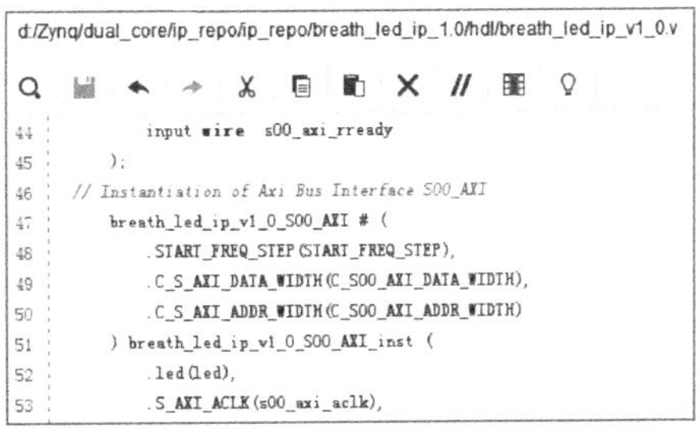

图 4-68　添加例化语句

(10) 展开“Sources”窗口中的“breath_led_ip_v1_0”文件夹，打开“breath_led_ip_v1_0_S00_AXI.v”文件，同样在代码的第 7 行、第 18 行分别为它增加相应的参数与端口(图 4-69)。

(11) 本实验将呼吸灯功能独立出来进行设计，然后通过元件例化的方式来使用它，因此这里需要增加相应的元件例化语句(图 4-70)：

```
breath_led #(
  .START_FREQ_STEP(START_FREQ_STEP)
  )
u_breath_led(
  .sys_clk (S_AXI_ACLK),
  .sys_rst_n (S_AXI_ARESETN),
  .sw_ctrl (slv_reg0[0]),
  .set_en (slv_reg1[31]),
  .set_freq_step (slv_reg1[9:0]),
  .led (led)
);
```

下面为 IP 核添加关于呼吸灯功能描述的源程序。

(12) 在“Sources”窗口的“Design Sources”上右击，并从弹出的菜单中选择“Add Sources”选项(图 4-71)。

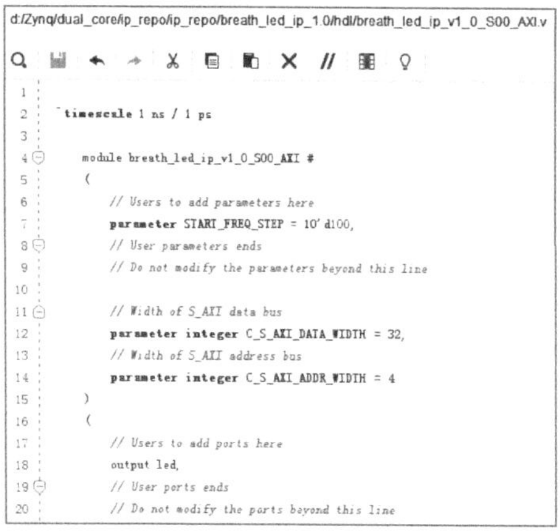

图 4-69　添加参数与端口

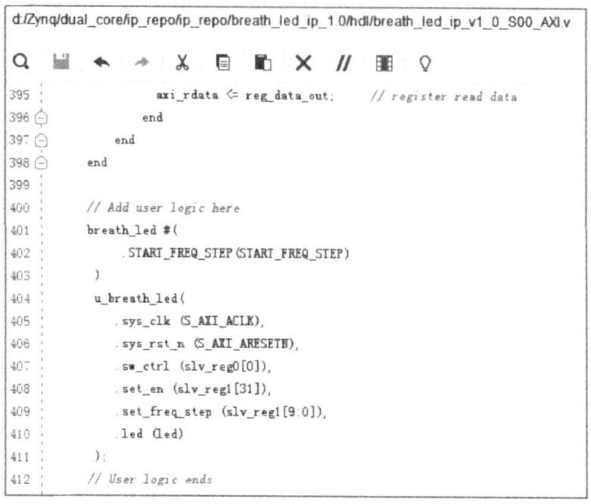

图 4-70　添加例化语句

(13) 在弹出的“Add Sources”对话框选择“Add or create design sources”单选按钮(图 4-72)，单击 “Next” 按钮。

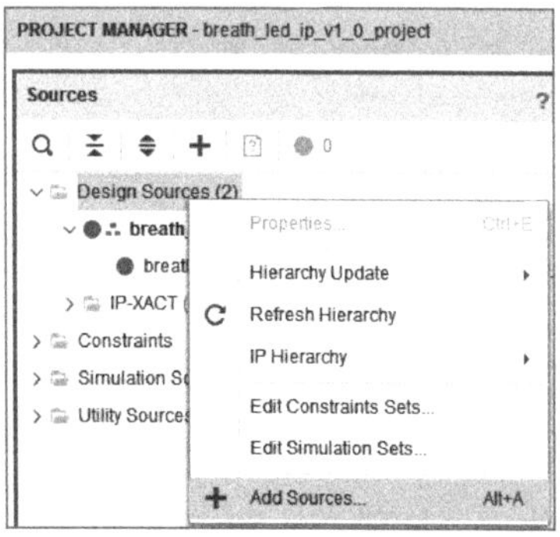

图 4-71　“Add Sources” 选项

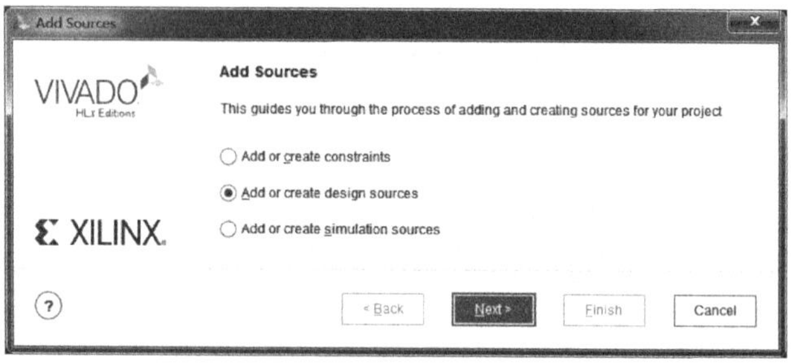

图 4-72　添加或创建设计源文件

(14) 在 “Add or Create Design Sources” 界面中单击 ✚ 按钮并选择 “Create File” 选项创建 1 个新文件(图 4-73)，在弹出的 “Create Source File” 对话框中的 “File name” 文本框输入文件名“breath_led”(图 4-74)，指定文件路径为“D:\Zynq\ip_ repo\breath_led_ip_1.0\bd”(图 4-75)。

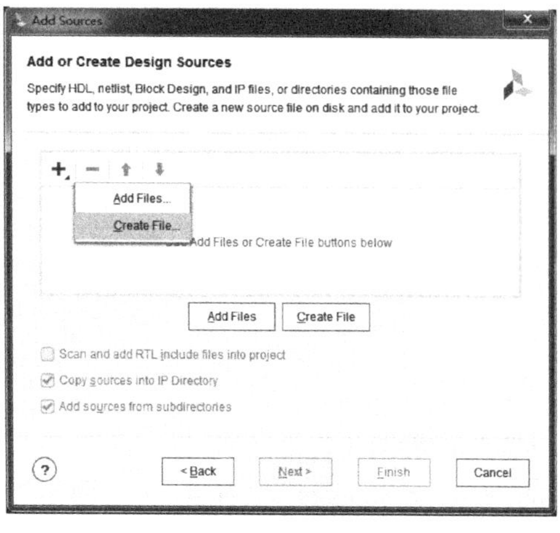

图 4-73　创建新文件

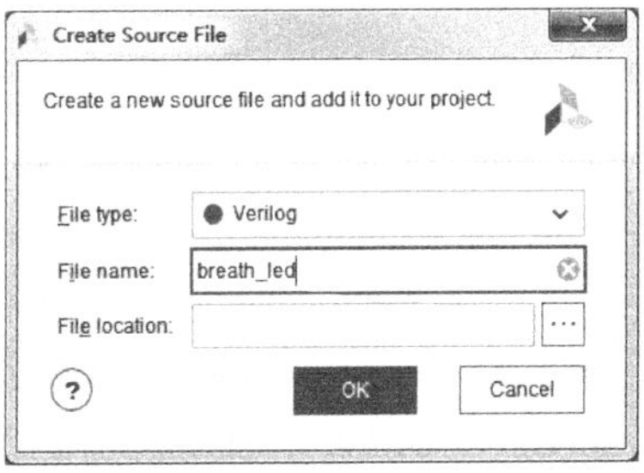

图 4-74　“Create Source File”对话框

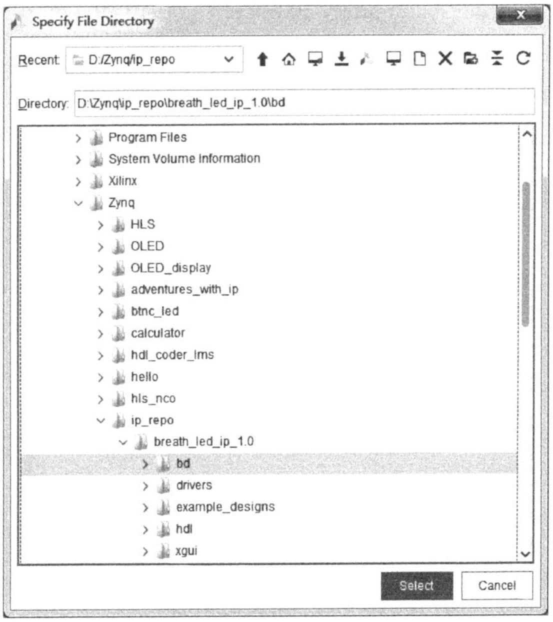

图 4-75　指定文件路径

源文件名称与位置指定完成后(图 4-76)，单击“OK”按钮，返回“Add Sources”对话框(图 4-77)，单击“Finish”按钮。

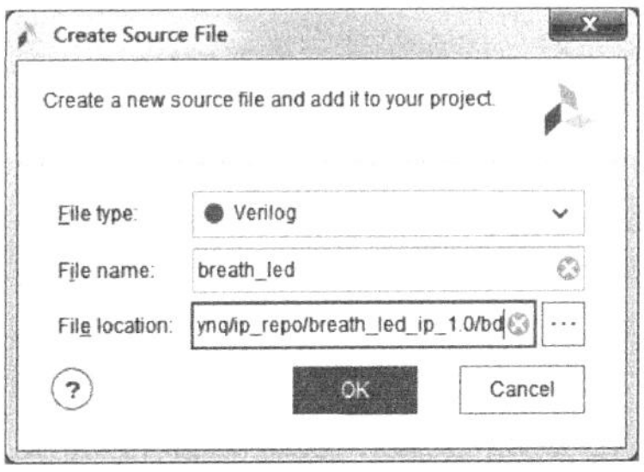

图 4-76　完成文件路径指定

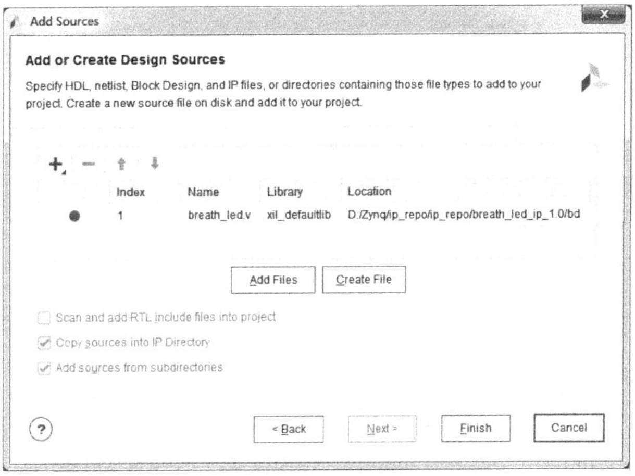

图 4-77　文件添加完成

(15) 在弹出的“Define Module”对话框中单击“OK”按钮(图 4-78)，并在接下来的对话框中单击“Yes”按钮(图 4-79)，完成源文件创建。

(16) 打开“breath_led.v”源程序，并用源程序“breath_led.v”的内容替换已有内容。

(17) 保存所有文件，并检查语法，然后在“Flow Navigator”面板选择“SYNTHESIS”→“Run Synthesis”选项运行综合，综合完成后选择“Open Synthesized Design”。

(18) 在“Sources”窗口展开“IP-XACT”文件夹，双击“component.xml”标签(图 4-80)，打开 IP 封装标签页。

(19) 在“Packaging Steps”面板选择“Compatibility”标签，单击“Family”目录下的+按

钮并选择“Add Family Explicity”选项(图 4-81)，打开“Add Family”(添加家族)对话框，向下拖动滚动条，选中“zynq(Zynq-7000)”复选框，并将“Life-cycle”设置为“Pre-Production”(图 4-82)，单击“OK”按钮。

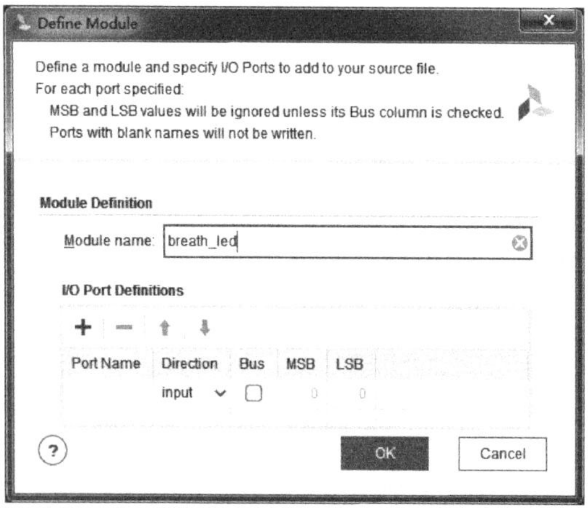

图 4-78　定义主模块

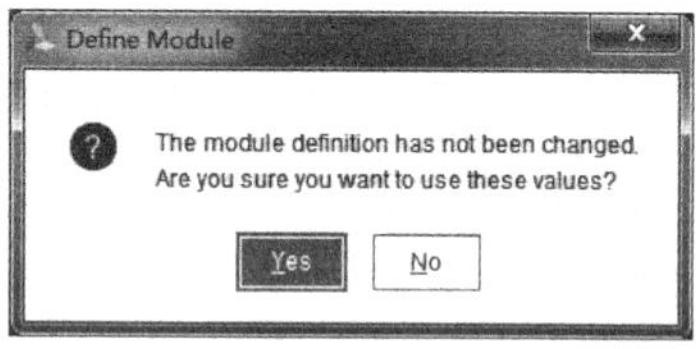

图 4-79　“Define Module”对话框

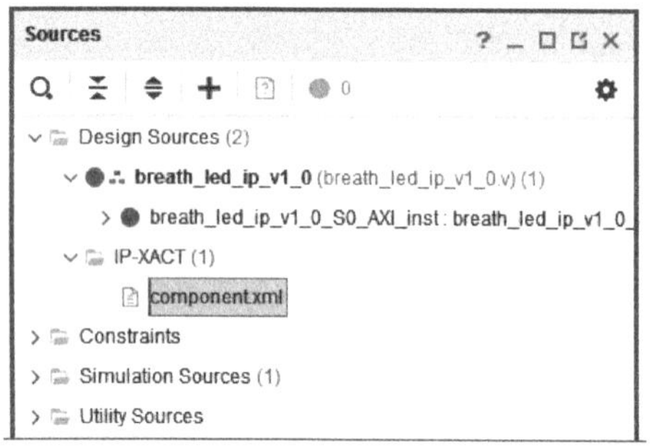

图 4-80　“component.xml”标签

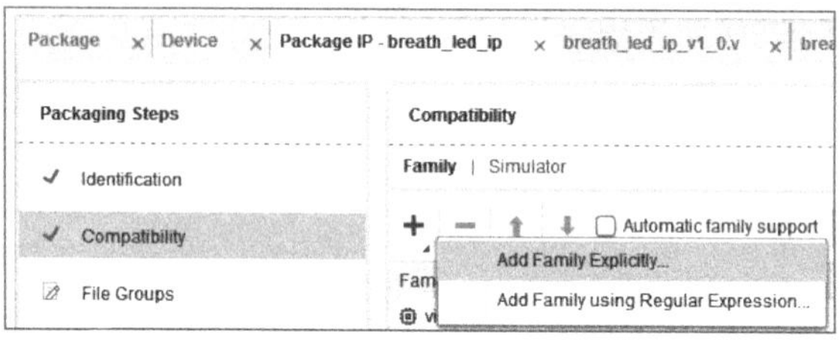

图 4-81　添加器件家族

Zynq 系列将出现在器件家族列表中(图 4-83)。

(20)在“Packaging Steps”面板选择“File Groups”标签，单击右侧面板上方出现的“Merge changes from file Groups Wizard”黄色信息提示条。

(21)在“Packaging Steps”面板选择“Customization Parameters”标签，单击右侧面板上方出现的“Merge changes from file Groups Wizard”黄色信息提示条，然后发现这里多了 1 项“Hidden Parameters”，展开它，在参数“START_FREQ_STEP”上右击并在弹出的菜单中选择“Edit Parameter”(编辑参数)选项(图 4-84)，打开“Edit IP Parameter”(编辑 IP 参数)对话框。

(22)在“Edit IP Parameter”对话框中选中“Visible in Customization GUI”复选框，将此参数显示在 GUI 参数界面中；“Format”格式改为“long”；选中“Specify Range”复选框来设定此参数的范围。将“Type”改为“Range of integers”，“Minimum”的值改为“1”，“Maximum”的值改为“1000”，将“Default Value”的值改为“100”(图 4-85)，单击“OK”按钮。

(23)在“Packaging Steps”面板选择“Customization GUI”标签，可以在“Layout”界面拖动“Page 0”目录下的参数来调整参数在 GUI 显示的位置(图 4-86、图 4-87)。

图 4-82　添加指定器件家族

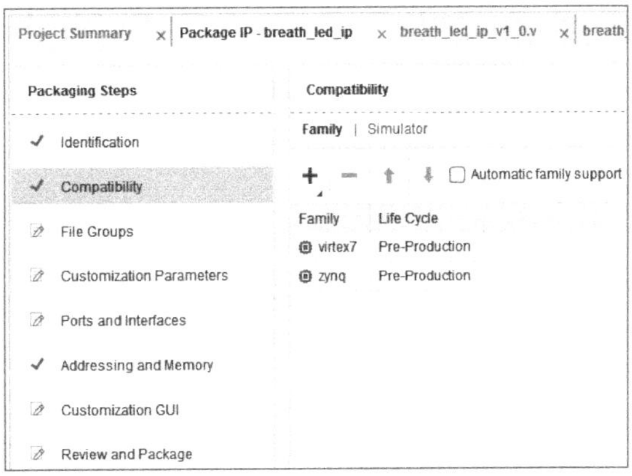

图 4-83　器件家族添加完成

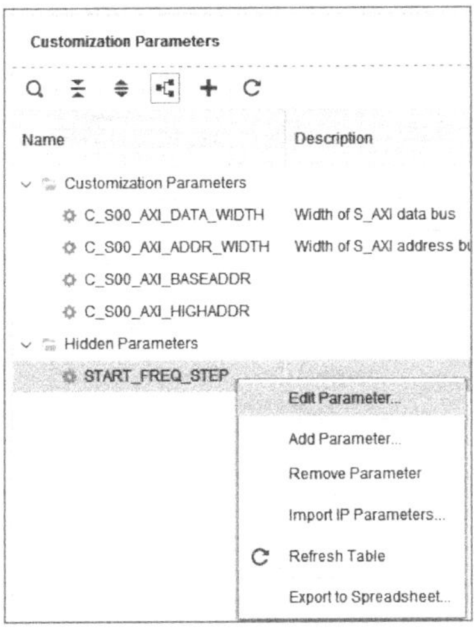

图 4-84　“Edit Parameter”选项

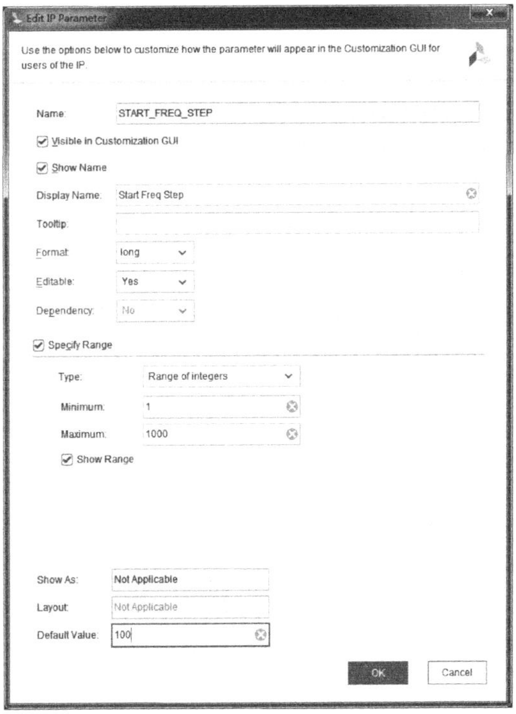

图 4-85　编辑 IP 参数

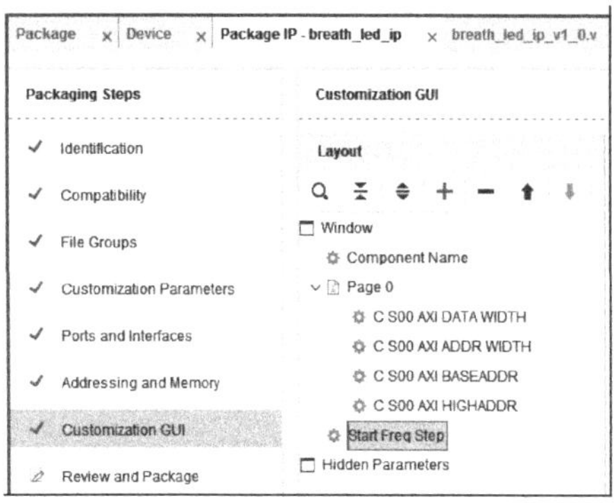

图 4-86　参数位置调整-调整前

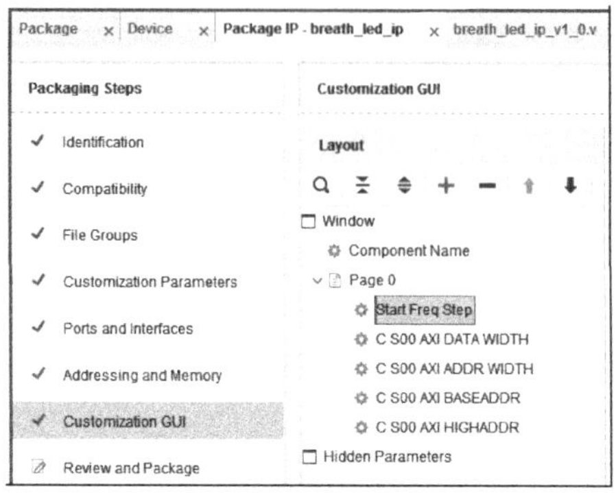

图 4-87　参数位置调整-调整后

(24) 单击“Review and Package”标签，然后单击“IP has been modified”标签更新总结界面，最后单击“Re-Package IP”按钮，此时弹出一个是否关闭工程的询问界面，单击“YES”按钮关闭工程。

IP 封装完成后，在 IP 所在目录(D:\Zynq\ip_repo\breath_led_ip_1.0\drivers\breath_led_ip_v1_0\src)下，Vivado 软件会自动生成“.c”和“.h”文件(图 4-88)。

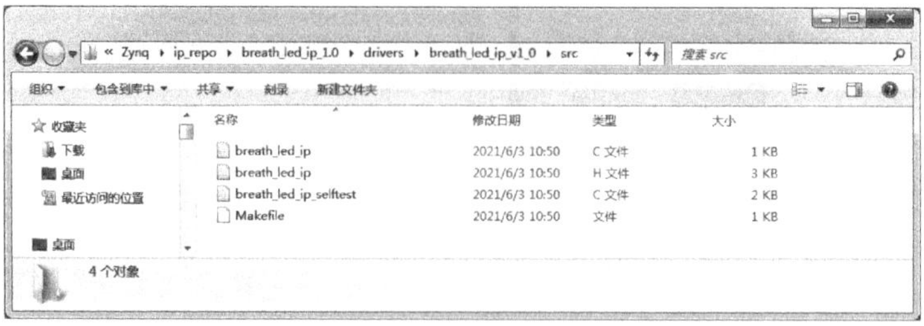

图 4-88　完成自定义 IP 封装后生成的文件

(25) 此时又回到了 Manage IP 工程界面，单击菜单栏的“File”菜单，选择“Close Project”(关闭工程)选项(图 4-89)。

(26) 在目录“D:/Zynq”下新建 1 个名为“breath_led”的新工程，正确选择开发板等。

(27) 选择“Tools”→“Settings”选项(图 4-90)，打开“Settings”对话框。

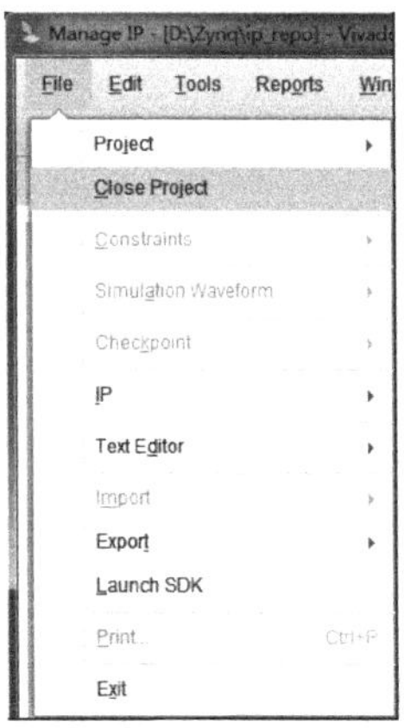

图 4-89　“Close Project”选项

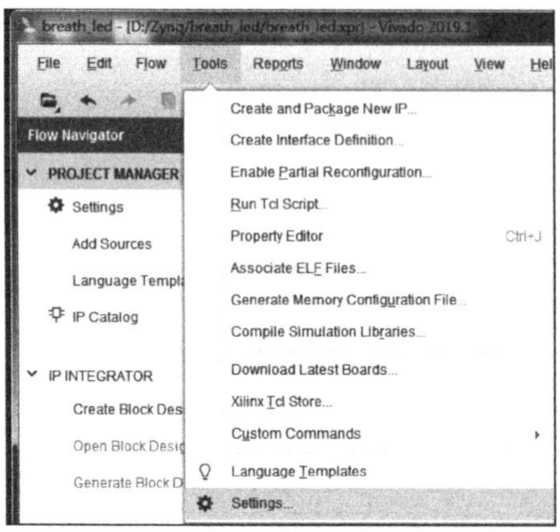

图 4-90　“Settings”选项

(28)展开“IP”文件夹，单击“Repository”命令，打开“IP→Repository”界面，单击+按钮(图 4-91)，打开“IP Repositories”对话框，找到前面 IP 核所在的位置(图 4-92)，单击“Select”按钮，在弹出的对话框中单击“OK”按钮(图 4-93)，将“breath_led”这个自定义 IP 添加进来(图 4-94)。

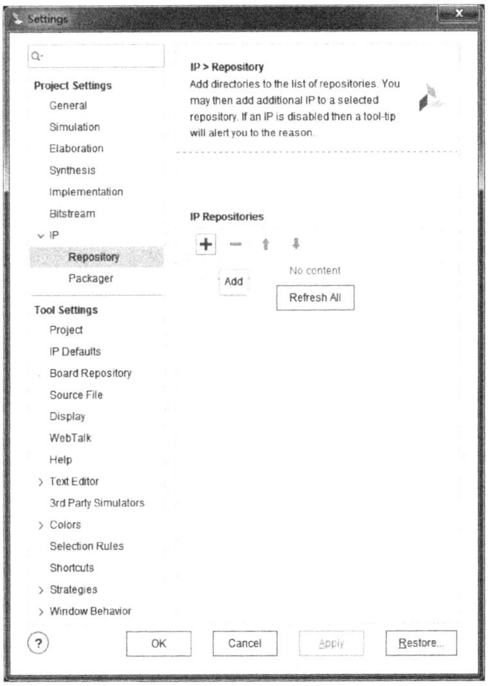

图 4-91　添加自定义 IP

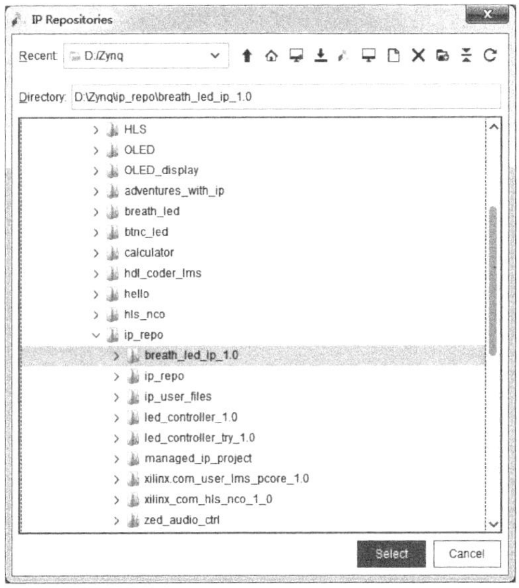

图 4-92　指定自定义 IP 位置

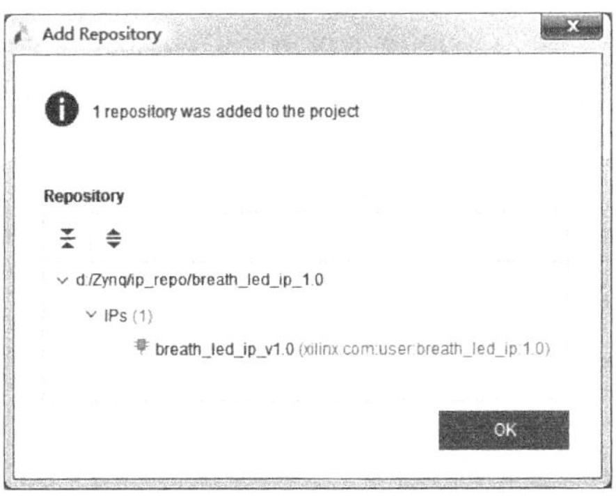

图 4-93　添加自定义 IP

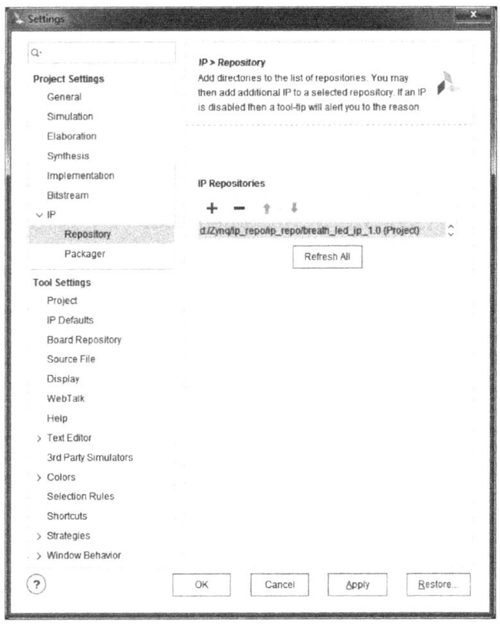

图 4-94　完成自定义 IP 添加

(29) 单击 “OK” 按钮关闭 “Settings” 对话框。

(30) 新建 1 个名为 “led_system” 的块设计，为它添加 1 个 Zynq 处理系统，并运行块自动化。

(31) 双击 Zynq 处理系统打开 “Re-customize” 对话框，单击 “Peripheral I/O Pins” 标签，去掉 “Ethernet 0” 和 “TTC0” 复选框的选择。

(32) 添加 1 个 breath_led 块，并运行连接自动化，然后将块 breath_led_ip_0 的引脚 led 引出来。

此时最终的硬件设计结果如图 4-95 所示。

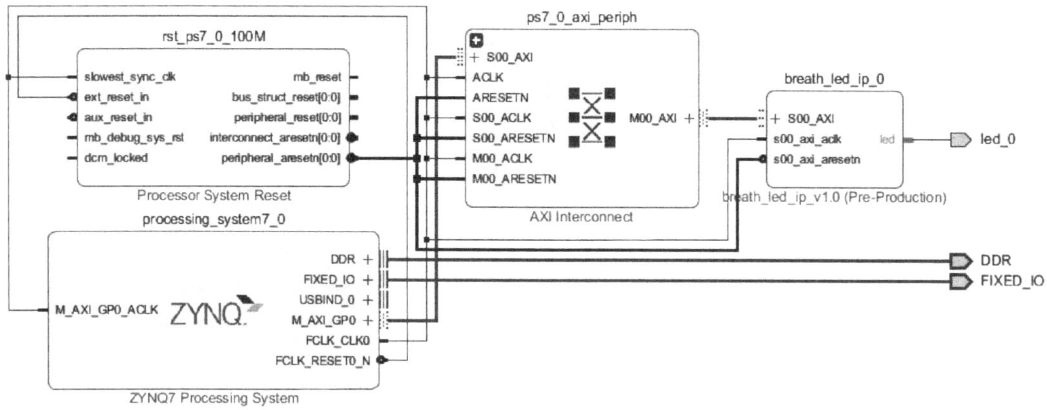

图 4-95　最终的硬件设计结果

(33) 依次运行 “Validate Design”、“Generate Output Products” 和 “Create HDL Wrapper”。

(34) 在 “Flow Navigator” 面板找到 “RTL ANALYSIS” 部分，然后选择该部分中的 “Open Elaborated Design” 命令；设计打开后选择 “I/O Planning” 布局并打开 “I/O Ports” 标签页，将 led_0 引脚电平设置为 “LVCMOS33”，并指定引脚为 T22(即本实验使用的是 LED0)，然后保存当前引脚约束。

(35) 生成比特流文件，导出硬件，然后启动 SDK。

(36) 创建 1 个名为 “cpu0_uart” 的空应用程序工程。

由于 CPU0 和 CPU1 共享 DDR3 内存空间，需要分别为 CPU0 和 CPU1 分配 DDR3 内存。在分配内存空间时，没有什么特殊的要求，只需要将一部分分配给 CPU0，另一部分给 CPU1 即可。存储空间不同，所以在设置上会有些许区别。ZYNQ-7020 核心板的存储空间为 1GB，本实验为 CPU0 分配 255MB，剩余的内存分配给 CPU1。

(37) 展开 “cpu0_uart” → “src” 文件夹，打开 “lscript.ld” 文件，将 “ps7_ddr_0” 的 “Size” (大小) 修改为 “0x0FF00000” (图 4-96)，使用 Ctrl+S 键保存修改。

(38) 创建 1 个名为“cpu1_led”的空应用程序工程，其中“Processor”指定为“ps7_cortexa9_1” (图 4-97)。

(39) 将 “cpu1_led” 的 “Base Address” (起始地址) 改为 “0x10000000”，大小改为 “0x30000000” (图 4-98)，使用 Ctrl+S 键保存修改。

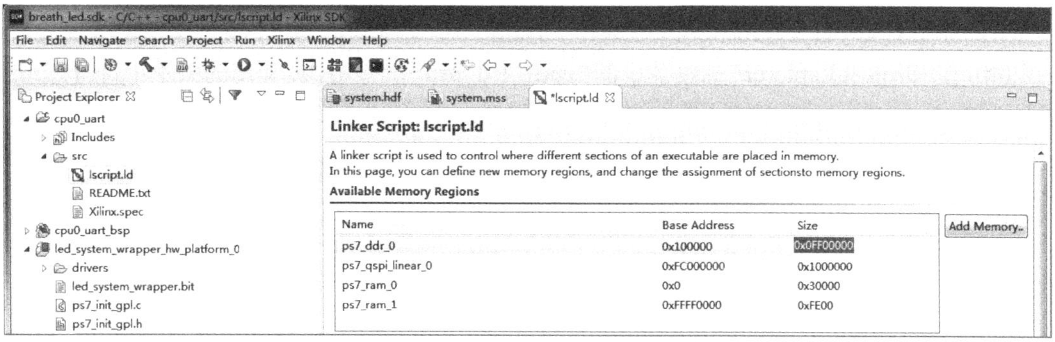

图 4-96　配置 CPU0 的内存空间

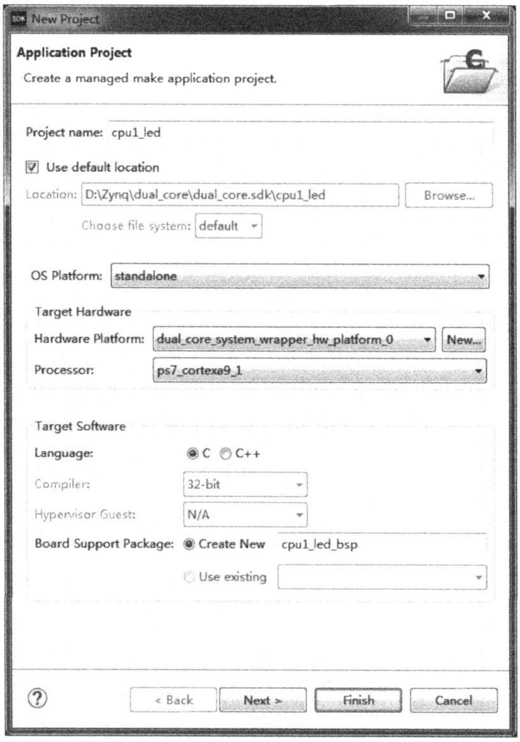

图 4-97　新建 CPU1 应用程序工程

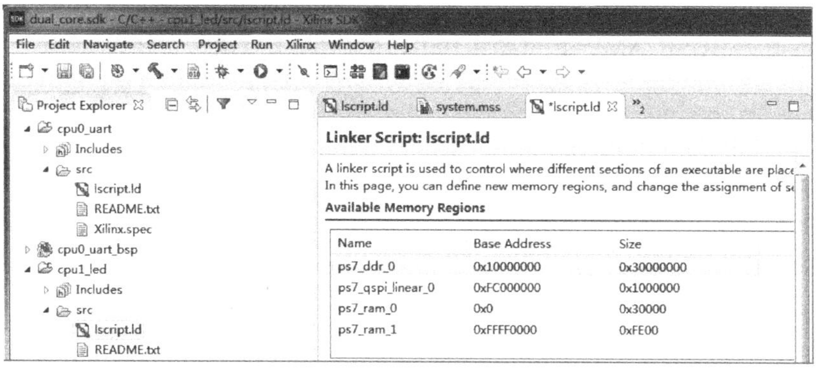

图 4-98　配置 CPU1 的内存空间

下面需要对 CPU1 的板级支持包做额外的设置，以使双核正确运行。

(40) 在“Project Explorer”标签页中的“cpu1_led_bsp”上右击，在弹出的菜单中选择“Board Support Package Settings”选项(图 4-99)，打开“Board Support Package Settings”对话框。

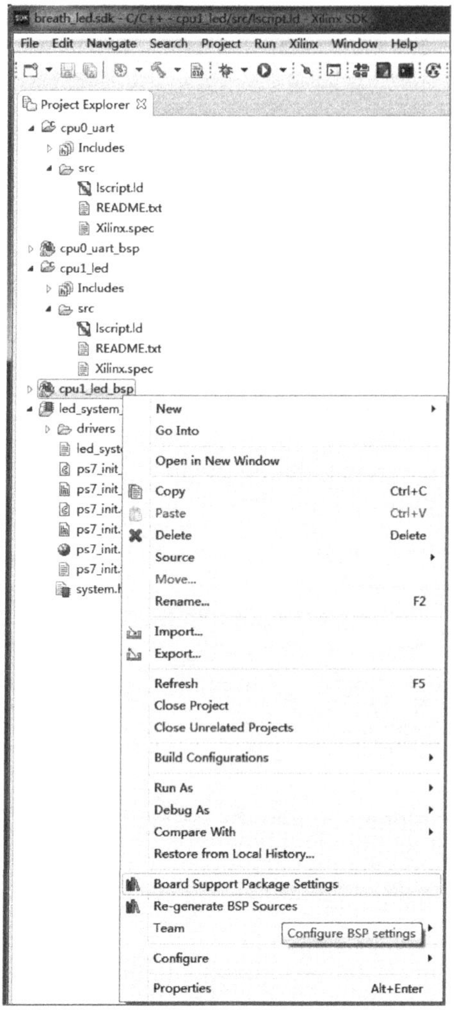

图 4-99　“Board Support Package Settings”选项

(41) 单击“ps7_cortexa9_1”文件夹，在右侧“extra_compiler_flags”栏的“Value”项内容的最后，添加“-DUSE_AMP=1”(图 4-100)，然后单击“OK”按钮。

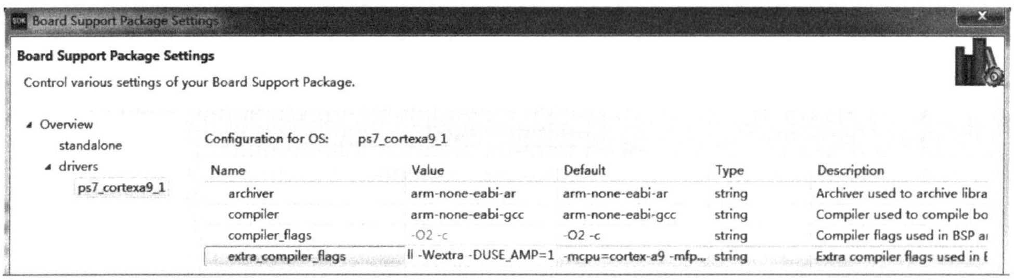

图 4-100　添加板级支持

(42) 为工程“cpu0_uart”添加源程序“cpu0_uart.c”，使用源程序“cpu0_uart.c”的内容替换它的内容；为工程“cpu1_led”添加源程序“cpu1_led.c”，使用源程序“cpu1_led.c”的内容替换它的内容。

(43) 保存所有文件，并编译。

(44) 参考图 2-77，确保开发板上的跳线设置正确以允许从 JTAG 启动；使用 mini USB 将 Zynq 开发板上的 PROG 端口、UART 端口分别连接到计算机主机；打开开发板电源。

(45) 打开“PuTTY.exe”文件，按照 3.2 节中步骤(5)～(7)的方法配置串口，并实现终端连接。

(46) 在应用程序“cpu0_uart”(或“cpu1_led”)上右击，在弹出的菜单中选择“Run As”→“Run Configurations”选项，在弹出的界面中双击“Xilinx C/C++ application(System Debugger)”标签生成 1 个配置(如果不是首次运行，则已有 1 个配置了)。

(47) 在配置界面“Target Setup”标签页中选中“Reset entire system”复选框，此时“Program FPGA”复选框自动被选上(图 4-101)。

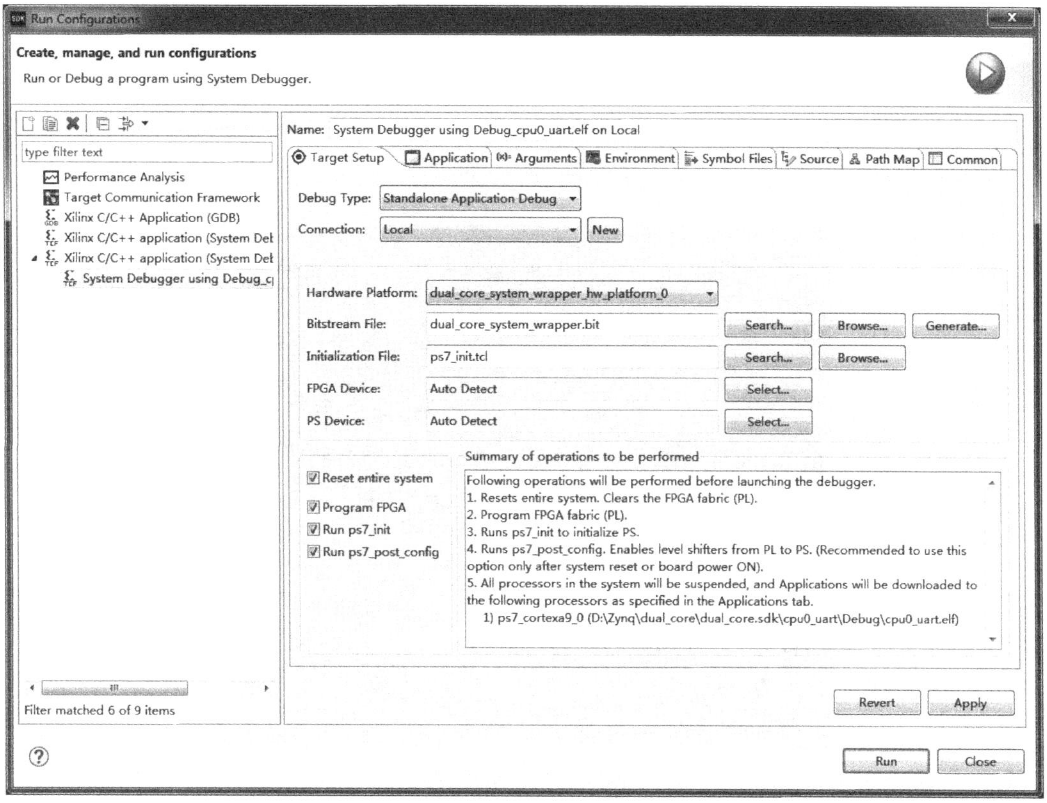

图 4-101　目标设置

(48) 切换到“Application”标签页，选中“ps7_cortexa9_1”复选框(图 4-102)。

(49) 单击“Run”按钮，系统开始运行，LED 灯按照默认的频率开始闪烁。

(50) 利用键盘输入 1～5 的数值可以改变呼吸频率，双核的工作情况如图 4-103 所示。

双核 AMP 实验至此基本结束，可以看到，双核与单核在硬件设计阶段是完全相同的，只是在软件设计阶段有些地方有所不同。

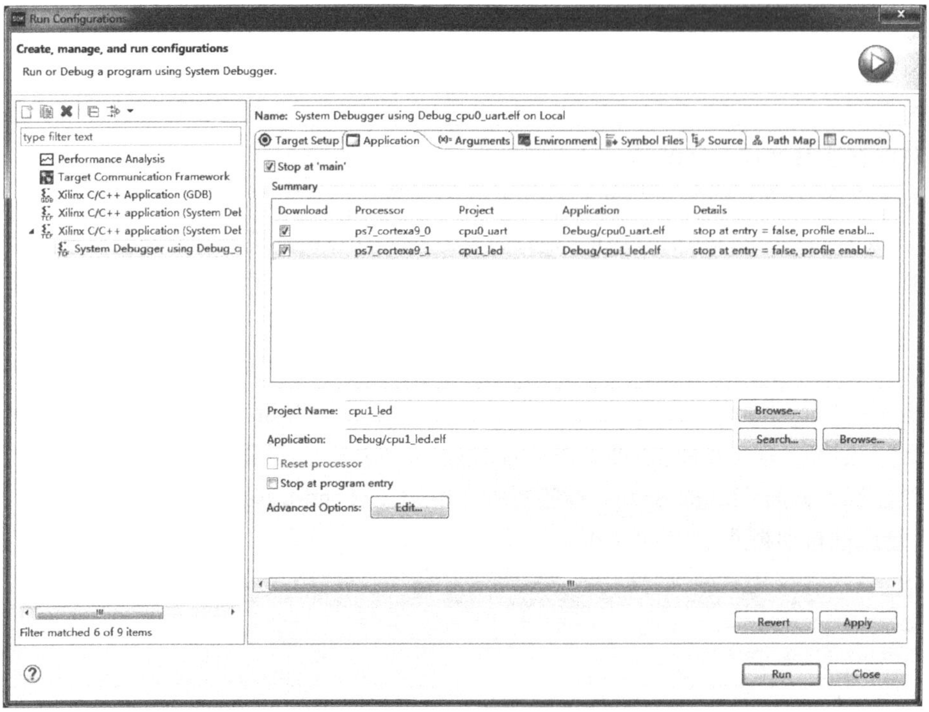

图 4-102　配置双核运行

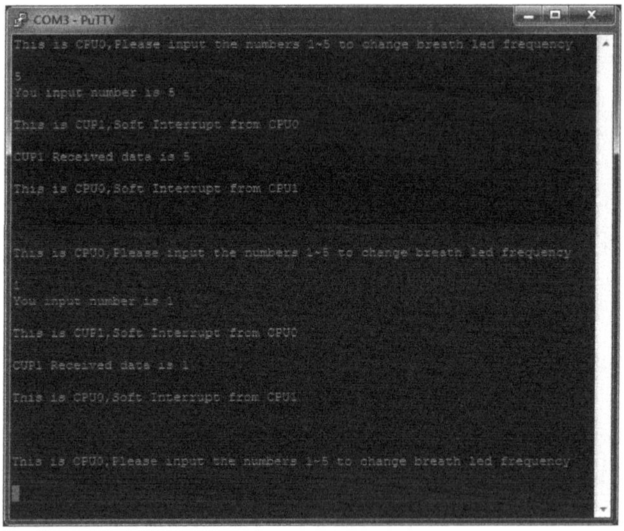

图 4-103　双核 AMP 实验结果

另外，双核 AMP 同样允许通过程序固化达到脱机(即由 SD 卡启动或由 QSPI 启动)运行的目的，只不过对于本实验而言，由于 CPU1 是由 CPU0 唤醒的，因此在建立 FSBL 的时候，可以选择创建一个新的 BSP 或者选择已经存在的 cpu0_uart_bsp(但是不可以选择 cpu1_led_bsp)，只是在创建启动镜像(Create Boot Image)时，最后添加 CPU1 的.elf 文件即可(即本实验在创建启动镜像文件时对应的次序从先到后为“FSBL.elf”、“sys_wrapper.bit”、“cpu0_uart.elf”和“cpu1_led.elf”)。

参 考 文 献

符晓, 张国斌, 朱洪顺, 2016. Xilinx ZYNQ-7000 AP SoC 开发实战指南. 北京: 清华大学出版社.

高亚军, 2017. Vivado 从此开始. 北京: 电子工业出版社.

高亚军, 2020. Vivado 从此开始: 进阶篇. 北京: 电子工业出版社.

何宾, 2019a. Xilinx Vivado 数字设计权威指南: 从数字逻辑、Verilog HDL、嵌入式系统到图像处理. 北京: 电子工业出版社.

何宾, 2019b. Xilinx Zynq-7000 嵌入式系统设计与实现: 基于 Arm Cortex-A9 双核处理器和 Vivado 的设计方法. 2 版. 北京: 电子工业出版社.

陆启帅, 陆彦婷, 王地, 2014. Xilinx Zynq SoC 与嵌入式 Linux 设计实战指南: 兼容 ARM Cortex-A9 的设计方法. 北京: 清华大学出版社.

孟宪元, 2020. FPGA 现代数字系统设计教程: 基于 Xilinx 可编程逻辑器件与 Vivado 平台. 北京: 清华大学出版社.

吴厚航, 2018. Xilinx FPGA 伴你玩转 USB 3.0 与 LVDS. 北京: 清华大学出版社.

CROCKETT L H, ELLIOT R A, ENDERWITZ M A, et al, 2014.The Zynq book: embedded processing with the ARM Cortex-A9 on the Xilinx Zynq-7000 all programmable SoC. Glasgow : Strathclyde Academic Media.

CROCKETT L H, ELLIOT R A, ENDERWITZ M A, et al, 2015. The Zynq book tutorials for Zybo and ZedBoard. Glasgow : Strathclyde Academic Media.

Xilinx Inc, 2013. UG939: Vivado Design Suite Tutorial: Designing with IP（v2013.1）.

Xilinx Inc, 2017. UG585: Zynq-7000 All Programmable SoC Technical Reference Manual（v1.12.1）.

Xilinx Inc, 2019. UG1393: Vitis Unified Software Platform Documentation: Vitis Application Acceleration Development（v2019.2）.

Xilinx Inc, 2020a. UG1165: Zynq-7000 SoC: Embedded Design Tutorial（v2020.1）.

Xilinx Inc, 2020b. UG871: Vivado Design Suite Tutorial: High-Level Synthesis（v2020.1）.

Xilinx Inc, 2020c. UG888: Vivado Design Suite Tutorial Design Flows Overview（v2020.2）.

Xilinx Inc, 2020d. UG940: Vivado Design Suite Tutorial: Embedded Processor Hardware Design（v2020.2）.